U0162895

国家科学技术学术著作出版基金资助出版

磁流体力学

Magnetohydrodynamics

唐玉华 邱炯 戴煜 编著

南京大学出版社

图书在版编目(CIP)数据

磁流体力学 / 唐玉华，邱炯，戴煜编著. —南京：南京大学出版社，2023.2

ISBN 978-7-305-23785-0

Ⅰ. ①磁… Ⅱ. ①唐… ②邱… ③戴… Ⅲ. ①磁流体力学—教材 Ⅳ. ①O361.3

中国版本图书馆 CIP 数据核字(2020)第 169585 号

出版发行 南京大学出版社
社　　址 南京市汉口路 22 号　　邮　　编 210093
出 版 人 金鑫荣

书　　名 磁流体力学
编　　著 唐玉华 邱 炯 戴 煜
责任编辑 王南雁　　编辑热线 025-83595840

照　　排 南京开卷文化传媒有限公司
印　　刷 苏州工业园区美柯乐制版印务有限责任公司
开　　本 787 mm×1092 mm 1/16 印张 19 字数 439 千
版　　次 2023 年 2 月第 1 版 2023 年 2 月第 1 次印刷
ISBN 978-7-305-23785-0
定　　价 128.00 元

网　　址：http://www.njupco.com
官方微博：http://weibo.com/njupco
官方微信号：njupress
销售咨询热线：(025)83594756

前　言

瑞典科学家阿尔文(Alfvén)于20世纪40年代为研究天体物理问题的需要，开创了一门新的独立学科——磁流体力学，它产生于等离子体物理学之前。等离子体是由非束缚态的带电粒子组成的多粒子体系，等离子体状态又叫物质的第四态。研究等离子体的两大基本描述法为等离子体流体描述(磁流体力学)和等离子体动理论。20世纪50年代后，大量的观测和研究表明，天体形态的变化、物质的运动、物理过程的机理(尤其是活动现象的机理)等几乎都与磁流体力学密切相关。所以磁流体力学是研究宇宙物理的有力工具，也是进一步学习等离子体动理论的很好的入门课。

本书是作者多年在南京大学天文系讲授“磁流体力学”课程和长期从事太阳物理科研的基础上，主要参考国际太阳界磁流体力学专家E. R. Priest的专著*Magnetohydrodynamics of the Sun*(Cambridge Publishing Company，2014)、南京大学天文系许敖敖和唐玉华编著的《宇宙电动力学导论》(高等教育出版社，1987)、北京大学物理系胡希伟编著的《等离子体理论基础》(北京大学出版社，2006)以及其他大量科研文献编写而成。全书系统介绍了天体物理、空间物理和地球物理等领域所需的磁流体力学基本概念、基本理论、基本方法和某些应用。全书共有八章，介绍了磁流体力学基本方程组、磁静平衡、均匀和非均匀磁流体中的线性波、磁激波、理想磁流体力学不稳定性理论、磁重联及发电机理论。本书力求对基本概念和基本理论阐述明确、对物理图像叙述鲜明准确。为避免繁杂又便于查阅，本书后面给出了主要的参考书和文献及有关附录，供读者参阅之用。

本书第七章和第六章的6.1节、6.2节、6.5节由邱炯撰写，第八章和第三章的3.3节由戴煜撰写，其余由唐玉华撰写。作者特别感谢美国蒙大拿州立大学物理系系主任Yves Idzerda教授和同事Dana Longcope教授对邱炯参加本书撰写工作的全力支持，以及Eric Priest教授、Viacheslav Titov博士和Paul Cassak教授富于洞见的讨论。鉴于作者水平有限，热忱欢迎同行和广大读者指出书中的错误和不足，提出改进意见。

目　录

第一章　绪　论

1.1 引　言

众所周知,宇宙中绝大部分的物质处于等离子体状态,等离子体是由处在非束缚态的带电粒子组成的多粒子体系,它和气体、液体、固体一起构成了自然界物质的四大基本形态。物质由于温度不同,从而导致构成物质的微观粒子之间的结合和凝聚程度亦不同,以致呈现不同的物态。在固态中,粒子间的结合最紧密,在液态中次之,在气态中则最松散。当物质达到气态以后,如果继续从外界得到能量,粒子又可以进一步分裂为电子和离子,这就是电离。

实际上,在绝对温度不等于零的任何气体中,总有若干粒子是电离的,但数量太少,不会使气体性质发生质的改变。但由于某种自然(如高温天体)或人为的原因,使带电粒子浓度超过一定数量(通常约需大于千分之一)以后,气体的行为在许多方面虽然仍与寻常流体相似,但这时中性粒子的作用退居次要地位,整个系统将受带电粒子的运动所支配,对外界电磁场敏感,且表现出一系列新的性质。像这样部分或完全电离的气体,它们由带电粒子和中性粒子组成,且表现出集体行为的一种准中性气体叫作等离子体。关于“准中性”的意义将在 1.2 节中阐述。所谓“集体行为”所包含的意义如下。

考虑作用在一个分子上的力,由于分子是中性的,在分子上不存在净电磁力,而重力是可以忽略的。在这个分子与另一个分子碰撞前,它不受扰动地运动,这时碰撞支配了粒子的运动。在由带电粒子组成的等离子体中,情况就完全不同,当带电粒子运动时,它们能引起正负电荷的局部集中,从而产生电场。而电荷的运动也引起电流,以致产生磁场。这些场影响了远处其他带电粒子的运动,由于库仑力的长程性,带电粒子之间的相互作用力为长程力。所谓长程力,意思是力随距离的增大,下降较缓慢,即在较远距离还有相互作用力。例如在某一带电区域中,任意两个距离为 r 的带电粒子之间的相互作用力随着距离 r 增加按与距离 r 的平方成反比的规律减少,而区域内平均粒子数的增长率正比于 r^3,所以对于区域内任一带电粒子来说,区域内的粒子数的增长率远大于其所受作用力的减少率。因此,任一给定粒子受到大量的、远处的连续相互作用力,这一影响要比受附近粒子较小的相互作用力的影响大得多。所以“集体行为”指的是不仅取决于局部条件而且还取决于远距离区域等离子体状态的运动。它是由库仑长程力所支配的等离子体的基本属性。

只要离开地球大气,就会遇到构成范艾伦辐射带和太阳风的等离子体,之后就遨游在等离子体的王国之中。这是因为无论是恒星内部及大气层,还是气态星云、星际星云等,均具备了电离条件。甚至在等离子体的概念尚未提出之前，天体物理学家就研究过等离子体〔1929年朗缪尔(Langmuir)在描述气体放电管里物质的性质时提出了“等离子体”这一名词〕。1921年米尔恩(Milne)根据气体电离度与温度关系的分析(萨哈公式)建立了恒星大气理论。从萨哈公式可知，处于热动平衡气体的电离量为

$$\frac{n_i}{n_n} \approx 2.4 \times 10^{15} \frac{T^{\frac{3}{2}}}{n_i} e^{-\frac{U_i}{kT}} \tag{1.1-1}$$

这里的 n_i 和 n_n 分别为已知电离原子和中性原子的数密度，T 是气体温度(K)，k 是玻尔兹曼常数，U_i 是气体的电离能。对于室温下的普通空气，我们取 $n_n \approx 3 \times 10^{19}\ \mathrm{cm}^{-3}$，$T \approx 300$ K，$U_i = 14.5$ eV(对氮气)，其中 1 eV $= 1.6 \times 10^{-12}$ erg。从(1.1-1)式可预期的电离度 $\frac{n_i}{n_n + n_i} \approx \frac{n_i}{n_n}$ 为

$$\frac{n_i}{n_n} \approx e^{-122}$$

当气体温度升高时，在 kT 达到 U_i 的几分之一以前，它一直保持低电离度。若温度再升高，$\frac{n_i}{n_n}$ 急剧增加，当电离度大于千分之一时，我们就将这种电离气体称为等离子体。这就是在达百万开尔文的高温天体中存在等离子体而在地球上却不存在等离子体的缘由。

对于低温稀薄的星际气体、星际星云，由于恒星灼热的辐射，星际气体区域和星际星云中的原子吸收光子而产生光致电离

$$\mathrm{A}(\text{原子}) + h\nu \rightarrow \mathrm{A}^+ + \mathrm{e}^- \tag{1.1-2}$$

光致电离是稀薄等离子体中的主要电离过程。

综上所述，宇宙物质几乎都是等离子体。同时，观测表明，宇宙中普遍存在影响空间中带电粒子运动的磁场。通常带电粒子受电磁力的作用远远超过引力的作用，下面举例说明。设粒子在地球离太阳的距离 R 处，以地球的轨道速度 $\vec{v}$ 运动，如果粒子是中性氢原子，则它只受太阳引力的作用(可以略去磁场对可能产生的原子磁矩的影响)。若 M 为太阳质量，m 是原子质量，G 是引力常数，则引力为

$$\vec{f} = G\frac{Mm}{R^3}\vec{R} \tag{1.1-3}$$

如果原子是一次电离的，行星际磁场在地球轨道附近的场强是 $\vec{B}$，则在磁场作用下，离子和电子所受的力为

$$\vec{f}_m = q(\vec{v} \times \vec{B}) \tag{1.1-4}$$

设行星际磁场强度的数量级为 10^{-8} T，则

$$\frac{|\vec{f}_m|}{|\vec{f}|} \approx 5 \times 10^6 \tag{1.1-5}$$

这说明，只要物质是电离的，行星际磁场和恒星际磁场远比引力场重要。

宇宙中，除一些特殊区域外，静电场通常是不重要的，电场一般由磁场决定。有磁场时，只有相对于一定的坐标系，电场才是确定的。设在"静止"坐标系中电场和磁场是$\vec{E}$和$\vec{B}$，另一坐标系以速度$\vec{v}$相对于原坐标系运动，可用相对论转换公式来计算运动坐标系中的场$\vec{E}^*$和$\vec{B}^*$。场的平行于$\vec{v}$的分量保持不变，而垂直于$\vec{v}$的分量按下列形式变换：

$$\vec{E}^* = \frac{\vec{E}+\vec{v}\times\vec{B}}{\sqrt{1-\frac{v^2}{c^2}}} \tag{1.1-6}$$

$$\vec{B}^* = \frac{\vec{B}-\vec{v}\times\vec{E}}{\sqrt{1-\frac{v^2}{c^2}}} \tag{1.1-7}$$

由于宇宙中静电场通常很小，且大部分情况下的速度远小于光速，故在宇宙物理学中，下列两式是很好的近似：

$$\vec{E}^* = \vec{E}+\vec{v}\times\vec{B} \tag{1.1-8}$$

$$\vec{B}^* = \vec{B} \tag{1.1-9}$$

其中，场的平行于$\vec{v}$的分量也包括在矢量内。

于是，磁场与坐标系的选择无关，电场却与测量它的坐标系相关。

1.2 等离子体基本参量

1.2.1 等离子体的独立参量 *n* 和 *T*

等离子体在宏观上是电中性的，所以满足电中性条件

$$n_e\,|\,e_e\,| = \sum n_i e_i z_i \quad \text{i. e.,}\ n_e = \sum n_i z_i \tag{1.2-1}$$

这里 n_e 是电子(数)密度，n_i 是离子(数)密度，z_i 是离子电荷数。求和符号 $\sum$ 对所有离子种类进行求和。

在等离子体中，正负粒子所带的电荷在宏观上的分布总是呈现电中性的。如果在宏观上等离子体中的电荷出现了不均匀分布，例如，即使在稀薄的等离子体中，假设 n 约为 $10^{17}/\mathrm{m}^3$ 的情形，偏离电中性仅 1%引起的场强就达

$$|\,\vec{E}\,| = \frac{4}{3}\pi r^3 \cdot \frac{n}{100} \cdot \frac{e}{4\pi\varepsilon_0 r^2} \approx 6\times10^6\ r\ \mathrm{V/m} \tag{1.2-2}$$

若取 $r\sim1$ cm，则这么大的场强造成的电子加速度约为 $10^{16}\,\mathrm{m/s^2}$，所以不平衡通过电子传

递很快就中和了。

下面再举一例日冕中等离子体的电中性情况。由观测得到，在距太阳圆面 $R_c = 10^8 \sim 10^9$ m（日冕区）处的电子密度为 $n_e = 10^{14}/\text{m}^3$，它的电势不超过 3×10^{10} V，计算半径为 $R_\odot + R_c$（$R_\odot$ 为太阳半径）的球体内的电荷在该球面上所引起的电势为

$$\varphi = \frac{q}{4\pi\varepsilon_0(R_\odot + R_c)} = \frac{\left[\frac{4}{3}\pi(R_\odot + R_c)^3 - \frac{4}{3}\pi R_\odot^3\right]|e||n_i - n_e|}{4\pi\varepsilon_0(R_\odot + R_c)} \tag{1.2-3}$$

则

$$\frac{|n_i - n_e|}{n_e} < 2\times10^{-13} \tag{1.2-4}$$

这是一个很小的相对值，所以日冕中的等离子体在宏观上呈现电中性。

除了粒子密度以外，另一个独立参量是温度。众所皆知，温度是平衡态的参量，但由于电子与离子质量相差悬殊，两者交换能量较困难。所以，在等离子体内部，首先是各种带电粒子成分各自达到热力学平衡状态，这时有电子温度 T_e 和离子温度 T_i，只有当等离子体达到整体的热力学平衡状态以后，它才有统一的等离子体温度 T。当存在磁场$\vec{B}$时，连单一种类粒子（例如离子）都可能有两个温度，这是因为沿着$\vec{B}$作用在一个粒子上的电磁力与垂直$\vec{B}$作用在粒子上的电磁力是不同的。这样，垂直于$\vec{B}$和平行于$\vec{B}$的粒子具有不同的温度 $T_\perp$ 和 $T_{/\!/}$。

运动粒子每一个自由度的平均能量等于$\frac{1}{2}k_B T$，所以温度 T 与能量密度相关。在等离子体中，温度可用能量单位表示。用对应于 $k_B T$ 的能量来表示温度，对于 $k_B T = 1$ eV $= 1.6\times10^{-12}$ erg $= 1.6\times10^{-19}$ J，则

$$T = \frac{1.6\times10^{-19}}{1.38\times10^{-23}} = 11\ 600\ \text{K} \tag{1.2-5}$$

于是，转换因子是 1 eV = 11 600 K · k_B。

粒子密度 n（$n = 2n_e = 2\sum_i z_i n_i$）和等离子体温度 T，是等离子体处于平衡态的两个独立参量。其余参量都可以通过独立参量表示出来。

1.2.2 德拜长度

等离子体在宏观上总是呈现出电中性的。但由于带电粒子本身的热运动，在一个适当小的区域里，电子和离子的分布有可能是不均匀的。下面我们来讨论由于带电粒子本身热运动的能量，可能产生局部偏离电中性区域的大小，即德拜长度或德拜半径。

为简便起见，我们仅考虑电子成分，而把离子成分当作密度均匀而且不变的准中性背景看待。这种简化的"一元"等离子体叫作电子气体或洛伦兹气体。

考虑一团电子气和密度为 n 的准中性正电荷背景，认定一个带正电荷 q 的离子，并令坐标原点与离子重合。首先计算所认定离子周围的电势分布。显然，这个电势 $\varphi(r)$ 是所

认定离子产生的电势与周围过剩电子产生的电势的叠加，假定电子在场 $\varphi(r)$ 中处于温度为 T 的热力学平衡状态，其密度 n_e 满足玻尔兹曼分布

$$n_e(r) = n_i e^{\frac{e\varphi}{k_B T}} \tag{1.2-6}$$

在 $\left|\frac{e\varphi}{k_B T}\right| \ll 1$ 的区域，式中的指数可用泰勒展开（在接近离子的区域，由于 $\frac{e\varphi}{k_B T}$ 可能是大值，不可作简化，但这个区域对电子云的厚度影响不大，因为在此区域电势非常迅速地下降）。保留线性项，得到

$$n_e(r) \approx n_i\left(1 + \frac{e\varphi}{k_B T}\right)$$

于是，净负电荷密度为

$$\rho_e(r) = -e(n_e - n_i) \approx -\frac{n_i e^2}{k_B T}\varphi$$

又电势 $\varphi(r)$ 是满足泊松方程的，即

$$\nabla^2\varphi(r) = -\frac{\rho_e}{\varepsilon_0} \approx \frac{n_i e^2}{\varepsilon_0 k_B T}\varphi(r) \approx \frac{ne^2}{\varepsilon_0 k_B T}\varphi(r) \tag{1.2-7}$$

引入一个具有长度量纲的物理量——德拜长度 λ_D：

$$\lambda_D = \left(\frac{\varepsilon_0 k_B T}{ne^2}\right)^{1/2} \tag{1.2-8}$$

考虑到电势对所认定离子是球对称的，使用球坐标，将泊松方程(1.2-7)式改写为

$$\frac{1}{r^2}\frac{d}{dr}\left(r^2\frac{d\varphi}{dr}\right) - \frac{\varphi}{\lambda_D^2} = 0 \tag{1.2-9}$$

上式的通解为

$$\varphi(r) = \frac{A}{r}e^{-\frac{r}{\lambda_D}} + \frac{B}{r}e^{\frac{r}{\lambda_D}} \tag{1.2-10}$$

边界条件为

$$r \to \infty, \varphi \to 0$$

$$r \to 0, \varphi \to \frac{q}{4\pi\varepsilon_0 r} \text{（库仑势）}$$

所以满足边界条件的解是

$$\varphi(r) = \frac{q}{4\pi\varepsilon_0 r}e^{-\frac{r}{\lambda_D}} \tag{1.2-11}$$

这里求出的势 $\varphi(r)$ 称为德拜势，它是等离子体中点电荷 q 的电势，它等于点电荷 q 的库仑势

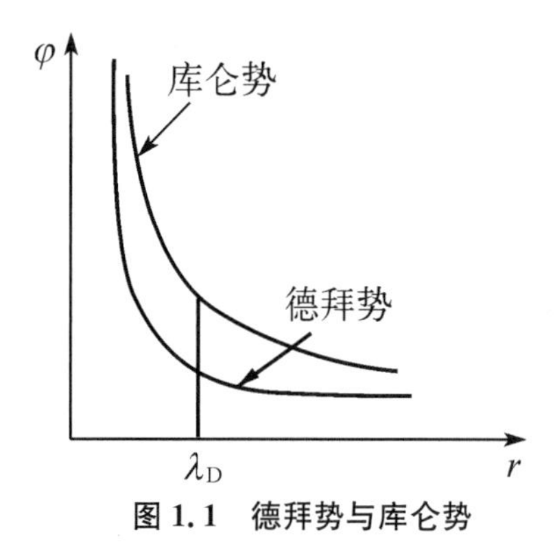

图 1.1　德拜势与库仑势

乘上衰减因子 $e^{-\frac{r}{\lambda_D}}$，因此随距离 r 的增加而下降得比库仑势快得多(见图1.1)。

这个结果说明，在等离子体中，一个带电粒子的静电作用被其周围过剩的异号电荷所屏蔽，基本上不超过以德拜长度为半径的球(德拜球)的范围。这个"球"内过剩的异号电荷与中心电荷基本抵消，使中心电荷的作用不能到达球外。所以德拜长度的物理意义有两方面：一方面，它是静电作用的屏蔽半径；另一方面，它又是热运动导致电荷分离的空间尺度。在德拜长度量级的范围内，正负电荷密度可以出现差别。由(1.2-8)式可知，当粒子密度增加时，德拜长度变短，而当温度升高时，长度变长。所以德拜长度反映了热运动(它使气体趋向非电中性)和粒子密度(它借助于静电力使气体趋向电中性)之间的某种协调作用。

由于德拜长度代表了电离气体中维持电中性的最小尺度，因此，我们不难理解"准中性"的意义，即如果我们所研究的电离气体的尺度比德拜长度大得多，则在处理问题时，我们完全可以把电离气体当作电中性来处理。反之，若研究的电离气体的尺度与德拜长度同数量级，则电中性就不存在，问题的处理就复杂得多。所以，等离子体的严格定义应该包含：当电离气体的尺度远大于它的德拜半径时，这种电离气体才能称作等离子体。

1.2.3　等离子体振荡频率

上面已经指出，等离子体维持宏观电中性的趋势非常强烈，而热运动通常总是存在的，它使等离子体具有偏离电中性的趋势。现在讨论如果等离子体内部小范围内(在德拜长度内)一旦出现某种电荷过剩将会发生怎样的情况。

考察厚度为 d 的无穷大等离子体平板(见图 1.2)，并设电子相对于离子移动了一小段距离 ξ($\xi \ll d$)。在板的两个表面上形成了密度为 $\pm n_e e\xi$ 的面电荷。这时，整个板内产生了场强为$\frac{n_e e\xi}{\varepsilon_0}$的电场，它具有把电子拉回其平衡位置的趋势。设电子的质量为 m_e，于是每个电子的运动方程(在没有外磁场时)为

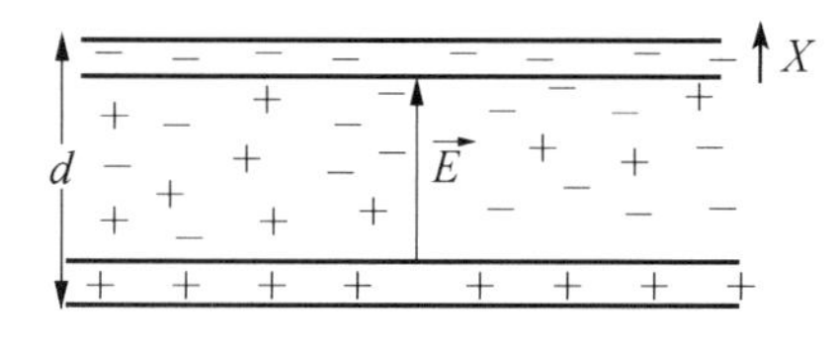

图 1.2　等离子体平板示意图

$$m_e \frac{d^2\xi}{dt^2} = -\frac{n_e e^2 \xi}{\varepsilon_0} \tag{1.2-12}$$

这是一个振荡方程，振荡的角频率是

$$\omega_{pe} = \left(\frac{n_e e^2}{m_e \varepsilon_0}\right)^{1/2} \approx 56 n_e^{1/2} \quad (\text{rad/s}) \tag{1.2-13}$$

其中 n_e(单位为 m^{-3})是电子密度，线频率为

$$f_{pe}=\frac{\omega_{pe}}{2\pi}\approx 9.0n_e^{1/2}\ (\text{Hz}) \tag{1.2-14}$$

(1.2-13)定义的 ω_{pe} 就是等离子体电子振荡频率。在导出这个频率时，热运动和碰撞可以略去不计。

同理可知，离子的振荡频率为

$$\omega_{pi}=\left(\frac{n_i e^2}{m_i\varepsilon_0}\right)^{1/2} \tag{1.2-15}$$

由于 $m_i\gg m_e$，所以 $\omega_{pe}\gg\omega_{pi}$，故等离子体振荡频率 $\omega_p=(\omega_{pe}^2+\omega_{pi}^2)^{1/2}$，$\omega_p\approx\omega_{pe}=\left(\frac{n_e e^2}{m_e\varepsilon_0}\right)^{1/2}$。因此在一般情况下，常将电子的振荡频率看作等离子体固有的振荡频率。

等离子体振荡频率是描述电荷分离的时间尺度。亦即反映了等离子体在电中性破坏后恢复电中性的快慢程度。由于等离子体振荡的存在，使振荡频率小于 ω_p 的任何外加场不能透入等离子体中。这是因为更快的等离子体振荡中和了外加场，因而等离子体对频率 $\omega<\omega_p$ 的电磁辐射是不透明的。所以等离子体振荡频率是电磁波在等离子体中传播的截止频率。

1.2.4 电导率

电导率是表征物质在外界电磁场存在时所呈现出来的物质导电性能的物理量，这个物理量表征了电磁场和等离子体的耦合。

当在电离气体中加一电场时，所有带电粒子都被加速，正负带电粒子反向运动。带电粒子和中性粒子间，以及正、负带电粒子间发生碰撞，将使平均速度很快达到定值。定义电流密度 $\vec{j}$ 为

$$\vec{j}=\sum_k e_k n_k\vec{u}_k \tag{1.2-16}$$

此处 e_k、n_k、u_k 分别表示第 k 种质点的电荷、数密度和规则运动的平均速度。

假设除了中性质点外，只考虑电子和一次电离原子，且假定电场不太强（宇宙中大多数情况如此）。在选定与离子相联系的坐标中，电子以近于 $\vec{u}_e$ 的平均速度运动，则有

$$\vec{j}=-n_e e\vec{u}_e \tag{1.2-17}$$

如果在一秒钟内电子与离子或中性粒子的碰撞次数等于 τ_{ei}^{-1}，此处 τ_{ei} 为自由运动时间，在每一次碰撞中，电子损失动量 $m_e\vec{u}_e$，对于稳定电流有

$$m_e\vec{u}_e\tau_{ei}^{-1}=-e\vec{E} \tag{1.2-18}$$

将(1.2-18)式代入(1.2-17)式可得

$$\vec{j}=-n_e e\left(\frac{-e\tau_{ei}}{m_e}\right)\vec{E}=\sigma\vec{E} \tag{1.2-19}$$

(1.2-19)式即欧姆定律

$$\sigma=\frac{n_e e^2 \tau_{ei}}{m_e} \tag{1.2-20}$$

σ 称为电导率。(1.2-20)式中除了原子常数外,只包含两个变数即电子的数密度和电子碰撞时间 τ_{ei},前者是一个确定量,下面主要对电子的碰撞时间进行讨论。

分为两种情况进行讨论:弱电离等离子体,其中以带电粒子与中性粒子的碰撞为主;完全电离等离子体,其中带电粒子之间的碰撞起主要作用。

(1) 弱电离等离子体

对于弱电离等离子体,力是短程力,所以只有在粒子间距离与粒子大小差不多时作用力才很大,其余大部分时间都在自由飞行,故可用"自由程方法"且只需考虑二体碰撞。

设 n_n 为中性分子的数密度,Σ_n 是电子和中性分子碰撞截面,则电子的平均自由程 $\overline{L}_e$ 为

$$\overline{L}_e=\frac{1}{n_n \Sigma_n} \tag{1.2-21}$$

电子的自由碰撞时间 τ_{ei} 为

$$\tau_{ei}=\frac{\overline{L}_e}{v_e} \tag{1.2-22}$$

v_e 为电子的平均热运动速度

$$v_e=\left(\frac{3k_B T_e}{m_e}\right)^{1/2} \tag{1.2-23}$$

将(1.2-21)、(1.2-22)、(1.2-23)式代入(1.2-20)式可得弱电离等离子体情况下的电导率为

$$\sigma=\frac{n_e e^2}{n_n \Sigma_n (3m_e k_B T_e)^{1/2}} \tag{1.2-24}$$

实际上,大部分电子的速度大于或小于(1.2-23)式所给出的速度,而 Σ_n 和 $\overline{L}_e$ 均依赖于 v_e,于是对于不同的电子,τ_{ei} 是不同的。所以,在精确计算中,必须考虑到电子速度 v_e 的分布及碰撞时间 τ_{ei} 的分布。

(2) 完全电离等离子体

在完全电离等离子体中,碰撞主要发生在带电粒子之间。由于库仑力是长程力,这里主要将不是二体而是多体碰撞。研究表明,在等离子体中大角度偏转主要由多次远碰撞积累而成,并已求出了一个试探粒子为了积累出 90°偏转角需要在等离子体内走过的"有效自由程"和碰撞的"有效截面"。如果把 τ_{ei} 改成计及远碰撞的"有效碰撞时间",公式(1.2-20)式仍适用。斯皮策(Spitzer, 1962)给出了完全电离等离子体中的电导率公式:

$$\sigma=\gamma\frac{2^{5/2}}{\pi^{3/2}}\frac{(k_B T_e)^{3/2}}{m_e^{1/2}Ze^2\ln\Lambda}=2.6\times10^{-2}\gamma\frac{T_e^{3/2}}{Z\ln\Lambda}\tag{1.2-25}$$

其中γ是$\frac{1}{2}$和1之间的因子，其大小取决于离子电荷。因子$\ln\Lambda$为库仑对数，$\Lambda=\frac{\lambda_D}{l_c}$，$\lambda_D$为德拜半径，$l_c$为偏转$\frac{\pi}{2}$时的瞄准距离。在宇宙等离子体中$\ln\Lambda$大多在5～20之间，它与温度和密度有弱相关性，如表1.1所示。这里，Z是离子电荷数，下面给出有关氢的结果，有时称作斯皮策电导率。取Z等于1，由于对质子质量M的依赖是弱的，故其他气体也能用这些值，有

$$\sigma\approx1.53\times10^{-2}\frac{T_e^{3/2}}{\ln\Lambda}\quad(\mathrm{S/m})\tag{1.2-26}$$

相应的磁扩散率(详见2.4节)为

$$\eta_m=\frac{1}{\sigma\mu}=5.2\times10^7T_e^{-3/2}\ln\Lambda\quad(\mathrm{m^2/s})\tag{1.2-27}$$

上式中μ为磁导率。由式(1.2-26)式可见，电导率σ随温度的上升迅速地上升。处于热核温度(几万电子伏)的等离子体基本上是无碰撞的。加热等离子体的一种简便途径是使用电流通过等离子体，于是$\frac{j^2}{\sigma}$就可转化为电子温度的增加，这称为欧姆加热。然而，电阻率$\eta=\frac{1}{\sigma}$，正比于$(k_B T_e)^{-3/2}$的依赖关系不允许用欧姆加热使之加热到高温(例如热核温度)。在温度高于1 keV时，等离子体已变成良导体，以至在此范围，欧姆加热是一个非常缓慢的过程。由方程(1.2-26)式，我们又看到，电导率σ与密度几乎无关(除了库仑对数$\ln\Lambda$对密度的弱依赖性外)。这是一个相当意外的结果，它意味着当电场$\vec{E}$加到等离子体时，由(1.2-19)式给出的电流$\vec{j}$与载流子的数目无关。其原因是，虽然$\vec{j}$随n_e增加，但对离子的摩擦阻力也随n_i增加。由于$n_i\approx n_e$，这两种影响相互抵消。

表1.1 库仑对数$\ln\Lambda$随密度$n(\mathrm{m^{-3}})$和温度$T(\mathrm{K})$的变化

T \ n	10^{12}	10^{15}	10^{18}	10^{21}	10^{24}	10^{27}
10^4	16.3	12.8	9.43	5.97	—	—
10^5	19.7	16.3	12.8	9.43	5.97	—
10^6	22.8	19.3	15.9	12.4	8.96	5.54
10^7	25.1	21.6	18.1	14.7	11.2	7.85

以上结果均在无磁场时成立，当等离子体中存在磁场时，情况将复杂得多，此时电导率σ不再是各向同性，而是以张量形式出现，即$\vec{j}=\overleftrightarrow{\sigma}\cdot\vec{E}$。简单地说，这时等离子体中的电流$\vec{j}$的变化由电磁力、阻尼力以及电子气体的压强梯度力所决定。在通常宏观电流变化率很小的情况下，电流$\vec{j}$可表示为

$$\vec{j}=\sigma\left(\vec{E}+\vec{v}\times\vec{B}+\frac{1}{2ne}\nabla p-\frac{1}{ne}\vec{j}\times\vec{B}\right) \tag{1.2-28}$$

(1.2-28)式称为广义欧姆定律(关于广义欧姆定律的推导见2.3节)。

若令等效电场$\vec{E}^*$为

$$\vec{E}^*=\vec{E}+\vec{v}\times\vec{B}+\frac{1}{2ne}\nabla p \tag{1.2-29}$$

则上式可化为

$$\vec{j}=\sigma\vec{E}^*_{/\!/}+\sigma_1\vec{E}^*_{\perp}+\sigma_2\frac{\vec{B}}{B}\times\vec{E}^*_{\perp} \tag{1.2-30}$$

其中$\vec{E}^*_{/\!/}$为平行于磁场方向的等效电场，$\vec{E}^*_{\perp}$为垂直于磁场方向的等效电场，而$\sigma_1=\dfrac{\sigma}{1+\Omega^2\tau_{ei}^2}$，$\sigma_2=\dfrac{\Omega\tau_{ei}\sigma}{1+\Omega^2\tau_{ei}^2}$，$\Omega$为带电粒子在磁场中的回旋频率(关于带电粒子在磁场中的运动详见1.3)，$\Omega=\dfrac{|q|B}{m}$，τ_{ei}为两次碰撞之间的自由运动时间。$\Omega\tau_{ei}$是电导率各向异性的参数，它表示了电子在两次碰撞之间在磁场中回旋的角度。σ_1通常叫作横向电导率，σ_2叫作霍尔电导率。

亦即存在磁场时，电导率为张量：

$$\overleftrightarrow{\sigma}=\begin{pmatrix}\sigma_1 & -\sigma_2 & 0\\ \sigma_2 & \sigma_1 & 0\\ 0 & 0 & \sigma\end{pmatrix} \tag{1.2-31}$$

$\vec{j}=\overleftrightarrow{\sigma}\cdot\vec{E}^*$。当$\vec{B}=0$时，$\Omega=0$，所以$\sigma_1=\sigma$，$\sigma_2=0$，于是

$$\overleftrightarrow{\sigma}=\begin{pmatrix}\sigma & 0 & 0\\ 0 & \sigma & 0\\ 0 & 0 & \sigma\end{pmatrix}=\sigma\tilde{I}$$

即$\vec{j}=\sigma\vec{E}$，还原为常见的欧姆定律。

所以当有磁场存在时，由于带电粒子在磁场里做回旋运动，破坏了电导率的各向同性。$\vec{E}^*_{/\!/}$由于与$\vec{B}$平行，在该方向的电流与没有磁场的情况一样(即当$\vec{B}=0$时，$\vec{j}=\sigma\vec{E}$；当$\vec{E}^*/\!/\vec{B}$时，$\vec{j}=\sigma\vec{E}^*$)。垂直于磁场方向的电场分量$\vec{E}^*_{\perp}$，一方面引起该方向的“直流”，通常叫作横向电流，同时产生垂直于$\vec{E}^*_{\perp}$和$\vec{B}$的霍尔电流。所以当电磁场同时存在时，情况复杂得多。

显然，当$\Omega\tau_{ei}\ll 1$时，电导率仍可看作近似各向同性，这时有

$$\vec{j}=\sigma\vec{E}_{/\!/}^{*}+\sigma_1\vec{E}_{\perp}^{*}=\sigma\vec{E}^{*}$$

当 $\Omega\tau_{ei}\gg1$ 时，在垂直于磁场方向主要为霍尔电流，此时磁场作用显著，不能忽略。

1.3 带电粒子在电磁场中的运动——回旋与漂移

等离子体的基本行为不仅取决于等离子体与外场的相互作用，也与等离子体质点之间的相互作用有关，本质上是一种集体效应，必须用统计物理学方法来处理。由于数学上的困难，通常在条件许可情况下，往往用近似理论来讨论等离子体问题。本节简述用等离子体单粒子模型所给出的结果。

用等离子体的单粒子模型处理问题时，实际上作了四个假定：① 忽略了粒子间的相互作用；② 不计带电粒子运动所产生的电磁场，且假定$\vec{E}$、$\vec{B}$为已知外场；③ 仅考虑非相对论情形；④ 忽略带电粒子由于辐射而产生的辐射阻尼。单粒子模型适用于描述稀薄等离子体（对于稀薄等离子体可近似忽略粒子间的相互作用），同时单粒子模型给予我们一种直观的概念，它是我们研究和了解等离子体集体效应的基础。

在满足以上四个假定的前提下，复杂的运动方程组简化为一个矢量方程：

$$m\frac{\mathrm{d}\vec{v}}{\mathrm{d}t}=q(\vec{E}(\vec{r},t)+\vec{v}\times\vec{B}(\vec{r},t))+\vec{F}(\vec{r},t) \tag{1.3-1}$$

式中$\vec{F}(\vec{r},t)$为除电磁场力以外的外力，其他符号具有通常意义。

下面将从运动方程(1.3-1)式出发，对$\vec{E}$、$\vec{B}$、$\vec{F}$的各种可能情况，由简单到复杂，分别讨论单个带电粒子的运动规律。

1.3.1 均匀稳恒磁场中的带电粒子运动

即在(1.3-1)式中取 $\vec{E}=0$，$\vec{F}=0$，$\vec{B}=B\hat{k}=$ 常矢量。于是运动方程(1.3-1)式具有下列形式：

$$m\frac{\mathrm{d}\vec{v}}{\mathrm{d}t}=q(\vec{v}\times\vec{B}) \tag{1.3-2}$$

其分量形式为

$$\begin{aligned}\dot{v}_x&=\frac{qB}{m}v_y=\Omega v_y\\ \dot{v}_y&=-\frac{qB}{m}v_x=-\Omega v_x\\ \dot{v}_z&=0\end{aligned} \tag{1.3-3}$$

则

$$\begin{aligned}\ddot{v}_x&=-\Omega^2v_x\\ \ddot{v}_y&=-\Omega^2v_y\end{aligned} \tag{1.3-4}$$

式中 $\Omega = \frac{|q|B}{m}$ 称作拉摩频率或回旋频率。方程(1.3-4)式的解为

$$\begin{aligned} v_x &= v_\perp \cos(\Omega t + \alpha) \\ v_y &= -v_\perp \sin(\Omega t + \alpha) \\ v_z &= v_{/\!/} \end{aligned} \tag{1.3-5}$$

和

$$\begin{aligned} x &= \frac{v_\perp}{\Omega}\sin(\Omega t + \alpha) + x_0 \\ y &= \frac{v_\perp}{\Omega}\cos(\Omega t + \alpha) + y_0 \\ z &= v_{/\!/} t + z_0 \end{aligned} \tag{1.3-6}$$

$v_\perp$、$v_{/\!/}$、α、x_0、y_0、z_0 均为积分常数,由初始条件决定。

解(1.3-5)、(1.3-6)式表明,在均匀稳恒磁场中,粒子沿着 $\vec{B}$ 方向做螺旋线运动。粒子在 z 轴方向(即磁场$\vec{B}$方向)以 $v_{/\!/}$ 做匀速运动,而从运动平面 $z = v_{/\!/} t + z_0$ 上看,粒子以(x_0, y_0)为中心做匀速圆周运动,这两种运动的叠加,便是粒子沿以$\vec{B}$为轴的螺旋线运动。

必须指出,粒子圆周运动的圆心轨迹为$(x_0, y_0, z_0 + v_{/\!/} t)$,它是粒子的瞬时回旋中心,通常我们把这个动点称作引导中心或回旋中心。显然引导中心是粒子运动的平均位置,它的运动方向标志粒子的平均运动方向。拉摩频率 $\Omega = \frac{|q|B}{m}$ 表示粒子在磁场中做圆周运动的圆频率,B越强,Ω 越大,粒子回旋越快,回旋一周所需的时间(即周期)就越短。拉摩半径 $r_L = \frac{v_\perp}{\Omega} = \frac{v_\perp m}{B|q|}$,与 $v_\perp$ 成正比,与B成反比。回旋方向是这样选取的:使带电粒子产生的磁场和外加场相反,亦即等离子体粒子的运动倾向于减小磁场,等离子体是抗磁性的。由(1.3-5)式可知,对于正负带电粒子,其回旋运动的方向正好相反(如图 1.3 所示)。一般来讲,正、负带电粒子在空间的轨道是回旋方向相反、回旋半径和回旋频率不等的螺旋线。

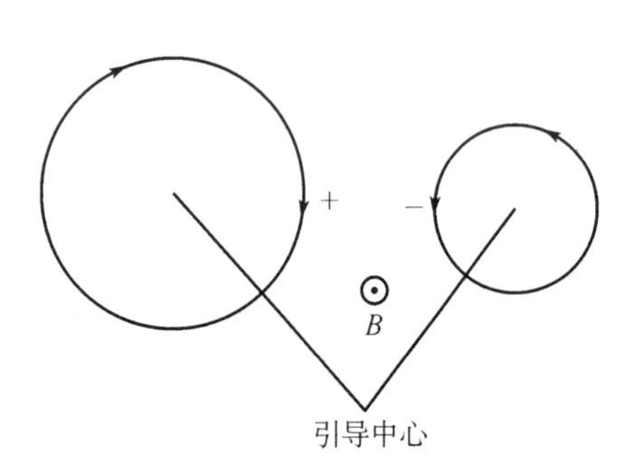

图 1.3 带电粒子在均匀稳恒磁场中的回旋运动

1.3.2 均匀稳恒电磁场中的带电粒子运动

对均匀稳恒电磁场,运动方程(1.3-1)式中 $\vec{B} = B\hat{k} =$ 常矢量,$\vec{E} =$ 常矢量,$\vec{F} = 0$。方程(1.3-1)式便成为

$$m\frac{\mathrm{d}\vec{v}}{\mathrm{d}t} = q(\vec{E} + \vec{v} \times \vec{B}) \tag{1.3-7}$$

选择$\vec{B}$的方向为z轴方向，$\vec{B}$和$\vec{E}$决定的平面为x-z平面，于是$\vec{E}$可分解为

$$\vec{E}=E_{/\!/}\hat{k}+E_{\perp}\hat{j} \tag{1.3-8}$$

(1.3-7)式的z分量为

$$\frac{\mathrm{d}v_z}{\mathrm{d}t}=\frac{q}{m}E_{/\!/} \tag{1.3-9}$$

或

$$v_z=\frac{qE_{/\!/}}{m}t+v_{/\!/} \tag{1.3-9}$$

这是沿$\vec{B}$方向的简单的加速运动。方程(1.3-7)的横向分量为

$$\dot{v}_x=\Omega v_y$$

$$\dot{v}_y=\frac{qE_{\perp}}{m}-\Omega v_x$$

则

$$\ddot{v}_x=-\Omega^2\left(v_x-\frac{E_{\perp}}{B}\right) \tag{1.3-10}$$

$$\ddot{v}_y=-\Omega^2 v_y$$

如果用v_x代替(1.3-10)中的$\left(v_x-\frac{E_{\perp}}{B}\right)$，则(1.3-10)式简化成(1.3-4)式，因此(1.3-10)式的解为

$$\begin{aligned}v_x&=v_{\perp}\cos(\Omega t+\alpha)+v_E\\ v_y&=-v_{\perp}\sin(\Omega t+\alpha)\end{aligned} \tag{1.3-11}$$

上式为$v_{\perp}$，$v_{/\!/}$，α均为由初始条件决定的常数，而v_E为

$$v_E=\frac{qE_{\perp}}{m\Omega}=\frac{E_{\perp}}{B} \tag{1.3-12}$$

比较(1.3-12)与(1.3-5)式，其主要不同点在于垂直于磁场的y方向稳恒电场的存在导致沿x轴方向增加了一个速度v_E，于是粒子的运动情况与不存在电场时完全不同(如图1.4所示)。此时引导中心的速度$\vec{v}_g=(v_E,0,v_{/\!/})$，亦即垂直于磁场$\vec{B}$的电场的存在，使粒子产生了垂直于电场和磁场方向上的运动，这种运动称为漂移运动。漂移运动的速度v_E即(1.3-12)式写成矢量形式为

$$\vec{v}_E=\frac{1}{B^2}\vec{E}\times\vec{B} \tag{1.3-13}$$

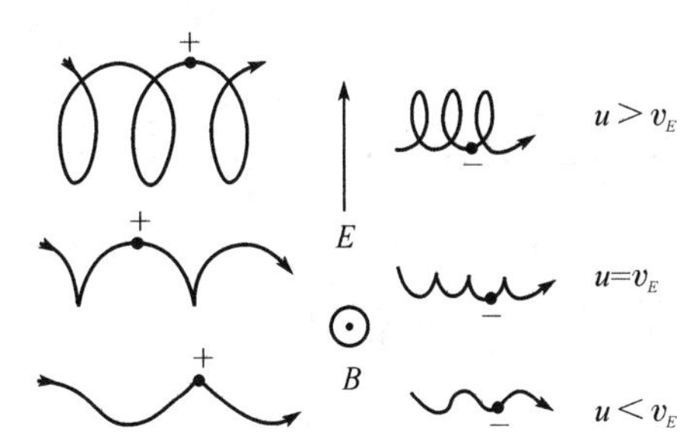

图 1.4 均匀稳恒电场产生的漂移

必须指出，对均匀稳恒电场，$E_{/\!/}=0$，否则与单粒子模型的非相对论性假设相违背，所以此时 $E_{\perp}=E$。因此空间中的三维轨道为螺距变化的斜螺旋线(图 1.5 所示)。

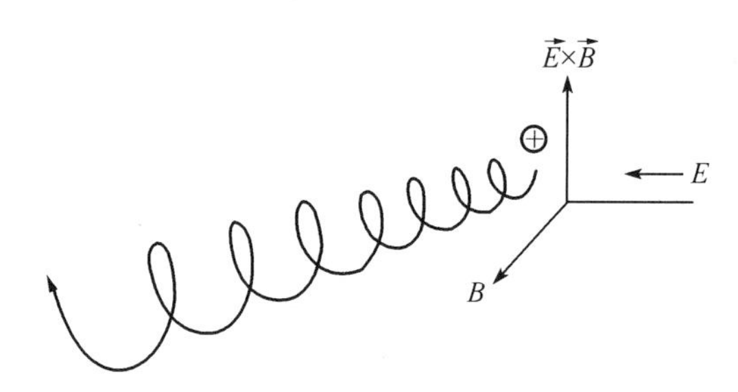

图 1.5　均匀稳恒电磁场中带电粒子的实际轨道

1.3.3　漂移运动速度的一般公式

推广到一般情况，当带电粒子在均匀恒定磁场中运动时，附加受到由微扰引起的力场或等效力场的作用，使带电粒子的引导中心沿垂直于磁场方向的运动，称为粒子的漂移运动。显然，磁场的存在是粒子漂移的基本条件，而运动方向与磁场方向垂直是漂移运动的基本特征。

下面推导漂移运动速度的一般公式。将附加的等效力场$\vec{F}$分解为沿磁场方向和垂直于磁场方向的两个部分。沿磁场方向的分力$\vec{F}_{/\!/}$仅使粒子产生一个沿磁力线方向的匀加速度：

$$\frac{\mathrm{d}\vec{v}_{/\!/}}{\mathrm{d}t}=\frac{\vec{F}_{/\!/}}{m} \tag{1.3-14}$$

下面主要讨论垂直于磁场的横向分力$\vec{F}_{\perp}$所带来的影响。横向方程为

$$m\frac{\mathrm{d}\vec{v}_{\perp}}{\mathrm{d}t}=q(\vec{v}_{\perp}\times\vec{B})+\vec{F}_{\perp} \tag{1.3-15}$$

我们总可将矢量$\vec{v}_{\perp}$看作两个矢量的合成：

$$\vec{v}_{\perp}=\vec{v}'_{\perp}+\vec{v}_D \tag{1.3-16}$$

其中$\vec{v}_D$ 假设是常量。于是(1.3－15)式可改写为

$$m\frac{\mathrm{d}\vec{v}'_{\perp}}{\mathrm{d}t}=q(\vec{v}'_{\perp}\times\vec{B})+q(\vec{v}_D\times\vec{B})+\vec{F}_{\perp} \tag{1.3-17}$$

总可适当选择$\vec{v}_D$，使 $q(\vec{v}_D\times\vec{B})$与附加等效力场的$\vec{F}_{\perp}$相消：

$$q(\vec{v}_D\times\vec{B})+\vec{F}_{\perp}=0 \tag{1.3-18}$$

那么(1.3－17)式即为

$$m\frac{\mathrm{d}\vec{v}'_{\perp}}{\mathrm{d}t}=q(\vec{v}'_{\perp}\times\vec{B}) \tag{1.3-19}$$

(1.3-19)与(1.3-2)式相似,它同样描述带电粒子以大小不变的横向速度$\vec{v}_\perp'$做回旋运动,不同之处仅在于这里是从以速度$\vec{v}_D$运动的坐标系中观察得到的结果。所以相对于固定坐标系而言,带电粒子还有一个以大小和方向都不变的速度$\vec{v}_D$进行的垂直于磁场的漂移运动,漂移速度可由(1.3-18)式确定。将(1.3-18)式两边叉乘$\vec{B}$,考虑到$\vec{v}_D \perp \vec{B}$,又$\vec{F}_{/\!/} /\!/ \vec{B}$,因此漂移速度为

$$\vec{v}_D = \frac{\vec{F} \times \vec{B}}{qB^2} \tag{1.3-20}$$

其中$\vec{F}$为单位体积的等效力。

(1) 当等效力场是稳恒电场时,$\vec{F} = q\vec{E}$,由(1.3-20)式所得电漂移速度$\vec{v}_E$为

$$\vec{v}_E = \frac{\vec{E} \times \vec{B}}{B^2} \tag{1.3-21}$$

与(1.3-13)式相同。

(2) 如果附加力场是重力$m\vec{g}$,则$\vec{F} = m\vec{g}$,由(1.3-20)式可得重力漂移速度$\vec{v}_g$为

$$\vec{v}_g = \frac{m\vec{g} \times \vec{B}}{qB^2} \tag{1.3-22}$$

带电粒子在重力场中的漂移如图 1.6 所示。

(3) 在空间非均匀的磁场中粒子的漂移速度

① 当$\nabla_\perp B \perp \vec{B}$即梯度$B$漂移

考虑磁力线是直的,但其密度是增加的,例如在y方向增加(如图 1.7),即$\vec{B}(0, 0, B(y))$则此时由$\nabla_\perp B$产生的等效力为

$$\vec{F}_{\nabla_\perp B} = -\mu \nabla_\perp B$$

其中$\mu = \frac{w_\perp}{B}$,$w_\perp = \frac{1}{2}mv_\perp^2$为粒子在垂直于磁场方向上的动能。所以,由于横向磁场梯度的存在所导致的引导中心的漂移速度$\vec{v}_{\nabla_\perp B}$为

$$\vec{v}_{\nabla_\perp B} = \frac{\vec{F} \times \vec{B}}{qB^2} = \frac{w_\perp}{qB^3}(\vec{B} \times \nabla_\perp B) \tag{1.3-23}$$

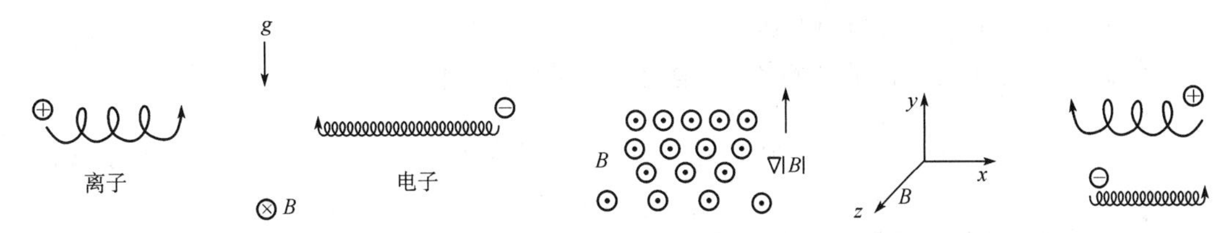

图 1.6 重力漂移示意图

图 1.7 梯度漂移示意图

② 弯曲$\vec{B}$场即曲率漂移

若磁力线的弯曲是微小的并发生在y-z平面中(如图 1.8 所示),即

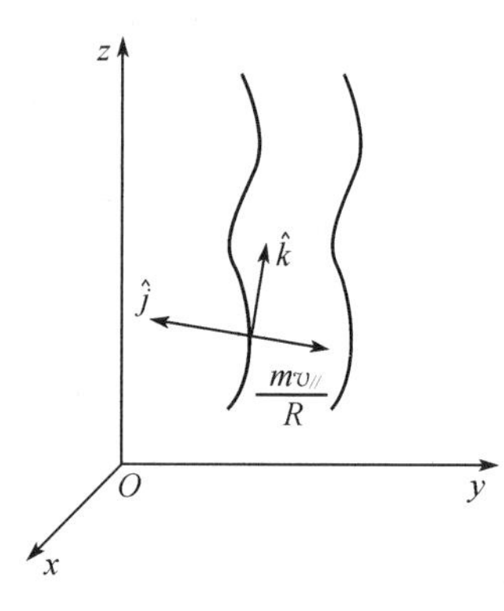

图 1.8　曲率漂移示意图

$$\vec{B}(0,\ B_y(z),\ B)$$

且 B_y 及 $\frac{\mathrm{d}B_y}{\mathrm{d}z}$ 均为小量，即 $|B_y| \ll |B|$，$\left|\frac{\mathrm{d}B_y}{\mathrm{d}z}\right| \ll |B|$，此时，带电粒子在弯曲磁场中的运动仍可看成是绕一个动点的回旋，不过这个动点现在以 $v_{/\!/}$ 的速度沿弯曲的磁力线运动着。考虑随引导中心一起运动的局部直角坐标系（单位矢量为 $\hat{i}$、$\hat{j}$、$\hat{k}$），坐标轴方向 z 轴和 y 轴分别为该点磁力线的切向和主法线方向，则引导中心在运动坐标系中受到的等效力——惯性离心力 $\vec{F}_c$ 为

$$\vec{F}_c = -\frac{mv_{/\!/}^2}{R}\hat{j} \tag{1.3-24}$$

其中 R 为曲率半径，$R = B/\frac{\mathrm{d}B_y}{\mathrm{d}z}$，代入上式，可得

$$\vec{F}_c = -\frac{2w_{/\!/}}{B}\frac{\mathrm{d}B_y}{\mathrm{d}z}\hat{j}$$

所以由于磁场曲率所导致的曲率漂移速度为

$$\begin{aligned}\vec{v}_c &= -\frac{2w_{/\!/}}{qB^2}\frac{\mathrm{d}B_y}{\mathrm{d}z}\hat{i}\\ &= \frac{2w_{/\!/}}{qB^4}[\vec{B}\times(\vec{B}\cdot\nabla)\vec{B}]\end{aligned} \tag{1.3-25}$$

其中 $w_{/\!/} = \frac{1}{2}mv_{/\!/}^2$ 为粒子平行于磁场方向上的动能。

如果磁场的横向不均匀性与纵向不均匀性同时存在，则粒子将同时发生梯度漂移和曲率漂移。若所研究的点不存在电流，即 $\nabla\times\vec{B} = 0$，则由梯度漂移和曲率漂移所引起的总漂移速度 $\vec{v}_B$ 为

$$\vec{v}_B = \left(\frac{w_\perp + 2w_{/\!/}}{qB^3}\right)\vec{B}\times\nabla B \tag{1.3-26}$$

(4) 粒子在非稳恒磁场中的运动

设磁场随时间的变化是缓慢的，缓慢变化满足下述条件

$$\dot{B}T \ll B \quad \text{i.e.,} \quad \frac{B}{\dot{B}} \gg T \tag{1.3-27}$$

即在一个拉摩周期中，磁场的变化非常小。

由电磁感应定律，随时间变化的磁场感应出环向电场（如图 1.9 所示）。环向电场 $\vec{E}$ 与磁场 $\vec{B}$ 垂直，它将引起带电粒子沿半径方向的漂移运动。即 $\frac{\mathrm{d}B}{\mathrm{d}t}$ 感应产生的环向电场

$\vec{E}^* = -\frac{r}{2}\frac{\mathrm{d}B}{\mathrm{d}t}\hat{\theta}_1$，其所生成的等效力为 $\vec{F}_{E^*} = \vec{E}^* q = -\frac{qr}{2}\frac{\mathrm{d}B}{\mathrm{d}t}\hat{\theta}_1$，故粒子在互相正交的(轴向)磁场与感应的(角向)电场中的漂移速度为

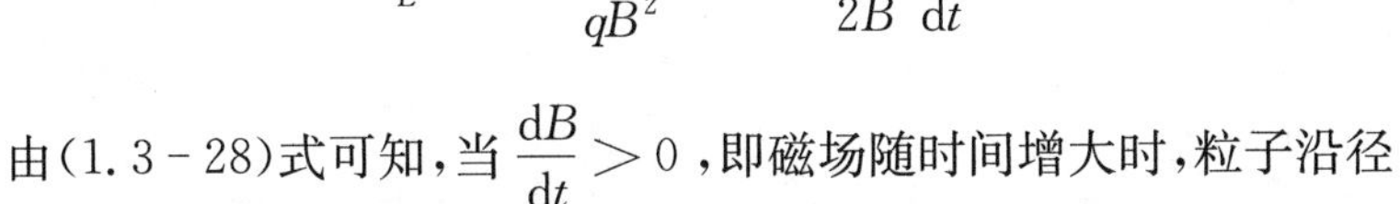

$$\vec{v}_{E^*} = \frac{\vec{F}_{E^*} \times \vec{B}}{qB^2} = -\frac{1}{2B}\frac{\mathrm{d}B}{\mathrm{d}t}\vec{r} \qquad (1.3-28)$$

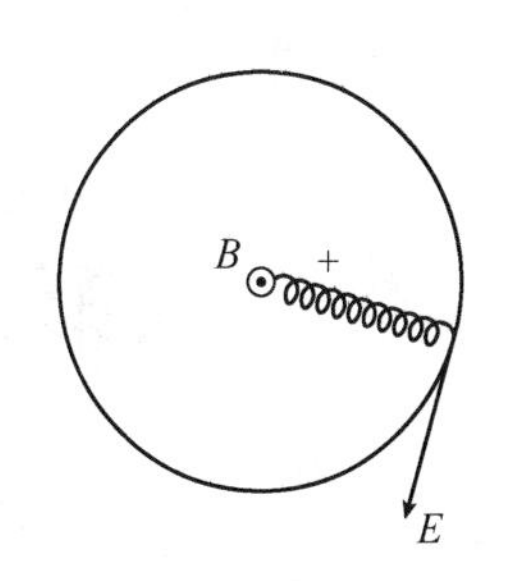

图 1.9 随时间变化的磁场中带电粒子的漂移

由(1.3-28)式可知，当 $\frac{\mathrm{d}B}{\mathrm{d}t} > 0$，即磁场随时间增大时，粒子沿径向向圆心漂移；而当$\frac{\mathrm{d}B}{\mathrm{d}t} < 0$，即磁场随时间减小时，粒子便离开圆心向外漂移；当磁场变化停止时，径向漂移也就停止。

综上所述，引导中心漂移的概述如下。

一般公式： $\vec{v}_D = \frac{\vec{F} \times \vec{B}}{qB^2}$ （$\vec{F}$ 为力场或等效力场） (1.3-20)

$\vec{F}$为电场力： $\vec{v}_E = \frac{\vec{E} \times \vec{B}}{B^2}$ (1.3-13)

$\vec{F}$为由非稳恒磁场产生的等效电场力：

$$\vec{v}_{E^*} = \frac{\vec{E}^* \times \vec{B}}{qB^2} = -\frac{\dot{B}}{2B}\vec{r} \qquad (1.3-28)$$

$\vec{F}$为重力场： $\vec{v}_g = \frac{m}{q}\frac{\vec{g} \times \vec{B}}{B^2}$ (1.3-22)

$\vec{F}$为非均匀磁场：

梯度漂移： $\vec{v}_{\nabla_\perp B} = \frac{w_\perp}{qB^3}(\vec{B} \times \nabla_\perp B)$ (1.3-23)

曲率漂移： $\vec{v}_c = \frac{2w_{/\!/}}{qB^4}[\vec{B} \times (\vec{B} \cdot \nabla)\vec{B}]$ (1.3-25)

弯曲真空场： $\vec{v}_B = \vec{v}_c + \vec{v}_{\nabla_\perp B} = \left(\frac{w_\perp + 2w_{/\!/}}{qB^3}\right)\vec{B} \times \nabla B$ (1.3-26)

必须指出，由(1.3-13)和(1.3-28)式可知，由电场力或与电性有关的等效力引起的漂移速度大小和方向均与带电粒子的质量及所带电荷大小、符号以及速度无关。即正负带电粒子将以相同的速度向同一方向漂移，它们将不会产生电流和宏观的电荷分离。同样，由(1.3-22)、(1.3-23)、(1.3-25)、(1.3-26)式可知，在非电性力作用下，漂移速度的方向随粒子电荷符号而改变，此时离子和电子向相反方向漂移，因此会引起电荷分离。由上可知，漂移运动具有令人惊奇的特性：电性力只引起质量的运动，而非电性力反倒引起电流。

第二章　磁流体力学方程组

2.1 引　言

在等离子体中，实际情况远比 1.3 节中的单粒子模型复杂。单粒子模型完全忽略了带电粒子之间的相互作用，它只适用于极其稀薄的等离子体，因此也只能应用在一部分天体物理和空间物理问题中。然而，对于大部分宇宙等离子体，必须考虑带电粒子间的相互作用，严格地讲应该用动理论来处理。但是由于动理论的复杂性和数学上的困难性，如果我们所考虑的等离子体的特征尺度 L 远大于等离子体的平均自由程$\overline{L}$，等离子体参量变化的特征时间 τ 远大于等离子体内带电粒子的平均碰撞时间$\overline{\tau}$，则此时可以把等离子体看作由无数流体“质点”（或称“流体元”）连续组成，流体质点的尺度 $\mathrm{d}L$ 必须满足

$$L \gg \mathrm{d}L \gg \overline{L}$$

上式表明流体质点尺度 $\mathrm{d}L$ 是一个宏观上小而微观上大的尺度。此条件相当于要求等离子体中“碰撞占优势”。显然，另一个条件是

$$\tau \gg \overline{\tau}$$

事实上，由带电粒子组成的流体元更有利于成团条件，这是由于带电粒子间的作用力是长程库仑力，故带电粒子间的相互作用要比中性粒子间强得多，所以带电粒子间的碰撞频率远大于中性粒子之间的碰撞频率，从而有更短的平均自由程。此外，对于处于强磁场中的等离子体，即使其中粒子间的碰撞很小，甚至可认为是“无碰撞等离子体”的情况，也可以应用导电流体描述。因为在强磁场中，带电粒子被束缚在磁力线上，其横越磁力线的运动受到限制，即磁场此时起着碰撞所起的作用。这时要求磁化流体元的特征尺度远大于带电粒子的回旋半径 r_L，于是就可用流体描述了。因此等离子体，尤其是磁化等离子体，往往可以比中性粒子系在更低的密度和更高的温度下仍能用流体方法描述。把等离子体当作导电流体来研究，是一种相当有效且应用范围广泛的方法，它能解释实验和天文观测中大多数的等离子体现象，这种理论称作电磁流体力学。

电磁流体力学是由流体力学和电动力学交叉形成的一门学科，流体力学方程和麦克斯韦方程组组成了它的基本方程组。电磁流体力学的特殊性和复杂性来源于流场和电磁场的耦合。导电流体在磁场中的运动将引起感应电场，从而产生电流。这个电流一方面与磁场相互作用，产生附加的电磁力，导致流体运动的改变；另一方面，它又将激发新的磁场，叠加在原来磁场上，改变原来磁场的位形。所以在理论探讨时，必须既考虑其力学效

应，又考虑其电磁效应。考虑到在大部分问题中，导电流体的速度是非相对论性的，这时在流场和电磁场耦合显著的情况下，磁场的作用将远大于电场，因此可以忽略电场的作用，所以通常也把电磁流体力学称为磁流体力学。

2.2　导电流体满足的流体力学方程组

对于大多数宏观呈电中性的等离子体来说，其热力学性质与中性气体相似，因此在热力学层面上的描述，可直接借鉴中性气体的热力学结果，例如可直接应用完全气体的物态方程和绝热压缩的能量方程等。

下面给出导电流体必须满足的流体力学方程组。

2.2.1　连续性方程（质量守恒方程）

$$\frac{\mathrm{d}\rho}{\mathrm{d}t}+\rho\nabla\cdot\vec{v}=0 \tag{2.2-1a}$$

或

$$\frac{\partial\rho}{\partial t}+\nabla\cdot(\rho\vec{v})=0 \tag{2.2-1b}$$

此处 ρ 为质量密度，对完全电离的氢等离子体，在假定满足电中性的条件下，有

$$\rho=n_{\mathrm{p}}m_{\mathrm{p}}+n_{\mathrm{e}}m_{\mathrm{e}}\approx n_{\mathrm{p}}m_{\mathrm{p}}\approx n_{\mathrm{e}}m_{\mathrm{p}} \tag{2.2-2}$$

$$n=n_{\mathrm{p}}+n_{\mathrm{e}}\approx 2n_{\mathrm{e}} \tag{2.2-3}$$

式中 n 为数密度，n_{e}、n_{p} 分别为电子、质子数密度；m_{e}、m_{p} 分别为电子、质子质量。$\frac{\mathrm{d}}{\mathrm{d}t}=\frac{\partial}{\partial t}+(\vec{v}\cdot\nabla)$，$\frac{\mathrm{d}}{\mathrm{d}t}$ 为欧拉描述中的随体导数，$\frac{\partial}{\partial t}$为局部导数或就地导数，$(\vec{v}\cdot\nabla)$为位变导数或对流导数。由(2.2-1b)式可见，$\frac{\partial\rho}{\partial t}$代表单位体积内由密度场的不定常性引起的质量变化，$\nabla\cdot(\rho\vec{v})$代表流出体积表面的流体质量。

2.2.2　运动方程（动量守恒方程）

$$\rho\frac{\mathrm{d}\vec{v}}{\mathrm{d}t}=\nabla\cdot\overleftrightarrow{p}+\vec{j}\times\vec{B}+\vec{F} \tag{2.2-4}$$

式中$\overleftrightarrow{p}$为等离子体的压强张量，$\vec{j}\times\vec{B}$是每单位体积的洛伦兹力，$\vec{F}$为除压强梯度力和洛伦兹力以外的外力，$\overleftrightarrow{p}$由本构方程决定。

$$\overleftrightarrow{p}=-p\tilde{I}+2\zeta\left(\overleftrightarrow{s}-\frac{1}{3}\tilde{I}\nabla\cdot\vec{v}\right)+\zeta'\tilde{I}\nabla\cdot\vec{v} \tag{2.2-5}$$

式中 ζ 为动力学黏性系数，ζ' 为第二黏性系数亦称为力膨胀黏性系数，当考虑导电流体近似认为处于平衡态时，可以忽略 ζ'，$\overleftrightarrow{s}$ 为变形速度张量。

当 $\zeta'=0$，即满足斯托克斯假定后，应力张量 $\overleftrightarrow{p}$ 和变形速度张量的关系式为

$$\begin{cases}\overleftrightarrow{p}=-p\tilde{I}+2\zeta\left(\overleftrightarrow{s}-\dfrac{1}{3}\tilde{I}\nabla\cdot\vec{v}\right)\\ p_{ij}=-p\delta_{ij}+2\zeta\left(s_{ij}-\dfrac{1}{3}s_{kk}\delta_{ij}\right)\end{cases} \tag{2.2-6}$$

则运动方程(2.2-4)式简化为

$$\rho\frac{\mathrm{d}\vec{v}}{\mathrm{d}t}=-\nabla p+\nabla\cdot(2\zeta\overleftrightarrow{s})-\frac{2}{3}\zeta\nabla(\zeta\nabla\cdot\vec{v})+\vec{j}\times\vec{B}+\vec{F} \tag{2.2-7}$$

若又考虑黏性系数 ζ 不是空间的函数，即 ζ 为常数时，导电流体满足的运动方程(2.2-7)进一步简化为

$$\rho\frac{\mathrm{d}\vec{v}}{\mathrm{d}t}=-\nabla p+\vec{j}\times\vec{B}+\zeta\Delta\vec{v}+\frac{1}{3}\zeta\nabla(\nabla\cdot\vec{v})+\vec{F} \tag{2.2-8}$$

(2.2-8)式即为压强梯度力、洛伦兹力、黏性力（假设黏性系数为常数）及其他外力的运动方程式。

若不考虑黏性，即 $\zeta=0$，则(2.2-8)式简化为

$$\rho\frac{\mathrm{d}\vec{v}}{\mathrm{d}t}=-\nabla p+\vec{j}\times\vec{B}+\vec{F} \tag{2.2-9}$$

若流体不可压，且具有黏性 ζ（ζ 为常数），则(2.2-7)简化为

$$\rho\frac{\mathrm{d}\vec{v}}{\mathrm{d}t}=-\nabla p+\vec{j}\times\vec{B}+2\zeta\Delta\vec{v}+\vec{F} \tag{2.2-10a}$$

或将(2.2-6)式代入(2.2-4)式得

$$\rho\frac{\mathrm{d}\vec{v}}{\mathrm{d}t}=-\nabla p+\vec{j}\times\vec{B}+2\zeta\nabla\cdot\overleftrightarrow{s}+\vec{F} \tag{2.2-10b}$$

显然(2.2-10a)和(2.2-10b)两式等价。

运动方程的具体形式显然还与参考系的选取有关。例如当参考系相对惯性参考系以瞬时角速度 $\vec{\omega}$ 旋转，这在考虑天体运动时是经常遇到的，为简单起见，忽略黏性力，并将重力并入其他外力中，则此时离旋转轴距离为 $\vec{r}$ 处的运动方程为

$$\rho\left(\frac{\mathrm{d}\vec{v}}{\mathrm{d}t}+2\vec{\omega}\times\vec{v}\right)=-\nabla p+\vec{j}\times\vec{B}+\vec{F}+\rho\vec{r}\times\frac{\mathrm{d}\vec{\omega}}{\mathrm{d}t}+\frac{1}{2}\rho\nabla|\vec{\omega}\times\vec{r}|^{2} \tag{2.2-11}$$

若假定 $|\vec{\omega}\times\vec{r}+\vec{v}|\ll c$，特别当 $\vec{\omega}$ 和 ρ 均为常数时，对(2.2-11)式取旋度，又 $\vec{\Omega}=\nabla\times\vec{v}$（$\vec{\Omega}$为涡度），可得

$$\rho\frac{\mathrm{d}\vec{\Omega}}{\mathrm{d}t}=\rho[(\vec{\Omega}+2\vec{\omega})\cdot\nabla]\vec{v}+\nabla\times(\vec{j}\times\vec{B})+\nabla\times\vec{F} \tag{2.2-12a}$$

或

$$\rho\frac{\partial\vec{\Omega}}{\partial t}-\rho\nabla\times(\vec{v}\times\vec{\Omega})=2\rho(\vec{\omega}\cdot\nabla)\vec{v}+(\vec{B}\cdot\nabla)\vec{j}-(\vec{j}\cdot\nabla)\vec{B}+\nabla\times\vec{F} \tag{2.2-12b}$$

综上所述，导电流体中所满足的运动方程即是流体力学运动方程式等式右端加上洛伦兹力 $\vec{j}\times\vec{B}$ 项，即(2.2-4)式。(2.2-6)、(2.2-7)、(2.2-8)式为考虑不同黏性时相应的表式。显然(2.2-7)式即为纳维-斯托克斯方程的等式右端加上洛伦兹力项，(2.2-9)式为欧拉方程的等式右端加上洛伦兹力项，(2.2-10)式为考虑流体不可压且 ζ 为常数时所满足的运动方程。(2.2-12)式为考虑定常旋转、不考虑黏性的均匀流体所满足的运动方程。根据研究问题的具体情况，写出或采用其相应满足的运动方程，该运动方程式比流体力学方程式新引进了 $\vec{j}$、$\vec{B}$，所以需要给出相应的方程组来描述它们的行为(见 2.3 节)。

2.2.3　能量方程

能量方程可表达为体积 V 内等离子体动能和内能的改变率等于单位时间内质量力和面积力所做的功加上单位时间内给予体积 V 的热量。它的微分形式可表达为

$$\rho\frac{\mathrm{d}}{\mathrm{d}t}\left(\varepsilon+\frac{1}{2}v^2\right)=-\nabla\cdot(p\vec{v})+\vec{v}\cdot(\vec{j}\times\vec{B})+\vec{v}\cdot\vec{F}-\mathscr{L} \tag{2.2-13}$$

式中 ε 为内能，$\varepsilon=\dfrac{p}{(\gamma-1)\rho}$，$\mathscr{L}$ 为能量损失函数，是能量损失率减去能量获得率的净效应，有

$$\mathscr{L}=\nabla\cdot\vec{q}+L_r-\frac{j^2}{\sigma}-H \tag{2.2-14}$$

式中 $\vec{q}$ 为热流矢量，L_r 为净的辐射损失，$\dfrac{j^2}{\sigma}$ 为欧姆耗散，σ 为电导率，H 为其他所有加热源。热流矢量 $\vec{q}=\overleftrightarrow{\kappa}\cdot\nabla T$，$\overleftrightarrow{\kappa}$ 为热传导张量，有

$$\nabla\cdot\vec{q}=\nabla_{/\!/}\cdot(\kappa_{/\!/}\nabla_{/\!/}T)+\nabla_{\perp}\cdot(\kappa_{\perp}\nabla_{\perp}T)\approx\nabla_{/\!/}\cdot(\kappa_{/\!/}\nabla_{/\!/}T)$$

下标 // 表示平行于磁力线方向，$\perp$ 为垂直于磁力线方向，由于沿磁力线方向的热传导远大于横越磁力线方向的热传导，故通常可忽略垂直于磁力线方向的热传导。辐射损失项 $L_r=\nabla\cdot\vec{q}_r$，$\vec{q}_r=-\kappa_r\nabla T$，$\kappa_r$ 为辐射传导系数，$\kappa_r=16\sigma_s T^3/(3\tilde{\kappa}\rho)$，$\sigma_s$ 为斯特藩-玻尔兹曼常数，$\tilde{\kappa}$ 为质量吸收系数，$\tilde{\kappa}\rho$ 是吸收系数。其他加热源，可根据具体情况选取，例如恒

星内部核能的产生率$\rho\tilde{\varepsilon}$、黏滞耗散率$H_\nu$$\Big($即流体力学中的耗散函数$\Phi$，$\Phi=-\dfrac{2}{3}\zeta(\nabla\cdot\vec{v})^2+2\zeta\overleftrightarrow{s}:\overleftrightarrow{s}$，$\overleftrightarrow{s}$为变形速度张量$\Big)$或外层大气的波加热项$H_w$等。

由欧姆定律$\vec{j}=\sigma(\vec{E}+\vec{v}\times\vec{B})$，则

$$\vec{E}\cdot\vec{j}=-(\vec{v}\times\vec{B})\cdot\vec{j}+\frac{j^2}{\sigma}=(\vec{j}\times\vec{B})\cdot\vec{v}+\frac{j^2}{\sigma}$$

所以能量方程(2.2-13)又可写成

$$\begin{aligned}\rho\frac{\mathrm{d}}{\mathrm{d}t}\left(\varepsilon+\frac{1}{2}v^2\right)&=-\left(\mathscr{L}+\frac{j^2}{\sigma}\right)+\vec{E}\cdot\vec{j}-\nabla\cdot(p\vec{v})+\vec{F}\cdot\vec{v}\\&=-(\nabla\cdot\vec{q}+L_r-H)+\vec{E}\cdot\vec{j}-\nabla\cdot(p\vec{v})+\vec{F}\cdot\vec{v}\end{aligned}\qquad(2.2-15)$$

方程(2.2-15)式表明，等离子体内能量(包括内能和动能)的获得是热流、辐射、黏滞耗散、加热源、电能和压力及其他力所做的功的结果。

显然与(2.2-9)式相对应的机械能方程为

$$\rho\frac{\mathrm{d}}{\mathrm{d}t}\left(\frac{1}{2}v^2\right)=\vec{v}\cdot\nabla p+(\vec{j}\times\vec{B})\cdot\vec{v}+\vec{F}\cdot\vec{v}\qquad(2.2-16)$$

即体积V内流体动能的变化是由单位时间内压强梯度力、洛伦兹力$\vec{j}\times\vec{B}$和其他外力$\vec{F}$所做的功引起的。

用能量方程(2.2-13)式减去机械能方程(2.2-16)式可得

$$\rho\frac{\mathrm{d}\varepsilon}{\mathrm{d}t}+p\nabla\cdot\vec{v}=-\mathscr{L}\qquad(2.2-17)$$

由热力学第一定律$\mathrm{d}\varepsilon=T\mathrm{d}s+\dfrac{p}{\rho^2}\mathrm{d}\rho$($s$为等离子体单位质量的熵)，

$$\frac{\mathrm{d}\varepsilon}{\mathrm{d}t}=T\frac{\mathrm{d}s}{\mathrm{d}t}+\frac{p}{\rho^2}\frac{\mathrm{d}\rho}{\mathrm{d}t}$$

$$\rho\frac{\mathrm{d}\varepsilon}{\mathrm{d}t}=\rho T\frac{\mathrm{d}s}{\mathrm{d}t}+\frac{p}{\rho}\frac{\mathrm{d}\rho}{\mathrm{d}t}$$

代入连续性方程式得

$$\frac{\mathrm{d}\rho}{\mathrm{d}t}+\rho\nabla\cdot\vec{v}=0$$

则

$$\rho\frac{\mathrm{d}\varepsilon}{\mathrm{d}t}+p\nabla\cdot\vec{v}=\rho T\frac{\mathrm{d}s}{\mathrm{d}t}=-\mathscr{L}$$

$$\rho T\frac{\mathrm{d}s}{\mathrm{d}t}=-\mathscr{L}\qquad(2.2-18)$$

(2.2-18)式通常称为加热方程。

将 $\varepsilon=\dfrac{p}{(\gamma-1)\rho}$ 代入(2.2-17)式可得

$$\frac{\mathrm{d}p}{\mathrm{d}t}+\gamma p\ \nabla\cdot\vec{v}=-(\gamma-1)\mathscr{L} \tag{2.2-19a}$$

或

$$\frac{\mathrm{d}p}{\mathrm{d}t}-\gamma\frac{p}{\rho}\frac{\mathrm{d}\rho}{\mathrm{d}t}=-(\gamma-1)\mathscr{L} \tag{2.2-19b}$$

即

$$\frac{\rho^{\gamma}}{(\gamma-1)}\frac{\mathrm{d}}{\mathrm{d}t}\left(\frac{p}{\rho^{\gamma}}\right)=-\mathscr{L} \tag{2.2-19c}$$

如果等离子体为理想的多方气体,即内能 $\varepsilon=c_V T$,c_V 为定容比,又定压比 $c_p=c_V+\dfrac{k_\mathrm{B}}{m}$,比热比 $\gamma=\dfrac{c_p}{c_V}$,则

$$c_p=\frac{\gamma}{\gamma-1}\frac{k_\mathrm{B}}{m},\quad c_V=\frac{1}{\gamma-1}\frac{k_\mathrm{B}}{m}$$

其中 $\gamma=\dfrac{\tilde{N}+2}{\tilde{N}}$,$\tilde{N}$ 为等离子体的自由度。例如对完全电离氢 $\tilde{N}=3$,则 $\gamma=\dfrac{5}{3}$,一般 γ 位于 $1\sim\dfrac{5}{3}$ 之间。此时能量方程(2.2-19b)亦可写为下列形式

$$\rho\frac{\mathrm{d}}{\mathrm{d}t}(c_p T)-\frac{\mathrm{d}p}{\mathrm{d}t}=-\mathscr{L} \tag{2.2-20a}$$

或

$$\rho c_V T\frac{\mathrm{d}}{\mathrm{d}t}\left(\log\frac{p}{\rho^{\gamma}}\right)=-\mathscr{L} \tag{2.2-20b}$$

(2.2-20a)式中 $c_p T=\dfrac{\gamma p}{(\gamma-1)\rho}$。当压强为常数时,(2.2-20a)式中第二项为零,此时(2.2-20a)式化为

$$\rho c_p\frac{\mathrm{d}T}{\mathrm{d}t}=-\mathscr{L} \tag{2.2-21}$$

当等离子体处于绝热状态时,与外界无热能交换时,此时 $\mathscr{L}=0$,由方程(2.2-18)或(2.2-20b)可得

$$s=c_V\log\left(\frac{p}{\rho^{\gamma}}\right)+常数 \tag{2.2-22}$$

众所周知，流体力学方程组是非线性的，导电流体满足的流体力学方程组中除流体力学组中涉及的未知量 ρ、$\vec{p}$、T、$\vec{v}$外，引进了三个新的未知量$\vec{j}$、$\vec{B}$、$\vec{E}$，它们必须满足电磁方程组。

2.3 电磁方程组

对于宇宙等离子体，麦克斯韦方程组中的介电常数 ε 和磁导率 μ 一般可用真空值作很好的近似，因此在宇宙等离子体物理中，一般使用真空中的麦克斯韦方程组。

2.3.1 国际单位制下真空中的麦克斯韦方程组

法拉第方程：
$$\nabla\times\vec{E}=-\frac{\partial\vec{B}}{\partial t} \tag{2.3-1}$$

安培定律：
$$\nabla\times\vec{B}=\mu_0\vec{j}+\mu_0\varepsilon_0\frac{\partial\vec{E}}{\partial t} \tag{2.3-2a}$$

忽略位移电流时，安培定律简化为
$$\nabla\times\vec{B}=\mu_0\vec{j} \tag{2.3-2b}$$

高斯定理：
$$\nabla\cdot\vec{E}=\frac{\rho_q}{\varepsilon_0} \tag{2.3-3}$$

磁场的高斯定理：
$$\nabla\cdot\vec{B}=0 \tag{2.3-4}$$

此处 ρ_q 和$\vec{j}$分别表示“自由”电荷和电流密度。式中 $\mu_0=4\pi\times10^{-7}$ H/m 为真空磁导率，$\varepsilon_0=8.854\times10^{-12}$ F/m 为真空中的介电常数，$c=(\mu_0\varepsilon_0)^{-\frac{1}{2}}\approx2.298\times10^8$ m/s，$\vec{E}$的单位为 V/m，$\vec{B}$的单位是 T(特斯拉)，$\vec{j}$的单位是 A/m^2 和$\vec{v}$的单位是 m/s。电磁学的单位制因历史的原因，至今最常用的是国际单位制和高斯制两种，关于单位间的公式变换和单位换算参见附录一。

2.3.2 广义欧姆定律

要由麦克斯韦方程组单值地确定电磁场，必须给定电流密度$\vec{j}(\vec{r},t)$，或者把电流密度与方程组里所包含的其他量联系起来，将电流密度$\vec{j}$、电磁场强度及确定导电介质性质与运动的参数联系起来的关系通常称为广义欧姆定律。大多数情况下，可将等离子体当作单一的导电流体来考虑，此时欧姆定律为
$$\vec{j}=\sigma\vec{E}^*=\sigma(\vec{E}+\vec{v}\times\vec{B}) \tag{2.3-5}$$
式中 σ 为电导率，$\vec{E}^*$ 为等效电场，其他物理量具有通常意义。

然而，对于那些远未达到热力学平衡的完全电离等离子体，必须分别考虑各种成分气

体的运动及它们之间的耦合。下面讨论完全电离等离子体情况下，即它由电子气和离子气两种成分组成，由二流体模型来导出完全电离等离子体中联系电流密度和其他量之间关系的表达式。

等离子体二流体描述的方程组的严格推导必须借助于动理论。但也可以从流体力学和电动力学的考虑直接写出。以下考虑最简单的模型，即认为电子气体和离子气体各自独立地运动着，因而对每种成分可分别写出它们的流体运动方程，不同成分之间由于碰撞而产生的相互作用，则可以归结为某个平均的体积力，它的大小等于电子和离子在碰撞时动量变化率的平均值。此外，认为电子气体和离子气体都是理想气体，因而它们的内部应力只有压力。这时，可直接写出电子气和离子气的运动方程：

$$n_\alpha m_\alpha \frac{\mathrm{d}u_\alpha}{\mathrm{d}t} = -\nabla p_\alpha + n_\alpha q_\alpha(\vec{E} + \vec{u}_\alpha \times \vec{B}) + \vec{M}_\alpha \tag{2.3-6}$$

$\alpha = \mathrm{e}, \mathrm{i}$ 分别表示电子、离子气体，q_α 是 α 成分粒子的电荷，m_α、n_α 分别为 α 粒子的质量和数密度，于是 $n_\alpha m_\alpha$、$n_\alpha q_\alpha$ 和 $n_\alpha q_\alpha u_\alpha$ 将分别表示 α 成分流体的质量密度、电荷密度和电流密度，$\vec{M}_\alpha$ 为两种流体之间互作用的耦合项。根据理论力学可合理地假定

$$\vec{M}_\mathrm{e} = -\vec{M}_\mathrm{i} = \gamma_{\mathrm{ei}} n \frac{m_\mathrm{e} m_\mathrm{i}}{m_\mathrm{e} + m_\mathrm{i}}(\vec{u}_\mathrm{i} - \vec{u}_\mathrm{e}) \tag{2.3-7}$$

式中 γ_{ei} 表示电子和离子间的平均碰撞频率，并且假定粒子由于碰撞而偏转时，在任何偏转角上的几率都相等。

由(2.3-6)式，当 $\alpha = \mathrm{e}, \mathrm{i}$ 时，有

$$n_\mathrm{e} m_\mathrm{e}\left[\frac{\partial \vec{u}_\mathrm{e}}{\partial t} + (\vec{u}_\mathrm{e} \cdot \nabla)\vec{u}_\mathrm{e}\right] = -\nabla p_\mathrm{e} - n_\mathrm{e} e(\vec{E} + \vec{u}_\mathrm{e} \times \vec{B}) + \vec{M}_\mathrm{e} \tag{2.3-8a}$$

$$n_\mathrm{i} m_\mathrm{i}\left[\frac{\partial \vec{u}_\mathrm{i}}{\partial t} + (\vec{u}_\mathrm{i} \cdot \nabla)\vec{u}_\mathrm{i}\right] = -\nabla p_\mathrm{i} + n_\mathrm{i} e(\vec{E} + \vec{u}_\mathrm{i} \times \vec{B}) + \vec{M}_\mathrm{i} \tag{2.3-8b}$$

考虑到 ① 等离子体的电中性即 $n_\mathrm{e} = n_\mathrm{i} = n$；② 等离子体宏观运动速度是小量，故可略去 $\vec{v}$、$\vec{j}$ 及其微商的二次项；③ $m_\mathrm{e} \ll m_\mathrm{i}$，故可略去与 $\frac{m_\mathrm{e}}{m_\mathrm{i}}$ 有关的项。以 $\frac{e}{m_\mathrm{e}}$ 乘(2.3-8a)式，$\frac{e}{m_\mathrm{i}}$ 乘(2.3-8b)式，然后相减，并考虑上述条件，则单流体模型下的宏观物理量与二流体模型下相应物理量的关系为

密度：
$$\rho = \sum_\alpha n_\alpha m_\alpha = n(m_\mathrm{e} + m_\mathrm{i}) \tag{2.3-9}$$

动量：
$$\rho\vec{v} = \sum_\alpha n_\alpha m_\alpha \vec{u}_\alpha = n(m_\mathrm{e}\vec{u}_\mathrm{e} + m_\mathrm{i}\vec{u}_\mathrm{i}) \tag{2.3-10}$$

速度：
$$\vec{v} = \frac{\sum_\alpha n_\alpha m_\alpha \vec{u}_\alpha}{\sum_\alpha n_\alpha m_\alpha} \approx \frac{m_\mathrm{e}\vec{u}_\mathrm{e} + m_\mathrm{i}\vec{u}_\mathrm{i}}{m_\mathrm{i}} \tag{2.3-11}$$

电流密度：
$$\vec{j}_\alpha = n_\alpha q_\alpha \vec{u}_\alpha = ne(\vec{u}_\mathrm{i} - \vec{u}_\mathrm{e}) \tag{2.3-12}$$

即可得到完全电离的等离子体中的广义欧姆定律

$$\frac{m_e}{ne^2}\frac{\partial \vec{j}}{\partial t} = \vec{E} + \vec{v}\times\vec{B} = \frac{1}{2ne}\nabla p - \frac{1}{ne}\vec{j}\times\vec{B} - \frac{m_\mathrm{e}\gamma_\mathrm{ei}}{ne^2}\vec{j} \tag{2.3-13}$$

(2.3-13)式就是所谓的广义欧姆定律。(2.3-13)式右方各项分别对应洛伦兹力、热压力、霍尔电动力和电阻效应的贡献。由此可见，在最一般的情况下，等离子体中的电流不仅与等离子体本身的物理性质（如电导率）和电场强度有关，还取决于被研究问题的力学特征（如速度、压力等）和磁场强度的大小。在稳态 $\left(\frac{\partial}{\partial t}=0\right)$ 时，(2.3-13)式可简化为

$$\vec{j} = \sigma\left(\vec{E} + \vec{v}\times\vec{B} - \frac{1}{n_\mathrm{e}e}\vec{j}\times\vec{B} + \frac{1}{2n_\mathrm{e}e}\nabla p\right) \tag{2.3-14a}$$

(2.3-14a)式亦可写成

$$\vec{j} = \overleftrightarrow{\sigma}\cdot\vec{E}^* \tag{2.3-14b}$$

上式中$\vec{E}^*$为等效电场，

$$\vec{E}^* = \vec{E} + \vec{v}\times\vec{B} + \frac{1}{2n_\mathrm{e}e}\nabla p$$

$\overleftrightarrow{\sigma}$为电导率张量，

$$\overleftrightarrow{\sigma} = \begin{pmatrix} \sigma_1 & -\sigma_2 & 0 \\ \sigma_2 & \sigma_1 & 0 \\ 0 & 0 & \sigma \end{pmatrix}$$

其中 σ 为不考虑磁场或平行于磁场方向时的电导率，$\sigma = \frac{n_\mathrm{e}e^2\tau_\mathrm{ei}}{m_\mathrm{e}}$，$\sigma_1$ 为直流电导率（或横向电导率），$\sigma_1 = \frac{\sigma}{1+\Omega_\mathrm{e}^2\tau_\mathrm{ei}^2}$，$\sigma_2$ 为霍尔电导率，$\sigma_2 = \frac{\Omega_\mathrm{e}\tau_\mathrm{ei}\sigma}{1+\Omega_\mathrm{e}^2\tau_\mathrm{ei}^2}$，$\Omega_\mathrm{e}$ 为电子在磁场中的回旋频率，τ_ei为电子和离子两次碰撞之间的自由运动时间。

在完全电离的等离子体中，平行于磁场方向的电导率 σ 和电子与离子两次碰撞之间的自由运动时间，及电子回旋频率的近似表达式为

$$\sigma = \frac{n_\mathrm{e}e^2\tau_\mathrm{ei}}{m_\mathrm{e}} \approx 1.53\times 10^{-2}\,\frac{T^{3/2}}{\ln\Lambda}\ (\mathrm{S\,m^{-1}})$$

$$\tau_\mathrm{ei} \approx 2.66\times 10^{5}\,\frac{T^{3/2}}{n_\mathrm{e}\ln\Lambda}\ (\mathrm{s})$$

$$\Omega_\mathrm{e} \approx 1.76\times 10^{11}B\ (\mathrm{rad/s})$$

其中 $\ln\Lambda$ 为库仑对数，T 为温度，n_e 为电子数密度，B 为磁场强度。

实际等离子体由三种成分——电子、离子、中性粒子的气体所组成。故当我们考虑

部分电离等离子体或弱电离等离子体区域时，必须考虑电子、离子和中性原子的三流体模型。假定 $n_e \approx n_i \approx n$，又 $m_i \gg m_e$，$m_i \approx m_a$，m_a 为中性原子的质量，令电离度 $f = \dfrac{n}{n+n_a}$，n_a 为中性原子数密度，则总压强为 $p = p_e + p_i + p_a$，p_a 为中性原子压强。考虑到平衡时 $p_i \approx p_e \approx \dfrac{n}{2n+n_a}p$，$p_a = \dfrac{n_a}{2n+n_a}p$，则部分电离等离子体中的广义欧姆定律为

$$n_e e\left(\vec{E}+\vec{v}\times\vec{B}+\frac{\nabla p_e}{n_e e}\right)=\frac{m_e}{e}\left[\frac{\partial\vec{j}}{\partial t}+\nabla\cdot(\vec{v}\,\vec{j}+\vec{j}\,\vec{v})\right]+\left(\frac{1}{\Omega_e\tau_{ei}}+\frac{1}{\Omega_e\tau_{en}}\right)B\vec{j}$$
$$+\vec{j}\times\vec{B}+\frac{f^2\Omega_e\tau_{in}}{B}[\nabla p_e\times\vec{B}-(\vec{j}\times\vec{B})\times\vec{B}]$$
(2.3-15)

式中$\vec{v}$是质心速度，Ω_e 为电子回旋频率，τ_{ei}是电子与离子的碰撞时间，τ_{en}和 τ_{in}分别为电子、离子与中性原子的碰撞时间。

在许多实际应用中，当考虑问题的特征时间远大于粒子在相继两次碰撞间即 $T \gg \max\{\tau_{ei},\ \tau_{en},\ \tau_{in}\}$ 时，部分电离气体中的广义欧姆定律可简化为

$$\sigma'(\vec{E}+\vec{v}\times\vec{B})=\vec{j}+\frac{\sigma'}{n_e e}\vec{j}\times\vec{B}-\frac{\sigma' f^2\Omega_e\tau_{in}}{n_e eB}(\vec{j}\times\vec{B})\times\vec{B} \qquad (2.3-16)$$

此处

$$\sigma'=\frac{n_e e^2 m_e^{-1}}{\tau_{ei}^{-1}+\tau_{en}^{-1}} \qquad (2.3-17)$$

为无磁场时或平行于磁场方向的部分电离气体中的电导率。

由(2.3-16)式，当电流平行于磁场时，(2.3-16)式可简化为$\vec{j}=\sigma'(\vec{E}+\vec{v}\times\vec{B})=\sigma'\vec{E}^*$，$\vec{E}^*=\vec{E}+\vec{v}\times\vec{B}$ 为等效电场。当电场垂直于磁场时，则$\vec{j}\cdot\vec{B}=0$，考虑到$(\vec{j}\times\vec{B})\times\vec{B}=\vec{B}(\vec{B}\cdot\vec{j})-\vec{j}B^2$，(2.3-16)式可简化为

$$\sigma_3\vec{E}^*=\vec{j}+\frac{\sigma_3}{n_e e}\vec{j}\times\vec{B} \qquad (2.3-18)$$

式中

$$\sigma_3=\frac{\sigma'}{1+f^2\sigma'\Omega_e\tau_{in}/(n_e e)} \qquad (2.3-19)$$

σ_3 称为柯林电导率，定义为电流 j 与电流方向的电场分量 $\dfrac{\vec{E}\cdot\vec{j}}{j}$ 之比，方程(2.3-18)式亦可写为

$$\vec{j}=\sigma'_1\vec{E}^*+\sigma'_2\frac{\vec{B}}{B}\times\vec{E}^* \qquad (2.3-20)$$

式中σ'_1为直流电导率，

$$\sigma'_1 = \frac{\sigma_3}{1+[\sigma_3 B/(n_e e)]^2} \tag{2.3-21}$$

σ'_2为霍尔电导率，

$$\sigma'_2 = \frac{\sigma_3 B}{n_e e}\sigma'_1 \tag{2.3-22}$$

$$\sigma_3 = \frac{\sigma'}{1+\dfrac{f^2\sigma'\Omega_e\tau_{in}B}{n_e e}} \tag{2.3-19}$$

$$\sigma' = \frac{n_e e^2 m_e^{-1}}{\tau_{ei}^{-1}+\tau_{en}^{-1}} \tag{2.3-17}$$

故部分电离气体中电导率张量$\overleftrightarrow{\sigma}'$为

$$\overleftrightarrow{\sigma}' = \begin{pmatrix} \sigma'_1 & -\sigma'_2 & 0 \\ \sigma'_2 & \sigma'_1 & 0 \\ 0 & 0 & \sigma' \end{pmatrix} \tag{2.3-23}$$

显然当不考虑中性原子时，即$n_a = 0$，$\tau_{in} = \tau_{en} = 0$时

$$\sigma' = \sigma = \frac{n_e e\tau_{ei}}{m_e}$$

$$\sigma_3 = \sigma' = \sigma$$

$$\sigma'_1 = \frac{\sigma}{1+\Omega_e^2\tau_{ei}^2}$$

$$\sigma'_2 = \Omega_e\tau_{ei}\sigma_1$$

此时部分电离等离子体中的电导率张量$\overleftrightarrow{\sigma}'$还原为$\overleftrightarrow{\sigma}$，即(1.2-31)式。

由方程(2.3-18)式可知，部分电离气体中的能量耗散率为$\vec{E}^*\cdot\vec{j}=\dfrac{j^2}{\sigma_3}$，由于$\sigma_3 \leqslant \sigma$，所以$\dfrac{j^2}{\sigma_3}$大于完全电离气体或无磁场时的能量耗散率$\dfrac{j^2}{\sigma}$。

以上麦克斯韦方程组隐含了电荷守恒方程$\dfrac{\partial\rho_q}{\partial t}+\nabla\cdot\vec{j}=0$，可以对(2.3-2b)式取散度来直接证明。麦克斯韦方程组是线性方程组，这是电磁场可以叠加的必要条件。必须指出麦克斯韦方程组是不封闭的，通常要引入介质的电磁性能方程或必须联立介质运动方程等才能使之封闭。

2.4　磁感应方程式

磁流体力学一方面考虑洛伦兹力对导电流体的运动所产生的力学作用，另一方面，由于导电流体相对于磁场运动而感应电动势，从而改变磁场的初始位形。为了阐明导电流体中磁场变化的特殊规律，本节暂不考虑洛伦兹力对导电流体运动的影响，而仅仅研究运动的导电流体对磁场的作用。

2.4.1　磁感应方程式

利用麦克斯韦方程(2.3-2b)式和欧姆定律(2.3-5)式，即

$$\nabla\times\vec{B}=\mu_0\vec{j}$$

$$\vec{j}=\sigma(\vec{E}+\vec{v}\times\vec{B})$$

消去$\vec{j}$，可得

$$\vec{E}=-\vec{v}\times\vec{B}+\frac{1}{\sigma\mu_0}\nabla\times\vec{B}$$

然后对上式取旋度，并考虑到 $\nabla\times\vec{E}=-\dfrac{\partial\vec{B}}{\partial t}$，则有

$$\frac{\partial\vec{B}}{\partial t}=\nabla\times(\vec{v}\times\vec{B})-\frac{1}{\mu_0}\nabla\times\left(\frac{1}{\sigma}\nabla\times\vec{B}\right)=\nabla\times(\vec{v}\times\vec{B})-\nabla\times[\eta_m(\nabla\times\vec{B})]$$

(2.4-1)

式中 η_m 称为磁扩散系数，$\eta_m=\dfrac{1}{\sigma\mu_0}$。上式就是导电流体中磁场变化所遵循的基本方程式，称作磁感应方程式。

当电导率 σ 在空间上为均匀的常量时，利用矢量运算的恒等式 $\nabla\times\nabla\times\vec{B}=\nabla(\nabla\cdot\vec{B})-\nabla^2\vec{B}$ 和磁场的无源性质，(2.4-1)式便化为

$$\frac{\partial\vec{B}}{\partial t}=\nabla\times(\vec{v}\times\vec{B})+\eta_m\nabla^2\vec{B}\qquad(2.4-2)$$

磁感应方程(2.4-1)式和(2.4-2)式表明，导电流体中磁场的变化由两个因素决定：① 导电流体的运动情况；② 磁场本身的分布位形。它们将给出导电流体和磁场相互作用的两个重要性质——磁场的扩散效应和冻结效应。

2.4.2　磁雷诺数

一般情况下，在估算导电流体中磁场的变化时，既不能忽略流体的运动，也不能把流体当作完全导电的理想流体来处理。这时在数学上必须求解磁感应方程(2.4-1)式或

(2.4－2)式。求解磁感应方程式是十分困难的，为了能不解方程，而对所研究问题中有关物理量的大小有一个量级的概念，以建立粗略的物理图像并作出一些初步的判断，通常采用所谓量级分析法来处理微分方程式。尽管方法本身很粗糙，但却非常有用。应用量级分析法时，用有关物理量的特征数值代替微分方程式中相应的各项。例如用量级分析法来估算磁场方程(2.4－2)式中右端两项的大小时，可用所研究问题的特征长度 L 的倒数 $\frac{1}{L}$ 代替对空间的一阶导数，用 $\frac{1}{L^2}$ 代替对空间的二阶导数，于是有

$$\nabla\times(\vec{v}\times\vec{B})\sim\frac{vB}{L}$$

$$\nabla^2\vec{B}\sim\frac{B}{L^2}$$

方程式(2.4－2)右端第一项与第二项的比值为

$$\frac{\nabla\times(\vec{v}\times\vec{B})}{\eta_m\nabla^2\vec{B}}\sim\frac{vL}{\eta_m}=Rm \tag{2.4-3}$$

v、B 分别为导电流体的运动速度和磁场强度的特征值，而 Rm 称作磁雷诺数。

显然，磁雷诺数 Rm 的大小直接表征了导电流体中磁场变化的主要决定因素。当 $Rm\gg1$ 时，磁感应方程式中右端第一项流动项起重要作用，磁场的变化主要由导电流体运动所决定；而当 $Rm\ll1$ 时，磁感应方程式中右端第二项即扩散项起主要作用，磁场的变化主要通过扩散而衰减和趋于均匀化。

通常宇宙等离子体都具有大的特征尺度，因此大磁雷诺数是磁流体力学问题的基本特征之一，宇宙等离子体的运动常常是天体磁场变化的主要原因。

2.4.3 磁扩散近似，磁扩散效应

当流体静止时，磁感应方程(2.4－2)式变为

$$\frac{\partial\vec{B}}{\partial t}=\eta_m\nabla^2\vec{B} \tag{2.4-4}$$

上式是一个扩散方程，它表示在不运动的导电流体中，磁场随时间的变化是由磁场分布的不均匀所引起的。磁场将从强的区域向弱的区域扩散，扩散的结果使导电流体中的磁场分布趋向于均匀化，而总的磁场能量趋向于减小。由(2.4－4)式可知，磁场扩散的速率不但与磁场的不均匀性 $\nabla^2\vec{B}$ 有关，还取决于导电流体本身的性质。磁扩散系数 η_m 越大，磁场的扩散就越快。

利用量级分析法可估算导电流体中磁场扩散的特征时间 τ_d，对扩散方程(2.4－4)式应用量级分析法可得

$$\frac{B}{\tau_d}\sim\eta_m\frac{B}{L^2}$$

于是有

$$\tau_d \sim \frac{L^2}{\eta_m} \quad 或 \quad \tau_d \sim \mu_0 \sigma L^2 \tag{2.4-5}$$

(2.4－5)式表明,导电流体的电导率越大,磁场衰减越慢。当 $\sigma \to \infty$ 时,$\tau_d \to \infty$,磁场将不扩散,显然此时即为磁场冻结的情况。(2.4－5)式还表明,对于有限电导率的导电流体,其特征尺度越大,磁场的扩散速率便越小。所以,宇宙等离子体的巨大尺度使它们内部磁场的衰减具有很大的时标。

为了使读者对导电流体中磁场的扩散有较清晰的物理图像,下面以一维无限空间中磁场的扩散问题为例作说明。在一维情况下,扩散方程(2.4－4)式取如下形式

$$\frac{\partial \vec{B}}{\partial t} = \eta_m \frac{\partial^2 \vec{B}}{\partial x^2} \tag{2.4-6}$$

若导电流体的边界在很远或没有边界,这时只需考虑初始条件而不必考虑边界条件,这样的问题称作柯西问题。当满足初始条件 $\vec{B}(x, 0) = \vec{B}_0(x)$ 时,扩散方程(2.4－6)式的柯西解为

$$\vec{B}(x, t) = \int_{-\infty}^{+\infty} B_0(\xi) G(x, \xi, t) \mathrm{d}\xi \tag{2.4-7}$$

上式中格林函数 $G(x, \xi, t)$ 为

$$G(x, \xi, t) = \frac{1}{\sqrt{4\pi\eta_m t}} \exp\left\{\frac{(x-\xi)^2}{4\eta_m t}\right\}$$

若磁场的初始条件为

$$B(x, 0) = \begin{cases} +B_0 & x > 0 \\ 0 & x = 0 \\ -B_0 & x < 0 \end{cases}$$

上式为电流片两侧磁场位形最简单的数学表示,B_0 为常数。代入(2.4－7)式,可得一维磁扩散方程的解为

$$\vec{B}(x, t) = \frac{2B_0}{\sqrt{\pi}} \int_0^{\frac{x}{2\sqrt{\eta_m t}}} \mathrm{e}^{-u^2} \mathrm{d}u = B_0 \mathrm{erf}(\xi) \tag{2.4-8}$$

$$\mathrm{erf}(\xi) = \frac{2}{\sqrt{\pi}} \int_0^{\xi} \mathrm{e}^{-u^2} \mathrm{d}u, \quad \xi = \frac{x}{2\sqrt{\eta_m t}}$$

当 $\xi \to \infty$ 时,$\mathrm{erf}(\xi) \to \pm 1$,显然满足初始条件,当 $|x| \ll (4\eta_m t)^{1/2}$,$B(x, t) = B_0 x (\pi\eta_m t)^{-\frac{1}{2}}$,当 t 给定为某一时刻,则 $B(x, t)$ 随 x 的变化为线性函数,而当 $|x| \gg (4\eta_m t)^{1/2}$,$|B(x, t)| \approx B_0$(详见图 2.1)。

图 2.1(a)给出了不同时间 t_1 和 t_2($t_2 > t_1 > 0$)的磁场强度的变化,图 2.1(b)给出了不同时间相应磁力线扩散导致的磁力线疏密示意图。由图 2.1 可知,电流集中在宽度为

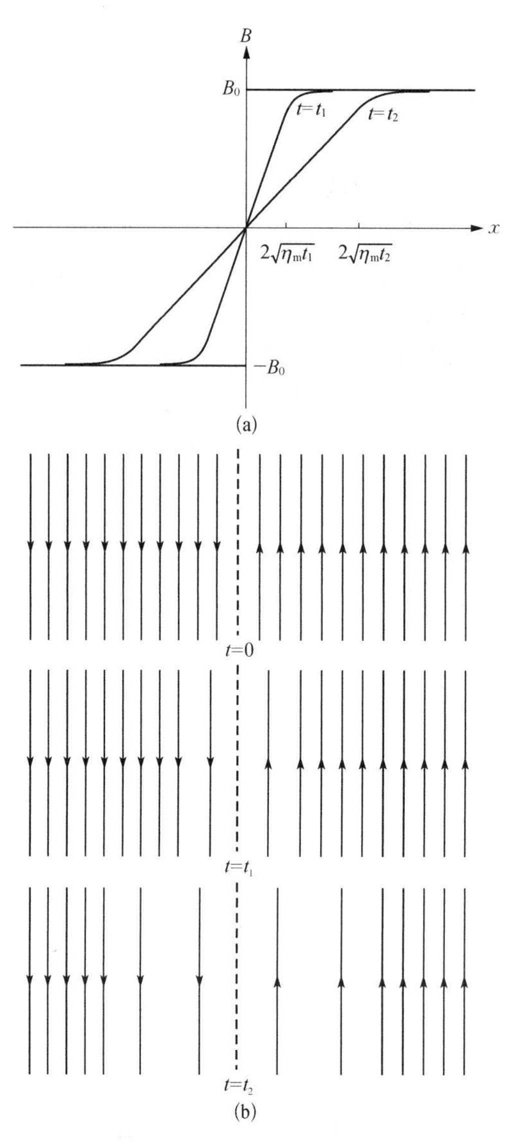

（a）磁场强度随时间的变化 （b）磁力线随时间的扩散示意图

图 2.1 电流片扩散示意图

$l=4(\eta_m t)^{1/2}$ 的区域，该区域称为电流片。由安培定律可知 $j_z=\mu_0^{-1}\dfrac{\mathrm{d}B}{\mathrm{d}x}$，其宽度随时间 t 以 $\dfrac{\mathrm{d}l}{\mathrm{d}t}=2\left(\dfrac{\eta_m}{t}\right)^{1/2}$ 的速率增加。在电流片内，场强单调下降，当 $|x|\gg(4\eta_m t)^{1/2}$，场强几乎是常数。电流片中的磁力线与其说是扩散出去了还不如说是被湮灭了，湮灭的本质是磁能通过欧姆耗散变为热能了。磁扩散近似时导电流体中的总磁能为

$$W_B=\frac{1}{2\mu_0}\int B^2\,\mathrm{d}V$$

磁能的变化率为

$$\frac{\partial W_B}{\partial t}=\frac{1}{\mu_0}\int \vec{B}\cdot\frac{\partial \vec{B}}{\partial t}\mathrm{d}V \tag{2.4-9}$$

$$\begin{aligned}\vec{B}\cdot\frac{\partial \vec{B}}{\partial t}&=\eta_{\mathrm{m}}\vec{B}\cdot\nabla^2\vec{B}=-\mu_0\eta_{\mathrm{m}}\vec{B}\cdot\nabla\times\vec{j}\\&=-\mu_0\eta_{\mathrm{m}}[\nabla\cdot(\vec{j}\times\vec{B})+(\nabla\times\vec{B})\cdot\vec{j}]\end{aligned}$$

则

$$\begin{aligned}\frac{\partial W_B}{\partial t}&=-\eta_{\mathrm{m}}\int_{\Sigma}(\vec{j}\times\vec{B})\cdot\mathrm{d}\vec{S}-\eta_{\mathrm{m}}\int_V(\nabla\times\vec{B})\cdot\vec{j}\,\mathrm{d}V\\&=-\mu_0\eta_{\mathrm{m}}\int_V j^2\mathrm{d}V=-\int_V\frac{j^2}{\sigma}\mathrm{d}V\end{aligned} \tag{2.4-10}$$

上式中由于边界面 Σ 上 $\vec{B}$、$\vec{j}$ 为零，所以面积分 $\int_{\Sigma}(\vec{j}\times\vec{B})\cdot\mathrm{d}\vec{S}\equiv 0$。(2.4-10)式表明，静止导电流体中磁场的扩散效应使总磁能减少，其本质是由电阻引起的焦耳耗散使磁能转变为导电流体的热能。因此可以认为导电流体中磁场的扩散与电磁能量的焦耳耗散是同一个物理过程，只是从不同的角度去描述它而已。由于在这个过程中，有序的磁能被转化为导电流体的无序热能，所以过程是不可逆的。

2.4.4　理想导电近似，冻结效应

当考虑 $Rm\gg 1$ 时，方程(2.4-2)式将近似为

$$\frac{\partial \vec{B}}{\partial t}=\nabla\times(\vec{v}\times\vec{B}) \tag{2.4-11}$$

上式表明，这时磁场的变化将完全由流体的运动所决定，(2.4-11)式在形式上与无黏滞不可压流体中涡旋 $\vec{\Omega}$ 所满足的方程一样

$$\frac{\partial \vec{\Omega}}{\partial t}=\nabla\times(\vec{v}\times\vec{\Omega}) \tag{2.4-12}$$

(2.4-12)式的物理图像是，涡旋黏附在流体质点上，随流体一起运动。由此可见，(2.4-11)式意味着在完全导电的理想流体中，磁场的变化就如同磁力线黏附于导电流体质点上，随它一起运动。因此可形象地用磁力线"冻结"在流体上这样的概念来描述流体运动对磁场的影响，这就是所谓的磁场冻结效应，而(2.4-11)式也被称为冻结方程。

利用冻结方程(2.4-11)可以证明如下三个定理。① 磁通量守恒定理：在完全导电的理想流体中，通过和流体一起运动的任意曲面的磁通量守恒。② 在完全导电的理想流体中，起初位于某根磁力线上的流体质点，以后将一直位于这根磁力线上。③ 在理想磁流体力学条件下，对有限维的磁场结构，当且仅当在封闭曲面上，磁场和流场满足 $\vec{B}\cdot\vec{n}=\vec{v}\cdot\vec{n}=0$，则磁螺度是一个守恒量。

1. 磁通量守恒定理(柯林定理)

考虑某一闭合回路 l_1 所包围的面积 $S(t)$,随着等离子体一起运动,如图 2.2 所示,经过 $\mathrm{d}t$ 后,回路 l_1 变成了回路 l_2,回路所包围的面积变成了 $S(t+\mathrm{d}t)$。运动过程中,回路所包围的面积在空间扫过的体积为 δV,它的上底为 $S(t+\mathrm{d}t)$,下底为 $S(t)$,侧面的面元为 $\mathrm{d}\vec{S}=\mathrm{d}\vec{l}\times\vec{v}\mathrm{d}t$,选择回路的方向,使得 $\mathrm{d}\vec{l}\times\vec{v}$ 沿 $\mathrm{d}\vec{S}$的外法线方向。这时,面元 $S(t+\mathrm{d}t)$ 的法线方向向外,而面元 $S(t)$的法线方向向内。由于 $\nabla\cdot\vec{B}=0$,则穿过包围小体积 δV 的封闭曲面的磁通量为零,即

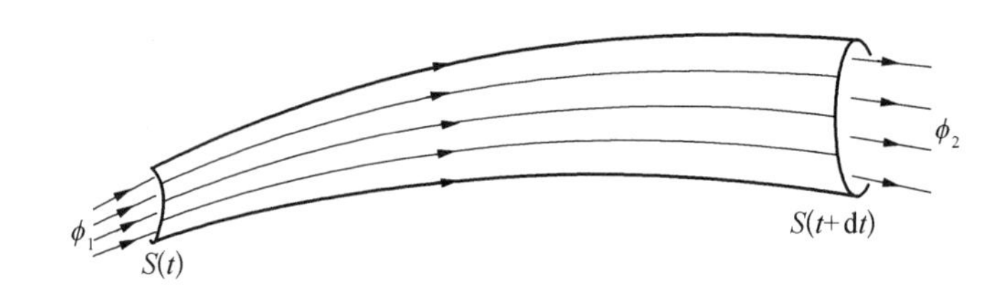

图 2.2　闭合回路的运动

$$\int_{\delta V}\nabla\cdot\vec{B}\mathrm{d}V=\int_{S(t+\mathrm{d}t)}B_n\mathrm{d}S-\int_{S(t)}B_n\mathrm{d}S+\oint\vec{B}\cdot(\mathrm{d}\vec{l}\times\vec{v})\mathrm{d}t=0$$

其中 B_n 为磁场$\vec{B}$在面元 S 的法向分量,于是

$$\int_S\vec{B}\cdot\frac{\partial}{\partial t}\mathrm{d}\vec{S}=\int_S B_n\frac{\partial}{\partial t}\mathrm{d}S=-\oint_l\vec{B}\cdot\mathrm{d}\vec{l}\times\vec{v}$$

在上式中应用矢量公式 $\vec{A}\cdot(\vec{B}\times\vec{C})=\vec{B}\cdot(\vec{C}\times\vec{A})=\vec{C}\cdot(\vec{A}\times\vec{B})$,可得

$$\int\vec{B}\cdot\frac{\partial}{\partial t}\mathrm{d}\vec{S}=-\oint_l(\vec{v}\times\vec{B})\cdot\mathrm{d}\vec{l}=-\int_S\nabla\times(\vec{v}\times\vec{B})\cdot\mathrm{d}\vec{S}$$

通过回路 l_1 的磁通量为 $\phi=\int_S\vec{B}\cdot\mathrm{d}\vec{S}$,磁通量的变化率

$$\begin{aligned}\frac{\mathrm{d}\phi}{\mathrm{d}t}&=\frac{\mathrm{d}}{\mathrm{d}t}\int_S\vec{B}\cdot\mathrm{d}\vec{S}=\int_S\frac{\partial\vec{B}}{\partial t}\cdot\mathrm{d}\vec{S}+\int_S\vec{B}\cdot\frac{\partial}{\partial t}(\mathrm{d}\vec{S})\\&=\int_S\left[\frac{\partial\vec{B}}{\partial t}-\nabla\times(\vec{v}\times\vec{B})\right]\cdot\mathrm{d}\vec{S}=0\end{aligned}\qquad(2.4-13)$$

(2.4-13)式表明,在理想导电流体中,通过随流体运动的由固定的流体质点所组成的曲面时磁通量守恒。这一磁通量守恒定理是由柯林(Cowling)首先发现的,所以也叫作柯林定理。

2. 瓦伦定理

下面证明第二个定理。考虑初始时刻 t 时,流体内任意两个位于一条磁力线上的相邻质点 P_1、P_2 如图 2.3 所示。在$t+\mathrm{d}t$ 时刻,它们之间的距离将变为

$$(\vec{r}_2-\vec{r}_1)_{t+\mathrm{d}t}=(\vec{r}_2-\vec{r}_1)_t+(\vec{v}_2-\vec{v}_1)\mathrm{d}t$$

$$= (\vec{r}_2 - \vec{r}_1)_t + (\vec{r}_2 - \vec{r}_1) \cdot \nabla \vec{v} \mathrm{d}t$$

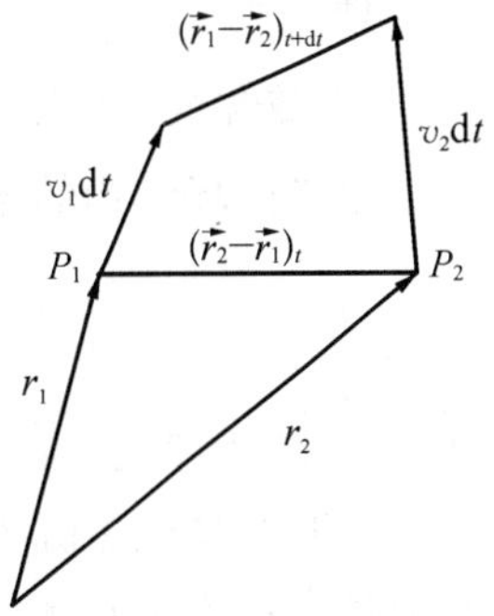

其中$\vec{v}_1$、$\vec{v}_2$ 分别为质点 P_1、P_2 的速度。于是 $\vec{r}_2 - \vec{r}_1$ 随时间的变化为

$$\frac{\mathrm{d}}{\mathrm{d}t}(\vec{r}_2 - \vec{r}_1) = (\vec{r}_2 - \vec{r}_1) \cdot \nabla \vec{v}$$

当两个质点无限接近时，则 $\vec{r}_2 - \vec{r}_1 = \mathrm{d}\vec{r}$，上述方程可写成

$$\frac{\mathrm{d}}{\mathrm{d}t}(\mathrm{d}\vec{r}) = (\mathrm{d}\vec{r} \cdot \nabla)\vec{v} \qquad (2.4-14)$$

图 2.3　流体质点的运动

另一方面，从冻结方程(2.4-11)式出发，利用矢量公式 $\nabla \times (\vec{A} \times \vec{B}) = \vec{A}(\nabla \cdot \vec{B}) - \vec{B}(\nabla \cdot \vec{A}) + (\vec{B} \cdot \nabla)\vec{A} - (\vec{A} \cdot \nabla)\vec{B}$，可得

$$\frac{\mathrm{d}\vec{B}}{\mathrm{d}t} = (\vec{B} \cdot \nabla)\vec{v} - \vec{B}(\nabla \cdot \vec{v})$$

再代入连续性方程 $\frac{\mathrm{d}\rho}{\mathrm{d}t} + \rho \nabla \cdot \vec{v} = 0$，得

$$\frac{\mathrm{d}\vec{B}}{\mathrm{d}t} = (\vec{B} \cdot \nabla)\vec{v} + \frac{\vec{B}}{\rho}\frac{\mathrm{d}\rho}{\mathrm{d}t}$$

即

$$\frac{\mathrm{d}}{\mathrm{d}t}\left(\frac{\vec{B}}{\rho}\right) = \left(\frac{\vec{B}}{\rho} \cdot \nabla\right)\vec{v} \qquad (2.4-15)$$

比较(2.4-14)和(2.4-15)式，可以看出矢量 $\mathrm{d}\vec{r}$ 和 $\frac{\vec{B}}{\rho}$ 在完全导电流体中的演变满足同样形式的方程。这表明，若 $\mathrm{d}\vec{r}$ 和 $\frac{\vec{B}}{\rho}$ 两矢量在初始时刻平行，则以后一直平行，而且它们的长度互成比例地改变。换言之，当 $t=0$ 时流体元的 $\mathrm{d}\vec{r}_0$ 平行于$\vec{B}_0$，并正好位于这根磁力线上，即 $\mathrm{d}\vec{r}_0 = \varepsilon \frac{\vec{B}_0}{\rho}$（ε 为比例常数），则以后各时刻该流体元一直位于这根磁力线上，即一直有

$$\mathrm{d}\vec{r} = \varepsilon \frac{\vec{B}}{\rho} \qquad (2.4-16)$$

(2.4-16)式不仅说明磁力线仿佛“冻结”在和它一起移动的流体上，还表明在运动过程中流体元伸长或缩短时，磁场强度$\vec{B}$也随之成比例地增大或减小（当然前提是流体是不可压的）。(2.4-15)式首先由瓦伦(Walén)在 1946 年得到的，所以该式也叫作瓦伦方程或瓦

伦定理。

3. 磁螺度守恒定理

定义磁场结构的磁螺度为

$$H=\int_V \vec{A}\cdot\vec{B}\mathrm{d}V \tag{2.4-17}$$

式中$\vec{B}$为磁场强度，$\vec{A}$为磁场强度的矢势，标量$\vec{A}\cdot\vec{B}$为磁螺度密度。

证明在理想磁流体力学条件下，对有限维的磁场结构，当且仅当在封闭曲面上，磁场和流场满足 $\vec{B}\cdot\hat{n}=\vec{v}\cdot\hat{n}=0$，则磁螺度是一个守恒量。

由磁螺度 H 的定义，又 $\vec{B}=\nabla\times\vec{A}$，$\dfrac{\partial\vec{B}}{\partial t}=\nabla\times(\vec{v}\times\vec{B})$，则

$$\frac{\partial\vec{A}}{\partial t}=\vec{v}\times\vec{B} \tag{2.4-18}$$

可求磁螺度的变化率

$$\begin{aligned}
\frac{\mathrm{d}H}{\mathrm{d}t}&=\int_V \frac{\mathrm{d}}{\mathrm{d}t}(\vec{A}\cdot\vec{B})\mathrm{d}V\\
&=\int_V \mathrm{d}V\frac{\mathrm{d}}{\mathrm{d}t}(\vec{A}\cdot\vec{B})+\int_V(\vec{A}\cdot\vec{B})\frac{\mathrm{d}}{\mathrm{d}t}(\mathrm{d}V)\\
&=\int_V \mathrm{d}V\frac{\partial}{\partial t}(\vec{A}\cdot\vec{B})+\int_V \mathrm{d}V(\vec{v}\cdot\nabla)(\vec{A}\cdot\vec{B})+\int_V(\vec{A}\cdot\vec{B})\,\nabla\cdot\vec{v}\mathrm{d}V\\
&=\int_V \mathrm{d}V\frac{\partial}{\partial t}(\vec{A}\cdot\vec{B})+\int_V\nabla\cdot[(\vec{A}\cdot\vec{B})\,\vec{v}]\mathrm{d}V\\
&=\int_V \mathrm{d}V\frac{\partial\vec{A}}{\partial t}\cdot\vec{B}+\int_V \mathrm{d}V\vec{A}\cdot\nabla\times(\vec{v}\times\vec{B})+\oint_S(\vec{A}\cdot\vec{B})\,\vec{v}\cdot\hat{n}\mathrm{d}S\\
&=\int_V \mathrm{d}V\frac{\partial\vec{A}}{\partial t}\cdot\vec{B}+\int_V\nabla\cdot[\vec{A}\times(\vec{v}\times\vec{B})]\mathrm{d}V-\int_V(\vec{v}\times\vec{B})\cdot\vec{B}\mathrm{d}V+\oint_S(\vec{A}\cdot\vec{B})\,\vec{v}\cdot\hat{n}\,\mathrm{d}S\\
&=\oint_S\vec{A}\times(\vec{v}\times\vec{B})\cdot\hat{n}\mathrm{d}S+\oint_S(\vec{A}\cdot\vec{B})\,\vec{v}\cdot\hat{n}\mathrm{d}S\\
&=2\oint_S(\vec{A}\cdot\vec{B})\,\vec{v}\cdot\hat{n}\mathrm{d}S-\oint_S(\vec{A}\cdot\vec{v})\,\vec{B}\cdot\hat{n}\mathrm{d}S\\
&=0
\end{aligned} \tag{2.4-19}$$

上式推导中应用了矢量公式 $\nabla\cdot(\varphi\vec{a})=\varphi\nabla\cdot\vec{a}+\vec{a}\cdot\nabla\varphi$ 和 $\vec{a}\times(\vec{b}\times\vec{c})=\vec{b}(\vec{a}\cdot\vec{c})-\vec{c}(\vec{a}\cdot\vec{b})$。考虑到在封闭曲面上 $\vec{B}\cdot\hat{n}=\vec{v}\cdot\hat{n}=0$，故 $\dfrac{\mathrm{d}H}{\mathrm{d}t}=0$。所以磁螺度在理想磁流体中是一个守恒量。磁螺度是表征磁螺管内部的扭绕（twisting 和 kinking，叫作内螺度）和不同磁螺管之间耦合或交连（linkage）程度（叫作互螺度）的物理量。由于磁矢势在空间的变化$\nabla\times\vec{A}$反映了矢量磁场，因此磁矢势$\vec{A}$及由其计算的磁螺度 H 在一定程度上反映了磁场的拓扑结构，在理想导电磁流体中其拓扑磁结构是不变的。为使我们对磁螺度有更直观的理解，假设当磁螺管（N 个）从初始势场状态经受了扭绕和交连之后，由于磁螺

管内部的扭绕产生的内螺度为 H_s，磁螺管之间的交连产生的互螺度为 H_m，则整体的磁螺度可写为

$$H = \sum_{i=1}^{N} H_{si} + \sum_{\substack{i,j=1 \\ i<j}}^{N} H_{mij} \tag{2.4-20}$$

其中

$$H_s = \frac{\Phi_t}{2\pi}\phi_i^2 \tag{2.4-21}$$

$$H_m = 2L_{ij}\phi_i\phi_j \tag{2.4-22}$$

Φ_t 为回旋变换角〔详见 3.4 节(3.4-11)式〕，ϕ_i、ϕ_j 为磁通量，L_{ij} 为交连数，交连数 L 的正、负号如图 2.4 规定。即 L 的正、负遵循右手定则，即右手四指的方向沿曲线 1 的方向，大拇指的方向若与曲线 2 的方向一致，L 取正号[图 2.4(a)]，反之取负号[图 2.4(b)]。

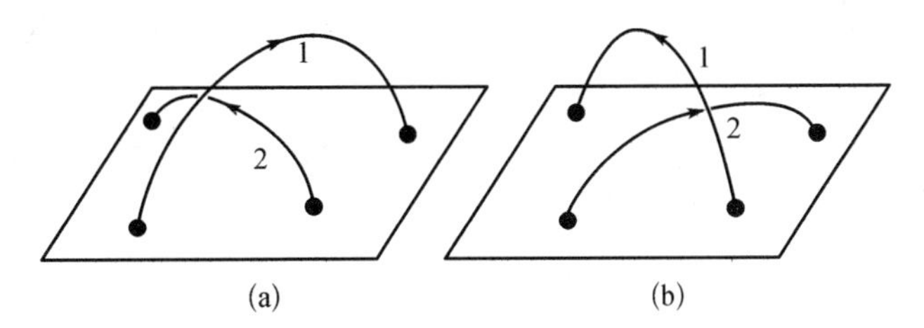

图 2.4　两条磁力线正交连(a)和负交连(b)的规定

例如图 2.5 中的两个封闭而交连的磁力线管，其磁螺度值为

$$\begin{aligned} H &= \int_V \vec{A}\cdot\vec{B}\mathrm{d}V \\ &= \int_{V_1} \vec{A}\cdot\vec{B}\mathrm{d}V + \int_{V_2} \vec{A}\cdot\vec{B}\mathrm{d}V \\ &= 2\,\phi_1\phi_2 \end{aligned}$$

计算第一个积分

$$\begin{aligned} \int_{V_1} \vec{A}\cdot\vec{B}\mathrm{d}V &= \int_{V_1} (\vec{A}\cdot\vec{B})(\mathrm{d}\,\vec{\sigma}_1\cdot\mathrm{d}\vec{l}_1) \\ &= \int_{V_1} (\vec{A}\cdot\mathrm{d}\vec{l}_1)(\vec{B}\cdot\mathrm{d}\,\vec{\sigma}_1) + \int_{V_1} (\vec{A}\times\mathrm{d}\,\vec{\sigma}_1)\cdot(\vec{B}\times\mathrm{d}\vec{l}_1) \\ &= \int \vec{B}\cdot\mathrm{d}\,\vec{\sigma}_1 \int \vec{A}\cdot\mathrm{d}\vec{l}_1 \\ &= F_1\oint \nabla\times\vec{A}\cdot\mathrm{d}\,\vec{S}_1 = \phi_1\phi_2 \end{aligned}$$

上式推导中应用了矢量公式 $(\vec{a}\times\vec{b})\cdot(\vec{c}\times\vec{d}) = (\vec{a}\cdot\vec{c})(\vec{b}\cdot\vec{d}) - (\vec{a}\cdot\vec{d})(\vec{b}\cdot\vec{c})$，第二个积分的推导与它相同。而对于两根彼此不交连的磁通量管(如图 2.6 所示)，因为通过 S_1 面的磁通量为零，故此时磁螺度为零。因此磁螺度 H 的值和磁场的拓扑结构

有关。又如图 2.7 所示的两类多次交连的磁通量管分别具有磁螺度为 $H=-3\phi^2$ 和 $H=+3\phi^2$。

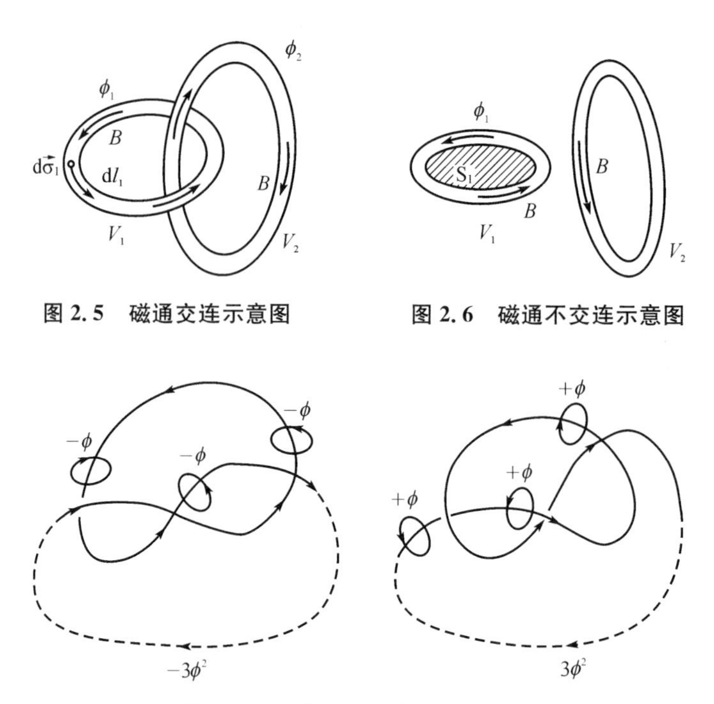

图 2.5　磁通交连示意图　　图 2.6　磁通不交连示意图

图 2.7　两类磁通多次交连示意图

磁螺度 H 在理想磁流体中是不变量，其物理意义与磁力线冻结等价，即这时在某个磁面(在理想磁流体处于平衡位形时，由等压面上的磁力线组成的曲面叫磁面)内的磁力线在随时间变化时不会跑出磁面，也不会增加或减少其扭绕程度，因而磁场的拓扑结构不会因磁场随时间变化而改变。但当理想磁流体条件不满足时，对电阻磁流体，H 会因欧姆耗散而随时间改变。

下面来计算磁场冻结情况下磁能随时间的变化。将冻结方程(2.4－11)代入(2.4－9)式中，得

$$\frac{\partial W_B}{\partial t}=\frac{1}{\mu_0}\int_V \vec{B}\cdot[\nabla\times(\vec{v}\times\vec{B})]\mathrm{d}V$$

利用矢量公式 $\nabla\cdot(\vec{A}\times\vec{B})=\vec{B}\cdot(\nabla\times\vec{A})-\vec{A}\cdot(\nabla\times\vec{B})$ 和 $\vec{A}\cdot(\vec{B}\times\vec{C})=\vec{B}\cdot(\vec{C}\times\vec{A})=\vec{C}\cdot(\vec{A}\times\vec{B})$，上式可化为

$$\frac{\partial W_B}{\partial t}=\frac{1}{\mu_0}\oint_S[(\vec{v}\times\vec{B})\times\vec{B}]\cdot\mathrm{d}\vec{S}-\int_V[(\vec{j}\times\vec{B})\cdot\vec{v}]\mathrm{d}V$$

由于在边界面内 $\vec{B}\cdot\hat{n}=\vec{v}\cdot\hat{n}=0$ 故上式右端第一个面积分为零，于是得到

$$\frac{\partial W_B}{\partial t}=-\int_V(\vec{j}\times\vec{B})\cdot\vec{v}\mathrm{d}V \qquad (2.4-23)$$

显然上式右端为单位时间内磁场对导电流体所做的功。它表明磁能的损失转化为导电流体的机械能。如果磁场做负功，则磁能将增加，磁能的增加将以导电流体机械能的减少为代价。与磁扩散情况下磁能的单向减少不同，在冻结情况下存在着磁能和导电流体机械能之间的相互转化。由于磁冻结情况下 $\sigma\to\infty$，导电流体中焦耳耗散趋于零，磁能不可能转化为热能，此时磁能与机械能之间的转化是唯一形式。在这种磁场冻结的情况下，当垂直于局部磁场的方向中出现速度切变时，磁力线即将被流动所拉长，在垂直于原磁场的方向中便出现新的磁场，这样便得到流动速度切变对磁场的放大作用。

为方便起见，利用拉格朗日变数来计算切变流对磁场的放大作用。令$\vec{r}_0$ 和$\vec{B}_0$ 分别为$t=0$ 时流点的位置和磁场，则在 $t=t$ 时该流点已运动到$\vec{r}=\vec{r}(\vec{r}_0,\ t)$，该处的磁场为$\vec{B}=\vec{B}(\vec{r}_0,\ t)$。在$\sigma=\infty$ 时，瓦伦方程(2.4-15)即

$$\left[\frac{\mathrm{d}}{\mathrm{d}t}\frac{\vec{B}}{\rho}\right]_0=\left(\frac{\vec{B}_0}{\rho_0}\cdot\nabla_0\right)\vec{v}_0$$

其中

$$\nabla_0=\hat{i}\frac{\partial}{\partial x_0}+\hat{j}\frac{\partial}{\partial y_0}+\hat{k}\frac{\partial}{\partial z_0}$$

故

$$\frac{\vec{B}}{\rho}=\frac{\vec{B}_0}{\rho_0}+\left(\frac{\mathrm{d}}{\mathrm{d}t}\frac{\vec{B}}{\rho}\right)_0 t=\frac{\vec{B}_0}{\rho_0}+\left(\frac{\vec{B}_0}{\rho_0}\cdot\nabla_0\right)\vec{v}_0 t$$

因 $\delta\vec{r}=\vec{r}-\vec{r}_0=\vec{v}_0 t$，且$\nabla_0\vec{r}_0=\hat{I}$，故上式为

$$\frac{\vec{B}}{\rho}=\left(\frac{\vec{B}_0}{\rho_0}\cdot\nabla_0\right)\vec{r}\tag{2.4-24}$$

应用此式可计算磁场强度与密度的比值随流动位置$\vec{r}$的演变。

下面以不可压缩流体 ($\rho=\rho_0$) 的二维流动为例，设流动限于 x-y 平面上，则由(2.4-24)式，$\vec{B}=(\vec{B}_0\cdot\nabla_0)\vec{r}$，即

$$\begin{aligned}B_x&=B_{x_0}\frac{\partial x}{\partial x_0}+B_{y_0}\frac{\partial x}{\partial y_0}\\B_y&=B_{x_0}\frac{\partial y}{\partial x_0}+B_{y_0}\frac{\partial y}{\partial y_0}\end{aligned}\tag{2.4-25}$$

假定$\vec{B}_0$ 是均匀的，如图 2.8(a)所示，$\vec{B}_0=B_0\hat{j}$，则沿 y 轴的流动并不影响磁场$\vec{B}$。故设流动为沿 x 轴的切变流动，即

$$\vec{v}_0=(ay_0+b)\hat{i}\quad (a,b\ 为任意常数)\tag{2.4-26}$$

则

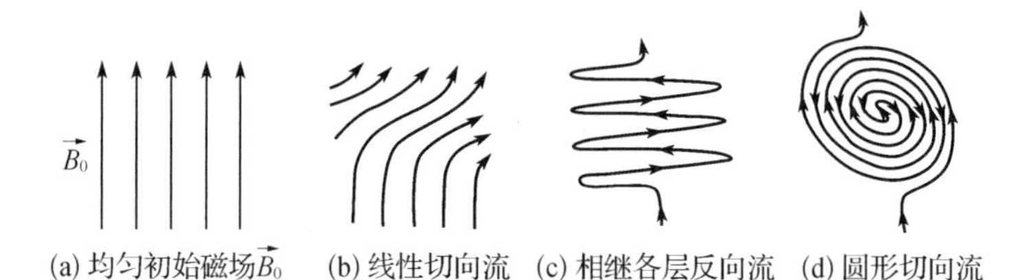

(a) 均匀初始磁场$\vec{B}_0$　(b) 线性切向流　(c) 相继各层反向流　(d) 圆形切向流

图 2.8　切向流对磁力线作用的平面示意图

$$\vec{r}=[(ay_0+b)t+x_0]\hat{i}+y_0\hat{j}$$

此式代入(2.4-25)式，得

$$\vec{B}=atB_0\hat{i}+B_0\hat{j} \tag{2.4-27}$$

如所预期，磁力线被切向流拉出了 B_x 分量，磁场强度增强了。若此流动局限在有限的区域中，则如图 2.8(b)所示。在此区域中磁能密度亦增到

$$\frac{B^2}{2\mu_0}=\frac{B_0^2}{2\mu_0}(1+a^2t^2) \tag{2.4-28}$$

显然磁能的增加来自流体对磁场所做的功，它以消耗掉相同数量的流体动能为代价。

一般而言，磁力线被扭曲拉长时，磁场能量便增强。图 2.8(c)及(d)表示在有限区域中两种这样的放大作用，(c)为相继各层有方向相反的流动所引起，(d)为转动切变所引起。这两种变化均由于切变流动引起了相继各层都有相反方向的磁场，都产生很大的磁场梯度。此时冻结效应不再成立，故磁感应方程(2.4-2)中必须考虑磁扩散项，虽扩散项的数值 $\eta_m\nabla^2\vec{B}$很小，但足以减小该磁场的放大效应。

综上所述，理想磁流体中的冻结效应绝不是意味着磁力线僵化不动，它仅仅是给出了在完全导电的理想流体中，磁场的变化和流体运动或磁场的拓扑结构之间满足的一种关系。或者说，它规定了理想磁流体中磁场变化所必须遵循的一个特殊规律。它是磁流体力学中的基本规律之一，且有多方面的应用。例如冻结效应给予我们这样一种可能性，如果已知理想磁流体的运动情况，可估算磁场位形的变化，反之亦然。如果在某些天体物理问题中，已知等离子体的动能密度远小于磁能密度$\left(即\ \beta=p\middle/\frac{B^2}{2\mu_0},所谓小\ \beta\ 问题\right)$，这时磁场对等离子体的运动起着控制作用，在冻结效应成立的前提下，可以肯定等离子体将沿磁力线运动。太阳大气中爆发日珥、日浪和喷流等均属此情况。反之如果 $\beta\gg1$，等离子体的动能密度远大于磁能密度，这时等离子体的运动将对磁场的变化起主导作用。冻结效应表明磁场的位形完全由等离子体的运动情况所决定。太阳风从太阳大气中带出磁场，形成行星空间中磁场的特殊分布就属于这类情况。在太阳物理中，光球磁场的观测表明，光球中磁螺度可以源源不断地输入到日冕之中，并且，在太阳的南半球输入的螺度为正号，在北半球则为负号。由于磁螺度在理想磁流体中为守恒量，日冕中的磁螺度难以消失和被耗散，所以磁螺度会在太阳南、北半球积聚起来。磁螺度的积聚可以存储磁自由能，它是否能解决日冕物质抛射的起源问题？或者说是否日冕物质抛射是日冕磁螺度积累的必然结果？至少磁螺

度的研究为解决“日冕物质抛射起源”的科学问题提供了一个可能的途径。

此外，由定常的磁冻结方程，可直接推导出等旋转定律（或称为费拉罗等旋定律）。定常条件下的冻结方程为

$$\nabla\times(\vec{v}\times\vec{B})=0 \tag{2.4-29}$$

选取柱坐标$(r,\ \varphi,\ z)$，单位矢量为$(\hat{r},\ \hat{\varphi},\ \hat{z})$，$z$ 轴与流团的旋转轴重合。假定转动是纯转动（不一定为刚性转动），即 $\vec{v}=\omega r\hat{\varphi}$，式中 ω 仅为 r 和 z 的函数。由于旋转的对称性，则 $\dfrac{\partial}{\partial\varphi}=0$，所以

$$\begin{aligned}\nabla\times(\vec{v}\times\vec{B})&=\hat{\varphi}\left\{r\omega\left[\frac{1}{r}\frac{\partial}{\partial r}(rB_r)+\frac{\partial B_z}{\partial z}\right]+r\left(B_r\frac{\partial\omega}{\partial r}+B_z\frac{\partial\omega}{\partial z}\right)\right\}\\&=\hat{\varphi}[r\omega\nabla\cdot\vec{B}+r(\vec{B}\cdot\nabla)\omega]\\&=r(B\cdot\nabla)\omega\hat{\varphi}=0\end{aligned} \tag{2.4-30}$$

即

$$(\vec{B}\cdot\nabla)\omega=0 \tag{2.4-31}$$

由(2.4-31)式可知在定常状态下角速度沿磁力线不变。(2.4-31)式即为费拉罗等旋定理。磁化恒星附近有一个密度较高的等离子体($\sigma\rightarrow\infty$)，考虑到星体与等离子体之间有角动量传递，这一等离子体绕轴旋转的角速度大致等于星体自转的角速度。所以，可以说冻结效应是用来分析研究等离子体问题的一个有力工具。

上面讨论了导电流体和磁场相互作用的两种极端情况。一般情况下，不能把导电流体看成是理想导电的，也不能忽略流体运动的影响，因此磁场的扩散和冻结将同时存在。

2.5　洛伦兹力

2.5.1　磁应力的概念

上一节讨论了导电流体的运动对磁场的影响，这一节将研究洛伦兹力对导电流体的作用，这是流场和磁场耦合的另一方面。

磁场对导电流体的作用力称为安培力或洛伦兹力。单位体积导电流体所受到的洛伦兹力$\vec{f}$为

$$\vec{f}=\vec{j}\times\vec{B} \tag{2.5-1}$$

在不考虑位移电流情况下，安培定律 $\nabla\times\vec{B}=\mu_0\vec{j}$，于是(2.5-1)式变为

$$\vec{f}=\vec{j}\times\vec{B}=\frac{1}{\mu_0}(\nabla\times\vec{B})\times\vec{B} \tag{2.5-2}$$

由(2.5-1)或(2.5-2)式表示的磁力是一个体积力(或称体力),它是作用在单位体积导电流体上的有质动力。

为了分析洛伦兹力的作用性质,由矢量运算公式 $(\nabla\times\vec{B})\times\vec{B}=(\vec{B}\cdot\nabla)\vec{B}-\frac{1}{2}\nabla B^2$,于是(2.5-2)式变为

$$\vec{f}=\frac{1}{2\mu_0}\nabla B^2+\frac{1}{\mu_0}(\vec{B}\cdot\nabla)\vec{B} \tag{2.5-3}$$

上式右端第一项与场强值的梯度有关,而第二项则与磁力线的形状有关。再由矢量公式 $\nabla\cdot\vec{B}\vec{B}=\vec{B}\cdot\nabla\vec{B}+(\nabla\cdot\vec{B})\vec{B}$,并 $\nabla\cdot\vec{B}=0$,则(2.5-3)式化为

$$\vec{f}=-\nabla\frac{B^2}{2\mu_0}+\nabla\cdot\frac{\vec{B}\vec{B}}{\mu_0}=\nabla\cdot\overleftrightarrow{T}_B \tag{2.5-4}$$

式中

$$\overleftrightarrow{T}_B=\frac{\vec{B}\vec{B}}{\mu_0}-\frac{B^2}{2\mu_0}\overleftrightarrow{I} \tag{2.5-5}$$

$\overleftrightarrow{T}_B$ 即为磁应力张量(麦克斯韦应力张量的磁场部分)。于是作用在外法线为$\hat{n}$的单位面积上的磁场应力为

$$\vec{T}_n=\hat{n}\cdot\overleftrightarrow{T}_B=\frac{1}{\mu_0}\left(-\frac{B^2}{2}\hat{n}+B_n\vec{B}\right) \tag{2.5-6}$$

利用(2.5-4)和(2.5-6)式,计算作用在体积为 V 的导电流体上的洛伦兹力为

$$\int_V\vec{f}\mathrm{d}V=\int_V\nabla\cdot\overleftrightarrow{T}_B\mathrm{d}V=\int_S\overleftrightarrow{T}_B\cdot\mathrm{d}\vec{S}=\int_S\vec{T}_n\mathrm{d}S \tag{2.5-7}$$

S 为包围体积 V 的闭合曲面,(2.5-7)式表明,作用在体积为 V 的导电流体上的磁体积力,在作用效果上可被看作作用在包围体积 V 的封闭曲面 S 上的面力,其磁应力由(2.5-6)式确定。

(2.5-6)式表明,磁场应力可分为两部分:第一部分为$-\frac{B^2}{2\mu_0}\hat{n}$,其大小为$\frac{B^2}{2\mu_0}$,而方向总是沿所取面元外法线的反方向,即垂直指向导电流体内部,这与一般流体的静压强相似,称作"磁压强";第二部分为$\frac{B_n}{\mu_0}\vec{B}$,其方向与所取面元的方向无关,总是沿磁力线的正向或反向,当 $B_n>0$ 时沿磁力线方向,而当 $B_n<0$ 时沿磁力线的反向,但大小与所取面元的方向有关,取决于 B_n 值的大小,这种沿磁力线方向的应力,在性质上完全类似于作用在弹性弦上的张力,所以通常叫作磁张力。

在应用磁场应力分析问题时,必须十分小心。由于它们是面力,其力学效应必须由磁场的梯度或磁力线的弯曲程度所决定。

2.5.2　磁张力、磁压力在磁力线坐标中的表达式

下面给出磁张力和磁压力在磁力线坐标系($\hat{b}_1$，$\hat{\kappa}_1$，$\hat{e}_\perp$)中的表达式。$\hat{b}_1$ 为磁力线方向的单位矢量，$\hat{\kappa}_1$ 为磁力线某点的曲率中心方向的单位矢量，$\hat{e}_\perp$ 为垂直于 $\hat{b}_1$ 和 $\hat{\kappa}_1$ 并与之满足右手螺旋定则方向的单位矢量。

令 $\vec{B}=B\hat{b}_1$，则磁张力

$$\begin{aligned}\frac{(\vec{B}\cdot\nabla)\vec{B}}{\mu_0}&=\frac{B}{\mu_0}\frac{\mathrm{d}}{\mathrm{d}b}(B\hat{b}_1)\\&=\frac{B}{\mu_0}\frac{\mathrm{d}B}{\mathrm{d}b}\hat{b}_1+\frac{B^2}{\mu_0}\frac{\mathrm{d}\hat{b}_1}{\mathrm{d}b}\\&=\frac{\mathrm{d}}{\mathrm{d}b}\left(\frac{B^2}{2\mu_0}\right)\hat{b}_1+\frac{B^2}{\mu_0}\hat{\kappa}\end{aligned}\tag{2.5-8}$$

曲率 $\hat{\kappa}=\hat{b}_1\cdot\nabla\hat{b}_1=\dfrac{\mathrm{d}\hat{b}_1}{\mathrm{d}b}=\dfrac{\mathrm{d}b_1}{\mathrm{d}\theta}\dfrac{\mathrm{d}\theta}{\mathrm{d}b}=\dfrac{1}{R_\mathrm{c}}\hat{\kappa}_1$ 是磁力线上某点的曲率，其绝对值为 $\kappa=\left|\dfrac{\mathrm{d}\hat{b}_1}{\mathrm{d}b}\right|$，而方向则指向磁力线上此点的曲率中心(见图 2.9)，R_c 为曲率半径。当磁力线是一根直线时，其上各处的曲率 κ 均为零，此时磁张力也处处为零，和磁场的强弱无关。当磁力线弯曲时，例如从图 2.10 中的$\dfrac{z_0}{2}$处来看，这时指向曲率中心的磁张力可以看成由两个沿着磁力线正、反方向的分力合成的合力。

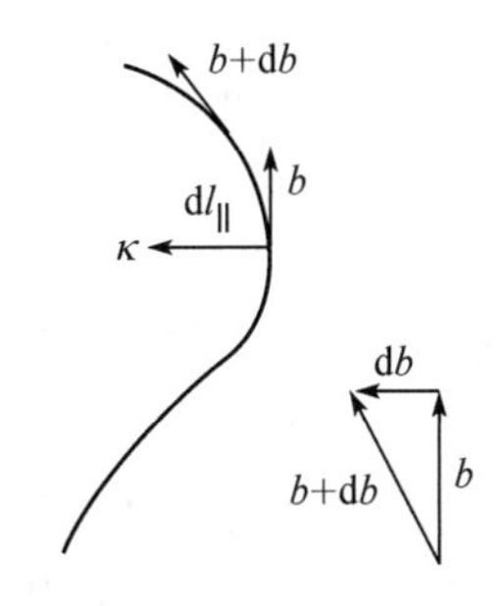

图 2.9　磁力线坐标系

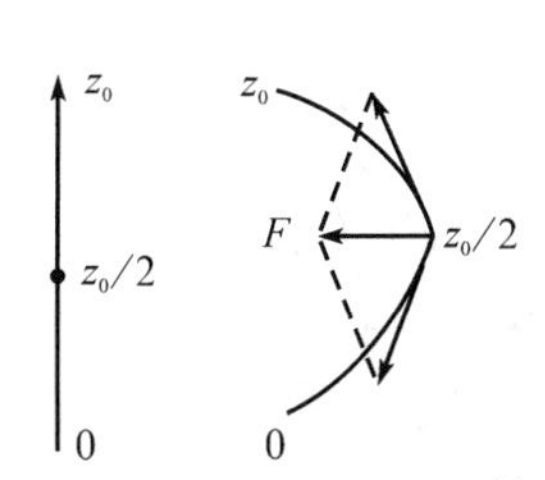

图 2.10　磁张力

洛伦兹力在磁力线坐标系中的表达式为

$$\vec{f}=\frac{\mathrm{d}}{\mathrm{d}b}\left(\frac{B^2}{2\mu_0}\right)\hat{b}_1+\frac{B^2}{\mu_0}\hat{\kappa}_1-\nabla\frac{B^2}{2\mu_0}\tag{2.5-9}$$

式中

$$\nabla=\hat{b}_1\frac{\mathrm{d}}{\mathrm{d}b}+\hat{\kappa}_1\frac{\mathrm{d}}{\mathrm{d}\kappa}+\hat{e}_\perp\frac{\mathrm{d}}{\mathrm{d}b_\perp}$$

又

$$\nabla_{\perp}=\hat{\kappa}_1\frac{\mathrm{d}}{\mathrm{d}\kappa}+\hat{e}_{\perp}\frac{\mathrm{d}}{\mathrm{d}b_{\perp}}$$

则(2.5-9)式为

$$\vec{f}=\vec{j}\times\vec{B}=\frac{B^2}{\mu_0}\vec{\kappa}-\frac{1}{2\mu_0}\nabla_{\perp}B^2 \tag{2.5-10}$$

(2.5-10)式表明,磁压力只体现在垂直于磁场的方向上,在平行于磁场的方向上并不显示存在磁压力,磁张力的作用是以合力的形式体现出来的。

下面举一例题,让读者了解磁场应力概念的具体应用。

例题:考虑 $\vec{B}_0=y\hat{i}+x\hat{j}$ 和 $\vec{B}_1=y\hat{i}+\alpha^2x\hat{j}\,(\alpha^2>1)$ 时的磁位形和等离子体元中所受的洛伦兹力。

$\vec{B}_0=y\hat{i}+x\hat{j}$ 时,

$$\vec{j}=\frac{1}{\mu_0}\nabla\times\vec{B}_0=0$$

则

$$\vec{j}\times\vec{B}_0=0$$

磁力线方程

$$\frac{\mathrm{d}x}{B_x}=\frac{\mathrm{d}y}{B_y}=\frac{\mathrm{d}z}{B_z}$$

$$\frac{\mathrm{d}y}{\mathrm{d}x}=\frac{B_y}{B_x}=\frac{x}{y}$$

$$x^2-y^2=c$$

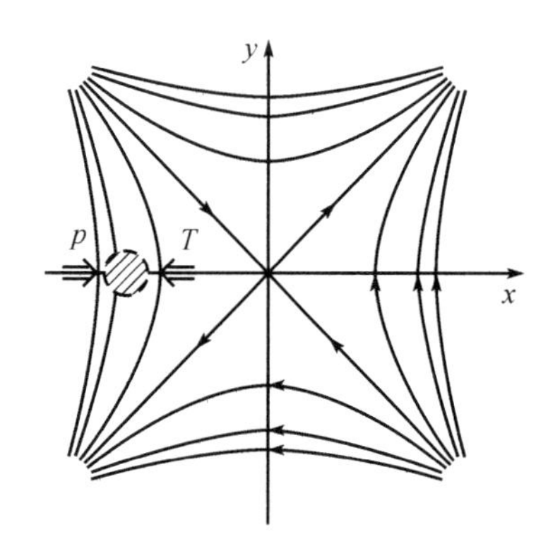

图 2.11　处于平衡态时 X 型中性点附近的磁力线分布

如图 2.11 所示,相交渐近线 $y=\pm x$ 互为直角,原点叫作 X 型中性点。在该磁场位形中的任意的等离子体元如图中阴影部分所示,所受的洛伦兹力为零,此时所受的张力 T 与所受的磁压力总效应相消。

再考虑 $\vec{B}_1=y\hat{i}+\alpha^2x\hat{j}\,(\alpha^2>1)$,此时的磁力线方程为 $y^2-\alpha^2x^2=c$ 如图 2.12 所示。渐近线 $y=\pm\alpha x$,此时不再正交。显然在 x 轴上,较之图 2.11 磁力线的间距变密,又磁力线的弯曲度变小,所以所受磁压力增强,向外的磁张力变弱,总的合力 R 在 x 轴为向原点的磁压力。在 y 方向上,磁压力不变,而磁张力由于此时磁力线更弯曲而增强,所以在 y 轴方向,总的合力 R 是向外的,如图 2.12 所示。

此时电流密度

$$\vec{j}_1=\frac{1}{\mu_0}\nabla\times\vec{B}_1=\frac{1}{\mu_0}\left(\frac{\partial B_{1y}}{\partial x}-\frac{\partial B_{1x}}{\partial y}\right)\hat{k}_1=\frac{1}{\mu_0}(\alpha^2-1)\,\hat{k}_1$$

所受洛伦兹力为

$$\vec{j}_1 \times \vec{B}_1 = -\frac{(\alpha^2-1)\alpha^2 x}{\mu_0}\hat{i}_1 + \frac{(\alpha^2-1)y}{\mu_0}\hat{j}_1$$

所得结果与上述定性分析是一致的。由以上分析可知当磁场位形为 $\vec{B}_0$ 时，等离子体元处于平衡态，若受某种扰动，当磁场位形为 $\vec{B}_1$ 时，此时等离子体元就处于不稳定状态了。磁压力、磁张力对洛伦兹力的形象描述，使我们可以很方便直观地分析磁流体力学的某些问题，而不必求解磁流体力学方程。也可利用观测所得的天体磁场位形，在不需要求得电流分布的情况下，直接讨论等离子体的受力情况和运动情况。

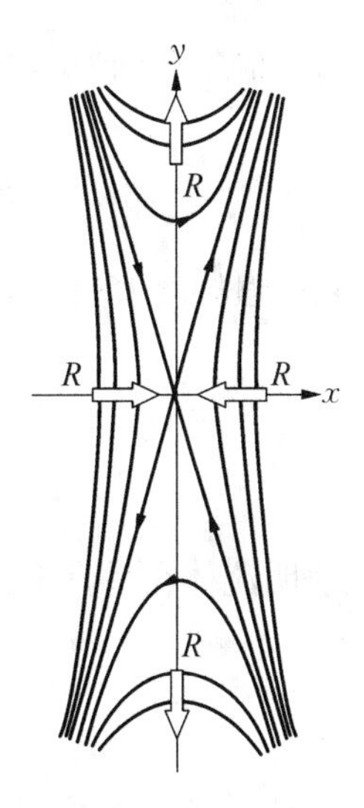

图 2.12　受扰动后 X 型中性点附近的磁场位形

在应用磁压力、磁张力分析问题时，必须十分小心。由于它们是面力，其力学效应必须由磁场的梯度、磁力线的弯曲程度所决定。例如，对于均匀磁场 $\vec{B}_0$，尽管存在磁压力 $\frac{B_0^2}{2\mu_0}$ 和磁张力 $\frac{B^2}{\mu_0}$，但由于 $\nabla B_0^2 = 0$，$\vec{B}\cdot\nabla B_0 = 0$，故磁场对导电流体的作用为零。只有在磁场非均匀时，例如由于磁场梯度的存在，磁力线弯曲，才有磁力的作用。

洛伦兹力 $\vec{j}\times\vec{B}$ 由于与磁场垂直，故不直接影响流体沿磁力线的流动。其对于流体沿垂直于磁力线方向的运动的影响，则因视电导率 σ 或磁雷诺数 Rm 的大小而有所不同，也即视磁力线几乎冻结于流体中或当考虑有限扩散系数 η_{m} 时磁力线能较自由地在流体中滑动而有所差别。

当考虑几乎冻结的情况 ($\sigma \gg 0$)，此时流体的运动主要受磁场的控制，故 $\vec{j}\times\vec{B}$ 的效应通过磁场的麦克斯韦应力来表达。如前所述，在与磁力线垂直的方向中有压强，故磁场阻碍了流体的横向压缩；沿磁力线的方向有张力，故磁场阻碍了流体沿磁场方向的伸长。当 $\sigma \to \infty$ 时，磁力线冻结于流体中，欧姆定律(2.3－5)式为

$$\vec{E} + \vec{v}\times\vec{B} = 0 \tag{2.5-11}$$

由上式可知此时必须有 $\vec{E} \perp \vec{B}$。(2.5－11)式成立时可定义“磁力线速度”的概念(这一概念只有当磁力线冻结在流体物质中才有精确的定义)，此时磁力线的速度 $\vec{w}$ 即流体的速度 $\vec{v}$，故由(2.5－11)式可知，磁力线或流体垂直于磁场方向的分速度为

$$\vec{w}_\perp = \vec{v}_\perp = \frac{\vec{E}\times\vec{B}}{B^2}\ (\sigma\to\infty) \tag{2.5-12}$$

即增强磁场使流体垂直于磁场方向的运动减慢。

当考虑电导率 σ 有限时，此时 $\vec{j}$ 由 σ 通过(2.3－5)式而确定。故

$$\vec{j}\times\vec{B} = \sigma(\vec{E}+\vec{v}\times\vec{B})\times\vec{B} = \sigma(\vec{E}_\perp\times\vec{B} - B^2\,\vec{v}_\perp) \tag{2.5-13}$$

式中$\vec{E}_{\perp}$和$\vec{v}_{\perp}$分别为$\vec{E}$和$\vec{v}$垂直于磁场的分量。暂且忽略黏性，代入运动方程(2.2－9)式得

$$\rho\frac{\mathrm{d}\vec{v}}{\mathrm{d}t}=-\nabla p+\sigma(\vec{E}_{\perp}\times\vec{B}-B^{2}\vec{v}_{\perp})+\vec{F} \tag{2.5－14}$$

$\vec{F}$为除压强梯度力和洛伦兹力外的外力。若$\vec{E}_{\perp}$、$\vec{F}$、∇p 都小到可以忽略，则(2.5－14)式简化为

$$\frac{\mathrm{d}\vec{v}_{\perp}}{\mathrm{d}t}=-\frac{\sigma B^{2}}{\rho}\vec{v}_{\perp} \tag{2.5－15}$$

上式表明流体在垂直于磁场方向的运动因磁场的阻尼效应而衰减，衰减的弛豫时间为

$$\tau=\frac{\rho}{\sigma B^{2}} \tag{2.5－16}$$

当∇p、$\vec{E}_{\perp}$、$\vec{F}$不能忽略时仍将有类似的结果，此时(2.5－14)式可写成

$$\rho\frac{\mathrm{d}\vec{v}_{\perp}}{\mathrm{d}t}=\vec{f}_{\perp}+\sigma B^{2}(\vec{w}_{\perp}-\vec{v}_{\perp}) \tag{2.5－17}$$

其中 $\vec{f}_{\perp}=(-\nabla p+\vec{F})$，而

$$\vec{w}_{\perp}=\frac{\vec{E}_{\perp}\times\vec{B}}{B^{2}} \tag{2.5－18}$$

如(2.5－12)式所示一样，(2.5－18)式也是磁力线运动速度。由(2.5－17)式可知流体原来的流动以(2.5－16)式所给的弛豫时间趋向于使流体相对于磁力线的横向运动达到

$$\vec{v}_{\perp}-\vec{w}_{\perp}=\frac{1}{\sigma B^{2}}\vec{f}_{\perp} \tag{2.5－19}$$

当$\vec{f}_{\perp}$不存在时，则以(2.5－16)式所给的驰豫时间趋向于使 $\vec{v}_{\perp}=\vec{w}_{\perp}$，即使此相对运动消失。从数量级上看，流体流过所考察区域的特征时间为$\dfrac{L}{v}$(L、v 分别为考察区域的特征尺度和特征速度)，故当

$$N=\frac{\frac{L}{v}}{\tau}\approx\frac{L\sigma B^{2}}{\rho v} \tag{2.5－20}$$

当 N 值很大时，亦即 σ 和/或 B 很大时，相对运动不显著，此时归为冻结情况；当 N 值小时，亦即 σ 和/或 B 很小时，横越磁力线的相对运动才显得重要。总的来说，$\vec{j}\times\vec{B}$ 的力学效应仍然阻碍物质横越磁力线的相对运动，仅在 N 很小或当$\vec{f}_{\perp}$存在时，此时 $f_{\perp}$将以这样的速度$\vec{v}_{\perp}$拖着流体物质横越磁力线，亦即两者之间可以滑动，此时磁黏性阻尼和$\vec{f}_{\perp}$平衡维持了(2.5－19)式所给出的相对滑动。

2.6　磁流体力学基本方程组

磁流体力学方程组必须同时满足流体力学方程组和电磁场方程及考虑流场与磁场的耦合。但不难看出该联立方程组还是不封闭的。为了使磁流体力学方程组完备，还必须联立描述热力学状态参数之间关系的状态方程。如前所说，通常我们把宇宙等离子体当作完全气体，这时有如下关系式

$$p=\rho RT=\frac{k_B}{m}\rho T=nk_BT \tag{2.6-1}$$

$$\varepsilon=c_VT=\frac{p}{(\gamma-1)\rho} \tag{2.6-2}$$

式中 k_B 为玻尔兹曼常数，$R=\dfrac{\widetilde{R}}{\widetilde{\mu}}$，$\widetilde{R}$ 为气体常数，$\widetilde{\mu}$ 为气体的克分子量，c_V 为定容比热，γ 是绝热指数。

2.6.1　考虑电阻和黏性的非理想磁流体力学方程组

若磁流体中必须考虑电阻和黏性（当流体具有可观的流速或流场剪切时）两种非理想效应时。为简单起见，通常假设所有黏性系数和扩散系数均为常数。此时所满足的非理想磁流体力学方程组为

$$\left.\begin{array}{ll}
\dfrac{\partial \rho}{\partial t}+\nabla\cdot(\rho\vec{v})=0 & (2.2-1\text{b})\\
\rho\dfrac{\mathrm{d}\vec{v}}{\mathrm{d}t}=-\nabla p+\zeta\Delta\vec{v}+\dfrac{\zeta}{3}\nabla(\nabla\cdot\vec{v})+\vec{j}\times\vec{B}+\vec{F} & (2.2-8)\\
\dfrac{\rho^\gamma}{\gamma-1}\dfrac{\mathrm{d}}{\mathrm{d}t}\left(\dfrac{p}{\rho^\gamma}\right)=-\mathscr{L}=-\nabla\cdot\vec{q}-L_r+\dfrac{j^2}{\sigma}+H_\nu & (2.2-19\text{c})\\
\dfrac{\partial\vec{B}}{\partial t}=\nabla\times(\vec{v}\times\vec{B})+\eta_m\nabla^2\vec{B} & (2.4-2)\\
\nabla\times\vec{B}=\mu_0\vec{j} & (2.3-2)\\
\vec{j}=\sigma(\vec{E}+\vec{v}\times\vec{B}) & (2.3-5)\\
p=\rho RT & (2.6-1)\\
\nabla\cdot\vec{B}=0 & (2.3-4)
\end{array}\right\}(2.6-3)$$

(2.6-3)式中，外力 $\vec{F}$ 需已知，又假定所有黏性系数和扩散系数为常数且已知，则 $\vec{q}=-\kappa\nabla T$，$L_r=\nabla\cdot\vec{q}_r$，$\vec{q}_r=-\kappa_\gamma\nabla T$，$H_\nu$ 为剪切黏性的耗损加热，$H_\nu=-\dfrac{2}{3}\zeta(\nabla\cdot\vec{v})^2+2\zeta\overleftrightarrow{S}:\overleftrightarrow{S}=\zeta\left[\dfrac{1}{2}e_{ij}e_{ij}-\dfrac{2}{3}(\nabla\cdot\vec{v})^2\right]$，$\overleftrightarrow{S}$ 为变形速度张量，$e_{ij}=\dfrac{\partial v_i}{\partial x_j}+\dfrac{\partial v_j}{\partial x_i}$。上述联立方

程组中欲求的未知量为$\vec{v}$、$\vec{B}$、$\vec{j}$、$\vec{E}$、ρ、p、T等15个未知标量函数，(2.6-3)式中15个标量方程，决定15个未知量，求出的磁场强度$\vec{B}$应满足$\nabla\cdot\vec{B}=0$即(2.3-4)式，所以方程组是完备的。

2.6.2 仅考虑电阻的非理想磁流体力学方程组

通常在大部分情况下可将宇宙等离子体当作无黏滞导电流体，此时可得到仅考虑电阻的磁流体力学方程组：

$$\left.\begin{aligned}
&\frac{\partial\rho}{\partial t}+\nabla\cdot(\rho\vec{v})=0 && (2.2-1\text{b})\\
&\rho\frac{\mathrm{d}\vec{v}}{\mathrm{d}t}=-\nabla p+\vec{j}\times\vec{B}+\vec{F} && (2.2-9)\\
&\frac{\rho^{\gamma}}{(\gamma-1)}\frac{\mathrm{d}}{\mathrm{d}t}\left(\frac{p}{\rho^{\gamma}}\right)=-\nabla\cdot\vec{q}-L_r+\frac{j^2}{\sigma} && (2.2-19\text{c})\\
&\frac{\partial\vec{B}}{\partial t}=\nabla\times(\vec{v}\times\vec{B})-\nabla\times[\eta_{\mathrm{m}}(\nabla\times\vec{B})]\quad(\eta_{\mathrm{m}}\text{ 为空间函数}) && (2.4-1)\\
&\text{或}\\
&\frac{\partial\vec{B}}{\partial t}=\nabla\times(\vec{v}\times\vec{B})+\eta_{\mathrm{m}}\nabla^2\vec{B}\quad(\eta_{\mathrm{m}}\text{ 为常数}) && (2.4-2)\\
&\nabla\times\vec{B}=\mu_0\vec{j} && (2.3-2)\\
&\vec{j}=\sigma(\vec{E}+\vec{v}\times\vec{B}) && (2.3-5)\\
&p=\rho RT && (2.6-1)\\
&\nabla\cdot\vec{B}=0 && (2.3-4)
\end{aligned}\right\}\quad(2.6-4)$$

(2.6-4)式求解思路同(2.6-3)式。

当磁感应方程式中η_{m}是空间函数时，(2.4-1)式化为

$$\frac{\partial\vec{B}}{\partial t}=\nabla\times(\vec{v}\times\vec{B})+\eta_{\mathrm{m}}\nabla^2\vec{B}-\nabla\eta_{\mathrm{m}}\times(\nabla\times\vec{B})$$

上式右端第一项为冻结项，第二项为扩散项，电阻扩散所起的作用是解稳作用，从而会产生新的不稳定扰动——撕裂模(在磁力线方向具有有限空间结构——磁岛)或磁重联(在磁力线方向无限延伸)。第三项中的电阻梯度$\nabla\eta_{\mathrm{m}}$在磁流体中起着使磁力线对流的作用(类似于流体中造成流体对流的重力)，电阻梯度的存在会引起电流的对流不稳定性——波纹模。有关有限电阻的不稳定性详见第七章磁重联。

2.6.3 完全导电理想磁流体力学方程组

对于完全导电的理想导电流体$\sigma\to\infty$，$\eta_{\mathrm{m}}\to 0$，$\zeta\to 0$，$H_{\nu}\to 0$，上述方程组(2.6-3)或(2.6-4)式简化为理想导电流体的磁流体力学方程组：

$$
\begin{aligned}
&\frac{\partial \rho}{\partial t}+\nabla \cdot (\rho \vec{v})=0 \\
&\rho \frac{\mathrm{d} \vec{v}}{\mathrm{d} t}=-\nabla p+\vec{j} \times \vec{B}+\vec{F} \\
&\frac{\rho^{\gamma}}{(\gamma-1)} \frac{\mathrm{d}}{\mathrm{d} t}\left(\frac{p}{\rho^{\gamma}}\right)=-\nabla \cdot \vec{q}-L_{r} \\
&\frac{\partial \vec{B}}{\partial t}=\nabla \times(\vec{v} \times \vec{B}) \\
&\nabla \times \vec{B}=\mu_{0} \vec{j} \\
&p=\rho R T \\
&\nabla \cdot \vec{B}=0
\end{aligned} \tag{2.6-5}
$$

显然理想导电流体的磁流体力学基本方程组比非理想磁流体力学方程组简便得多，此时有$\vec{v}$、$\vec{B}$、$\vec{j}$、p、ρ、T等12个未知量，有12个标量方程，方程组是封闭的。

在理想导电流体又不考虑辐射损失和其他加热的绝热情况下，此时能量方程简化为绝热方程，则理想磁流体力学方程组简化为

$$
\begin{aligned}
&\frac{\partial \rho}{\partial t}+\nabla \cdot (\rho \vec{v})=0 \\
&\rho \frac{\mathrm{d} \vec{v}}{\mathrm{d} t}=-\nabla p+\vec{j} \times \vec{B} \\
&\frac{\partial \vec{B}}{\partial t}=\nabla \times(\vec{v} \times \vec{B}) \\
&\nabla \times \vec{B}=\mu_{0} \vec{j} \\
&\frac{\mathrm{d}}{\mathrm{d} t}\left(\frac{p}{\rho^{\gamma}}\right)=0 \\
&\nabla \cdot \vec{B}=0
\end{aligned} \tag{2.6-6}
$$

在绝热条件下，理想磁流体力学方程组简化为具有$\vec{v}$、$\vec{B}$、$\vec{j}$、p、ρ等11个未知量，11个标量方程。

所以根据问题所给出的物理条件，选取恰当的磁流体力学方程组，再根据合适和足够的初始、边界条件，对物理问题或天体物理问题求出完整的物理解或数值解。

2.6.4　磁流体力学的特征无量纲参数和无量纲参量的磁流体力学方程组

在流体力学中，人们习惯引用特征的无量纲参数来区分流动的不同特征区域和过程。在磁流体中，流体是导电的，而且还有磁场的作用，必然会引进新的无量纲参数来描述导电流体和磁场的特征过程。无论对磁流体力学方程组求物理分析解或数值解，引入无量纲参量都是非常有用的。引入以下无量纲量：

$$
\vec{r}'=\frac{\vec{r}}{L_0},\quad \vec{v}'=\frac{\vec{v}}{v_0},\quad \vec{B}'=\frac{\vec{B}}{B_0},\quad \rho'=\frac{\rho}{\rho_0},\quad T'=\frac{T}{T_0},\quad p'=\frac{p}{p_0},\quad t'=\frac{t}{t_0}
$$

上式中 v_0、B_0、ρ_0、T_0、p_0 分别为等离子体速度、磁场、密度、温度和压强的典型特征值，L_0、t_0 为物理量变化的特征长度和时标，则 $v_0=\dfrac{L_0}{t_0}$，$p_0=\dfrac{k_B}{m}\rho_0 T_0$。带撇的量为相应的无量纲量。

为方便起见，假定所有的输运系数为常数，此时(2.6-4)方程组无量纲化后为

$$
\begin{aligned}
&\frac{\partial\rho'}{\partial t'}+\nabla'\cdot(\rho'\vec{v}')=0\\
&Ma_A^2\rho'\frac{d\vec{v}'}{dt'}=-\frac{1}{2}\beta\nabla'p'+\frac{1}{\mu_0}(\nabla'\times\vec{B}')\times\vec{B}'+\varepsilon_F\vec{F}'\\
&\rho'^{\gamma}\frac{d}{dt'}\left(\frac{p'}{\rho'^{\gamma}}\right)=-\varepsilon_q\nabla'\cdot\vec{q}'-\varepsilon_r L'_r+\varepsilon_j j'^2+\varepsilon_H H'\\
&\frac{\partial\vec{B}'}{\partial t'}=\nabla'\times(\vec{v}'\times\vec{B}')+\frac{1}{Rm}\nabla'^2\vec{B}'\\
&\vec{j}'=\frac{1}{\mu_0}\nabla'\times\vec{B}'\\
&p'=\rho'T'\\
&\nabla'\cdot\vec{B}'=0
\end{aligned}
\tag{2.6-7}
$$

上述方程组中带撇的无量纲变量大小为1的量级，在无量纲方程组中出现的无量纲参数为磁雷诺数 $Rm=\dfrac{l_0v_0}{\eta_m}$，阿尔文马赫数 $Ma_A=v_0\sqrt{\mu_0\rho_0}\Big/B_0$，等离子体 β 数，$\beta=2\mu_0p_0\Big/B_0^2$。$\varepsilon_F$ 为除压强梯度力和磁力外的其他外力与惯性项的比例系数，$\varepsilon_F=\dfrac{l_0F_0}{\rho_0v_0^2}$，$F_0$ 为外力 $\vec{F}$ 的特征量。ε_q、ε_r、ε_j、ε_H 分别为热传导、辐射、焦耳热和其他加热项对绝热变量的比例系数，其中 $\varepsilon_j=\dfrac{2(\gamma-1)}{\beta Rm}$。

无量纲参量 Rm 与电导率有关，它描述了磁感应方程中对流效应与电阻扩散效应的相对重要性。在磁流体力学中阿尔文速度 v_A 是一个基本的特征速度。与流体力学的马赫数 $Ma=\dfrac{v_0}{c_s}$ 类似(c_s 为声速)，用 v_A 去除流体速度，得到所谓的磁马赫数或阿尔文马赫数 $Ma_A=\dfrac{v_0}{v_A}=\dfrac{v_0\sqrt{\mu_0\rho_0}}{B_0}$，$v_A=\dfrac{B_0}{\sqrt{\mu_0\rho_0}}$(详见4.1节)。$Ma_A$ 在磁流体力学中是很重要的无量纲参量，比如在磁合并过程中，常用外场的 Ma_A 作为度量磁合并率的参数。等离子体 β 数定义为动压与磁压之比。当 $\beta\gg1$ 时，运动受磁场的影响很小，而当 $\beta\ll1$ 时，磁场对运动起控制作用。根据具体情况还可引入其他与磁场和电导率有关的无量纲组合量，例如柯林数 $s=\dfrac{B_0^2}{\mu_0\rho_0v_0^2}$。柯林数 s 可以看作磁压与动压之比，或阿尔文速度与流速之比。$s\ll1$，磁场对运动的影响很小，$s\gg1$，磁场对运动起控制作用。

当考虑有黏性的磁流体力学时，常需要讨论磁黏滞力与动力学黏性力的相对大小。定义哈特曼数 Ha 为

$$Ha = \sqrt{\frac{\text{磁黏滞力}}{\text{动力黏性力}}} = \sqrt{\frac{\sigma v_0 B_0^2 L_0^2}{\nu v_0}} = B_0 L_0 \sqrt{\frac{\sigma}{\nu}}$$

$$|\vec{j} \times \vec{B}| \sim |\sigma(\vec{v} \times \vec{B}) \times \vec{B}| \sim \sigma v_0 B_0^2 \tag{2.6-8}$$

$$|\nu \nabla^2 \vec{v}| \sim \nu \frac{v_0}{L_0^2}$$

哈特曼数大，磁黏性的作用比动力黏性的作用重要。

磁流体力学中还经常用到另一无量纲量 Prm，称为磁普朗特数，$Prm = \frac{Rm}{Re}$，即磁雷诺数与雷诺数之比。Re 为流体力学中无量纲量雷诺数，$Re = \frac{L_0 v_0}{\nu}$（为运动方程中惯性项与黏性项之比）。

$$Prm = \frac{Rm}{Re} = \frac{\nu}{\eta_m} \tag{2.6-9}$$

它给出了黏性耗散与磁耗散的相对重要性。

还有一个叫作伦德奎斯特数（Lundquist 数）的无量纲量，当磁场作用与流场作用相当时，流体运动速度的典型值为阿尔文速度时，即在磁雷诺数中，取 v_A 为流速的典型值时，就得到所谓的伦德奎斯特数 Lu：

$$Lu = \frac{v_A L_0}{\eta_m} \tag{2.6-10}$$

总之，磁流体力学中引进了许多无量纲量，它们描写磁流体力学中耦合过程的不同侧面。但是，由于只增加了电导率 σ 和磁场 $\vec{B}$ 两个参量，所以只有两个组合量是独立的。例如：

$$s = \frac{B_0^2}{\mu_0 \rho_0 v_0^2} = \frac{v_A^2}{v_0^2} = Ma_A^{-2}$$

$$\beta = \frac{2\mu_0 p_0}{B_0^2} = \frac{2\mu_0 \rho_0 v_0^2}{B_0^2} = \frac{2v_0^2}{v_A^2} = 2s^{-1} = 2Ma_A^2$$

为使读者对所引入的无量纲参量有个量的认识，我们以太阳黑子上空为例，在太阳大气里（$\tilde{\mu} = 0.6$，$\gamma = \frac{5}{3}$）

$$Rm = 1.9 \times 10^{-8} L_0 v_0 T_0^{3/2} / \ln \Lambda$$

$$c_s = 152 T_0^{1/2} (\mathrm{m\ s^{-1}})$$

$$v_A = 2.8 \times 10^{12} B_0 n_0^{-\frac{1}{2}} (\mathrm{m\ s^{-1}})$$

$$\beta = 3.5 \times 10^{-21} n_0 T_0 B_0^{-2}$$

式中 L_0、v_0、n_0 用米、千克、秒单位制，B_0 用高斯单位制，$\ln \Lambda$ 为库仑对数，可查表获得（见表 1.1）。例如对太阳黑子特征值 $L_0 \approx 10^7$ m，$v_0 \approx 10^3$ m s^{-1}，$t_0 \approx 10^4$ K，$n_0 \approx 10^{20}$ m^{-3}，$B_0 \approx 10^3$ G，则相应的磁雷诺数 $Rm \approx 3 \times 10^7$，声速 $c_s \approx 2 \times 10^4$ m s^{-1}，马赫数 $Ma \approx 0.05$，阿尔文波速 $v_A \approx 3 \times 10^5$ ms^{-1}，对应的磁马赫数为 $Ma_A \approx 4 \times 10^{-3}$，等离子体 β 数为 $\beta \approx 3 \times 10^{-3}$。$\beta$ 随离太阳表面的高度的升高迅速下降，而阿尔文速度迅速升高。在光球层 ($\beta > 1$) 等离子体运动决定磁场，而在日冕里 ($\beta < 1$) 运动由磁场决定。

前面讨论的方程组是用矢量形式给出的，在具体应用时，需要根据问题的特点，选择合适的坐标系。最常用的直角坐标系(x, y, z)，其中的单位矢量$\hat{i}$, $\hat{j}$、$\hat{k}$是固定不变的。但研究天体在宇宙空间中的运动或研究其物理特性时，选取柱坐标或球坐标更为方便。而在这些曲线坐标系中，某些单位坐标方向随空间变化。因此，将基本方程组展开成曲线坐标的分量时，除了对坐标系中物理量的大小进行矢量分析运算外，对坐标系的单位方向也要进行运算。关于三个常用坐标系（直角坐标系、圆柱坐标系、球坐标系）中微分算子的具体表达式见附录二。

第三章　磁流体静力学

3.1 引　言

通常磁流体力学问题的数学处理是十分困难的，只有在极少数特殊情况下，才能得到磁流体力学方程的分析解，一般都是对简化了的问题求数值解。不管求分析解还是数值解，首先必须正确给出平衡状态的磁场位形。本章尝试探讨磁流体静力学问题，一方面，它是磁流体动力学的基础，是最简单的动力学问题，通过对它的研究可以解决动力学问题的初态问题，同时可以探究磁流体动力学问题的某些基本特性；另一方面，磁流体静力学问题研究本身就对宇宙客体的研究有着很大的实用意义。对于一些过程随时间缓慢变化、导电流体速度相对小的磁流体力学问题，有时也可将它们近似当作磁流体静力学问题处理。

3.1.1　磁流体平衡时的特性

为简单起见，先考虑平衡方程中只有电磁力和压强梯度之间的平衡情况，此时磁静平衡应满足的平衡方程组为

$$-\nabla p+\vec{j}\times\vec{B}=0 \tag{3.1-1}$$

$$\vec{j}=\frac{1}{\mu_0}\nabla\times\vec{B} \tag{3.1-2}$$

$$\nabla\cdot\vec{B}=0 \tag{3.1-3}$$

考虑到 $\vec{j}\times\vec{B}=-\nabla\left(\frac{B^2}{2\mu_0}\right)+\frac{1}{\mu_0}(\vec{B}\cdot\nabla)\vec{B}$，(3.1－1)式可写成

$$\nabla\left(p+\frac{B^2}{2\mu_0}\right)=\frac{1}{\mu_0}(\vec{B}\cdot\nabla)\vec{B} \tag{3.1-4}$$

根据矢量公式 $\nabla\times\nabla\phi=0$，由(3.1－4)式可得

$$\nabla\times(\vec{B}\cdot\nabla)\vec{B}=0 \tag{3.1-5}$$

因此可由(3.1－5)和(3.1－3)式解得磁场的静态平衡位形。然后再将它代入(3.1－2)和(3.1－4)式中，分别得到平衡状态下导电流体中的电流分布和压强分布。显然，满足

(3.1-5)和(3.1-3)式的解不是唯一的，它们给出了导电流体可能在磁场中保持平衡的各种位形。

现在先研究平衡位形的一些基本性质。分别以$\vec{B}$和$\vec{j}$对(3.1-1)式求标量积，可得

$$\vec{B}\cdot\nabla p=0 \tag{3.1-6}$$

$$\vec{j}\cdot\nabla p=0 \tag{3.1-7}$$

(3.1-6)和(3.1-7)式表明$\vec{B}$、$\vec{j}$均垂直于p的梯度方向，亦即不论$\vec{B}$还是$\vec{j}$均位于等离子体动压强的等压面上(p为常数的曲面上)。如果等压面是封闭的，则磁力线及电流线缠绕在该封闭曲面上，决不可能有磁力线和电流线穿越等压面的情况发生(如图3.1所示)。通常电流线可以以任意角度与磁力线相交。

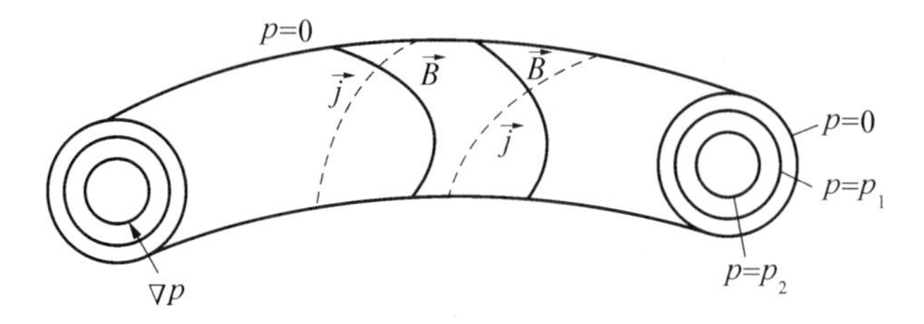

图3.1　平衡位形中$\vec{B}$、$\vec{j}$和p的分布

由等压面上的磁力线组成的曲面叫作磁面。因为$\vec{B}$在磁面上，故磁面也就是磁通ϕ等于常数的面。由(3.1-6)式可知

$$\nabla_{/\!/}p=0$$

这就是说沿着磁力线压强为常数，但因为磁力线可以延伸到磁面上任一点，故整个磁面上各点的压强都一样，即$\nabla_s p=0$，磁面也就是平衡位形的等压面，故$p=p(\phi)$。由(3.1-7)式可知$\vec{j}$也完全在磁面上。当$\vec{j}\,/\!/\,\vec{B}$时，显然$\vec{j}$一定在磁面上；若$\vec{j}\perp\vec{B}$，则可以把$\vec{j}$分为两部分：

$$\vec{j}_{\perp}=\vec{j}_s+\vec{j}_n$$

其中$\vec{j}_s$是在磁面上而与磁场垂直的电流分量，而$\vec{j}_n$是既垂直于磁场又垂直于磁面的分量。由(3.1-7)式，有

$$\vec{j}\cdot\nabla p=\vec{j}_s\cdot\nabla_s p+\vec{j}_n\cdot\nabla_n p=0$$

由于$\nabla_s p=0$，等式中后一项中一般$\nabla_n p\neq 0$，故$\vec{j}_n\equiv 0$。这表示电流$\vec{j}$只有在磁面上的分量，所以它也是磁面的函数，即$\vec{j}=\vec{j}(\phi)$。

由(2.5-4)和(3.1-1)式可以得到平衡方程的又一种形式：

$$\nabla\cdot\overleftrightarrow{T}\equiv\nabla\cdot\left(\frac{B^2}{2\mu_0}\overleftrightarrow{I}-\frac{1}{\mu_0}\vec{B}\vec{B}+p\overleftrightarrow{I}\right)=0 \tag{3.1-8}$$

在由$\hat{e}_{/\!/}=\dfrac{\vec{B}}{B}$及$\hat{e}_{\perp_1}$、$\hat{e}_{\perp_2}$构成的直角坐标系中，$\overleftrightarrow{I}=\hat{e}_{/\!/}\hat{e}_{/\!/}+\hat{e}_{\perp_1}\hat{e}_{\perp_1}+\hat{e}_{\perp_2}\hat{e}_{\perp_2}$，故(3.1-8)

式可以进一步表示成

$$\nabla_{/\!/} p_{/\!/} + \nabla_{\perp_1} p_{\perp} + \nabla_{\perp_2} p_{\perp} = 0$$

其中 $p_{/\!/} = p - \dfrac{B^2}{2\mu_0}$，$p_{\perp} = p + \dfrac{B^2}{2\mu_0}$，$p_{/\!/}$、$p_{\perp}$ 分别为平行和垂直磁力线方向的总压强。因为 $\nabla_{/\!/} p_{/\!/} = 0$，又 $\nabla_{/\!/} \dfrac{B^2}{2\mu_0} = 0$，故可得平衡方程为

$$\nabla_{\perp_1} p_{\perp} + \nabla_{\perp_2} p_{\perp} = 0 \quad \text{i. e.}, \quad \nabla_{\perp} p_{\perp} = 0$$

上式的物理意义是，磁流体处于平衡态时，其中的热压力和磁压力相互抵消。由于在一个有限体积的磁流体中，中心压强总高于边缘压强，即 $\nabla_{\perp} p < 0$，因此为了保持磁流体的平衡，要求 $\nabla\left(\dfrac{B^2}{2\mu_0}\right) > 0$，这种平衡位形称为“磁阱”。

3.1.2 磁场的描述

1. 磁力线方程

众所周知，磁场的描述是用磁力线来表示的。磁力线的方向就是磁场的方向，磁力线的疏密即为磁场的强弱。磁力线方程为

$$\frac{\mathrm{d}\vec{l}}{\mathrm{d}l} = \frac{\vec{B}}{B}$$

在直角坐标系(x, y, z)中为

$$\frac{\mathrm{d}x}{B_x} = \frac{\mathrm{d}y}{B_y} = \frac{\mathrm{d}z}{B_z} \tag{3.1-9}$$

在柱坐标系(r, θ, z)中为

$$\frac{\mathrm{d}r}{B_r} = \frac{r\mathrm{d}\theta}{B_\theta} = \frac{\mathrm{d}l_z}{B_z} \tag{3.1-10}$$

在球坐标系(r, θ, φ)中为

$$\frac{\mathrm{d}r}{B_r} = \frac{r\mathrm{d}\theta}{B_\theta} = \frac{r\sin\theta\,\mathrm{d}\varphi}{B_\varphi} \tag{3.1-11}$$

现在来看磁力线方程的通解：

以直角坐标系为例，从直角坐标系中的磁力线方程可以得出两个独立的微分方程：

$$\frac{\mathrm{d}y}{\mathrm{d}x} = \frac{B_y}{B_x}, \quad \frac{\mathrm{d}z}{\mathrm{d}x} = \frac{B_z}{B_x}$$

其对应的通解为两组空间曲面：

$$\alpha(x, y, z) = c_\alpha, \quad \beta(x, y, z) = c_\beta$$

上述 c_α、c_β 分别为两组常数，每取定一个具体值就对应一个空间曲面。改变它们的取值就得到不同的两组空间曲面，而两组曲面的交线即磁力线。不同取值的两组空间曲面的交线为不同的磁力线。所以磁力线的标量场表示为

$$\vec{B} = \nabla\alpha \times \nabla\beta \tag{3.1-12}$$

式中 $\nabla\alpha$、$\nabla\beta$ 分别为两组空间曲面的法线方向。也可以说，矢量场 $\vec{B}$ 可以用两个标量场 $\alpha(x, y, z)$、$\beta(x, y, z)$ 来表示，显然该矢量场 $\vec{B}$ 满足 $\nabla\cdot\vec{B}=0$，故由 $\vec{B}=\nabla\alpha\times\nabla\beta$ 定义的磁场是合理的。

但对于一个确定的磁场 $\vec{B}$，表示它的标量场 (α, β) 并不唯一。下面来讨论表示同一磁场 $\vec{B}(\vec{r})$ 的两组标量场 (α, β) 和 (α', β') 之间的关系。

若

$$\vec{B}(\vec{r}) = \nabla\alpha(\vec{r}) \times \nabla\beta(\vec{r}) = \nabla\alpha'(\vec{r}) \times \nabla\beta'(\vec{r})$$

由上式可知，原则上可以用 (α, β) 作自变量来表示 (α', β')，反之亦然，即

$$\alpha' = \alpha'(\alpha, \beta), \quad \beta' = \beta'(\alpha, \beta)$$

于是

$$\begin{aligned}\nabla\alpha'(\vec{r}) \times \nabla\beta'(\vec{r}) &= \left(\frac{\partial\alpha'}{\partial\alpha}\nabla\alpha + \frac{\partial\alpha'}{\partial\beta}\nabla\beta\right)\times\left(\frac{\partial\beta'}{\partial\alpha}\nabla\alpha + \frac{\partial\beta'}{\partial\beta}\nabla\beta\right)\\ &= (\nabla\alpha\times\nabla\beta)\left(\frac{\partial\alpha'}{\partial\alpha}\frac{\partial\beta'}{\partial\beta} - \frac{\partial\alpha'}{\partial\beta}\frac{\partial\beta'}{\partial\alpha}\right)\end{aligned}$$

推导中注意到 $\nabla\alpha\times\nabla\alpha = \nabla\beta\times\nabla\beta = 0$，所以当条件满足

$$\left(\frac{\partial\alpha'}{\partial\alpha}\frac{\partial\beta'}{\partial\beta} - \frac{\partial\alpha'}{\partial\beta}\frac{\partial\beta'}{\partial\alpha}\right) = 1$$

亦即当它们之间的变换雅可比矩阵为 1 时，或者说相应的变换为等面积变换时，

$$\vec{B}(\vec{r}) = \nabla\alpha(\vec{r}) \times \nabla\beta(\vec{r}) = \nabla\alpha'(\vec{r}) \times \nabla\beta'(\vec{r})$$

所以描述磁场 $\vec{B}$ 的标量场并不唯一得以证明。

通常亦可借助于 Euler 势（或 Clebsch 势）(f, g) 来描述磁场 $\vec{B}$：

$$\vec{B} = \nabla f \times \nabla g$$

f 和 g 满足 $\vec{B}\cdot\nabla f = \vec{B}\cdot\nabla g = 0$。$f$ 和 g 沿着磁力线为常数，所以一组 (f, g) 值标明了一根磁力线，而 $f=c$ 和 $g=c$ 的表面表示磁通量的表面，其交线即磁力线。

满足 $\nabla\cdot\vec{B}=0$ 的磁场亦可用下式表示：

$$\vec{B} = \nabla\times\vec{A} \tag{3.1-13}$$

$\vec{A}$ 为磁矢势函数，显然磁矢势函数亦不是唯一的。

2. 当磁场存在对称性时磁场的表达式

假设在某种坐标系 (α, β, γ) 中，若有 $\frac{\partial}{\partial\gamma}=0$，此时可将三维问题简化为二维问题，并

只需用一个标量场就可以描述磁场,使问题的研究大为简化。

因为磁场必须满足无源条件,则

$$\nabla\cdot \vec{B} = \nabla_\alpha B_\alpha + \nabla_\beta B_\beta + \nabla_\gamma B_\gamma = \nabla_\alpha B_\alpha + \nabla_\beta B_\beta = 0$$

若取一标量函数 ψ,使 $B_\alpha = \nabla_\beta \psi$, $B_\beta = -\nabla_\alpha \psi$, 即可满足 $\nabla\cdot \vec{B} = 0$。

在直角坐标系(x, y, z)中,若 $\frac{\partial}{\partial z} = 0$, 则 $\psi = \psi(x, y)$,故 $B_x = \nabla_y \psi = \frac{\partial \psi}{\partial y}$, $B_y = -\nabla_x \psi = -\frac{\partial \psi}{\partial x}$, 即

$$\vec{B} = \nabla\psi \times \hat{k} = \nabla\times[\psi(x, y)\hat{k}] + B_z(x,y)\hat{k} \tag{3.1-14}$$

在柱坐标系(r, θ, z)中,若存在轴对称,$\frac{\partial}{\partial \theta} = 0$, 即可取磁通函数 $\psi = \psi(r, z)$, $B_r = \nabla_z \psi = -\frac{1}{r}\frac{\partial \psi}{\partial z}$, $B_z = -\nabla_r \psi = \frac{1}{r}\frac{\partial \psi}{\partial r}$, 即

$$\vec{B} = \frac{1}{r}\nabla\psi \times \hat{e}_\theta = \nabla\times\left(\frac{\psi(r, z)}{r}\hat{e}_\theta\right) \tag{3.1-15}$$

在三维球坐标系(r, θ, ϕ)中,当 $\frac{\partial}{\partial \phi} = 0$ 时,亦可将磁场分为环向(toroidal)和极向(poloidal)场,即

$$\vec{B} = \vec{B}_\mathrm{t} + \vec{B}_\mathrm{p} \tag{3.1-16}$$

若令 $\vec{B}_\mathrm{t} = \nabla\times(\psi\hat{e}_r)$,$\vec{B}_\mathrm{p} = \nabla\times\vec{B}_\mathrm{t} = \nabla\times\nabla\times(\psi\hat{e}_r)$,则

$$\vec{B} = \nabla\times[\psi\hat{e}_r + \nabla\times(\psi\hat{e}_r)] \tag{3.1-17}$$

$\vec{B}_\mathrm{t}$ 为环向(toroidal)场,$\vec{B}_\mathrm{p}$ 为极向(poloidal)场,ψ 为标量函数,显然$\vec{B}_\mathrm{t}$ 和$\vec{B}_\mathrm{p}$ 都满足无源条件。推广到柱坐标系中柱对称的情况,此时可将(3.1-17)式改写为

$$\vec{B} = \nabla\times[\psi\hat{a} + \nabla\times(\psi\hat{a})] \tag{3.1-18}$$

式中 $\hat{a}$ 为某一确定的单位矢量,$\hat{a}$ 可取 $\hat{e}_r$ 或者 $\hat{e}_z$。

在球坐标系(r, θ, ϕ)中,若 $\frac{\partial}{\partial \phi} = 0$, 因磁矢势函数不唯一,亦可令

$$\vec{B} = \nabla\times(\psi(r, \theta)G(r, \theta)\hat{e}_\phi)$$

则

$$\vec{B}_r = \frac{1}{r\sin\theta}\frac{\partial}{\partial \theta}(\sin\theta\,\psi G)\hat{e}_r$$

$$\vec{B}_\theta = -\frac{1}{r}\frac{\partial}{\partial r}(r\psi G)\hat{e}_\theta$$

若令 $G=\dfrac{1}{r\sin\theta}$,则

$$\vec{B}_r=\frac{1}{r^2\sin\theta}\frac{\partial\psi}{\partial\theta},\quad \vec{B}_\theta=-\frac{1}{r\sin\theta}\frac{\partial\psi}{\partial r} \tag{3.1-19}$$

3. 圆环形结构磁场的二维平衡问题

圆环形等离子体的几何位形如图 3.2(a)所示,通常采用两套坐标系来描述——(R, ϕ, z)和(r, θ, ϕ),两者之间的变换关系为

$$R-R_0=r\cos\theta,\quad z=r\sin\theta$$

$$r=\sqrt{(R-R_0)^2+z^2},\quad \tan\theta=\frac{z}{R-R_0}$$

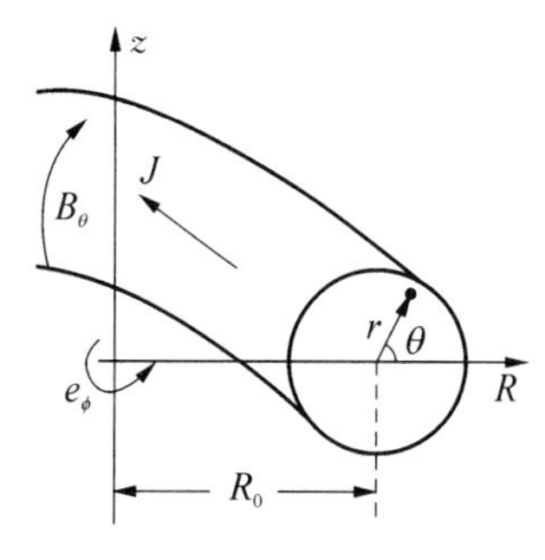

(a) 二维环形磁场示意图

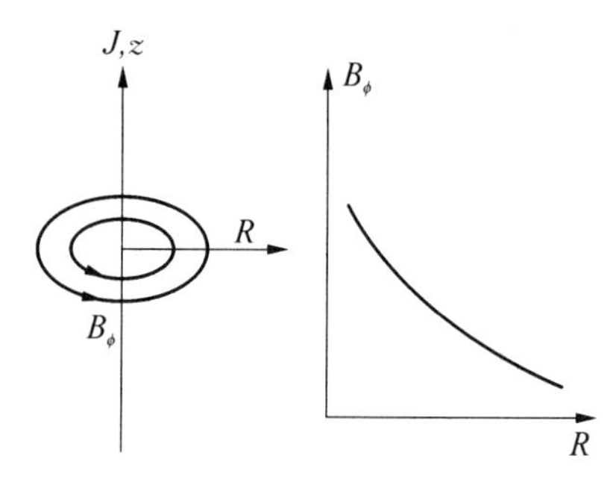

(b) 无限长载流导线所产生的磁场

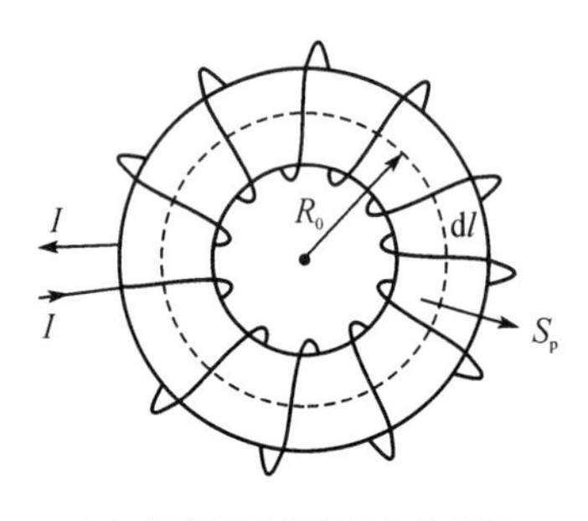

(c) 载流环形螺管产生的磁场

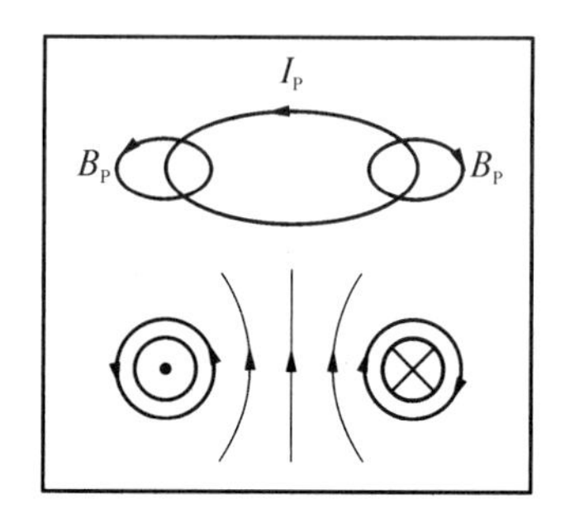

(d) 环形电流圈所产生的磁场

图 3.2 圆环形等离子体磁流管的磁场示意图

考虑在圆环中若存在一个外加的环向磁场,该环向磁场可以由 z 向电流 $\vec{I}=I\hat{e}_z$ 产生,由安培定律

$$\vec{B}_\phi(R)=\frac{\mu_0}{2\pi}\frac{I}{R}\hat{e}_\phi \tag{3.1-20}$$

则该环向磁场的大小随$\dfrac{1}{R}$衰减〔见图 3.2(b)〕。该环向磁场亦可由环形电流圈产生〔见图 3.2(c)〕。

设有 n 个在环向(等间角)均匀排列的电流圈,它们的中心位置位于大半径为 R_0 的大环上,每个电流圈的小半径为 a。这些电流圈在空间形成了沿大环方向的环向磁场。当电流圈数 n 足够大时,可以证明环向磁场的强度随大半径(空间某点离对称轴的距离)R 单调下降。

设每个电流圈中流过的电流密度和电流分别为$\vec{j}$和$\vec{i}$,由安培定律

$$\int_{S_p} \nabla\times\vec{B}\cdot \mathrm{d}\vec{S}_p = \mu_0\int_{S_p}\vec{j}\cdot \mathrm{d}\vec{S}_p$$

$$\oint\vec{B}\cdot \mathrm{d}\vec{l} = \mu_0 ni = \mu_0 I \quad (I = ni)$$

$$2\pi RB_\phi(R) = \mu_0 I$$

$$B_\phi(R) = \frac{\mu_0 I}{2\pi R}$$

上式中 S_p 是过空间任意点(R, z)、半径为 R、垂直于对称轴 z 的圆面(其面元法向在 z 轴)。利用

$$2\pi R_0 B_\phi(R_0) = \mu_0 I$$

可得

$$\vec{B}_\phi(R) = B_\phi(R_0)\frac{R_0}{R}\hat{e}_\phi = B_\phi(R_0)\frac{R_0}{R_0 + r\cos\theta}\hat{e}_\phi \tag{3.1-21}$$

由上可见,不管环形电流圈还是无限长载流导线都可产生一个磁场,其方向均为环向,大小反比于大半径。

除考虑环形等离子体中有一环向磁场外,同时考虑圆环等离子体中还有环向电流,则圆环电流会产生极向磁场〔见图 3.1-2(d)〕。由于问题的对称性,$\frac{\partial}{\partial\phi}=0$,故该极向场可以引入磁通函数 ψ 来表示:

$$\vec{B}_p = \frac{1}{R}\nabla\psi\times\hat{e}_\phi = \nabla\psi\times\nabla\phi, \quad \hat{e}_\phi = R\,\nabla\phi$$

对(R, ϕ, z)坐标系,

$$B_R = -\frac{1}{R}\frac{\partial\psi}{\partial z}, \quad B_z = \frac{1}{R}\frac{\partial\psi}{\partial R} \tag{3.1-22}$$

对(r, θ, ϕ)坐标系,

$$B_r = \frac{1}{r^2\sin\theta}\frac{\partial\psi}{\partial\theta}, \quad B_\theta = -\frac{1}{r\sin\theta}\frac{\partial\psi}{\partial r} \tag{3.1-23}$$

因此环形电流管中产生的总的磁场为

$$\vec{B} = \vec{B}_\phi + \vec{B}_p = \vec{B}_\phi + \frac{1}{R}\nabla\psi\times\nabla\phi \tag{3.1-24}$$

该磁场在实验室中一般称为托卡马克(tokamak)磁场,在天体物理中叫作环形磁流管(torus)磁场。

3.2 节将介绍考虑平衡方程(3.1-1)式时,若磁场存在对称性,标量函数 ψ 满足的方程即二维 Grad-Shafranov 方程。如果在局部强磁场区域中磁力远大于非磁力,此时磁静平衡场要求磁力为零,磁力为零的磁场称为无作用力磁场。关于无作用力场将在 3.3 节介绍。磁流体平衡中另一类重要的特性——箍缩效应,将在 3.4 节中专门介绍。在宇宙等离子体某些问题中,当必须考虑引力(重力)作用时,此时平衡方程将取如下形式:

$$\nabla p = \vec{j} \times \vec{B} + \rho \vec{g} \tag{3.1-25}$$

这类平衡问题将在 3.5 节讨论。

3.2 二维 Grad-Shafranov 方程

所谓 Grad-Shafranov 方程(G-S 方程)是当考虑压强梯度力和磁力平衡且磁场存在对称性时,标量函数 ψ 所满足的微分方程,亦即磁场存在对称性时的磁静平衡方程。

先导出直角坐标系(x, y, z)中的 G-S 方程。若 $\dfrac{\partial}{\partial z}=0$,由磁场无源条件,可选取标量函数$A(x, y)$,则 $B_x=\nabla_y A=\dfrac{\partial A}{\partial y}$, $B_y=-\nabla_x A=-\dfrac{\partial A}{\partial x}$,即可得磁场$\vec{B}$的表达式为

$$\vec{B}(x, y)=\left(\frac{\partial A}{\partial y}, -\frac{\partial A}{\partial x}, B_z(x, y)\right) \tag{3.2-1}$$

由安培定律可得

$$\vec{j}(x, y)=\frac{1}{\mu_0}\left(\frac{\partial B_z}{\partial y}, -\frac{\partial B_z}{\partial x}, -\nabla^2 A\right) \tag{3.2-2}$$

将$\vec{j}$和$\vec{B}$代入平衡方程(3.1-3)式,即 $\nabla p=\vec{j}\times\vec{B}$,可得

$$\begin{cases} -\dfrac{\partial p}{\partial x}=\dfrac{1}{\mu_0}\left[\nabla^2 A\dfrac{\partial A}{\partial x}+\dfrac{\partial}{\partial x}\left(\dfrac{B_z^2}{2}\right)\right] & (3.2-3) \\ -\dfrac{\partial p}{\partial y}=\dfrac{1}{\mu_0}\left[\nabla^2 A\dfrac{\partial A}{\partial y}+\dfrac{\partial}{\partial y}\left(\dfrac{B_z^2}{2}\right)\right] & (3.2-4) \\ \dfrac{\partial B_z}{\partial y}\dfrac{\partial A}{\partial x}+\dfrac{\partial B_z}{\partial x}\dfrac{\partial A}{\partial y}=0 & (3.2-5) \end{cases}$$

由(3.2-5)式可得

$$B_z(x, y)=B_z(A) \tag{3.2-6}$$

将(3.2-6)式代入(3.2-3)和(3.2-4)式,可得

$$p(x, y)=p(A) \tag{3.2-7}$$

即上述平衡方程为

$$\nabla^2 A = \mu_0 \frac{\mathrm{d}}{\mathrm{d}A}\left(p + \frac{B_z^2}{2\mu_0}\right) \tag{3.2-8}$$

该式即为直角坐标系中的G-S方程。

下面导出对于环形(toroidal)结构，即对于像torus或tokamak类这类轴对称系统，有 $\frac{\partial}{\partial \phi} = 0$，$\hat{e}_\phi = R\nabla\phi$，$\vec{B} = \vec{B}_\phi + \vec{B}_p$ 时的G-S方程。

因 $\frac{\partial}{\partial \phi} = 0$，由磁场无源条件，得

$$B_R = -\frac{1}{R}\frac{\partial \psi(R,z)}{\partial z} \tag{3.2-9a}$$

$$B_\phi = B_\phi(R,\ z) \tag{3.2-9b}$$

$$B_z = \frac{1}{R}\frac{\partial \psi(R,\ z)}{\partial R} \tag{3.2-9c}$$

式中 ψ 为通量函数，$\psi = \psi(R,\ z)$。代入安培定律 $\vec{j} = \frac{1}{\mu_0}\nabla\times\vec{B}$，可得

$$\vec{j}_R = -\frac{1}{\mu_0}\frac{\partial B_\phi}{\partial z}\hat{e}_R \tag{3.2-10a}$$

$$\vec{j}_\phi = \frac{1}{\mu_0}\left(\frac{\partial B_R}{\partial z} - \frac{\partial B_z}{\partial R}\right)\hat{e}_\phi \tag{3.2-10b}$$

$$\vec{j}_z = \frac{1}{\mu_0}\frac{1}{R}\frac{\partial}{\partial R}(RB_\phi)\hat{e}_z \tag{3.2-10c}$$

将 B_R 和 B_z 代入 $\vec{j}_\phi$ 可得

$$\begin{aligned}\vec{j}_\phi &= -\frac{1}{\mu_0 R}\left[\frac{\partial^2\psi}{\partial z^2} + R\frac{\partial}{\partial R}\left(\frac{1}{R}\frac{\partial\psi}{\partial R}\right)\right]\hat{e}_\phi \\ &= -\frac{1}{\mu_0 R}\Delta^*\psi\hat{e}_\phi\end{aligned}$$

即

$$\Delta^*\psi = -\mu_0 R j_\phi \tag{3.2-11}$$

式中

$$\Delta^* = R\frac{\partial}{\partial R}\left(\frac{1}{R}\frac{\partial}{\partial R}\right) + \frac{\partial^2}{\partial z^2} = \frac{\partial^2}{\partial R^2} + \frac{\partial^2}{\partial z^2} - \frac{1}{R}\frac{\partial}{\partial R} \tag{3.2-12}$$

将(3.2-9)和(3.2-10)式代入平衡方程 $\nabla p = \vec{j}\times\vec{B}$，得

$$\begin{cases} \dfrac{\partial p}{\partial R} = j_\phi B_z - j_z B_\phi & (3.2-13a) \\ j_z B_R - j_R B_z = 0 & (3.2-13b) \\ \dfrac{\partial p}{\partial z} = j_R B_\phi - j_\phi B_R & (3.2-13c) \end{cases}$$

由(3.2-13b)式得

$$B_\phi(R,\ z) = B_\phi(\psi) \tag{3.2-14}$$

将(3.2-14)式代入(3.2-13a)和(3.2-13c)式可得

$$p(R,\ z) = p(\psi) \tag{3.2-15}$$

将(3.2-15)、(3.2-9c)和(3.2-10c)式代入(3.2-13a)式可得

$$j_\phi = R\frac{\mathrm{d}p}{\mathrm{d}\psi} + \frac{1}{\mu_0 R}F\frac{\mathrm{d}F}{\mathrm{d}\psi} \tag{3.2-16}$$

式中 $F = RB_\phi$。将 j_ϕ 代入(3.2-11)式即可得环形结构下 ψ 所满足的二维 Grad-Shafranov 方程

$$\Delta^* \psi = -\mu_0 R j_\phi = -\mu_0 R^2 \frac{\mathrm{d}p(\psi)}{\mathrm{d}\psi} - F(\psi)\frac{\mathrm{d}F(\psi)}{\mathrm{d}\psi} \tag{3.2-17}$$

其中 $F(\psi) = RB_\phi(\psi)$。由(3.2-10c)式积分后可得

$$RB_\phi = \mu_0 \int j_z R\,\mathrm{d}R$$

$$2\pi RB_\phi = \mu_0 \int 2\pi R j_z \mathrm{d}R = \mu_0 \int_S \vec{j} \cdot \mathrm{d}\vec{S} = \mu_0 I(\psi) \tag{3.2-18}$$

则

$$B_\phi(\psi) = \frac{\mu_0 I(\psi)}{2\pi R}$$

(3.2-17)式中 Δ^* 的定义见(3.2-12)式。如果给定了 $p(\psi)$、$B_\phi(\psi)$或者 $I(\psi)$(3.2-18)式的具体函数形式,加上合适的边界条件,就可以从 Grad-Shafranov 方程求解出 $\psi = \psi(R,\ z)$,而 $\psi(R,\ z) =$ 常数的空间曲面就是相互叠套的环形磁面。关于球坐标系下二维无力场的 Grad-Shafranov 方程可见下节(3.3-39)式。

3.3 无作用力场

无作用力场是最简单一种的磁流体静力学平衡位形。日冕大气中(特别是活动区上空),等离子体 β 值(气压磁压之比)很小。此时磁力处于主导地位,没有其他力可以与之平衡。为使系统平衡,必须要求磁力为零。这种磁场被称作无作用力场,简称无力场。对

于宁静日冕中缓慢变化的磁场，人们通常用无力场近似。

3.3.1 基本方程

根据定义，无力场中力平衡关系退化为

$$\vec{j}\times\vec{B}=0 \tag{3.3-1}$$

上式表明无力场中电流 $\vec{j}$ 与磁场 $\vec{B}$ 处处平行。将安培定律 $\mu_0\vec{j}=\nabla\times\vec{B}$ 代入上式，可得磁场分布应满足

$$(\nabla\times\vec{B})\times\vec{B}=0 \tag{3.3-2}$$

上式也等价于

$$\nabla\times\vec{B}=\alpha\vec{B} \tag{3.3-3}$$

其中 α 为一标量函数。

所以，在讨论无力场时，我们可以结合磁场无源条件，采用以下三组方程中任意一组作为无力场基本方程：

$$\begin{cases}\vec{j}\times\vec{B}=0\\ \nabla\cdot\vec{B}=0\end{cases} \tag{3.3-4}$$

或

$$\begin{cases}(\nabla\times\vec{B})\times\vec{B}=0\\ \nabla\cdot\vec{B}=0\end{cases} \tag{3.3-5}$$

或

$$\begin{cases}\nabla\times\vec{B}=\alpha\vec{B}\\ \nabla\cdot\vec{B}=0\end{cases} \tag{3.3-6}$$

无力场方程(3.3-6)中，标量函数 α 被称为无力因子，它一般是空间位置 $\vec{r}$ 和时间 t 的函数。对于一个矢量场，在确定的边界条件下，只有当其散度和旋度都给定后，该矢量场才能被唯一地确定。磁场的无源条件 $\nabla\cdot\vec{B}=0$ 给出了磁场 $\vec{B}$ 的散度，而无力场条件 $(\nabla\times\vec{B})\times\vec{B}=0$ 给出磁场 B 旋度的方向(沿磁场方向)。从(3.3-6)式可以看出，欲知磁场旋度在磁场方向的大小，关键在于知道无力因子 α 的具体分布。只有知道了 α 以后，无力场才能完全确定。所以求解无力场问题的关键在于讨论无力因子 α 的分布规律。

对(3.3-3)式两边取散度，则有

$$\nabla\cdot(\nabla\times\vec{B})=\nabla\cdot(\alpha\vec{B})=0$$

利用矢量公式 $\nabla\cdot(\alpha\vec{B})=\alpha(\nabla\cdot\vec{B})+\vec{B}\cdot\nabla\alpha$，并考虑到磁场无源条件，可得

$$\vec{B}\cdot\nabla\alpha=0 \tag{3.3-7}$$

上式给出无力因子 α 应满足的条件：$\nabla\alpha \perp \vec{B}$，即 α 在磁场方向(同时也是电流方向)梯度为零，或者说沿磁力线(同时也是电流线)α 为常数。

对于一无力场，如果给定了边界上的 α 分布，则在区域中与边界交联的磁力线上的 α 的分布就可以被确定。实际上 α 很难合理地被确定，人们通常假设各种 α 的分布来讨论无力场的位形。$\alpha=0$ 的无力场有 $\nabla\times\vec{B}=0$，即 $\vec{j}=0$，这种无力场称作无电流场或势场。势场是最简单的无力场，它反映一般无力场的某种平均性质。$\alpha=$常数的无力场称作线性无力场，此时电流与磁场呈线性关系。只要所研究磁场区域不是处于剧烈活动的状态，活动区的磁平衡位形大致可用线性无力场近似。$\alpha\neq$常数的无力场称作非线性无力场。非线性无力场问题的困难仍在于我们并不知道什么样的 α 值分布与实际情况更相符。通常的做法是先假定某种 α 的分布，进而讨论这种具体磁场位形的性质，看它是否具有观测或理论上所期望的趋势。

3.3.2 无电流场(势场)

无电流场中电流处处为零，即 $\nabla\times\vec{B}=0\ (\alpha=0)$。上式表明无电流场可以表示为一标量函数的梯度，即

$$\vec{B}=\nabla\Psi \tag{3.3-8}$$

这里标量函数 Ψ 称为标量磁势。因此，无电流场也被称为势场。对(3.3-8)式两边求散度，并考虑磁场无源条件，可得标量磁势 Ψ 应满足标量拉普拉斯方程

$$\nabla^2\Psi=0 \tag{3.3-9}$$

求解方程(3.3-9)，由给定边界条件，可得 Ψ 的空间分布。再由(3.3-8)式我们就可以得到具体的势场位形。

1. 势场通解

通常采用分离变量方法求解拉普拉斯方程(3.3-9)。在直角坐标系$(x,\ y,\ z)$下，x-y 平面上方空间中随 z 增加而衰减的势场周期解具有

$$\Psi = a\ \exp(\mathrm{i}k_x x + \mathrm{i}k_y y - kz) \tag{3.3-10}$$

的形式。其中 k_x、k_y、k 为正实数且满足 $k_x^2+k_y^2=k^2$。如果在四个侧面上($x=0$，$y=0$，$x=a$，$y=b$)磁场法向分量为零，则上述通解的具体形式为

$$\Psi = \sum_{n=0}^{\infty}\sum_{m=0}^{\infty} a_{nm}\sin\left(\frac{2n\pi x}{a}\right)\sin\left(\frac{2m\pi y}{b}\right)\mathrm{e}^{k_{nm}z} \tag{3.3-11}$$

其中 $k_{nm}^2=(2n\pi/a)^2+(2m\pi/b)^2$。

在柱坐标系$(r,\ \theta,\ z)$下，方程(3.3-9)的通解可以写成

$$\Psi = \sum_{n=-\infty}^{\infty}[c_n\mathrm{J}_n(kr)+d_n\mathrm{Y}_n(kr)]\mathrm{e}^{\mathrm{i}n\theta kz} \tag{3.3-12}$$

其中 J_n 和 Y_n 分别为第一类和第二类贝塞尔函数。或者当问题与 z 无关时，

$$\Psi = c_0 \ln r + \sum_{\substack{n=-\infty \\ n\neq 0}}^{\infty} (c_n r^n + d_n r^{-n}) \mathrm{e}^{\mathrm{i}n\theta}$$

在球坐标系(r, θ, φ)下，方程(3.3-9)的通解形式为

$$\Psi = \sum_{l=0}^{\infty} \sum_{m=-l}^{l} [a_{lm} r^l + b_{lm} r^{-(l+1)}] \mathrm{P}_l^m(\cos\theta) \mathrm{e}^{\mathrm{i}m\varphi} \tag{3.3-13}$$

其中 P_l^m 为连带勒让德多项式。如果问题与 φ 无关，则上式简化为

$$\Psi = \sum_{l=0}^{\infty} [a_l r^l + b_l r^{-(l+1)}] \mathrm{P}_l(\cos\theta)$$

其中 P_l 为勒让德多项式。

对于上述每种形式的通解，积分常数都可由给定的适当边界条件(如底边界上的法向磁场 B_z 或 B_r)确定。

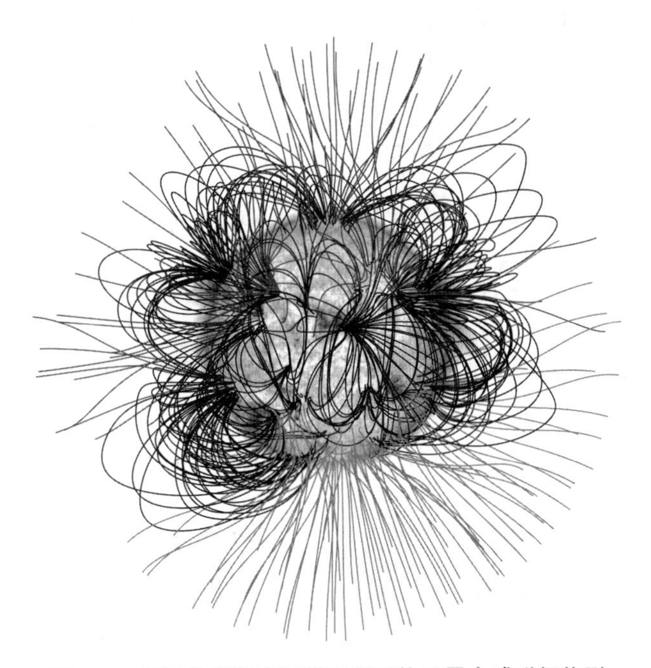

图 3.3 通过势场源表面模型所重构日冕全球磁场位形

2. 势场源表面模型

日冕磁场在大尺度下可以用势场近似。考虑到问题的几何性质，我们在球坐标系下构建日冕势场，其标量磁势由(3.3-13)式给出，其中勒让德多项式系数 a_{lm} 和 b_{lm} 将由边界条件确定。

这里考虑两个边界。在底边界即太阳表面($r=R_\odot$)，我们通过综合一个太阳自转周的磁场观测可以生成径向磁场 B_r 的全日面综合磁图(synoptic magnetogram)，以此作为边界条件。在底边界上有 $\dfrac{\partial\Psi}{\partial r}=B_r(R_\odot, \theta, \varphi)$。

日冕磁场还受到太阳风的影响。磁场受太阳风拖拽作用，将偏离势场位形，形成行星际电流片。高度越高，这种效应越明显。为体现太阳风的作用，我们在某一高度（通常设在 $2.5R_{\odot}$ 处）加入一外边界。在这个边界面上，太阳风将磁场拖拽为纯径向场，人们把这样的界面称为源表面（source surface）。由磁场仅有径向分量的条件可知源表面对应一等磁势面（不妨取作零势面），以此给出源表面上的边界条件 $\Psi=0$。

由上述边界条件确定的日冕全球磁场被称为势场源表面模型。图 3.3 展示了通过该模型所重构的 2011 年 9 月 6 日日冕全球磁场位形。势场源表面模型是一种快速有效的日冕大尺度磁场重构方法，在太阳物理届被广泛采用。

3. 势场能量最低原理

对于一封闭区域，给定边界面上法向磁场，由此唯一确定的势场所具有的磁能对应该区域中最低磁能状态，这就是势场能量最低原理。具体证明步骤如下。

封闭区域 V 中任意一点处磁场 $\vec{B}$ 都可分解为势场分量 $\vec{B}_0$ 和非势分量 $\vec{B}_1$ 两部分之和，即 $\vec{B}=\vec{B}_0+\vec{B}_1$。这里 $\vec{B}$ 可以是无力场，也可以是有力场，但是要保证在边界面 S 上 $\vec{B}$ 和 $\vec{B}_0$ 法向分量相同。这也意味着在 S 上 $\vec{B}_{1n}=0$。系统中磁能

$$W=\int\frac{\vec{B}^2}{2\mu_0}\mathrm{d}V=\int\frac{(\vec{B}_0+\vec{B}_1)\cdot(\vec{B}_0+\vec{B}_1)}{2\mu_0}\mathrm{d}V=\int\frac{\vec{B}_0^2+2\vec{B}_0\cdot\vec{B}_1+\vec{B}_1^2}{2\mu_0}\mathrm{d}V$$

将 $\vec{B}_0$ 为势场条件即 $\vec{B}_0=\nabla\Psi_0$ 代入上式积分中间一项中，有

$$\int\vec{B}_0\cdot\vec{B}_1\mathrm{d}V=\int(\nabla\Psi_0)\cdot\vec{B}_1\mathrm{d}V=\int[\nabla\cdot(\Psi_0\vec{B}_1)-\Psi_0(\nabla\cdot\vec{B}_1)]\mathrm{d}V=\oint\Psi_0\vec{B}_{1n}\mathrm{d}S$$

其中我们利用了磁场无源条件 $\nabla\cdot\vec{B}_1=0$。由于边界面 S 上 $B_{1n}=0$，该项积分为零。

因此

$$W=\int\frac{B^2}{2\mu_0}\mathrm{d}V=\int\frac{B_0^2+B_1^2}{2\mu_0}\mathrm{d}V$$

除非 $\vec{B}$ 本身就是势场（此时 $\vec{B}\equiv\vec{B}_0$），否则总有 $\vec{B}_1=\vec{B}-\vec{B}_0\neq0$，继而 $B_1^2>0$。因此其磁能总将超过势场能量 $\int B_0^2/(2\mu_0)\mathrm{d}V$。

3.3.3 线性无力场

对于线性无力场，$\alpha=$常数。对(3.3-3)式两边取旋度，并利用磁场无源条件，就得到线性无力场方程

$$\nabla^2\vec{B}+\alpha^2\vec{B}=0 \tag{3.3-14}$$

方程(3.3-14)在形式上是一个矢量波动方程。由于任何无源矢量都可以分解为极向场和环向场之和，因此我们可以先求解下列标量亥姆霍兹方程

$$\nabla^2\psi+\alpha^2\psi=0 \tag{3.3-15}$$

由方程(3.3-15)的解 ψ 构造出矢量方程(3.3-14)的三个基本解

$$\vec{L}=\nabla\psi,\quad \vec{T}=\nabla\times(\psi\hat{a}),\quad \vec{S}=\frac{1}{\alpha}\nabla\times\vec{T}$$

其中 $\vec{T}$ 和 $\vec{S}$ 满足无源条件故而保留。上式中 $\hat{a}$ 为一确定的单位矢量。当 $\hat{a}$ 取 $\hat{e}_r$ 且 ψ 为球对称时，$\vec{T}$ 为环向场(toroidal)，$\vec{S}$ 为极向场(poloidal)。因此，满足方程(3.3-14)的线性无力场解为

$$\vec{B}=\vec{T}+\vec{S}=\nabla\times\left[\psi\hat{a}+\frac{1}{\alpha}\nabla\times(\psi\hat{a})\right]\tag{3.3-16}$$

给定适当的边界条件，就可以求解线性无力场的具体位形。

1. 线性无力场通解

在直角坐标系下，可用随 $z\to\infty$ 衰减至零的简单解构建亥姆霍兹方程(3.3-15)在计算域 $0\leqslant x\leqslant L_x$，$0\leqslant y\leqslant L_y$，$0\leqslant z\leqslant L_z$ 中的通解

$$\psi(x,\ y,\ z)=\sum_{n,m}C_{n,m}\sin k_{xn}x\sin k_{ym}y\,\mathrm{e}^{-l_{nm}z}\tag{3.3-17}$$

这里 $l_{nm}^2=k_{xm}^2+k_{ym}^2$，而 ψ 在侧面上为零的边界条件要求 $k_{xn}=2n\pi/L_x$，$k_{ym}=2m\pi/L_y$。取 $\hat{a}=\hat{e}_z$，则线性无力场解(3.3-16)写成如下形式

$$(B_x,B_y,B_z)=\frac{1}{\alpha}\left(\alpha\frac{\partial\psi}{\partial y}+\frac{\partial^2\psi}{\partial x\partial z},-\alpha\frac{\partial\psi}{\partial x}+\frac{\partial^2\psi}{\partial y\partial z},\frac{\partial^2\psi}{\partial z^2}+\alpha^2\psi\right)\tag{3.3-18}$$

进一步，如果在底边界上给定法向磁场 B_z 并将 B_z 用傅里叶级数展开(分量系数为 $B_{n,m}$)，则由(3.3-18)式可得 $C_{n,m}=\alpha B_{n,m}/(k_{xn}^2+k_{ym}^2)$。

然而，这一边值问题也具有以下形式的本征函数(其在所有边界上都为零)：

$$\psi_{nmN}^{*}(x,\ y,\ z)=\sin k_{xn}x\sin k_{ym}y\sin K_N z$$

这里 $K_N=N\pi/L_z$，而 α 对应的本征值由

$$\alpha_{nmN}^2=k_{xn}^2+k_{ym}^2+K_N^2$$

给出，其中 n、m 以及 N 都为整数且至少有一个不为零。

当 L_z 有限，且 α 不等于任何一个离散本征值 α_{nmN} 时，方程(3.3-15)的解 ψ 唯一。定义 $\alpha_{\min}=\min(2\pi/L_x,\ 2\pi/L_y)$，$|\alpha|<\alpha_{\min}$ 时的解已经由(3.3-17)式给出，而 $|\alpha|>\alpha_{\min}$ 时的解应改写成

$$\begin{aligned}\psi(x,\ y,\ z)=&\sum_{\substack{n,m\\ l_{nm}^2=k_{xn}^2+k_{ym}^2-\alpha^2>0}}\sin k_{xn}x\sin k_{ym}y\,C_{n,m}\mathrm{e}^{-l_{nm}z}\\&+\sum_{\substack{n,m\\ l_{nm}^2=\alpha^2-k_{xn}^2-k_{ym}^2>0}}\sin k_{xn}x\sin k_{ym}y(D_{n,m}\cos l_{nm}z+E_{n,m}\sin l_{nm}z)\end{aligned}\tag{3.3-19}$$

其中 $C_{n,m}$ 和 $D_{n,m}$ 仅需由底边界上的 B_z 确定，而确定 $E_{n,m}$ 还需给定顶边界上的 B_z。

另一方面，当 L_z 趋向于无穷大时，本征值 K_N 不再离散，而是在 $|\alpha|\geqslant\alpha_{\min}$ 的范围内

形成连续的本征值谱。方程(3.3-15)的解仅当 $|\alpha|<\alpha_{\min}$ 时由(3.3-17)式唯一给出。而当 $|\alpha|\geqslant\alpha_{\min}$ 时,将任意振幅的本征函数 ψ^*(仅需将 K_N 替换为 $\sqrt{\alpha^2-k_{xn}^2-k_{ym}^2}$)加到 ψ 中并不会改变边界上的 ψ 分布,此时仅由边界上的法向磁场分布无法唯一确定方程的解。可以看出,随着计算域范围的扩大,方程存在唯一解所允许的 α 取值范围缩小($\alpha_{\min}$ 减小)。因此,对于特定的边界条件,上述方法仅对较小的区域有效。类似情况在其他坐标系下也存在。

在柱坐标系下,可以构造方程(3.3-15)在半径为 a 高度为 L_z 的圆柱中的通解(随 $z\to\infty$ 衰减至零且在轴上有限)

$$\psi(r,\ \theta,\ z)=\sum_{n=0}^{\infty}\mathrm{e}^{in\theta}\sum_{m}C_{n,m}\,\mathrm{J}_n(knm\ r)\mathrm{e}^{-l_{nm}z} \tag{3.3-20}$$

其中 $l_{nm}=(k_{nm}^2-\alpha^2)^{1/2}$。而圆柱侧面($r=a$)上 ψ 为零的边界条件要求 $k_{nm}a=j_{nm}$,其中 j_{nm} 是 n 阶贝塞尔函数 J_n 的第 m 个零点坐标。

取 $\hat{a}=\hat{e}_z$,在柱坐标系下(3.3-16)式写成如下形式

$$(B_r,B_\theta,B_z)=\frac{1}{\alpha}\left(\frac{\alpha}{r}\frac{\partial\psi}{\partial\theta}+\frac{\partial^2\psi}{\partial_r\partial_z},-\alpha\frac{\partial\psi}{\partial r}+\frac{1}{r}\frac{\partial^2\psi}{\partial\theta\partial z},\frac{\partial^2\psi}{\partial z^2}+\alpha^2\psi\right) \tag{3.3-21}$$

当然这样的边值问题也具有以下形式的本征函数

$$\psi_{nmN}^*(r,\ \theta,\ z)=\mathrm{e}^{in\theta}\mathrm{J}_n(k_{nm}r)\ \sin K_N z$$

这里 $K_N=N\pi/L_z$,而 α 对应的本征值由 $\alpha_{nmN}^2=k_{nm}^2+K_N^2$ 给出。

仿照直角坐标中的讨论,当圆柱高 L_z 有限,且 α 不等于上述任何一个本征值 α_{nmN} 时,方程(3.3-15)解唯一。另一方面,如果 L_z 趋向于无穷大,且 $|\alpha|<\alpha_{\min}(=k_{01}=j_{01/a})$ 时,方程解仍然唯一;但当 $\alpha\geqslant\alpha_{\min}$ 时,将任意振幅的本征函数 ψ^*(仅需将 K_N 替换为 $\sqrt{\alpha^2-k_{nm}^2}$)加到 ψ 中并不会改变边界上的 ψ 分布。如果圆柱半径 a 也趋向于无穷大,则 $\alpha_{\min}=0$,进而(3.3-20)式中对 m 的求和需改写成对 k 的积分

$$\begin{aligned}\psi(r,\ \theta,\ z)=\sum_{n=0}^{\infty}\mathrm{e}^{in\theta}\Big[&\int_{\alpha}^{\infty}\mathrm{J}_n(kr)C_n(k)\exp(-(k^2-\alpha^2)_z^{1/2})\mathrm{d}k+\\&\int_0^{\alpha}\mathrm{J}_n(kr)\ (D_n(k)\cos(\alpha^2-k^2)^{1/2}z+E_n(k)\sin(\alpha^2-k^2)^{1/2}z)\mathrm{d}k\Big]\end{aligned} \tag{3.3-22}$$

由(3.3-21)和(3.3-22)式可得底边界($z=0$)上法向磁场:

$$B_z(r,\ \theta,\ 0)=\sum_{n=0}^{\infty}\mathrm{e}^{in\theta}\left[\int_{\alpha}^{\infty}k^2\mathrm{J}_n(kr)C_n(k)\mathrm{d}k+\int_0^{\alpha}k^2\mathrm{J}_n(kr)D_n(k)\mathrm{d}k\right]$$

可以看出,如果仅仅给定底边界上的 B_z,只有 $C_n(k)$ 和 $D_n(k)$ 能被确定,而 $E_n(k)$ 仍可任意取值。因此与势场问题($\alpha=0$)不同,此时线性无力场解并不唯一。要获得唯一的边值问题,则需要施加额外的边界条件,比如底边界上的磁场切向分量。

在球坐标系下,方程(3.3-15)在球外的通解为

$$\psi(r,\theta,\varphi)=\sum_{n=0}^{\infty}\sum_{m=-n}^{n}C_{n,m}r^{-1/2}\mathrm{J}_{n+1/2}(\alpha r)\mathrm{P}_n^m(\cos\theta)\mathrm{e}^{\mathrm{i}m\varphi} \tag{3.3-23}$$

取 $\hat{a}=\hat{e}_r$,在球坐标系下(3.3-16)式写成如下形式

$$(B_r,B_\theta,B_\varphi)=\sum_{n=0}^{\infty}\sum_{m=-n}^{n}C_{n,m}(b_r,b_\theta,b_\varphi)(\alpha r)^{-1}\mathrm{e}^{\mathrm{i}m\varphi} \tag{3.3-24}$$

其中

$$b_r=n(n+1)\frac{\mathrm{J}_{n+1/2}(\alpha r)}{r^{3/2}}\mathrm{P}_n^m(\cos\theta)$$

$$b_\theta=\left[-(n+1)\frac{\mathrm{J}_{n+1/2}(\alpha r)}{r^{3/2}}+\alpha\frac{\mathrm{J}_{n-1/2}(\alpha r)}{r^{1/2}}\right]\frac{\mathrm{dP}_n^m(\cos\theta)}{\mathrm{d}\theta}+\alpha\frac{\mathrm{J}_{n+1/2}(\alpha r)}{r^{1/2}}\mathrm{i}m\frac{\mathrm{P}_n^m(\cos\theta)}{\sin\theta}$$

$$b_\varphi=\left[-(n+1)\frac{\mathrm{J}_{n+1/2}(\alpha r)}{r^{3/2}}+\alpha\frac{\mathrm{J}_{n-1/2}(\alpha r)}{r^{1/2}}\right]\mathrm{i}m\frac{\mathrm{P}_n^m(\cos\theta)}{\sin\theta}-\alpha\frac{\mathrm{J}_{n+1/2}(\alpha r)}{r^{1/2}}\frac{\mathrm{dP}_n^m(\cos\theta)}{\mathrm{d}\theta}$$

通过以上的讨论可以看出,当尝试用线性无力场构建实际的日冕磁场时,在数学和物理上存在以下困难及不完备性。首先,线性无力场解不能在物理上真实地趋向于无穷远。对于 $|\alpha|>\alpha_{\min}$,方程(3.3-15)的解以 $\exp(\mathrm{i}\alpha r)/r$ 的形式振荡式衰减,因此我们无法在无穷远处设置合理的边界条件,而且所得磁场还存在非物理的极性反转。其次,上述形式的线性无力场解随距离增加衰减得太慢,以至于所得的磁能发散。第三,方程(3.3-15)的求解实质上是一个本征值问题。所以当 α 恰好等于某一本征值时,方程解中可以加入任意振幅的对应本征函数而不改变边界上的 B_n,此时方程解并不唯一。最后,真实的光球磁场中每个地方的 α 其符号和/或模都不尽相同,由此构建的无力场势必高度非线性。

2. 线性无力场简单解

基于上述线性无力场通解,我们可以将问题简化,从而得到一些常用的线性无力场简单解。

在直角坐标系下,保留通解(3.3-17)中的最低阶项,有

$$\psi(x,y,z)=C\sin(k_x x)\sin(k_y y)\mathrm{e}^{-lz}$$

其中 $l^2=k_x^2+k_y^2-\alpha^2$。简化问题,设磁场与 y 无关,则 $k_y=0$。令 $k_x=k$,有 $l=(k^2-\alpha^2)^{1/2}$。此时 $\psi=C\sin(k_x x)\mathrm{e}^{-lz}$。将其代入(3.3-18)式中,并取 $C=\alpha B_0/k^2$,有

$$(B_x,B_y,B_z)=B_0[-(l/k)\cos(kx),-(1-l^2/k^2)^{1/2}\cos(kx),\sin(kx)]\mathrm{e}^{lz} \tag{3.3-25}$$

上式磁场如图 3.4 所示,这样的磁场可以用来刻画日冕磁拱结构。可以看出,在磁力线顶部,水平磁场方向与 x 轴的夹角,即剪切角由 $\gamma=\arctan(k^2/l^2-1)^{1/2}$ 给出。当 α 从 0 增加到 k 时,l 从 k 减小到 0,相应的剪切角从 0 增加到 $\frac{1}{2}\pi$。当 $l=k$ 时,α、γ 和 B_y 都为零,此时我们得到势场解

$$B_x=-B_0\cos(kx)\mathrm{e}^{-kz},\ B_z=B_0\sin(kx)\mathrm{e}^{-kz}$$

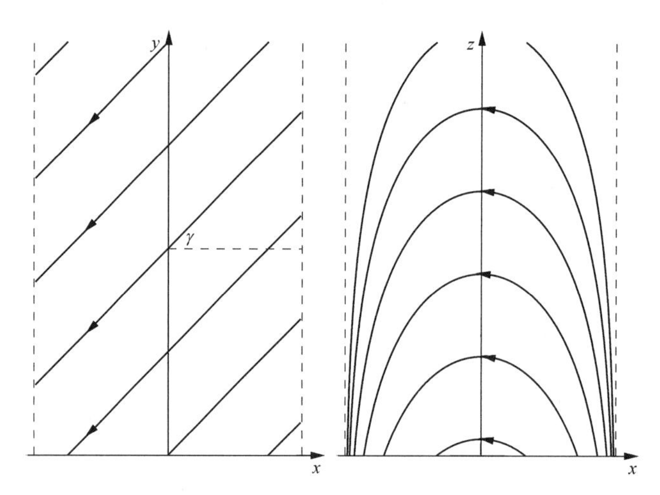

图 3.4　由(3.3-25)式表示的磁力线在 x-z 平面和 x-y 平面中的投影

将问题再作简化，设磁场与 z 也无关，则 $l=0, k=\alpha$。此时(3.3-25)式进一步简化为

$$(B_x, B_y, B_z) = B_0(0, -\cos(kx), \sin(kx)) \tag{3.3-26}$$

上式磁场在与 x 垂直的平面中是均匀的，场强大小为 B_0。而磁场方向与 y 轴的夹角为 $\pi-\alpha x$。当 x 值变化时磁场强度不变，而方向在不断变化(相对 x 轴顺时针旋转)。由此可见，这一线性无力场虽然十分简单，却也包含了一般无力场剪切的特征。

在柱坐标系下，考虑轴对称磁场(与 θ 无关)，保留通解(3.3-20)中的最低阶项，有

$$\psi(r, z) = C\mathrm{J}_0(kr)\mathrm{e}^{-lz}$$

其中 $l^2=k^2-\alpha^2$。将上式代入(3.3-21)式中，并取 $C=\alpha B_0/k^2$，有

$$(B_r, B_\theta, B_z) = B_0[(l/k)\mathrm{J}_1(kr), (1-l^2/k^2)^{1/2}\mathrm{J}_1(kr), \mathrm{J}_0(kr)]\mathrm{e}^{-lz} \tag{3.3-27}$$

上式磁场可以用来刻画太阳活动区上空扭缠的磁场结构。当 $l=k$ 时，上式磁场退化为势场

$$B_r = B_0\mathrm{J}_1(kr)\mathrm{e}^{-kz}, \ B_z = B_0\mathrm{J}_0(kr)\mathrm{e}^{-kz}$$

同样将问题再作简化，如果磁场与 z 也无关，则 $l=0, k=\alpha$。此时(3.3-27)式进一步简化为

$$(B_r, B_\theta, B_z) = B_0(0, \mathrm{J}_1(\alpha r), \mathrm{J}_0(\alpha r)) \tag{3.3-28}$$

上式磁场中，$B_r=0$，因此该磁场是由 B_θ 和 B_z 合成的螺旋形磁场。根据贝塞尔函数性质，当 $r=0$ 时，$\mathrm{J}_0(0)=1$，$\mathrm{J}_1(0)=0$，磁场仅有轴向分量。当 r 增加时，$\mathrm{J}_0(\alpha r)$下降而$\mathrm{J}_1(\alpha r)$增加，因此 B_z/B_θ 下降。定义磁螺距 $\zeta=2\pi r\dfrac{B_z}{B_\theta}$。可以看出，$r$ 越大，磁螺距 ζ 越小，磁场的扭缠越强。

3. 线性无力场性质

线性无力场还具有以下一些性质：

(1) 在一个封闭的冻结型磁场系统中，磁螺度

$$H=\int_V \vec{A}\cdot\vec{B}\mathrm{d}V \tag{3.3-29}$$

不随时间改变。对于给定的磁螺度，该系统极小磁能状态对应一个线性无力场。

定理前半部分已经在2.4节中得证，现在讨论封闭系统的磁能

$$W=\int_V \frac{\vec{B}^2}{2\mu_0}\mathrm{d}V$$

可用拉格朗日乘子法求$\int_V \vec{A}\cdot\vec{B}\mathrm{d}V=$常数条件下磁能$W$的极值，亦即将极值问题化为求下列变分为零的条件：

$$2\mu_0\delta W=\int_V[2\vec{B}\cdot\delta\vec{B}-\alpha_0(\delta\vec{A}\cdot\vec{B}+\vec{A}\cdot\delta\vec{B})]\mathrm{d}V$$

其中常数α_0为拉格朗日乘子。将$\delta\vec{B}=\nabla\times\delta\vec{A}$代入上式，有

$$2\mu_0\delta W=\int_V\nabla\cdot(-2\vec{B}\times\delta\vec{A}+\alpha\vec{A}\times\delta\vec{A})\mathrm{d}V+2\int_V(\nabla\times\vec{B}-\alpha_0\vec{B})\cdot\delta\vec{A}\mathrm{d}V$$

上式积分中第一项可化为面积分，且由在S上$\delta\vec{A}=0$可知该项为零。对于第二项，可以看出当且仅当

$$\nabla\times\vec{B}=\alpha_0\vec{B} \tag{3.3-30}$$

时，才能保证对于所有$\delta\vec{A}$都有$\delta W=0$。

因此，如果封闭系统磁能处于极小值，那么其磁场必须满足(3.3-30)式，即该磁场为一线性无力场。反过来，如果封闭系统中磁场满足(3.3-30)式，其磁能必然处于极值状态(此时磁能不必为极小值)。封闭系统线性无力场α_0可能的取值可由系统磁螺度H及磁通量ϕ_0来确定。

(2) 在有限电导率情况下，扩散型线性无力场衰变时，其无力性质不变，即衰变后仍为无力场。

当电导率有限并考虑扩散型磁场，即$\vec{v}=0$或$\vec{v}$很小，磁感应方程写成

$$\frac{\partial\vec{B}}{\partial t}=\eta_{\mathrm{m}}\nabla^2\vec{B}$$

将$\alpha=$常数的线性无力场方程(3.3-14)代入上式可得

$$\frac{\partial\vec{B}}{\partial t}=-\eta_{\mathrm{m}}\alpha^2\vec{B} \tag{3.3-31}$$

上式的解为$\vec{B}=\vec{B}_0\mathrm{e}^{-\alpha^2\eta_m t}$，其中$\vec{B}_0$是$t=0$时的线性无力场。因为衰减因子$\mathrm{e}^{-\alpha^2\eta_m t}$使整个区域内的磁场均匀衰减，所以场的位形不变，即衰减后的场仍为无力场。

3.3.4 非线性无力场

1. 无力场 Grad-Shafranov 方程

对于非线性无力场，$\alpha\neq$常数，此时无力场方程的数学求解非常困难。为简单起见，可以考虑所谓的 2.5 维问题，即所有物理量仅与三个空间坐标中的两个相关。

在直角坐标系下，设问题与 x 无关。引入磁流函数 $A(y, z)$，构建如下形式的磁场

$$\vec{B}(y, z)=G(y, z)\hat{i}+\nabla\times(A(y, z)\hat{i})=\left(G, \frac{\partial A}{\partial z}, -\frac{\partial A}{\partial y}\right) \tag{3.3-32}$$

由 3.3 节的讨论可知 $G=G(A)$，而 A 和 $G(A)$ 满足压强梯度力为零条件下（即对应无力场）的 Grad-Shafranov 方程（参阅 3.2 节）：

$$\nabla^2 A=-G\frac{\mathrm{d}G}{\mathrm{d}A}=-\mu_0 j_x(A) \tag{3.3-33}$$

一旦给定边界上的 B_x（即 G）或 $j_x(A)$，就可由适当的 $G(A)$ 函数形式求解方程（3.3-33）得到 A，继而得到无力场（G, B_y, B_z）的位形。利用方程（3.3-33），可看出无力因子 $\alpha=\frac{\mathrm{d}G}{\mathrm{d}A}$。对于一些简单形式的 $G(A)$，如 $G=c$ 和 $G=cA$（这里 c 为常数），我们可以分别得到势场解和线性无力场解。当然还可以选取诸如 $G=c/A$，$G=c\mathrm{e}^{-A}$ 等其他函数形式来解析求解方程（3.3-33）。此时由于 $\alpha\neq$常数，相应的解对应非线性无力场。

需要指出的是，当 $\alpha\neq$常数时，方程（3.3-33）为一椭圆型非线性偏微分方程。由微分方程的非线性理论可知，对于 $\nabla^2 A+F(A)=0$ 形式的 Dirichlet 问题，存在唯一解的条件是 $\frac{\mathrm{d}F(A)}{\mathrm{d}A}<0$。具体到方程（3.3-33），上述条件变为对于所有 A，都有 $\frac{\mathrm{d}^2}{\mathrm{d}A^2}\left(\frac{1}{2}G^2\right)<0$。然而，此条件在日冕无力场具体问题中并不满足。因此对于给定的光球磁场边界条件，日冕中可以存在不止一种无力场位形，分别对应不同的能量状态。这种非线性无力场的多值问题也引起了人们的兴趣。

在柱坐标系下，轴对称磁场（与 θ 无关）由

$$\vec{B}(r, z)=\nabla\times\left[\frac{A(r, z)}{r}\hat{e}_\theta\right]+\frac{G(r,z)}{r}\hat{e}_\theta=\frac{1}{r}\left(-\frac{\partial A}{\partial z}, G, \frac{\partial A}{\partial r}\right) \tag{3.3-34}$$

给出。仿照直角坐标中的讨论可知，如该磁场为无力场，有 $G=G(A)$ 和 $\alpha=\frac{\mathrm{d}G}{\mathrm{d}A}$。相应的无力场 G-S 方程为

$$\frac{\partial^2 A}{\partial r^2}-\frac{1}{r}\frac{\partial A}{\partial r}+\frac{\partial^2 A}{\partial z^2}=-G\frac{\mathrm{d}G}{\mathrm{d}A}=-\mu_0 r j_\theta \tag{3.3-35}$$

利用柱坐标系下的 G-S 方程，我们可以构造均匀扭缠磁流管无力场。考虑磁场与 ϕ、z 均无关，于是磁场可简化写为

$$\vec{B}(r)=\frac{1}{r}\left(0, G, \frac{\mathrm{d}A}{\mathrm{d}r}\right)$$

而对应的G-S方程简化为

$$\frac{\mathrm{d}}{\mathrm{d}r}\left(\frac{1}{r}\frac{\mathrm{d}A}{\mathrm{d}r}\right)=-\frac{G}{r}\frac{\mathrm{d}G}{\mathrm{d}A} \tag{3.3-36}$$

基于上面磁螺距定义,可定义缠绕数$\Phi=\dfrac{2LB_{\varphi}}{rB_z}=\dfrac{2LG}{r\mathrm{d}A/\mathrm{d}r}$,其中$2L$为磁流管长度。对于均匀扭缠磁流管,在距轴不同位置处缠绕数均不变,即Φ为常数。利用Φ的形式,可将方程(3.3-36)进一步改写成

$$\frac{\mathrm{d}}{\mathrm{d}r}\left(\frac{2L}{\Phi r^2}G\right)=-\frac{\Phi}{2L}\frac{\mathrm{d}G}{\mathrm{d}r}$$

考虑到Φ为常数,直接积分上式可得

$$G=\frac{C(r\Phi/2L)^2}{1+(r\Phi/2L)^2}$$

其中C为积分常数。而

$$A=\int(2L/r\Phi)G\mathrm{d}r=\frac{LC}{\Phi}\ln[1+(r\Phi/2L)^2]$$

于是$B_{\varphi}=\dfrac{G}{r}=\dfrac{C(\Phi/2L)^2r}{1+(r\Phi/2L)^2}$,$B_z=\dfrac{1}{r}\dfrac{\mathrm{d}A}{\mathrm{d}r}=\dfrac{C(\Phi/2L)}{1+(r\Phi/2L)^2}$。考虑边界条件,在$r=0$处,$B_z=B_0$,可得$C=2LB_0/\Phi$。将$C$代入磁场表达式,最终得到均匀扭缠磁流管磁场形式:

$$B_{\varphi}=\frac{B_0\left(\frac{r\Phi}{2L}\right)}{1+(r\Phi/2L)^2},B_{\varphi}=\frac{B_0}{1+(r\Phi/2L)^2} \tag{3.3-37}$$

顺便指出,对于这种均匀扭缠磁流管无力场,无力因子$\alpha=\dfrac{\mathrm{d}G}{\mathrm{d}A}=\dfrac{\Phi/L}{1+(r\Phi/2L)^2}$。显然,$\alpha$是$r$的函数,这是一种非线性无力场。

在球坐标下,轴对称磁场(与φ无关)由

$$\vec{B}(r,\theta)=\nabla\times\left(\frac{A(r,\theta)}{r\sin\theta}\hat{e}_{\varphi}\right)+\frac{G(r,\theta)}{r\sin\theta}\hat{e}_{\varphi}=\frac{1}{r\sin\theta}\left(\frac{1}{r}\frac{\partial A}{\partial\theta},-\frac{\partial A}{\partial r},G\right) \tag{3.3-38}$$

给出,而相应的无力场G-S方程为

$$\frac{\partial^2A}{\partial r^2}+\frac{\sin\theta}{r^2}\frac{\partial}{\partial r}\left(\frac{1}{\sin\theta}\frac{\partial A}{\partial\theta}\right)+G\frac{\mathrm{d}G}{\mathrm{d}A}=0 \tag{3.3-39}$$

2. 活动区磁场模型

下面以一个具体问题为例,讨论光球双极黑子上空非线性无力场的剪切及耀斑储能问题。

在直角坐标系下,将x-y平面设为太阳光球面,z轴垂直向上。考虑活动区上空即$z\geqslant0$空间中的磁场。为简单起见,设磁场与x无关,其形式已由(3.3-32)式

$$\vec{B}(y,z)=\left(G(y,z),\ \frac{\partial A(y,z)}{\partial z},\ -\frac{\partial A(y,z)}{\partial y}\right)$$

给出。顺便指出，上式磁场中，沿同一根磁力线 A 为常数。现引入活动区特征磁场强度 B_0 和特征空间尺度 L_0，将(3.3-32)式无量纲化，有

$$\vec{B}_0 B' = \left(B_0 G',\ \frac{\partial(B_0 L_0 A')}{\partial(L_0 z')},\ -\frac{\partial(B_0 L_0 A')}{\partial(L_0 y')}\right)$$

这里所有带 $'$ 的量均为对应物理量的无量纲形式。我们发现，当把 B_0 和 L_0 从上式中约去后，上式与(3.3-32)式除了量纲上的差别外在形式上完全相同。因此，在下面的讨论中，为书写方便，我们将 $'$ 略去。在这样的书写规则下，无力场 Grad-Shafranov 方程同样采用(3.3-33)式，即

$$\nabla^2 A + G\frac{\mathrm{d}G}{\mathrm{d}A} = 0$$

其中 $\alpha = \dfrac{\mathrm{d}G(A)}{\mathrm{d}A}$。

考虑初始磁场位形，设其由光球以下 $y=0,\ z=-1$ 处(若换算为真实物理坐标，则为 $y=0,\ z=-L_0$)一无限长线电流激发产生。显然这是一势场，其

$$A(y,\ z) = \ln[y^2 + (z+1)^2],\quad G(y,\ z) = 0 \tag{3.3-40}$$

在光球面($z=0$)上，有

$$A(y,\ 0) = \ln(1+y^2),\quad B_z(y,\ 0) = -\frac{2y}{1+y^2} \tag{3.3-41}$$

可以看出，以 x 轴为磁中性线，这样磁场在光球面上形成一双极黑子。然而，根据势场能量最低原理，此时黑子上空的活动区磁场并不具有产生太阳耀斑所需的自由能。

观测表明，通常在耀斑发生前，活动区中存在明显的光球剪切运动。我们设这样的剪切运动方向平行于中性线，即磁力线在光球面的共轭足点沿 x 方向反平行移动。根据(3.3-41)式，这样的剪切运动并不会改变光球面上 $A(y,\ 0)$的分布，进而光球磁场的法向分量 $B_z(y,\ 0)$也不发生改变。然而，该剪切运动会使得磁力线在 x 方向被拉伸，产生原本为零的磁场 x 分量。在光球面上，我们不妨取如下形式

$$G(y,\ 0) = \frac{\lambda}{1+y^2} \tag{3.3-42}$$

上式表明，越靠近中性线，磁场剪切越强；同时系数 λ 越大，磁场剪切也越强。

通过观察(3.3-41)和(3.3-42)式，我们发现 G 和 A 的函数关系可以表示为

$$G(A) = \lambda \mathrm{e}^{-A} \tag{3.3-43}$$

将上式代入 Grad-Shafranov 方程(3.3-33)中，我们得到具体的无力场方程

$$\nabla^2 A - \lambda^2 \mathrm{e}^{-2A} = 0 \tag{3.3-44}$$

接下来我们将改变 λ，使其从初始势场时的零逐渐增加，而相应的磁场也将随之缓慢演化。因为无力因子 $\alpha = -\lambda \mathrm{e}^{-A}$，演化的磁场将为一系列非线性无力场。同时，由于光球

剪切运动主要影响中性线附近的磁场，因此在无穷远处磁场趋向于势场。由此我们写出方程(3.3-44)在无穷远处的边界条件

$$z \geqslant 0, \quad (y_2 + z_2)^{1/2} \to \infty, \quad A(y, z) \to \ln[y^2 + (z+1)^2] \tag{3.3-45}$$

通过简单的变量代换，方程(3.3-44)可以化为标准的 Liouville 方程，其解的形式为

$$A = \ln \frac{\mu^2[y^2 + (z-1)^2]^{\nu/2} + [y^2 + (z+1)^2]^{\nu/2}}{(1+\mu^2)[y^2 + (z-1)^2]^{\nu/4-1/2}[y^2 + (z+1)^2]^{\nu/4-1/2}} \tag{3.3-46}$$

其中参数 μ、ν 与 λ 的关系为

$$\lambda^2 = \frac{4\mu^2\nu^2}{(1+\mu^2)^2} \tag{3.3-47}$$

很容易验证当$(y^2+z^2)^{1/2} \to \infty$ 时，解(3.3-46)满足边界条件(3.3-45)。

对于解(3.3-46)，可以看出只有当 $\nu = \pm 2$ 时，其在上半空间($z \geqslant 0$)中才无奇异性。此时

$$A(y, z) = \ln[y^2 + z^2 + \frac{2(1-\mu^2)z}{1+\mu^2} + 1] \tag{3.3-48}$$

而

$$\lambda = \frac{4\mu}{1+\mu^2} \tag{3.3-49}$$

方程(3.3-49)是关于 μ 的二次代数方程。首先，方程存在实数解要求的 λ 取值范围为$|\lambda| \leqslant 2$。其次，每个确定的 λ 值对应于两个 μ 值。只有当 $\lambda = 2$ 时，才有重根 1。这说明，对于同样的光球边界条件，黑子上空的日冕中可以有两种无力场位形。以下我们重点关注 $\mu \leqslant 1$ 的这支解。

由解(3.3-48)，我们得到黑子上空非线性无力场分布为

$$\vec{B} = \left[\frac{4\mu^2}{(1+\mu^2)^2} + y^2 + \left(z + \frac{1-\mu^2}{1+\mu^2}\right)^2\right]^{-1}\left(\frac{4\mu}{1+\mu^2},\ 2\left(z + \frac{1-\mu^2}{1+\mu^2}\right),\ -2y\right) \tag{3.3-50}$$

当 $\mu = 0$ 时，上式磁场退化为势场

$$\vec{B} = \frac{1}{y^2 + (z+1)^2}(0,\ 2(z+1),\ -2y) \tag{3.3-51}$$

接下来讨论磁力线形状。由(3.3-32)式表示的磁场中，沿同一根磁力线 A 为常数。由(3.3-48)式可知，将这些磁力线投影到 y-z 平面中，其为一系列以$\left(0, -\frac{1-\mu^2}{1+\mu^2}\right)$为圆心的同心圆弧，如图 3.5 中左图所示。还可以看出，磁场剪切随着 μ 的增加而逐渐增强，对应的磁力线也逐步抬升。这与耀斑发生前活动区上空冕环缓慢上升的观测事实相符。再研究磁力线在 x-y 平面(即光球面)上的投影。写出磁力线方程：

$$\frac{dx}{B_x}=\frac{dy}{B_y}$$

即

$$dx=\frac{\dfrac{2\mu}{1+\mu^2}}{z+\dfrac{1-\mu^2}{1+\mu^2}}dy \tag{3.3-52}$$

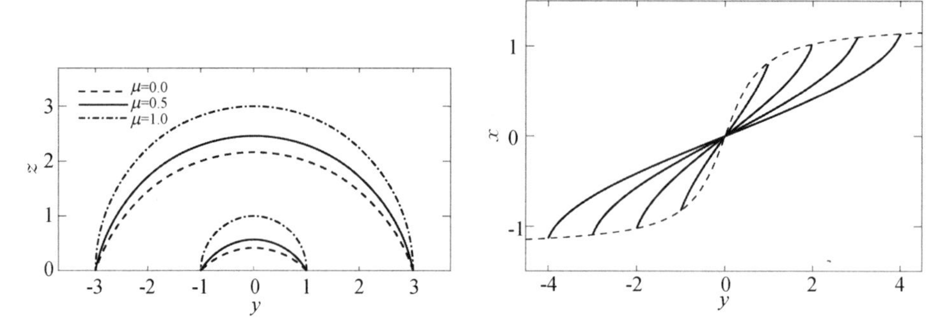

图 3.5　由(3.3-50)式表示的磁场磁力线在 *y*-*z* 平面和 *x*-*y* 平面中的投影

考虑到磁场的对称性磁力线在 x-y 平面的投影必然经过(0, 0)点。沿磁力线积分(3.3-52)式,分别得到磁力线光球足点坐标(x_f, y_f)所满足的方程

$$x_f=\frac{2\mu}{1+\mu^2}\arcsin\left\{y_f\left[y_f^2+\left(\frac{1-\mu^2}{1+\mu^2}\right)^2\right]^{-1/2}\right\} \tag{3.3-53}$$

以及从足点(x_f, y_f)发出磁力线的方程

$$x=\frac{2\mu}{1+2\mu}\arcsin\left\{y\left[y_f^2+\left(\frac{1-\mu^2}{1+\mu^2}\right)^2\right]^{-1/2}\right\} \tag{3.3-54}$$

图 3.5 中右图分别以虚线和实线显示了当 $\mu=0.5$ 时磁力线光球足点的分布以及从相应足点发出的磁力线在 x-y 平面中的投影。可以看出,足点越靠近中心线 $y=0$,从其发出的磁力线与中性线的夹角越小,即磁场剪切越强。越远离中性线,磁场越接近于势场。

图 3.6 显示了当 μ 取更多值时磁力线光球足点的分布。可以看出磁力线足点在中性线 $y=0$ 两侧反向移动。随着 μ 的增加,剪切增强。当 $\mu=1$ 时,$x=\pm\dfrac{1}{2}\pi$,滑动的足点表现为一断跃结构,这很可能对应于耀斑的爆发。

最后估算一下磁场通过剪切所储存的自由能,也即剪切非线性无力场与势场能量之差:

$$\begin{aligned}\Delta W_B&=\int_0^{+\infty}\int_{-\infty}^{+\infty}(B^2(\mu)-B^2(0))dydz\\&=\frac{2\pi B_0^2L_0^3}{\mu_0}\ln(1+\mu^2)\end{aligned}$$

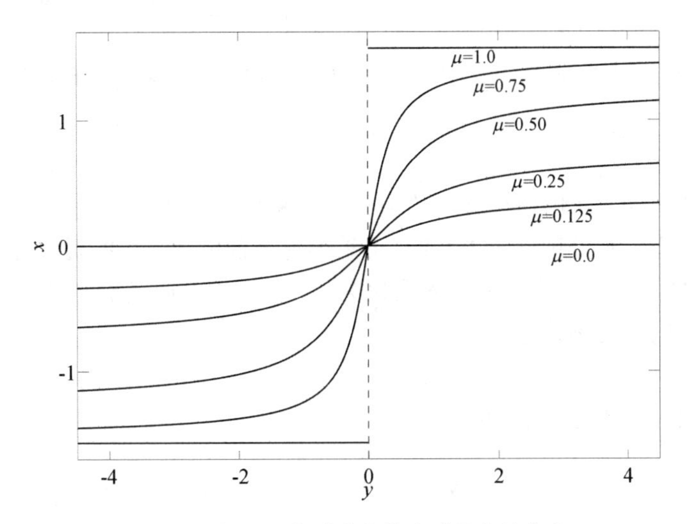

图 3.6　取不同值时磁力线光球足点的分布

取 $B_0=0.05$ T，$L_0=10^7$ m，$\mu=1$，我们得到 $\Delta W_B\approx 9\times 10^{24}$ J，这足以提供一个大型太阳耀斑所需的能量。磁力线足点剪切，黑子上空日冕磁场能量增加。当日冕磁能积累到一定程度时，通过某种触发机制，磁能快速释放，产生耀斑。因此光球剪切运动是一种可能的耀斑储能机制。

3. 非线性无力场数值模型

近年来随着计算机计算能力的极大提高，一些非线性无力场数值模型被提出并得到迅速发展。这些数值模型以光球（或色球）磁场测量作为边界条件，在三维空间中重构满足边界条件的非线性无力场。下面简单介绍几种常用的数值方法。

（1）垂直积分法

从无力场方程（3.3－6）和（3.3－7）出发，可以得到关于 $\partial B_x/\partial z$、$\partial B_y/\partial z$、$\partial B_z/\partial z$ 及 $\partial\alpha/\partial z$ 的方程组

$$\begin{cases}\dfrac{\partial B_x}{\partial z}=\alpha B_y+\dfrac{\partial B_z}{\partial x}\\ \dfrac{\partial B_y}{\partial z}=-\alpha B_x+\dfrac{\partial B_z}{\partial y}\\ \dfrac{\partial B_z}{\partial z}=-\dfrac{\alpha B_x}{\partial x}-\dfrac{\partial B_y}{\partial y}\\ \dfrac{\partial\alpha}{\partial z}=-\dfrac{1}{B_z}\left(B_x\dfrac{\partial\alpha}{\partial x}+B_y\dfrac{\partial\alpha}{\alpha y}\right)\end{cases}$$

从底边界（$z=0$）上磁场 B 和无力因子 α 的分布开始向上积分上述方程组，由此可得无力场在三维空间中的分布。垂直积分法是一种简单直接的非线性无力场重构方法。然而，上述问题在数学上为一病态问题，在向上积分过程中数值误差会不断被放大，产生非物理的增长模，因此这种方法的实际应用比较局限。

（2）格莱德鲁宾（Grad-Rubin）法

格莱德鲁宾法是一种迭代方法，从某一极性磁场出发，该方法通过迭代求解方程组

$$B^n \nabla \alpha^n = 0, \quad \nabla B^{n+1} = \alpha^n B^n, \quad \nabla \cdot B^{n+1} = 0$$

相比垂直积分法，格莱德鲁宾法基于坚实的数学基础，在实际的磁场外推中也取得很大成功。

(3) 磁松弛法

磁松弛法通过联立求解磁流体力学方程组中的动量方程和磁感应方程，使系统逐渐松弛至一平衡状态。在处理动量方程时，可采用有一种更为简化的磁摩擦法，即引入一摩擦项 νv 代替真实摩擦力，将动量方程简化为 $\nu v = j \times B$。通过磁摩擦，将磁场逐渐松弛到满足边界条件的无力场状态。

(4) 最优化法

最优化法引入一优化评估函数

$$L = \int [B^{-2} |(\nabla \times B) \times B|^2 + |(\nabla \cdot B)|^2] \mathrm{d}V$$

该函数定量评估系统磁场相对于无力条件和无散条件的偏离程度。在保证边界磁场不变前提下，让初始磁场开始演化，使得 L 单调递减。从数学上说，当 L 减小为零时，整个系统达到一理想的无力场状态。

3.4 箍缩效应

宇宙等离子体中，经常可观测到一些纤维状结构的客体，如丝状星际云、旋涡状星云、冕流等，它们的形状特征使我们自然地想起等离子体的箍缩效应。

箍缩效应是等离子体所特有的一种效应。它首先被应用在受控热核反应的磁约束等离子体中，后来广泛应用在天体物理中。

3.4.1 线箍缩(z 箍缩)

在无限长完全电离等离子体圆柱中通以轴向电流，并取圆柱轴为 z 轴，$\vec{j} = j_z \hat{e}_z$ 轴向电流将激发绕等离子体的环向磁场 $\vec{B} = B_\theta \hat{e}_\theta$，上述物理图像如图 3.7 所示。磁力指向圆柱中心轴，磁力线像一条条“箍”束缚住等离子体。

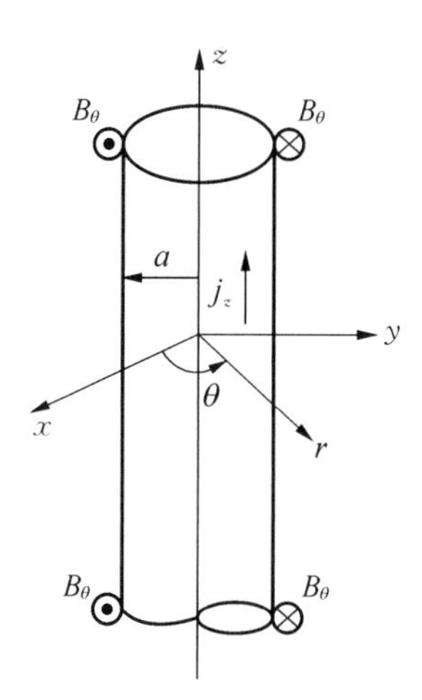

图 3.7 线箍缩位形

考虑问题具有柱对称性，选用柱坐标系。这时 $j_z = j_z(r)$，$B_\theta = B_\theta(r)$，$p = p(r)$。平衡方程化为

$$\frac{\mathrm{d}p}{\mathrm{d}r} = -j_z B_\theta$$

由安培定律

$$j_z = \frac{1}{\mu_0} \frac{1}{r} \frac{\mathrm{d}}{\mathrm{d}r}(r B_\theta)$$

代入平衡方程后，得

$$\frac{\mathrm{d}}{\mathrm{d}r}\left(p+\frac{B_\theta^2}{2\mu_0}\right)+\frac{B_\theta^2}{\mu_0 r}=0 \tag{3.4-1a}$$

或

$$\frac{\mathrm{d}p}{\mathrm{d}r}=-\frac{1}{2\mu_0}\frac{1}{r^2}\frac{\mathrm{d}}{\mathrm{d}r}(r^2B_\theta^2) \tag{3.4-1b}$$

这个平衡方程的解并不唯一，它和等离子体的电流径向分布（磁场）$j_z(r)$或压强径向分布$p(r)$有关，但当其中一个确定后，即可从平衡方程求解出另一个。例如已知电流分布后，通过安培定律并积分(3.4-1b)式可得出压强分布：

$$p(r)=p(0)-\frac{1}{2\mu_0}\int_0^r\frac{1}{r^2}\frac{\mathrm{d}}{\mathrm{d}r}(r^2B_\theta^2)\mathrm{d}r$$

利用边界条件 $p(a)=0$，从上式可得

$$p(0)=\frac{1}{2\mu_0}\int_0^a\frac{1}{r^2}\frac{\mathrm{d}}{\mathrm{d}r}(r^2B_\theta^2)\mathrm{d}r$$

代回原式可得

$$p(r)=\frac{1}{2\mu_0}\int_r^a\frac{1}{r^2}\frac{\mathrm{d}}{\mathrm{d}r}(r^2B_\theta^2)\mathrm{d}r \tag{3.4-2}$$

当已经知道压强分布 $p(r)$时，可以按下式来求出磁场 $B_\theta(r)$，进而从安培定律求出$j_z(r)$：

$$B_\theta^2(r)=2\mu_0\left(\frac{1}{\pi r^2}\int_0^r 2\pi r'p(r')\mathrm{d}r'-p(r)\right) \tag{3.4-3}$$

上面的讨论中没有给定物理量径向分布的具体形式，下面给出三种具有一定代表意义的特殊的电流分布及其相应的平衡解。

(1) 柱内电流密度为常数〔图 3.8(a)〕

$$j_z(r)=\begin{cases}j_0 & r<a\\ 0 & r\geqslant a\end{cases}$$

其中 $j_0=\dfrac{I_0}{\pi a^2}$。由安培定律，相应的角向磁场为

$$B_\theta(r)=\frac{\mu_0 I}{\pi a^2 r}\int_0^r r\mathrm{d}r=\begin{cases}\dfrac{\mu_0 I}{2\pi a^2}r & r<a\\[2ex] \dfrac{\mu_0 I}{2\pi r} & r\geqslant a\end{cases}$$

从(3.4-2)式可求出其压强分布 $p(r)$为

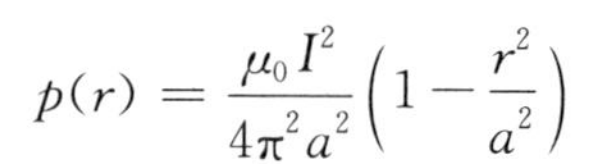

$$p(r)=\frac{\mu_0 I^2}{4\pi^2 a^2}\left(1-\frac{r^2}{a^2}\right)$$

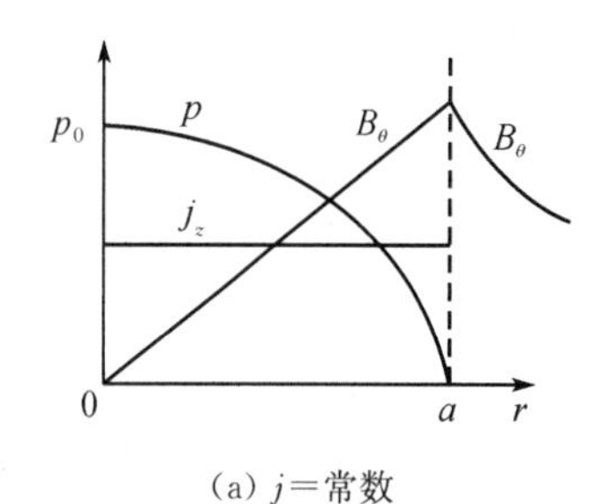

(a) j=常数

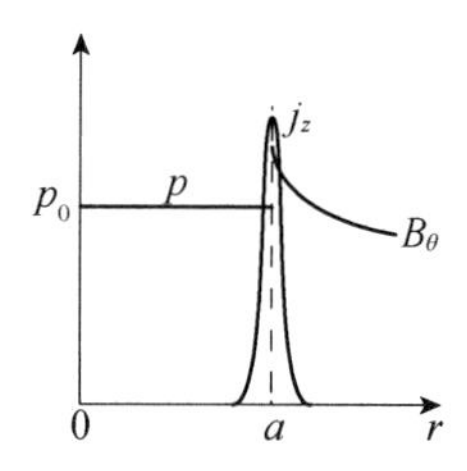

(b) 电导率很大即趋肤电流的情形

图 3.8　线箍缩等离子体柱内外物理量的分布示意图

(2) 趋肤电流分布〔图 3.8(b)〕

$$j_z(r)=j_0\delta(r-a)$$

此趋肤电流面密度与总(面)电流强度的关系为

$$I=\int_0^a j_0\delta(r-a)2\pi r\mathrm{d}r=2\pi j_0 a$$

由安培定律可得

$$B_\theta(r)=\begin{cases}\dfrac{\mu_0 I}{2\pi r} & r\geqslant a\\ 0 & r<a\end{cases}$$

而压强的分布为

$$p(r)=\begin{cases}\text{常数} & r\leqslant a\\ 0 & r>a\end{cases}$$

(3) 本奈特平衡解(图 3.9)

1934 年,本奈特(Bennett)得出一组自洽的平衡解

$$B_\theta(r)=\frac{\mu_0 I}{2\pi}\frac{r}{r^2+a^2}$$

$$j_z(r)=\frac{I}{\pi}\frac{a^2}{(r^2+a^2)^2}$$

$$p(r)=\frac{\mu_0 I^2}{8\pi^2}\frac{a^2}{(r^2+a^2)^2}$$

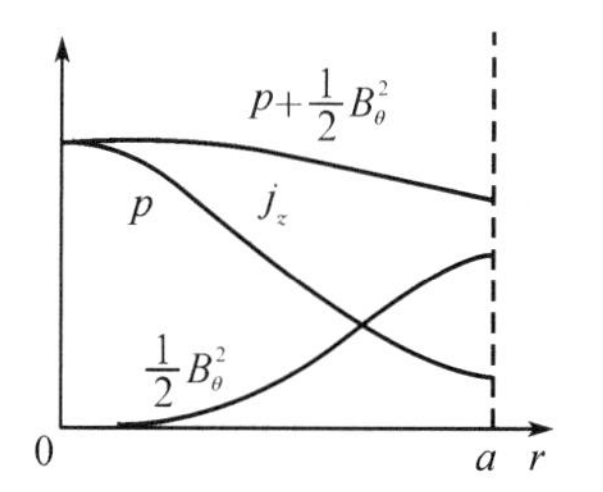

图 3.9　线箍缩的本奈特平衡解示意图

因其推导过程比较冗长,故从略。其正确性可以通过将解直接代入平衡方程和安培定律验证,也可参考文献(Bittencourt, 1986)。

本奈特在 1934 年研究线箍缩效应时,还导出了线箍缩等离子体柱中,电流强度、温度和单位长度柱体内粒子数之间的制约关系式，被命名为本奈特关系，推导过程如下。

在(3.4－1b)式两端同乘 r^2，并在[0, a]区间上积分，可得

$$\int_0^a r^2 \frac{\mathrm{d}p}{\mathrm{d}r}\mathrm{d}r = -\frac{1}{\mu_0}\int_0^a (rB_\theta)\mathrm{d}(rB_\theta)$$

考虑到 $r=a$ 时，等离子体压强为零，并假定电子温度和离子温度相同(这在静态平衡下是成立的)，均为 T，且温度 T 在柱内均匀。再利用在完全电离等离子体内 $p=2nk_\mathrm{B}T$，则由上式可得

$$2k_\mathrm{B}T\int_0^a n\cdot 2r\mathrm{d}r = \frac{1}{2\mu_0}(rB_\theta)^2\Big|_{r=a}$$

引入单位长度等离子体柱内的电子(或离子)数 $N=\int_0^a n\cdot 2\pi r\mathrm{d}r$，则上式可写为

$$\frac{2k_\mathrm{B}TN}{\pi} = \frac{1}{2\mu_0}(rB_\theta)^2\Big|_{r=a}$$

由安培定律可得

$$(rB_\theta)\big|_{r=a} = \mu_0\int_0^a j_z r\mathrm{d}r = \frac{\mu_0 I}{2\pi}$$

代入上式即可得

$$I^2 = \frac{16\pi}{\mu_0}k_\mathrm{B}TN \tag{3.4-4}$$

(3.4－4)式即为线箍缩柱中的本奈特关系。

必须指出，对于绝大部分等离子体，一般情况下电导率 σ 很大，于是采用第二种情况比较理想。然而从等离子体稳定性方面考虑，任何线箍缩等离子体都是不稳定的。多种不稳定模可导致线箍缩失效(这将在第六章中详细讨论)。所以，对于相对稳定的天体或天体上的某些客体，仅用线箍缩等离子体来描述可能是不合适的。

3.4.2　角箍缩(θ 箍缩)

在线箍缩中，电流沿圆柱轴向，而激发的磁场为环向。如果让等离子体柱中的电流沿环向流动，如图 3.10 所示。图 3.10 中取柱坐标系(r, θ, z)，由外源加在铜壳上的 θ 向电流在等离子体表面感应出的电流也在 θ 向；按安培定律 $j_\theta=-\frac{1}{\mu_0}\frac{\mathrm{d}B_z}{\mathrm{d}r}$，$\theta$ 向的电流所产生的磁场在 z 向：

$$\vec{B}=(0,\ 0,\ B_z(r))$$

$$\vec{j}=(0,\ j_\theta(r),\ 0)$$

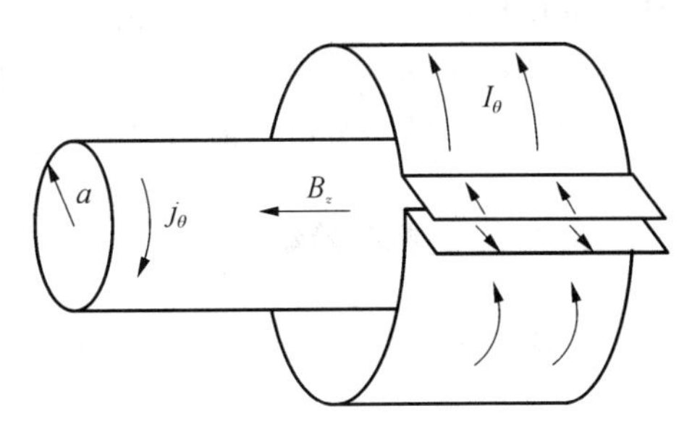

图 3.10　角箍缩示意图

故平衡方程可写为

$$\nabla\left(p+\frac{B_z^2}{2\mu_0}\right)=0$$

考虑到问题的柱对称性，上式即为

$$\frac{\mathrm{d}}{\mathrm{d}r}\left(p+\frac{B_z^2}{2\mu_0}\right)=0 \tag{3.4-5a}$$

即

$$p+\frac{B_z^2}{2\mu_0}=C$$

C 为常数。由于在等离子体柱外 $p=0$，故上式右面的常数可取界面 $r=a$ 处的值，即

$$\frac{1}{2\mu_0}B_z^2(a)=C\equiv\frac{1}{2\mu_0}B_0^2$$

其中 B_0 是等离子体柱界面上的外磁场值，它产生的磁压和等离子体柱内的内磁压与热压强之和相平衡。所以 θ 箍缩的平衡方程(3.4-5a)亦可以写为

$$p+\frac{B_z^2}{2\mu_0}=\frac{1}{2\mu_0}B_0^2=\frac{1}{2\mu_0}B_z^2(a) \tag{3.4-5b}$$

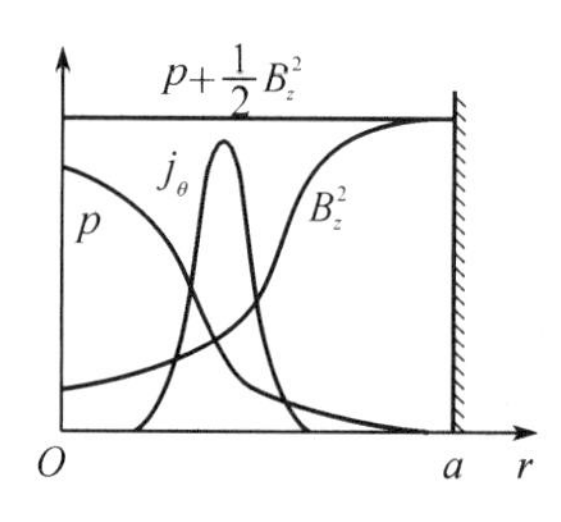

图 3.11　角箍缩平衡时物理量的径向分布

角箍缩的运行过程是：当在金属外壳上快速地加上一强电流 I_θ，在等离子体柱表面将产生感应电流 j_θ 及磁场 B_z。此感应电流 j_θ 和磁场 B_z 产生的洛伦兹力是一径向箍缩力，它使等离子体柱向中心箍缩，一直到柱内热压力增大到它和内磁压之和可以抵消外磁压为止，这时角箍缩达到了平衡态。平衡时等离子体柱中的电流密度 j_θ、磁场 B_z 及热压强 p 的径向分布如图 3.11 所示。从理论上讲，只要维持外壳中的放电电流，外磁场也会维持，角箍缩位形的径向平稳也能维持，故角箍缩等离子体是稳定的。但实际上由于柱形等离子体的两端是开口的，所以径向被压缩的等离子体可以很快地从轴(z)向逃逸，所以角箍缩中较高密度(可达 $n_e\approx10^{22}/\mathrm{m}^3$)的等离子体只能保持微秒量级的一段很短的时间。一般情况下，特别对相对稳定的客体不能单纯用线箍缩描述，应该认为它们是线箍缩和角箍缩相结合的位形，这样可能更符合实际情况。当然也不排除可单一地用线箍缩或角箍缩来描述某些客体的可能性。

3.4.3　螺旋箍缩

考虑一柱对称的磁通量管，它的磁场分量为

$$\vec{B}=(0,\ B_\theta(r),\ B_z(r)) \tag{3.4-6}$$

这种磁位形实际上是上述两种箍缩的组合，在柱对称坐标系里，磁场仅为 r 的函数。磁力线为螺旋形且位于柱形磁流管表面，如图 3.12 所示。根据安培定律，电流分量为

$$\vec{j}=\left(0,-\frac{1}{\mu_0}\frac{\mathrm{d}B_z}{\mathrm{d}r},\frac{1}{\mu_0 r}\frac{\mathrm{d}}{\mathrm{d}r}(rB_\theta)\right) \tag{3.4-7}$$

平衡方程为

$$\frac{\mathrm{d}p}{\mathrm{d}r}+\frac{\mathrm{d}}{\mathrm{d}r}\left(\frac{B_\theta^2+B_z^2}{2\mu_0}\right)+\frac{B_\theta^2}{\mu_0 r}=0 \tag{3.4-8}$$

该方程相当于线箍缩和角箍缩的叠加。方程第二项是磁压力，第三项是由角向分量 B_θ 绕轴所产生的磁张力。

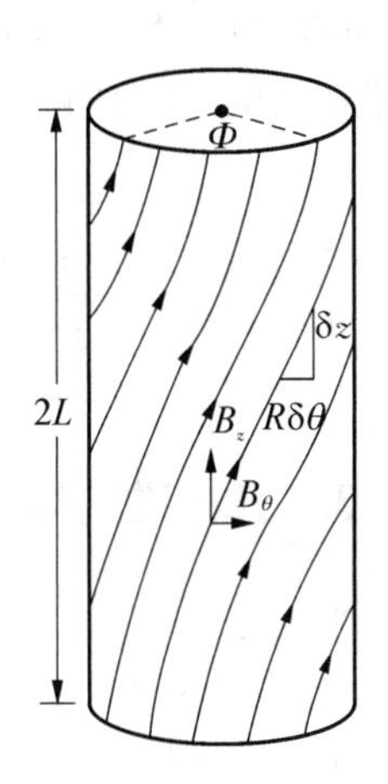

图 3.12 长度为 2L 的柱对称磁流管示意图

由图 3.12 可知，半径 $r=$常数的柱面是磁面，它由螺旋形的磁力线盘旋绕成，且磁力线有一常数的倾角，该倾角可随半径的变化（r 取不同值）而变化。对于一根盘旋在 $r=r_0$ 柱面上的磁力线，其磁力线方程为

$$\frac{r\mathrm{d}\theta}{B_\theta}=\frac{\mathrm{d}z}{B_z}$$

从上式可得磁力线螺矩方程

$$\frac{\mathrm{d}\theta}{\mathrm{d}z}=\frac{B_\theta}{rB_z} \tag{3.4-9}$$

将磁力线绕半径为 r 的通量管一圈时，在圆柱的 z 向上升的距离叫作螺矩 ζ。则根据上式，螺距 ζ 为

$$\zeta=2\pi r\frac{B_z}{B_\theta}$$

由(3.4-9)式可以定义两个和螺距相当的量来描述磁力线的盘旋程度。一个是回旋变换角，即当磁力线盘旋在 z 轴上升 $2L$ 时，所对应的磁力线在 θ 方向所转过的角度 Φ_t 为

$$\begin{aligned}\Phi_t&=\int\mathrm{d}\theta=\int_0^{2L}\frac{B_\theta(r)}{rB_z(r)}\mathrm{d}z\\ \Phi_t(r)&=\frac{2LB_\theta(r)}{rB_z(r)}\end{aligned} \tag{3.4-10}$$

$\dfrac{2\pi L}{\Phi_t}$也就是磁力线的螺距，即给出了螺旋磁力线绕轴转一圈后在 z 轴方向上升的长度。显然

$$\Phi_t(r)=\frac{2LB_\theta(r)}{rB_z(r)}=\begin{cases}0 & \text{角箍缩}\\ \infty & \text{线箍缩}\end{cases}$$

另一个因子就是上式的倒数——安全因子 $q(r)=\Phi_{\mathrm{t}}^{-1}(r)=\dfrac{rB_z(r)}{2LB_\theta(r)}$。对于螺旋箍缩，$B_z$ 和 B_θ 均不为零，故 q 值在$(0,\ \infty)$之间。从安全因子的表达式可知，轴向磁场 B_z 是起致稳作用的，而角向磁场 B_0 是不稳定因素。

3.5 磁流体静力学平衡方程组及应用

3.5.1 磁流体静力学平衡方程组

平衡方程(3.1-2)中，只考虑了电磁力和压强梯度力之间的平衡，这在一些情况下是可以的，即当考虑客体结构的高度远小于标高时，重力与压强梯度力相比可以忽略，例如地球磁层尾的平衡位形。然而在另一些情况下，例如在宇宙等离子体的平衡问题中就常常需要把引力(重力)的作用加进平衡方程中(例如日珥的平衡问题)。这时平衡方程将取(3.1-25)式

$$-\nabla p+\vec{j}\times\vec{B}+\rho\vec{g}=0$$

与之相应的磁流体静力学平衡方程组为

$$\nabla p=\vec{j}\times\vec{B}+\rho\vec{g} \tag{3.5-1a}$$

$$\vec{j}=\frac{1}{\mu_0}\nabla\times\vec{B} \tag{3.5-1b}$$

$$p=\frac{k_{\mathrm{B}}}{m}\rho T \tag{3.5-1c}$$

$$\nabla\cdot\vec{B}=0 \tag{3.5-1d}$$

上述公式中温度 T 的变化由能量方程决定。

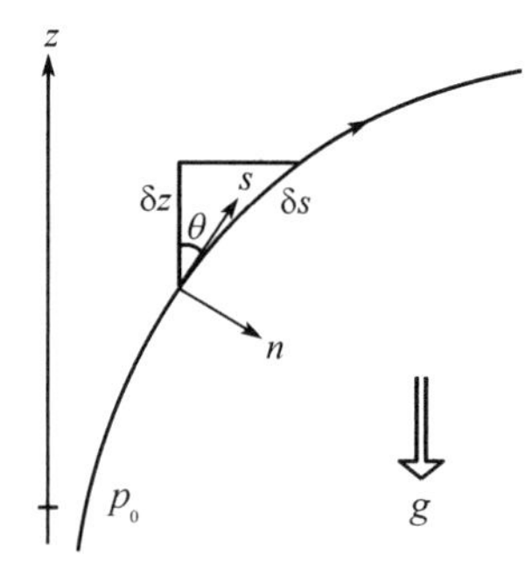

图 3.13 磁力线坐标系示意图

如果选取磁力线坐标系$(\hat{s},\ \hat{z},\ \hat{n})$(如图 3.13 所示)，则平衡方程(3.5-1a)沿磁力线方向的分量为

$$\frac{\mathrm{d}p}{\mathrm{d}s}=-\rho g\cos\theta$$

此时洛伦兹力没有贡献。由于 $\delta s\cos\theta=\delta z$(图 3.13)，上式可化为

$$\frac{\mathrm{d}p}{\mathrm{d}z}=-\rho g \tag{3.5-2}$$

此处 p 和 ρ 沿某一特定的磁力线时仅为 z 的函数。将(3.5-1c)式代入(3.5-2)式可得

$$p=p_0\exp\left(-\int_0^z\frac{1}{\Lambda(z)}\mathrm{d}z\right) \tag{3.5-3}$$

其中 p_0 是特定磁力线 $z=0$ 时的压强。$\Lambda(z)$称为压力标高，

$$\Lambda(z)=\frac{k_{\mathrm{B}}T(z)}{mg} \tag{3.5-4}$$

它表示了当压力下降 e 倍所对应的垂直距离。

方程(3.5-3)式也可写为

$$\frac{\rho}{\rho_0}=\frac{T_0}{T(z)}\exp\left(-\int_0^z\frac{1}{\Lambda(z)}\mathrm{d}z\right) \tag{3.5-5}$$

$T(z)$可由能量方程决定。

Low(1993, 2005)在(3.1-25)式中的重力项中引入了势函数 Φ。在直角坐标系中 $\Phi=gz$，在球坐标中 $\Phi=-GM_{\odot}/r$ ($M_{\odot}$ 为太阳质量，G 为引力常数)，以及更一般情况的惯性力，例如向心力等。这时平衡方程可写为

$$0=-\nabla p+\vec{j}\times\vec{B}-\rho\nabla\Phi \tag{3.5-6}$$

3.5.2 地球磁层尾的平衡位形

地球磁层尾的平衡位形不但在地球物理和空间物理中是一个引人注目的问题，它也是研究磁层亚暴的基础。

由于地磁层尾部离地球较远，磁层尾部等离子体受地球重力影响较小，且此处等离子体稀薄，自引力不大。因此地球磁尾的平衡位形将主要由压强梯度力与电磁力决定，即可应用方程(3.1-1)式进行讨论。

选取 z 轴向北，x 轴沿日地连线方向，地球磁层尾的位形是太阳风和地磁场相互作用的结果，磁尾沿日地连线的反方向延伸到离地球很远的地方。组成磁尾的磁场反向，在南北两个尾瓣中有厚度约为 $1R_{\mathrm{E}}$ 的电流片，及厚度约 $6R_{\mathrm{E}}$ 的等离子体片(见图 3.14)。

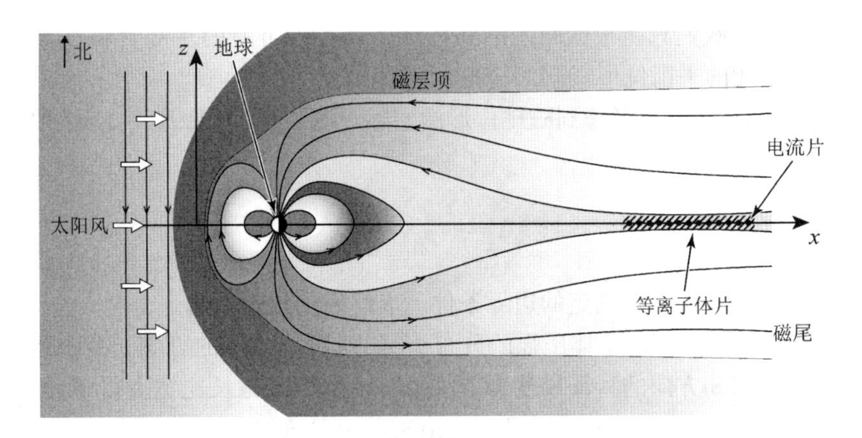

图 3.14 磁层基本结构示意图

考虑二维问题，$\frac{\partial}{\partial y}=0$，由磁场无源条件可得

$$\vec{B}(x,z)=\left(-\frac{\partial A(x,z)}{\partial z},\ B_y(x,z),\ \frac{\partial A(x,z)}{\partial x}\right) \tag{3.5-7}$$

A 为磁势函数。相应的电流密度由(3.1-2)式可表示为

$$j(x,z)=\frac{1}{\mu_0}\left(-\frac{\partial B_y}{\partial z},\ -\nabla^2 A,\ \frac{\partial B_y}{\partial x}\right) \tag{3.5-8}$$

将(3.5-7)和(3.5-8)式代入平衡条件(3.1-1)式,可得

$$\begin{cases}\dfrac{1}{\mu_0}\left[\nabla^2 A\dfrac{\partial A}{\partial x}+\dfrac{\partial}{\partial x}\left(\dfrac{B_y^2}{2}\right)\right]=-\dfrac{\partial p}{\partial x} & (3.5-9)\\ \dfrac{\partial B_y}{\partial x}\dfrac{\partial A}{\partial z}=\dfrac{\partial B_y}{\partial z}\dfrac{\partial A}{\partial x} & (3.5-10)\\ \dfrac{1}{\mu_0}\left[\nabla^2 A\dfrac{\partial A}{\partial z}+\dfrac{\partial}{\partial z}\left(\dfrac{B_y^2}{2}\right)\right]=-\dfrac{\partial p}{\partial z} & (3.5-11)\end{cases}$$

由(3.5-10)式可得

$$B_y(x,z)=B_y(A) \tag{3.5-12}$$

将(3.5-12)式代入(3.5-9)和(3.5-11)式,可得

$$p(x,z)=p(A) \tag{3.5-13}$$

所以平衡方程可化为

$$\frac{1}{\mu_0}\left[\nabla^2 A+\frac{\mathrm{d}}{\mathrm{d}A}\left(\frac{B_y^2(A)}{2}\right)\right]=\quad\frac{\mathrm{d}p(A)}{\mathrm{d}A} \tag{3.5-14}$$

若 $\dfrac{\mathrm{d}p(A)}{\mathrm{d}A}=0$,则(3.5-14)式化为无力场磁势方程式。

磁尾的平衡位形的求解归结为求解(3.5-14)式。因此必须给出 $p(A)$的形式才能求解 $B_y(A)$的分布。我们只能根据问题的物理性质和各种可能的观测资料,给出 $p(A)$的分布求解某些可能的平衡位形。

为了进一步简化问题,考虑到磁尾位形的实际观测结果,可取 $B_y=0$,这样(3.5-14)式可化为

$$\nabla^2 A=-\mu_0\frac{\mathrm{d}p(A)}{\mathrm{d}A} \tag{3.5-15}$$

若给定 $p(A)$的分布,便可在确定的边界条件下求解磁层尾的位形。

这里只简单地讨论等离子体压强的分布 $p(A)$对磁场位形的影响。令磁尾中有关宏观参量在 x 方向和 z 方向的特征尺度为 L_x 和 L_z。由于磁尾长比宽大得多,因此应该有 $L_z/L_x=\varepsilon\ll 1$。如果精确到 ε 的一阶小量,则(3.5-15)式简化为

$$\frac{\partial^2 A}{\partial z^2}=-\mu_0\frac{\mathrm{d}p}{\mathrm{d}A}$$

或

$$\frac{\partial}{\partial z}\left[\left(\frac{\partial A}{\partial z}\right)^2\right]=-2\mu_0\frac{\mathrm{d}p}{\mathrm{d}A}\frac{\partial A}{\partial z} \tag{3.5-16}$$

对上式积分可得

$$\left(\frac{\partial A}{\partial z}\right)^2-\left(\frac{\partial A}{\partial z}\right)^2_{z=0}=2\mu_0[p_0-p(A)] \tag{3.5-17}$$

其中

$$p_0=p(A)\big|_{z=0}=p(A_0)$$

表示 x 轴上的压强分布，而 A_0 为 x 轴上的磁势分布。磁尾中南北磁瓣的对称要求在 x 轴上 B_z 为零，即

$$\left.\frac{\partial A}{\partial z}\right|_{z=0}=-B_x\big|_{z=0}=0$$

将它代入(3.5-17)式，再进行积分一次，便得到

$$a(x)-z=\int_{A(x,z)}^{A_b}\frac{\mathrm{d}A}{\sqrt{2\mu_0(p_0-p(A))}} \tag{3.5-18}$$

其中 $a(x)$为磁尾边界的位置，即 $z=a(x)$确定了磁层顶在 x-z 平面中的形状和位置，而 A_b 为磁尾边界上磁势 A 的表达式为

$$A=A\big|_{z=a(x)}=A_b(x)$$

于是，只要给定 $p(A)$，便可从(3.5-18)式求出磁势的分布 $A(x,z)$。

$a(x)$也可以表示为 $A_0(x)$的函数，因为 $z=0$ 时，$A=A_0(x)$，于是有

$$a(x)=\int_{A_0}^{A_b}\frac{\mathrm{d}A}{\sqrt{2\mu_0(p_0-p(A))}} \tag{3.5-19}$$

或者表示为 p 的函数

$$a(p_0)=\frac{1}{\sqrt{2\mu_0}}\int_{p_b}^{p_0}\left(-1\Big/\frac{\mathrm{d}p}{\mathrm{d}A}\right)\frac{\mathrm{d}p}{\sqrt{p_0-p}} \tag{3.5-20}$$

由(3.5-19)式到(3.5-20)式，显然要求 $\frac{\mathrm{d}p}{\mathrm{d}A}\neq 0$，由于磁尾中等离子体压强从中性片 $z=0$ 向外单调减少，不妨假设

$$p(A)=p_0\exp\left(-\frac{2A}{A_c}\right) \tag{3.5-21}$$

其中 A_c 为磁势的某一特征值。由上式可得

$$-\frac{\mathrm{d}p}{\mathrm{d}A}=\frac{2p}{A_c}$$

将它代入(3.5-20)式，便可得 $a(p_0)$，再代入(3.5-19)式中，又可得到

$$z = \frac{A_c}{\sqrt{2\mu_0 p_0}} \operatorname{arcosh} \sqrt{\frac{p_0}{p(A)}} \tag{3.5-22}$$

或者由它解得

$$\frac{p_0}{p(A)} = \cosh^2\left(\frac{\sqrt{2\mu_0 p_0}\, z}{A_c}\right)$$

将(3.5-21)式代入上式,可得

$$A = A_c \ln\left[\cosh\left(\frac{\sqrt{2\mu_0 p_0}\, z}{A_c}\right)\right] \tag{3.5-23}$$

再根据磁势和磁场的关系,不难求得磁场分布

$$B_x = -\frac{\partial A}{\partial z} = -\sqrt{2\mu_0 p_0} \tanh\left(\frac{\sqrt{2\mu_0 p_0}\, z}{A_c}\right) \tag{3.5-24}$$

$$B_y = 0 \tag{3.5-25}$$

$$B_z = \frac{\partial A}{\partial x} = \sqrt{\frac{\mu_0}{2p_0}}\, z \tanh\left(\frac{\sqrt{2\mu_0 p_0}\, z}{A_c}\right)\frac{\mathrm{d}p_0}{\mathrm{d}x} \tag{3.5-26}$$

(3.5-24)~(3.5-26)式表明,只要给定 $p_0(x)$,即 x 轴上的动压分布,便可计算出磁尾位形,$p_0(x)$的不同函数形式对应不同形式的磁尾位形。它可以是闭场位形,也可以是开场位形,其中开场位形中将包括电流片。

3.5.3 宁静日珥的平衡问题

日珥是突出在日面边缘上的一种太阳活动现象。宁静日珥是指那些形态变化极其缓慢、能够在太阳大气中相对稳定地存在相当长时间的一类日珥。在日珥研究史上存在一个谜:日珥的密度远大于它周围的日冕物质,它的密度比日冕高 $10^3 \sim 10^4$ 倍,为什么它能长期悬浮在日冕中而不下落和弥散?是什么力量支撑和维持着它们?而且,日珥是一团温度较低(小于 10^4 K)的等离子体,但它能长期存在于温度比它高两个多量级的日冕中,这又是什么原因呢?日珥中磁场的测定(对宁静日珥,$5\times10^{-4} \sim 1\times10^{-3}$ T)提供了揭开上述谜题的可能性。现在,大家都认为可用磁场的存在来进行解释:是磁场的应力支撑了日珥物质,又由于磁场隔热作用阻止了日珥与周围日冕之间的热交换。下面首先讨论可能支撑日珥的磁场位形(图 3.15)。

根据观测,宁静日珥可看作一直立的等离子体薄片(宽度为 $4\times10^3 \sim 1.5\times10^4$ km,长度为 2×10^5 km),它由弧状结构组成,弧状结构在色球内的"足"通常位于超米粒的边界上,日珥位于"冕穴"的低密度区域。冕穴位于冕流区,具有相反的极性,形成日珥的"磁通道",所以日珥(在日面边缘叫作日珥,在日面上称为暗条)通常是强电流的光学对应物。

日珥的支撑模型有两类:正常极性的日珥模型和反极性的模型(图 3.16)。

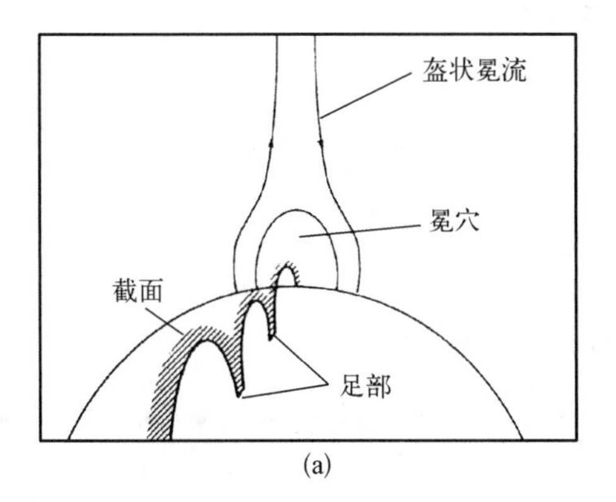

(a)

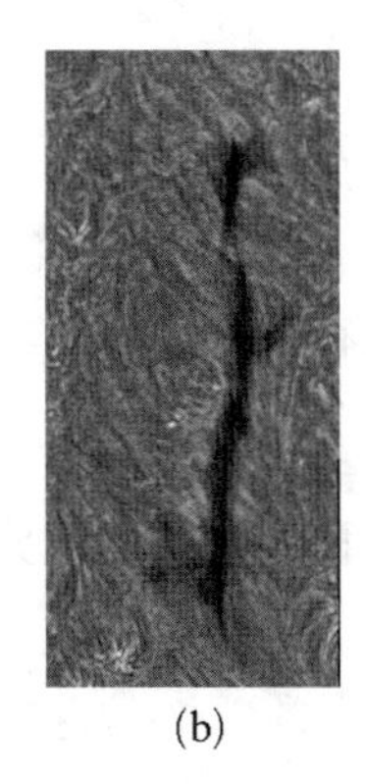
(b)

图 3.15 宁静日珥基本结构示意图

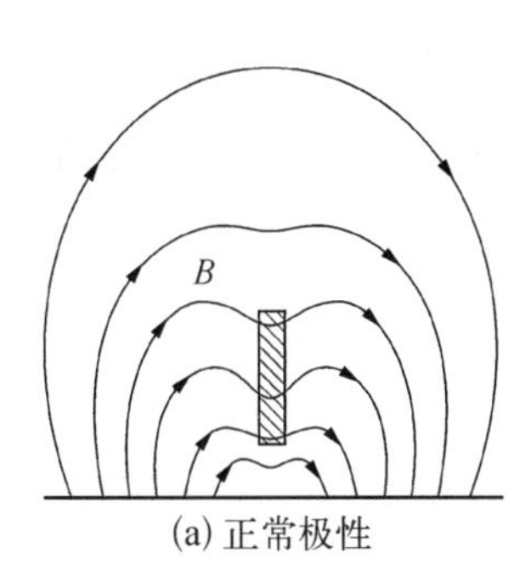

(a) 正常极性

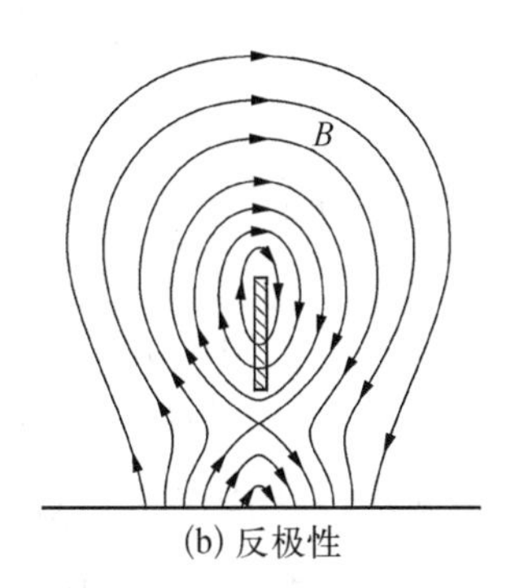

(b) 反极性

图 3.16 日珥磁结构

所谓日珥正常极性是指日珥磁场的横向分量的方向(所谓日珥磁场的横向分量是指垂直于日珥长轴方向的分量,它一般是平行于日珥长轴的分量的 1/10～1/5),与外部支撑磁场的方向相同〔图 3.16(a)〕。反之,若日珥磁场的横向分量方向与支撑的外部磁场的方向相反则称为反极性〔图 3.16(b)〕。

下面介绍著名的格本海-斯吕特(Kippenhahn-Schlüter)模型。

格本海-斯吕特(1957)直接从磁流体静力学方程组(3.5-2)出发,选择 x 轴方向垂直于日珥片,y 轴方向为日珥片的长轴方向,z 轴为太阳半径方向。为使问题简化,假设日珥片为等温等离子体薄片,且认为日珥片在 y 方向是均匀的。根据假定,日珥片中温度 T 为常数,$\frac{\partial}{\partial y}=0$,又日珥片很薄,可认为 B_x 随 x 的变化缓慢,可近似看作常数,故 B_x、B_y 均可近似为常数,所以日珥片中的压强、密度和垂直磁场 B_z 仅为 x 的函数,亦即将问题简化为一维问题。故(3.5-2)式可简化为

$$\frac{\mathrm{d}}{\mathrm{d}x}\left(p+\frac{B_z^2}{2\mu_0}\right)=0 \tag{3.5-27}$$

$$-\rho g+\frac{B_x}{\mu_0}\frac{\mathrm{d}B_z}{\mathrm{d}x}=0 \tag{3.5-28}$$

$$\rho(x)=\frac{mp(x)}{k_{\mathrm{B}}T} \tag{3.5-29}$$

$$\nabla \cdot \vec{B} = 0 \tag{3.5-30}$$

边界条件为

$$x \to \pm\infty, \quad p \to 0, \quad B_z \to \pm B_z(\infty) \tag{3.5-31}$$

考虑到对称性，在 $x=0$ 时，

$$B_z = 0 \tag{3.5-32}$$

对(3.5-27)式积分并利用边界条件(3.5-31)式可得

$$p(x) = \frac{p_z^2(\infty) - p_z^2(x)}{2\mu_0} \tag{3.5-33}$$

由(3.5-29)式，

$$\rho g = \frac{mg}{k_B T} p = \frac{p}{\Lambda_0} \tag{3.5-34}$$

式中 Λ_0 为压力标高($\Lambda = \frac{k_B T}{mg}$)。将(3.5-34)式代入(3.5-28)式，然后对 x 求导并代入(3.5-27)式得

$$\frac{d^2 B_z(x)}{dx^2} + \frac{B_z(x)}{\Lambda_0 B_x} \frac{dB_z(x)}{dx} = 0 \tag{3.5-35}$$

对(3.5-35)式积分两次，利用边界条件(3.5-31)和(3.5-32)式可得

$$c_1 = \frac{B_z^2(\infty)}{2\Lambda_0 B_x}, \quad c_2 = 0 \tag{3.5-36}$$

所以

$$B_z(x) = B_z(\infty) \tanh\left(\frac{B_z(\infty)x}{2B_x\Lambda_0}\right) \tag{3.5-37}$$

将上式代入(3.5-33)式即得

$$p(x) = \frac{B_z^2(\infty)}{2\mu_0} \mathrm{sech}^2\left(\frac{B_z(\infty)x}{2B_x\Lambda_0}\right) \tag{3.5-38}$$

将(3.5-38)式代入(3.5-29)式得

$$\rho(x) = \frac{mB_z^2(\infty)}{2\mu_0 k_B T} \mathrm{sech}^2\left(\frac{B_z(\infty)x}{2B_x\Lambda_0}\right) \tag{3.5-39}$$

由(3.5-37)式可求出支撑日珥片的磁力线方程为

$$\frac{dz}{B_z(x)} = \frac{dx}{B_x}$$

即

$$z = 2\Lambda_0 \ln\left(\cosh\left(\frac{B_z(\infty)x}{2B_x\Lambda_0}\right)\right) \tag{3.5-40}$$

(3.5－40)式中当 $x=0$ 时，$z_0=0$。由(3.5－40)式可知，z 为 x 的偶函数，其磁力线的形状如图 3.17 所示。

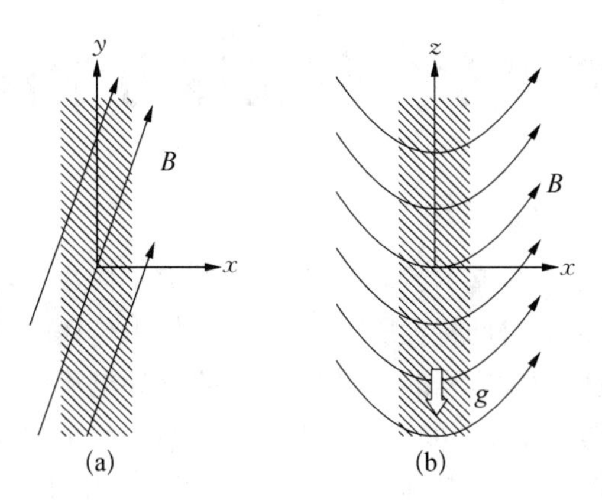

图 3.17 宁静日珥的 K－S 模型

由(3.5－39)式可讨论日珥片中物质密度的分布。显然当 $x=0$ 时，密度有极大值。

$$\rho_{\max}=\frac{mB_z^2(\infty)}{2\mu_0 k_B T}$$

此处相当于日珥的中心部分。当 $|x|$ 增大时，ρ 迅速下降，这也显示了日珥是等离子体薄片。当 $T=5\ 000$ K，$B_z\approx 2\sim 3\times 10^{-4}$ T，$m\approx m_p=1.67\times 10^{-27}$ kg 时，可得 $\rho_{\max}\approx 5\times 10^{-10}$ kg/m^3，与观测基本相符。

取日珥片的半宽 $l=\frac{2B_x\Lambda_0}{B_z(\infty)}$，$l$ 为压力标高 Λ_0 的 $2\frac{B_x}{B_z(\infty)}$ 倍，经过这段距离后，压力从中心值明显的下降，由(3.5－37)和(3.5－38)式可作出垂直磁场 $\frac{B_z}{B_z(\infty)}$ 和等离子体的气压 $\frac{2\mu_0 p}{B_z^2(\infty)}$ 随 x 的变化曲线(图 3.18)。

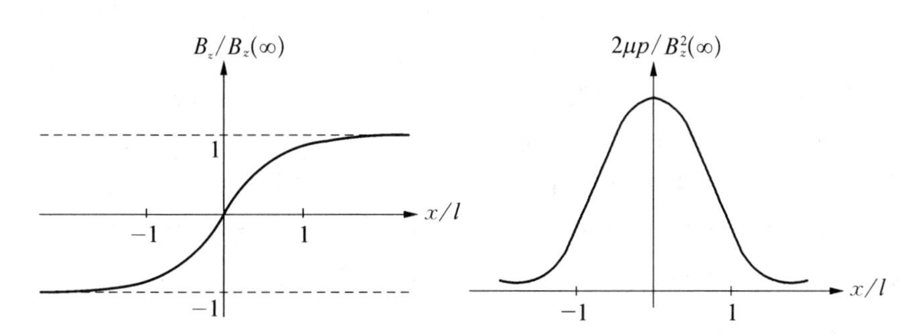

图 3.18 K－S 模型的垂直磁场 B_z 和气压 p 随 x 的变化曲线

由上图可见宁静日珥的格本海-斯吕特模型基本上反映了宁静日珥的结构特点，是一类比较合理的宁静日珥模型。

第四章 磁流体力学波

波动是自然界存在的一种基本运动形态，也是等离子体集体运动的基本形式。任何波动的基本性质都由介质本身的特性所决定，等离子体中传播的波也将由等离子体内禀性质所决定。鉴于磁流体力学方程的适用性条件，要求导电流体中出现的波动是低频的（频率的高低相对于等离子体振荡频率或带电粒子的回旋频率而言），故它们通常与离子的运动和振荡有关。考虑处于平衡态的磁流体体系，在受到微扰时，往往会在平衡态附近做本征运动。当磁流体系处在热力学平衡或准热力学平衡态时，这种本征运动的扰动振幅满足线性化的运动方程组，对扰动量进行傅里叶展开，可求解每一个傅里叶分量所满足的方程组，便可得到波动的色散关系。该色散关系所描述的波动被通称为磁流体力学波，它是等离子体波动中的一支低频波模。本章将分别讨论均匀和非均匀磁流体中的典型磁流体力学波。

4.1 均匀磁流体中的磁流体力学波

4.1.1 均匀理想磁流体力学波

一般可压缩流体中，小扰动以声波形式传播。由于等离子体的基本特性，在磁场存在的情况下，导电流体中小扰动的传播与一般流体具有显著的不同。除声波外，导电流体中还可能出现三种波动：阿尔文波、快磁声波和慢磁声波。第一种是横波，后两种为纵波和横波的混杂波（在特殊方向上取纵波形式）。波动的传播也不像声波那样是各向同性的，而是与磁场有关，呈现出各向异性的特征。

下面先用磁场应力的概念直观而形象地说明在均匀完全导电理想磁流体中阿尔文波的存在。考虑处于均匀磁场中的不可压理想导电流体，由于电导率为无限大，因此导电流体和磁场是“冻结”在一起的。由 2.5 节的讨论可知，磁场对导电流体的作用力就其作用效果而言，等价于一个各向同性的流体静压强 $\frac{B^2}{2\mu_0}$ 和一个沿磁力线的张力 $\frac{B^2}{\mu_0}$。在不可压导电流体中，磁压强被流体压强所平衡，余下的磁张力使磁力线类似于一根拉紧的弦。对于常见的力学弦，任何小扰动会产生沿弦传播的横波，其波速为

$$v_{\mathrm{p}}=\sqrt{\frac{T}{\rho}}$$

上式中 T 为弦上的张力，ρ 为弦的线密度(单位长度弦的质量)。可以设想，对磁力线的任何扰动(即任何磁场扰动)也将产生一个沿磁力线传播的横向波动。它的波速也可用类似于上式($v_p=\sqrt{\dfrac{T}{\rho}}$)的形式来表示。每根磁力线上的张力为$\dfrac{B^2}{\mu_0}\Big/B=\dfrac{B}{\mu_0}$，而磁力线的线密度则为 ρ/B，ρ 为导电流体的密度，于是波速为

$$v_A=\sqrt{\frac{B}{\mu_0}\Big/\frac{\rho}{B}}=\frac{B}{\sqrt{\mu_0\rho}}$$

这就是阿尔文于 1942 年首先预言的一种磁流波，后来实验和观测都证实了它的存在。其波速也正如上式所示，亦即(4.1-16)式。

下面将从磁流体力学方程组出发，用微扰法推导均匀完全导电理想磁流体力学波动模式。

对于宇宙等离子体，通常忽略其黏滞性，并认为电导率为无穷大，且将过程看作是绝热的。于是，均匀介质中完全导电理想磁流体力学基本方程组取如下形式(即2.6-6)式

$$\frac{\partial\rho}{\partial t}+\nabla\cdot(\rho\vec{v})=0$$

$$\rho\left[\frac{\partial\vec{v}}{\partial t}+(\vec{v}\cdot\nabla)\vec{v}\right]=-\nabla p+\frac{1}{\mu_0}(\nabla\times\vec{B})\times\vec{B}$$

$$\frac{\partial\vec{B}}{\partial t}=\nabla\times(\vec{v}\times\vec{B})$$

$$\frac{\partial s}{\partial t}+(\vec{v}\cdot\nabla)s=0$$

$$p=p(\rho,s)$$

$$\nabla\cdot\vec{B}=0$$

上述方程组中，除 $\nabla\cdot\vec{B}=0$ 为控制方程起制约作用外，其余共有 9 个标量方程，用以确定 $\vec{v}$、$\vec{B}$、p、ρ、s 这 9 个未知标量函数，因此该方程组是封闭的。

考虑对平衡态的小扰动，这时导电流体中各物理量可表示为

$$\vec{B}=\vec{B}_0+\vec{B}_1,\quad \vec{v}=\vec{v}_0+\vec{v}_1,\quad p=p_0+p_1,\quad \rho=\rho_0+\rho_1,\quad s=s_0+s_1$$

$\vec{B}_0$、$\vec{v}_0$、p_0、ρ_0、s_0 均为平衡时的量，而$\vec{B}_1$、$\vec{v}_1$、p_1、ρ_1、s_1 为扰动量。显然，根据小扰动的假定，取扰动量(比起平衡量)是一阶小量即 $\dfrac{Q_1}{Q_0}=\varepsilon\ll1$，并假定扰动前导电流体中各物理量的分布是均匀的，即物理量的平衡量均为常数，再引入变量$\vec{u}_0$ 和$\vec{u}_1$ 代替$\vec{B}_0$ 和$\vec{B}_1$，有

$$\vec{u}_0=\frac{\vec{B}_0}{\sqrt{\mu_0\rho_0}},\quad \vec{u}_1=\frac{\vec{B}_1}{\sqrt{\mu_0\rho_0}}$$

将它们一同代入上述方程组，消去平衡量，略去二阶及二阶以上小量，最后可得出关于扰动量的一阶线性方程组：

$$\frac{\partial \rho_1}{\partial t}+(\vec{v}_0\cdot\nabla)\rho_1=-\rho_0(\nabla\cdot\vec{v}_1) \tag{4.1-1}$$

$$\frac{\partial \vec{v}_1}{\partial t}+(\vec{v}_0\cdot\nabla)\vec{v}_1=-\frac{1}{\rho_0}\nabla(p_1+\rho_0\vec{u}_0\cdot\vec{u}_1)+(\vec{u}_0\cdot\nabla)\vec{u}_1 \tag{4.1-2}$$

$$\frac{\partial \vec{u}_1}{\partial t}+(\vec{v}_0\cdot\nabla)\vec{u}_1=(\vec{u}_0\cdot\nabla)\vec{v}_1-\vec{u}_0(\nabla\cdot\vec{v}_1) \tag{4.1-3}$$

$$\frac{\partial s_1}{\partial t}+(\vec{v}_0\cdot\nabla)s_1=0 \tag{4.1-4}$$

$$p_1=\left(\frac{\partial p_0}{\partial \rho_0}\right)_{s_0}\rho_1+\left(\frac{\partial p_0}{\partial s_0}\right)_{\rho_0}s_1\quad 或\quad p_1=c_s^2\rho_1+bs_1 \tag{4.1-5}$$

$$c_s^2=\left(\frac{\partial p_0}{\partial \rho_0}\right)_{s_0},\quad b=\left(\frac{\partial p_0}{\partial s_0}\right)_{\rho_0}$$

$$\nabla\cdot\vec{u}_1=0 \tag{4.1-6}$$

对于线性化的小扰动方程组(4.1-1)～(4.1-6)式，任何复杂的解均可由傅里叶分析展开为各种单色平面波的叠加。而平面谐波的角频率 ω 和波矢量$\vec{k}$之间的关系式（即通常所谓的色散关系）将包含扰动传播的基本特性。

1. 简化讨论

为简单起见，选择下列坐标系进行讨论，平衡磁场$\vec{B}_0$ 位于 x-z 平面，平面谐波沿 x 轴传播，传播方向与磁场的夹角为 θ（如图 4.1 所示），将所有的扰动量都表示为平面谐波，即

$$Q_1(x,t)=\bar{Q}_1\mathrm{e}^{\mathrm{i}(\omega t-kx)} \tag{4.1-7}$$

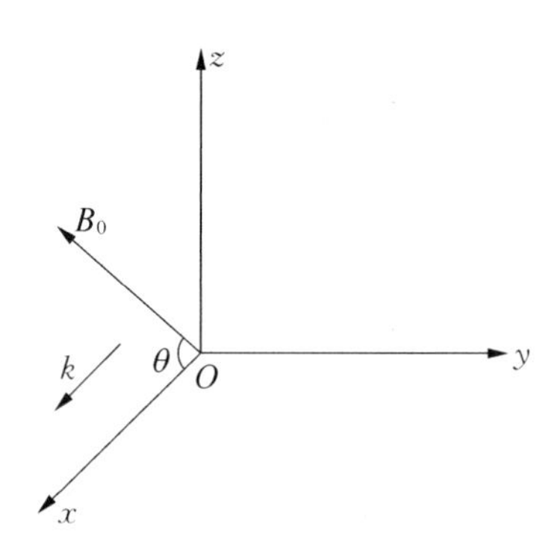

图 4.1 坐标轴的选取

$Q_1(x,t)$表示各扰动量，$\bar{Q}_1$ 在各扰动量中都取为常数。因为是沿 x 轴传播的平面波，故 $\frac{\partial}{\partial y}=\frac{\partial}{\partial z}=0$，根据(4.1-7)式，应有

$$\frac{\partial}{\partial x}=-\mathrm{i}k$$

$$\frac{\partial}{\partial t}=\mathrm{i}\omega$$

将(4.1-7)式代入(4.1-1)～(4.1-6)式中，可得代数方程组：

$$
\begin{cases}
(\omega - kv_x)\rho_1 - \rho k v_{1x} = 0 \\
(\omega - kv_x)v_{1x} - \dfrac{k}{\rho}p_1 - ku_z u_{1z} = 0 \\
(\omega - kv_x)v_{1y} + ku_x u_{1y} = 0 \\
(\omega - kv_x)v_{1z} + ku_x u_{1z} = 0 \\
(\omega - kv_x)u_{1x} = 0 \\
(\omega - kv_x)u_{1y} + ku_x v_{1y} = 0 \\
(\omega - kv_x)u_{1z} + ku_x v_{1z} - kv_{1x}u_z = 0 \\
(\omega - kv_x)s_1 = 0 \\
p_1 - c_s^2\rho_1 - bs_1 = 0 \\
ku_{1x} = 0
\end{cases}
\tag{4.1-8}
$$

方程组(4.1-8)中，$u_x = u_0\cos\theta$，$u_z = u_0\sin\theta$，$u_y = 0$。

令

$$
\omega_0 = \omega - kv_x \quad \text{i.e.,} \quad \frac{\omega}{k} = \frac{\omega_0}{k_0} + v_x \tag{4.1-9}
$$

上式中，为书写简便，将 u_{0x}、u_{0z}、v_{0x} 简写为 u_x、u_z、v_x。

方程组(4.1-8)中，最后一式 $ku_{1x} = 0$ 并非独立，它是控制方程。真正独立的方程式有9个，未知量为9个，方程组(4.1-8)是它们的线性齐次代数方程组。零解显然不是我们要求的，而线性齐次代数方程组具有非零解的条件，使方程组(4.1-8)的系数行列式为零，将(4.1-9)式代入并将行列式展开，便可得到均匀理想磁流体中波动传播的色散方程式：

$$
\omega_0^2[\omega_0^2 - (ku_0\cos\theta)^2][\omega_0^4 - k^2(c_s^2 + u_0^2)\omega_0^2 + k^2c_s^2(ku_0\cos\theta)^2] = 0 \tag{4.1-10}
$$

上式给出了均匀可压缩理想磁流体中波动的基本性质，确定了均匀可压缩磁流体中可能产生的几种性质完全不同的波动模式，下面分别进行讨论。

(1) 熵波

色散方程(4.1-10)式的一个解为

$$
\omega_0 = 0
$$

将它代入方程组(4.1-8)式中，可得

$$
\begin{aligned}
& u_{1x} = u_{1y} = u_{1z} = 0 \\
& v_{1x} = v_{1y} = v_{1z} = p_1 = 0 \\
& s_1 \neq 0 \\
& \rho_1 = -\frac{b}{c_s^2}s_1
\end{aligned}
\tag{4.1-11}
$$

上述解意味着均匀磁流体中，磁场扰动、速度扰动和压强扰动都不存在，只有密度和熵的扰动。它们之间的关系由(4.1－11)式确定。$\omega_0 = 0$ 即波速为零表示扰动并不在磁流体中传播。只是习惯上将 $\omega_0 = 0$ 的情况下称作熵波，但它实质上不是波，扰动只局限在局部区域内而并不传播。

(2) 阿尔文波

色散方程(4.1－10)的另一个解满足下列条件：

$$\omega_0^2 - (ku_0\cos\theta)^2 = 0$$

即

$$\omega_0 = \pm ku_0\cos\theta \tag{4.1-12}$$

由(4.1－12)式可得扰动传播的相速度为

$$v_A = \frac{\omega_0}{k} = \pm u_0\cos\theta = \pm\frac{B_0}{\sqrt{\mu_0\rho_0}}\cos\theta \tag{4.1-13}$$

式中 θ 为传播方向与磁场之间的夹角(图 3.1)。当传播方向与磁场平行时，则 $\cos\theta = 1$，此时(4.1－12)为

$$\omega_0 = \pm ku_0 \tag{4.1-14}$$

当 $\vec{B} \mathbin{/\!/} \vec{k} \mathbin{/\!/} \hat{i}$ 时，$u_x = u_0$，$u_z = 0$，$v_{1x} = 0$。

将 $\omega_0 = \pm ku_0 = \pm ku_x$，$u_z = 0$，$v_{1x} = 0$ 代入方程组(4.1－8)中可得

$$\begin{aligned} &v_{1x} = 0, \quad v_{1y} = \pm u_{1y}, \quad v_{1z} = \pm u_{1z} \\ &u_{1x} = 0, \quad u_{1y} = \pm v_{1y}, \quad u_{1z} = \pm v_{1z} \\ &s_1 = 0, \quad p_1 = 0, \quad \rho_1 = 0 \end{aligned} \tag{4.1-15}$$

上述解表明磁场在 x 方向，扰动在垂直于磁场的方向，波的传播方向为 x 方向，所以这种波动模式是横波。它的传播速度

$$v_A = \frac{\omega_0}{k} = \pm u_0 = \pm\frac{B_0}{\sqrt{\mu_0\rho_0}} \tag{4.1-16}$$

与磁场 B_0 成正比，而与导电流体的密度 ρ_0 的平方根成反比。亦即 B_0 越大意味着磁场张力的“恢复力”越大，使波动传播越快；而 ρ_0 越大表示运动物质的惯性越大，它无疑将滞迟波动的传播。这种波动是存在磁场时导电流体中所特有的一种波动。由于阿尔文最先从理论上预言了这种波的存在，所以被命名为阿尔文波。由(4.1－15)式可知，这种波动模式中压强、密度和熵均无扰动，即在这种模式的波动中可压流体与不可压流体的作用完全相同，扰动的传播都是由磁张力所引起的。(4.1－16)式所示的波的相速度 v_A 称为(剪切)阿尔文波速，通常把阿尔文波速看成是磁流体中的一个特征速度。

将(4.1－13)式代入(4.1－8)式中可得

$$\begin{aligned} &v_{1x} = v_{1z} = 0, \quad v_{1y} = \pm u_{1y} \\ &u_{1x} = u_{1z} = 0, \quad u_{1y} = \pm v_{1y} \\ &p_1 = \rho_1 = s_1 = 0 \end{aligned} \tag{4.1-17}$$

由(4.1-17)式所确定的波动，其基本模式与(4.1-15)式的阿尔文波相同，只是它的传播方向$\vec{k}$，与磁力线有一夹角θ(见图4.2，此图中磁场方向为y方向，传播方向为$\vec{k}$)，通常将它命名为斜阿尔文波。

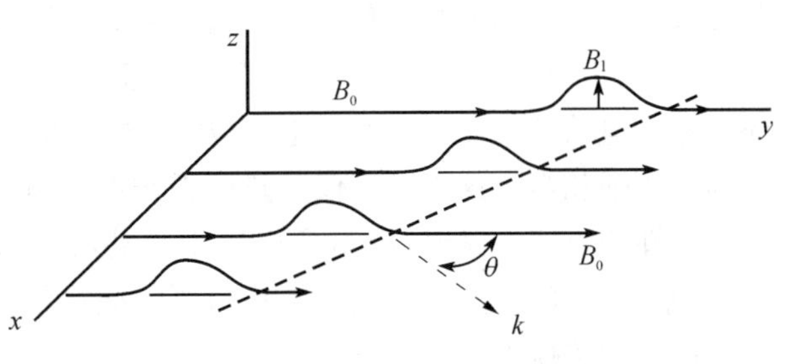

图4.2　斜阿尔文波示意图

(4.1-13)式显示，斜阿尔文波的传播是各向异性的，波速与磁场和波矢量的夹角有关。沿磁场方向传播时波速最大，这就是通常的阿尔文波；随着与磁场方向偏离的增大而波速越来越小；在与磁场垂直的方向上没有斜阿尔文波传播。

(3) 磁声波

色散方程(4.1-10)还有一组解为

$$\omega_0^4 - k^2(c_s^2 + u_0^2)\omega_0^2 + k^2 c_s^2 (k u_0 \cos\theta)^2 = 0 \tag{4.1-18}$$

解上式可得

$$(\omega_0^2)_{\pm} = \frac{1}{2}\left\{k^2(c_s^2 + u_0^2) \pm \sqrt{k^4(c_s^2 + u_0^2) - 4k^4 c_s^2 u_0^2 \cos^2\theta}\right\} \tag{4.1-19}$$

扰动传播的速度为

$$c_{M\pm}^2 = \left(\frac{\omega_0}{k}\right)^2 = \frac{1}{2}\left\{(c_s^2 + u_0^2) \pm \sqrt{(c_s^2 + u_0^2) - 4c_s^2 u_0^2 \cos^2\theta}\right\} \tag{4.1-20}$$

(4.1-19)或(4.1-20)式给出了两种波动模式，其中取正号的称为快磁声波，而取负号的称为慢磁声波。显然快慢磁声波的相速度是各向异性的，波速与磁场和波矢量的夹角有关。下面就扰动传播方向与磁场方向之间的几种不同夹角分别进行讨论。

① 当$\theta = 0$时，即扰动随磁场传播。此情况对应$\cos\theta = 1$，(4.1-20)式变为

$$c_{M\pm}^2 = \{(c_s^2 + u_0^2) \pm | c_s^2 - u_0^2 |\} \tag{4.1-21}$$

即

$$c_{M+} = \max(c_s, u_0)$$

$$c_{M-} = \min(c_s, u_0)$$

将(4.1-21)式代入方程组(4.1-8)中，当$c_M = c_s$时可得

$$\begin{aligned} & u_{1x} = u_{1y} = u_{1z} = 0 \\ & v_{1x} = \frac{\rho_1}{\rho_0} c_s, \quad v_{1y} = v_{1z} = 0 \\ & s_1 = 0, \quad p_1 = c_s^2 \rho_1, \quad c_s^2 = \left(\frac{\partial p}{\partial \rho}\right)_s \end{aligned} \tag{4.1-22}$$

(4.1-22)式所描述的是由磁流体密度的疏密扰动引起并由热压力驱动而形成的纵波，即

其传播方向和流体元扰动的方向一致，其图像与声波十分相像，因电子和离子的分离很小，可以认为电子和离子基本上粘合在一起运动，而离子所受的恢复力除热压强外，显然还有由于电荷分离而引起的静电力(尽管电子和离子分离小，但其因分离而引起的静电力却与热压强相当)，这不同于仅受热压强作用的声波，它叫作离子声波。声波的传播仅仅由于中性质点间的碰撞，而离子声波中驱动波所需的位能，除来源于离子之间的热运动外，还来源于静电能，它由电子振荡与离子振荡的振幅差所产生。在无碰撞等离子体中，离子声波的传播则全靠静电力。

当取 $c_M = u_0$ 时，可得

$$\begin{aligned} &u_{1x} = 0, \quad u_{1y} \neq 0, \quad u_{1z} \neq 0 \\ &v_{1x} = 0, \quad v_{1y} = -u_{1y}, \quad v_{1z} = -u_{1z} \\ &s_1 = p_1 = \rho_1 = 0 \end{aligned} \tag{4.1-23}$$

(4.1-23)式与(4.1-15)式一样，这正是阿尔文波模式，其相速度为 $u_0 = \dfrac{B_0}{\sqrt{\mu_0\rho_0}}$。所以沿着磁场方向有两支波，一支是离子声波，它是纵波；另一支是阿尔文波，它是横波，它的速度扰动和磁场扰动的方向均与磁场垂直。

② 当 $\theta = \dfrac{\pi}{2}$ 时，即波动传播方向与磁场垂直，这时 $\cos\theta = 0$，由(4.1-20)式可得

$$\begin{aligned} &c_{M+} = \sqrt{c_s^2 + u_0^2} \\ &c_{M-} = 0 \end{aligned} \tag{4.1-24}$$

将(4.1-24)式代入(4.1-8)式中，可得

$$\begin{aligned} &u_{1x} = u_{1y} = 0, \quad u_{1z} = \frac{u_0}{\sqrt{c_s^2 + u_0^2}} v_{1x} \\ &v_{1x} = \frac{\rho_1}{\rho_0}\sqrt{c_s^2 + u_0^2}, \quad v_{1y} = v_{1z} = 0 \\ &s_1 = 0, \quad p_1 = c_s^2\rho_1 \end{aligned} \tag{4.1-25}$$

由(4.1-24)和(4.1-25)式所描述的波动模式称作磁声波。显然，磁声波 $\left(\theta = \dfrac{\pi}{2}\right)$ 的波速 $\sqrt{c_s^2 + u_0^2}$ 是磁流体中低频扰动传播的最大可能速度。其物理原因在于，由热压力产生的导电流体的“弹性”与磁压力引起的磁场的准“弹性”，在 $\vec{k} \perp \vec{B}_0$ 的情况下产生了“最佳”的叠加，从而导致扰动的传播具有最快速度。(4.1-24)式右端两项，正是这两种“弹性”在数量上的叠加的表征。(4.1-25)式给出的波动图像表明，对于磁声波，速度扰动在波的传播方向，而磁场的扰动则在与传播方向垂直的方向上。因此，它不是单一的纵波或横波，而是一种纵波和横波的混杂波。所以在与磁场垂直方向上传播着一支叫作磁声波的混杂波，或者亦可说传播着一支磁声波和另一支并不传播的熵波。

③ 当 $0<\theta<\dfrac{\pi}{2}$，这是一般情况，传播方向既不在磁场方向也不在与磁场垂直的方向。这时，波动模式可分为快磁声波和慢磁声波两类，简称为快波和慢波。

由(4.1-20)式可知

$$\begin{aligned} &\max(c_s,\ v_A)\leqslant c_{M+}\leqslant\sqrt{c_s^2+v_A^2} \\ &0\leqslant c_{M-}\leqslant\min(c_s,\ v_A) \end{aligned} \tag{4.1-26}$$

比较(4.1-26)和(4.1-13)式，可知对任一给定的方向，必然有

$$c_{M-}<v_A,\quad c_s<c_{M+} \tag{4.1-27}$$

所以，快波和慢波的命名是很确切的。

将(4.1-19)式代入(4.1-8)式中，可得

$$\begin{aligned} &u_{1x}=u_{1y}=0,\quad u_{1z}=\frac{1}{\rho_0 u_0\sin\theta}(c_{M\pm}^2-c_s^2)\rho_1 \\ &v_{1x}=c_{M\pm}\frac{\rho_1}{\rho_0},\quad v_{1y}=0,\quad v_{1z}=-\frac{1}{c_{M\pm}\rho_0}\cot\theta(c_{M\pm}^2-c_s^2)\rho_1 \\ &s_1=0,\quad p_1=c_s^2\rho_1 \end{aligned} \tag{4.1-28}$$

(4.1-28)式表明，对于磁声波，熵是守恒的。在扰动传播的方向上，只有速度扰动，而在垂直于传播方向上，则速度和磁场扰动均存在，这意味着快慢磁声波都是混杂波。

2. 均匀理想磁流体波色散关系的严格推导

选取如图 4.3 所示坐标系，设 $\vec{B}_0=(0,0,B_0)$，$\vec{k}$ 为波矢 $\vec{k}(n,l,k)$，$v_0=0$，$\dfrac{\partial\rho_0}{\partial t}=0$，$\dfrac{\partial B_0}{\partial t}=0$，$\nabla\rho_0=\nabla B_0=0$。由一阶线性运动方程

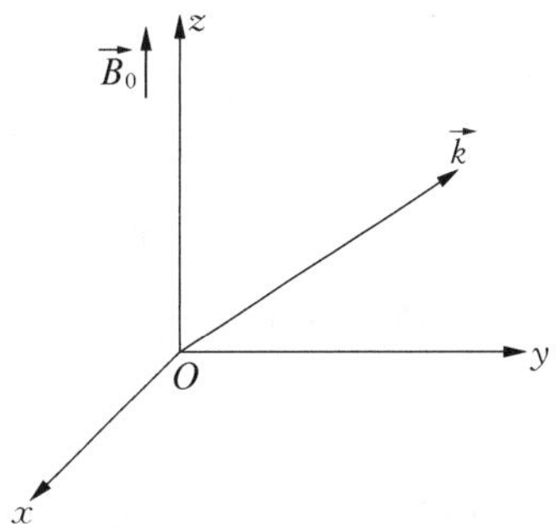

$$\rho_0\frac{\partial\vec{v}_1}{\partial t}=-\nabla p_1+\frac{1}{\mu_0}(\nabla\times\vec{B}_1)\times\vec{B}_0$$

图 4.3　磁流波在任意方向传播时的坐标系

利用矢量公式

$$\nabla(\vec{a}\cdot\vec{b})=\vec{a}\times(\nabla\times\vec{b})+\vec{b}\times(\nabla\times\vec{a})+(\vec{b}\cdot\nabla)\vec{a}+(\vec{a}\cdot\nabla)\vec{b}$$

可得

$$(\nabla\times\vec{B}_1)\times\vec{B}_0=(\vec{B}_0\cdot\nabla)\vec{B}_1-\vec{B}_0\nabla B_{1z}$$

故可得一阶线性方程组为

$$\frac{\partial\rho_1}{\partial t}+\rho_0\nabla\cdot\vec{v}_1=0 \tag{4.1-1$'$}$$

$$\rho_0\frac{\partial\vec{v}_1}{\partial t}=-\nabla p_1+\frac{1}{\mu_0}(\vec{B}_0\cdot\nabla)\vec{B}_1-\frac{1}{\mu_0}B_0\nabla B_{1z} \tag{4.1-2$'$}$$

$$\frac{\partial \vec{B}_1}{\partial t}=(\vec{B}_0\cdot\nabla)\vec{v}_1-\vec{B}_0\nabla\cdot\vec{v}_1 \tag{4.1-3'}$$

$$\frac{p_1}{p_0}=r\frac{\rho_1}{\rho_0} \tag{4.1-5,6}$$

$$\nabla\cdot\vec{B}_1=0 \tag{4.1-6'}$$

该方程组即为方程组(4.1-1)～(4.1-6)。

对(4.1-2′)式取散度，再对 t 求导，然后将(4.1-1′)、(4.1-3′)式、p_1 代入，进行适当运算，整理后可得运动方程为(Roberts，1981a；亦可参阅 Lighthill，1960；Cowling，1976)：

$$\frac{\partial^2}{\partial t^2}(\nabla\cdot\vec{v}_1)=(c_s^2+v_A^2)\nabla^2(\nabla\cdot\vec{v}_1)-v_A^2\nabla^2\left(\frac{\partial v_{1z}}{\partial z}\right) \tag{4.1-29}$$

$$\frac{\partial^2 v_{1z}}{\partial t^2}=c_s^2\frac{\partial}{\partial t}(\nabla\cdot\vec{v}_1) \tag{4.1-30}$$

此处 c_s 和 v_A 分别为声速和阿尔文速，v_{1z} 是扰动速度在磁场方向的分量，∇^2 为三维拉普拉斯算子。将(4.1-29)式对 t 求二次导数，并将(4.1-30)式对 z 求导后代入可得

$$\frac{\partial^4}{\partial t^4}(\nabla\cdot\vec{v}_1)-(c_s^2+v_A^2)\frac{\partial^2}{\partial t^2}\nabla^2(\nabla\cdot\vec{v}_1)+c_s^2v_A^2\frac{\partial^2}{\partial z^2}\nabla^2(\nabla\cdot\vec{v}_1)=0 \tag{4.1-31}$$

令 $V=\nabla\cdot\vec{v}_1$，上式可简写为

$$\frac{\partial^4}{\partial t^4}V-(c_s^2+v_A^2)\frac{\partial^2}{\partial t^2}\nabla^2V+c_s^2v_A^2\frac{\partial^2}{\partial z^2}\nabla^2V=0 \tag{4.1-31'}$$

若取傅利叶展开为平面谐波

$$V=\tilde{v}(x)e^{i(\omega t+ly+kz)}$$

代入(4.1-31′)，则方程(4.1-31)式化为

$$(k^2v_A^2-\omega^2)\left[\frac{d^2\tilde{v}(x)}{dx^2}-(m_0^2+l^2)\tilde{v}(x)\right]=0 \tag{4.1-32}$$

式中

$$m_0^2=\frac{(k^2c_s^2-\omega^2)(k^2v_A^2-\omega^2)}{(c_s^2+v_A^2)(k^2c_T^2-\omega^2)} \tag{4.1-33}$$

$$c_T^2=\frac{c_s^2v_A^2}{c_s^2+v_A^2} \tag{4.1-34}$$

c_T 式为慢磁声波的群速度，其物理意义将在下面阐述〔见(4.1-40)式〕。(4.1-32)式即为磁流体波在均匀理想介质中传播的色散关系。

由(4.1-32)式，其中一个解显然为 $k^2v_A^2-\omega^2=0$，即$\frac{\omega^2}{k^2}=v_A^2$，亦即为沿磁场方向传播

的阿尔文波。另一个解为

$$\frac{d^2\tilde{v}(x)}{dx^2}-(l^2+m_0^2)\tilde{v}(x)=0 \tag{4.1-35}$$

若我们进一步假定$\tilde{v}(x)\sim e^{inx}$,则(4.1-35)式给出

$$n^2+l^2+m_0^2=0 \tag{4.1-36}$$

将 m_0 代入,又考虑到此时波矢量 $\vec{k}=(n,l,k)$,令 $K^2=n^2+l^2+k^2$,(4.1-36)式即为

$$\omega^4-k^2(c_s^2+v_A^2)\omega^2+K^2k^2c_s^2v_A^2=0 \tag{4.1-37}$$

此式即为以任意波矢量$\vec{k}$传播的快慢磁声波的色散关系。显然当波的传播方向在 x-z 平面内,与磁场交角为 θ,即 $\vec{k}(k\sin\theta,0,k\cos\theta)$时,(4.1-37)式即为(4.1-18)式。对快慢磁声波在均匀介质中的传播特性在前面已给出详细的讨论,这里不再赘说。为了过渡到对非均匀介质中传播波模的讨论,由(4.1-34)式可知,当 $x=y=\pm\infty$时扰动在无界介质中传播,必须要求 n^2 和 l^2 为正,所以 m_0^2 必须为负,即在慢波时 ω^2 必须位于 $k^2c_T^2<\omega^2<\min(k^2c_s^2,k^2v_A^2)$或在快波时 $\omega^2>\max(k^2c_s^2,k^2v_A^2)$,所以 $m_0^2<0$ 传播的波即为通常在无界介质中传播的磁声波,也称作体波。但是在磁场横向(即与磁场垂直方向)传播的波模没有对 m_0^2 提出要求,亦即 m_0^2 可取负,亦可取正。那么,$m_0^2>0$ 即为新的波模产生,也就是当磁场在横向存在边界(或间断)会产生“表面波”模,详见下一节的讨论。

上面的讨论充分显示了磁流体中波动模式的多样性。其根本原因在于扰动传播在磁流体中传播可以依靠两种应力:热压力和磁应力。这两种作用力有时互相独立,如离子声波、(剪切)阿尔文波(包括斜阿尔文波);有时又互相耦合,如快、慢磁声波。磁应力的作用可分为磁张力和磁压力,其中与磁场张力相关的磁力线的“刚性”将造成扰动以(剪切)阿尔文波(包括斜阿尔文波)的模式传播,这显然是一种横波。由于它的传播仅仅是由于磁力线的振动(磁力线形状的变化)引起的,因此不改变磁力线的密度,在均匀理想导电流体中,与磁力线冻结的流体密度也不变。所以(剪切)阿尔文波(包括斜阿尔文波)在传播中不产生流体的密度扰动,这就是在不可压缩磁流体和可压缩磁流体中都能传播(剪切)阿尔文波(包括斜阿尔文波)的物理原因。流体的热压力与磁压力几乎总是相互耦合着的,磁力线的密度变化(即磁场强度的变化)必然与流体密度的变化同时出现。无疑,这种变化只能出现在可压缩流体中,所以只有在可压磁流体中才能有离子声波和快慢磁声波等波动模式。热压力和磁压力的耦合可以使导电流体的“弹性”加强,也可使“弹性”减弱。当流体被压缩时($\rho_1>0$),该压缩区的扰动场$\vec{B}_1$ 增强原有的磁场,则产生的恢复力将大于只考虑热压力时的恢复力,于是原有的离子声波将被加速,形成快磁声波。反之,如果压缩区的扰动场$\vec{B}_1$ 减弱原有的磁场,则耦合的恢复力便小于单一的热压力,离子声波将被减速,便形成慢磁声波。当 $\theta=\frac{\pi}{2}$ 时,热压力与磁压力的耦合最为直观,此时磁冻结使得热压力的增强与磁压力的增强完全同步,于是产生了传播速度最快的磁声波模式。图 4.4 给出了两种典型的磁流体力学波动——(剪切)阿尔文波和磁声波传播的十分形象的示意图。

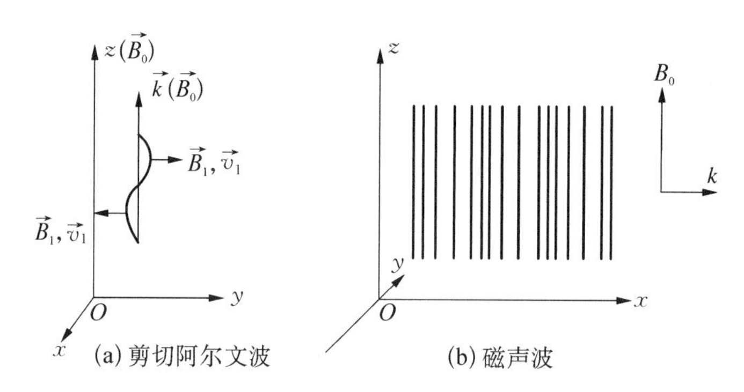

图 4.4　均匀磁流体力学中的波动模式

3. 相速度图和群速度图

(1) 相速度图

作为磁流体中各种波动模式的小结,可用相速度图来给出各磁流体波相速度随传播方向的变化(见图 4.5)。

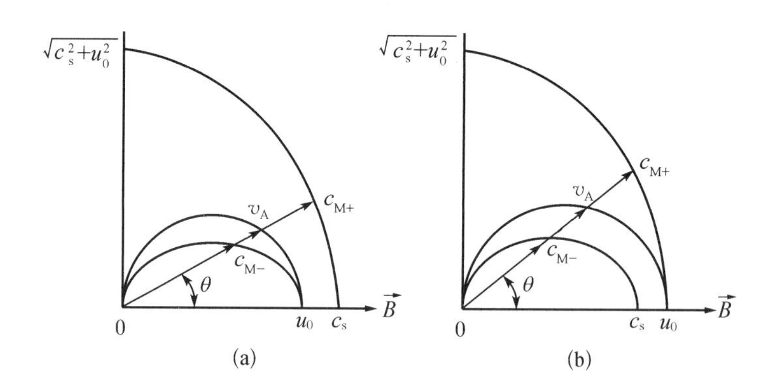

图 4.5　磁流体力学波的相速度图

图 4.5 给出了三支磁波体波在以磁场方向为对称轴时,不同传播方向$\vec{k}$的相速度变化曲线。从图 4.5 可见(剪切)阿尔文波和离子声波都是沿磁力线传播的,而快磁声波则可以在所有方向传播(这和它的驱动机制有关)。在任何方向上$\left(0<\theta<\dfrac{\pi}{2}\right)$,可传播三支波:快磁声波(快模波)、斜阿尔文波(中间模式波)和慢磁声波(慢模式)。当 $v_A > c_s$ 时,见图 4.5(b);当 $c_s > v_A$ 时,见图 4.5(a)。$\theta \to 0$ 时,$c_{M+} \to \max(c_s, u_0)$,即若 $c_s > v_A$ 时,$c_{M+} \to c_s$,若$v_A > c_s$ 时,$c_{M+} \to u_0$;而 $c_{M-} \to \min(c_s, v_A)$ 即若 $c_s > v_A$ 时,$c_{M-} \to u_0$,若 $v_A > c_s$ 时,$c_{M-} \to c_s$,此时斜阿尔文波速即为(剪切)阿尔文波 u_0,故沿磁场方向三支波变为两支波。而当$\theta \to \dfrac{\pi}{2}$ 时,仅可传播快磁声波,此时斜阿尔文波和慢磁声波均消失。必须指出,上述讨论的磁流体中的各种波动模式当且仅当磁场存在的情况下才如此。在无磁场的等离子体中,磁场为零,阿尔文波消失,慢波消失,快波→离子声波。在强磁场极限下,即

$v_A(u_0) \gg c_s$，快磁声波的传播模式变得几乎是各向同性的(见图 4.6)，此时垂直于磁场的快波相速度 $\sqrt{c_s^2+u_0^2} \approx u_0$，所以快磁声波的传播速度几乎与传播角度无关。当热压力→0，即 c_s→0，慢波亦消失，此时沿磁场方向有(剪切)阿尔文波，垂直磁场方向有压缩阿尔文波，亦即此时快磁声波模式→压缩阿尔文波。

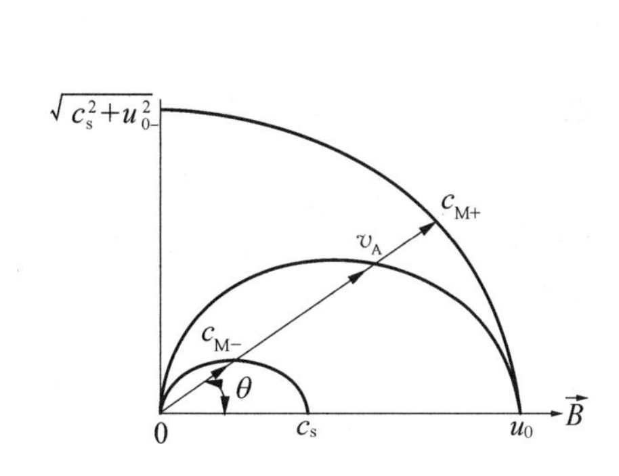

图 4.6 强磁场中的磁流体力学波的相速度图

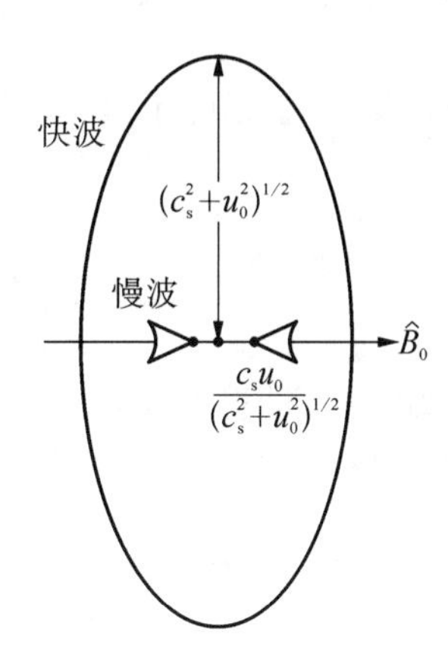

图 4.7 快、慢磁声波的群速度极线图

(2) 群速度图

图 4.7 给出了快、慢磁声波群速度的极线图，众所周知，相速度$\vec{v}_p=\frac{\omega_0}{k}\hat{k}$，表示以单波形式以$\frac{\omega}{k}$的速率在$\hat{k}$方向传播的波。群速度是以波包形式传播的速度，群速度$\vec{v}_g$在直角坐标系里的分量形式为

$$v_{gx}=\frac{\partial \omega}{\partial k_x},\quad v_{gy}=\frac{\partial \omega}{\partial k_y},\quad v_{gz}=\frac{\partial \omega}{\partial k_z} \tag{4.1-38}$$

它表示了在该方向上能量的传播。一般而言，群速度在数值与方向上都不同于相速度，而是有

$$v_g=v_p-\lambda\frac{dv_p}{d\lambda}$$

仅当 ω 与 k 成线性比例时，即该波称为非色散时相速度与群速度的数值大小相同。

由(4.1-13)式知阿尔文波的相速度为

$$\omega_0=ku_0\cos\theta$$

$$u_0=\frac{B_0}{\sqrt{u_0\rho_0}}$$

故阿尔文波相速度的传播是各向异性的。若取磁场沿着 z 轴($\vec{B}_0\equiv B_0\hat{b}_0$)，(4.1-13)式可写为 $\omega_0=k_zu_0$，由(4.1-38)式群速度为$u_0\hat{b}_0$，这表明虽然单波可以在与磁场任意倾角的方向传播，但是波能量是以阿尔文波沿磁场方向传播的。

(4.1－20)式给出了快慢磁声波两种波动模式，显然这两种模式的相速度亦是各向异性的，特别当$\frac{c_s u_0 \cos\theta}{(c_s^2+u_0^2)} \ll 1$时，快磁声波$c_{M+} \to \frac{\omega_0}{k}=\sqrt{c_s^2+u_0^2}$，而慢磁声波$c_{M-} \to \frac{\omega_0}{k}=\frac{c_s u_0}{\sqrt{c_s^2+u_0^2}}$。

当$\theta \to \frac{\pi}{2}$时，慢磁声波的相速度和沿磁场的波数分量($k\cos\theta$)也趋向于0，但是沿磁场方向的相速度分量趋向于值$\frac{c_s u_0}{\sqrt{c_s^2+u_0^2}}$，

$$\frac{\omega_0}{k\cos\theta}=\frac{c_s u_0}{\sqrt{c_s^2+u_0^2}} \equiv c_T \tag{4.1-39}$$

c_T叫作慢磁声波的群速度，亦叫作尖角(cusp)速度或流管(tube)速度(见图4.6)。亦即慢波的群速度为$c_T \hat{b}_0$(可参阅Priest，2014，第4章)。

4.1.2 非理想效应的影响

1. 阻尼阿尔文波

若阿尔文波在有限电导率和具有黏滞性的磁流体中传播，则有限电导率导致的焦耳耗散和流体黏滞性引起的热耗散，将造成阿尔文波的衰减，这时阿尔文波成为阻尼阿尔文波。下面从均匀磁流体力学方程组出发讨论阻尼阿尔文波的性质。

考虑具有有限电导率和黏滞性的不可压缩磁流体，它满足下述方程组

$$\begin{aligned}
&\nabla\cdot \vec{v}=0\\
&\rho\frac{\mathrm{d}\vec{v}}{\mathrm{d}t}=-\nabla p+\frac{1}{\mu_0}(\nabla\times\vec{B})\times\vec{B}+\eta\Delta\vec{v}\\
&\frac{\partial\vec{B}}{\partial t}=\nabla\times(\vec{v}\times\vec{B})+\eta_m\Delta\vec{B}\\
&\nabla\cdot\vec{B}=0
\end{aligned} \tag{4.1-40}$$

设平衡时的磁场为均匀场$\vec{B}_0$，z轴选在$\vec{B}_0$方向，扰动前流体处在静止状态，即$\vec{v}_0=0$，平衡时的压强为p_0。考虑对平衡态的小扰动，则$\vec{B}=\vec{B}_0+\vec{B}_1$，$\vec{v}=\vec{v}_1$，$p=p_0+p_1$，式中$\vec{B}_1$、$\vec{v}_1$、$p_1$均为小扰动量，将它们代入方程组(4.1－40)，考虑到平衡态物理量必须满足磁流体静力学方程，并略去二级和二级以上的小量，在仅讨论扰动沿z轴传播时，便可得到$\vec{B}_1$、$\vec{v}_1$、和p_1的线性化方程组

$$\nabla\cdot\vec{v}_1=0 \tag{4.1-41a}$$

$$\rho_0\frac{\partial\vec{v}_1}{\partial t}=\frac{B_0}{\mu_0}\frac{\partial\vec{B}_1}{\partial z}-\nabla\left(p_1+\frac{B_0 B_{1z}}{\mu_0}\right)+\eta\Delta\vec{v}_1 \tag{4.1-41b}$$

$$\frac{\partial\vec{B}_1}{\partial t}=B_0\frac{\partial\vec{v}_1}{\partial z}+\eta_m\Delta\vec{B}_1 \tag{4.1-41c}$$

$$\nabla\cdot\vec{B}_1=0 \tag{4.1-41d}$$

对(4.1-41b)式取散度，根据(4.1-41a)、(4.1-41d)可得

$$\Delta\left(p_1+\frac{B_0B_{1z}}{\mu_0}\right)=0$$

假设无穷远处 $p_1=0$，$B_{1z}=0$，则从上式可导出在整个过程中都有

$$p_1+\frac{B_0B_{1z}}{\mu_0}=常数 \tag{4.1-42}$$

将(4.1-42)式代入(4.1-41b)式中，然后联立(4.1-41c)式消去$\vec{B}_1$，便得到$\vec{v}_1$ 的方程为

$$\left(\frac{\partial}{\partial t}-\eta_{\mathrm{m}}\Delta\right)\left(\frac{\partial}{\partial t}-\nu\Delta\right)\vec{v}_1=\frac{B_0^2}{\mu_0\rho_0}\frac{\partial^2\vec{v}_1}{\partial z^2} \tag{4.1-43}$$

式中 ν 为运动黏滞系数，$\nu=\dfrac{\eta}{\rho_0}$。同样也可得到关于$\vec{B}_1$ 的形式相同的方程。

由于仅讨论扰动沿 z 轴传播，扰动在 $x-y$ 平面中是均匀的，考虑到阿尔文波是横波，则 $B_{1z}=v_{1z}=0$，$\vec{v}_{1\perp}=v_{1x}\hat{i}+v_{1y}\hat{j}$，为垂直于$\vec{B}_0$ 的小扰动。略去二级以上的高级小量，(4.1-43)式可化为

$$\frac{\partial\vec{v}_{1\perp}}{\partial t^2}-v_{\mathrm{A}}^2\frac{\partial^2\vec{v}_{1\perp}}{\partial z^2}=(\eta_{\mathrm{m}}+\nu)\frac{\partial^3\vec{v}_{1\perp}}{\partial t\partial z^2} \tag{4.1-44}$$

$$v_{\mathrm{A}}^2=\frac{B_0^2}{\mu_0\rho_0}$$

显然，当 $\eta_{\mathrm{m}}=\nu=0$ 时，(4.1-44)式便简化为理想磁流体中的阿尔文波的传播方程。(4.1-44)式右端即为阻尼项。考虑(4.1-44)式的平面波解时，

$$\vec{v}_{1\perp}=\bar{v}_{\perp}\ \mathrm{e}^{\mathrm{i}(\omega t-kz)}$$

将它代入(4.1-44)式中，便得到阻尼阿尔文波的色散关系

$$\omega^2-v_{\mathrm{A}}^2k^2=\mathrm{i}(\eta_{\mathrm{m}}+\nu)\omega k^2 \tag{4.1-45}$$

一般令波数 k 为实数，频率 ω 为复数，由(4.1-45)式可解得

$$\omega=\frac{1}{2}\left[\mathrm{i}(\eta_{\mathrm{m}}+\nu)k^2\pm\sqrt{4v_{\mathrm{A}}^2k^2-(\eta_{\mathrm{m}}+\nu)^2k^4}\right] \tag{4.1-46}$$

由(4.1-46)式得

$$\omega_{\mathrm{r}}=\frac{1}{2}\sqrt{4v_{\mathrm{A}}^2k^2-(\eta_{\mathrm{m}}+\nu)^2k^4}$$

$$\omega_{\mathrm{i}}=\frac{1}{2}(\eta_{\mathrm{m}}+\nu)k^2$$

有限电导率和有限黏滞性导致阿尔文波的衰减，其衰减的特征时间 τ 为

$$\tau = \frac{1}{I_m \omega} = \frac{2}{(\eta_m + \nu)k^2} \tag{4.1-47}$$

τ 除了与 η_m、ν 等有关外，还与波数 k(即与波长)有关，波长越短，τ 越小，衰减越快。(4.1－46)式还表明，为了使阻尼阿尔文波有波动解，必须要求

$$\omega_r > 0$$

即

$$v_A > \left(\frac{\eta_m + \nu}{2}\right)k \tag{4.1-48}$$

上式中 $\frac{(\eta_m + \nu)}{2}k \sim \frac{\eta_m + \nu}{\lambda} \sim v_D$，$v_D$ 为磁场的扩散速度，$\lambda \sim k^{-1}$ 为波的特征波长。(4.1－48)式表明当考虑有限电阻和黏滞效应时，为使阿尔文波有波动解，阿尔文波的波速必须大于磁场的扩散速度，这个结果是不难理解的。

(4.1－46)式亦可写为

$$k^2 = \frac{\omega^2}{v_A^2 + i(\eta_m + \nu)\omega} = \omega^2 \frac{v_A^2 - i(\eta_m + \nu)\omega}{v_A^4 + (\eta_m + \nu)^2\omega^2} \approx \frac{\omega^2}{v_A^2}\left[\frac{1 - i(\eta_m + \nu)\omega}{v_A^2}\right]$$

$$k = \pm \frac{\omega}{v_A}\left[1 - i\frac{(\eta_m + \nu)\omega}{v_A^2}\right]^{1/2} \approx \pm \frac{\omega}{v_A}\left[1 - i\frac{(\eta_m + \nu)\omega}{2v_A^2}\right] \tag{4.1-49}$$

此时取频率为实数，而波数为复数 $k = k_r + ik_i$。由(4.1－49)式知，其实部为(剪切)阿尔文波 $k_r = \pm \frac{\omega}{v_A}$，而虚部为

$$k_i = \pm \frac{(\eta_m + \nu)\omega^2}{2v_A^3} \tag{4.1-50}$$

由(4.1－49)式可以讨论频率固定的波在空间上衰减的情况。由于 k 存在负的虚部，所以有限阻尼效应使波在空间传播的距离 z_0 也是有限的，即 $k_i z_0 = -1$，

$$z_0 = -\frac{1}{k_i} = \frac{2v_A^3}{(\eta_m + \nu)\omega^2} = \frac{2v_A}{(\eta_m + \nu)k_r^2} \tag{4.1-51}$$

将 z_0 与体系空间的特征尺度 L_0 相比，可得一无量纲参量：

$$\frac{z_0}{L_0} = \frac{2v_A}{(\eta_m + \nu)k_r^2 L_0} \approx \frac{2v_A L_0}{(\eta_m + \nu)} = L_u \tag{4.1-52}$$

亦即该无量纲参量为伦德奎斯特数〔参见 2.6 节中(2.6－10)式〕。当 $L_0 \gg 1$ 时可以忽略有限电阻和黏滞对磁流体的影响，仍可用理想磁流体方程来描述；反之，则应在磁流体力学方程组中计入阻尼项。

2. 扭转(torsional)阿尔文波

当圆环形磁流体的大半径 R 远大于小半径 a 时，即 $R \gg a$，则可近似地把它当作圆柱形来处理，所以柱形磁流体是天体物理分析处理时经常碰到的几何位形。柱形位形在径向往往是显著不均匀的，故对这个方向上的扰动量无法做傅里叶变换，它们所满足的方程也就不能用单色平面波近似将微分形式转变为代数形式。为了得到色散关系，通常先得出微分方程的通解，然后用有界磁流体所满足的边界条件来定解，而从定解条件得到色散关系(参阅胡希伟，2006，第 3 章)。

本小节为简单起见但又不失物理性，我们取这样的近似假定：磁流体的各平衡量都是均匀的(不依赖于径向坐标)，但扰动量在径向是非均匀的，不能做傅氏变换；且假定流体是不可压缩无黏滞的流体，扰动是轴对称的，即 $\dfrac{\partial}{\partial \theta} = 0$。从描述剪切阿尔文波所满足的磁流体方程组出发

$$\nabla \cdot \vec{v} = 0 \tag{4.1-53}$$

$$\rho \frac{\mathrm{d}\vec{v}}{\mathrm{d}t} = \vec{j} \times \vec{B} \tag{4.1-54}$$

$$\vec{j} = \frac{1}{\mu_0} \nabla \times \vec{B} \tag{4.1-55}$$

$$\eta_{\mathrm{m}} \vec{j} = \vec{E} + \vec{v} \times \vec{B} \tag{4.1-56}$$

$$\nabla \times \vec{E} = -\frac{\partial \vec{B}}{\partial t} \tag{4.1-57}$$

$$\nabla \cdot \vec{B} = 0 \tag{4.1-58}$$

取平衡量为 $\vec{B}_0 = B_0 \hat{e}_z$，$\vec{v}_0 = 0$，$\rho = \rho_0 =$ 常数。扰动量为 $\vec{v}_1 = (v_r, v_\theta, v_z) = (0, v(r, z), 0)$，$\vec{B}_1 = (B_r, B_\theta, B_z) = (0, B(r, z), 0)$，$\dfrac{\partial}{\partial \theta}(\vec{v}_1, \vec{B}_1) = 0$，于是(4.1-53)～(4.1-58)式的线性小扰动方程组为

$$\nabla \cdot \vec{v}_1 = 0 \tag{4.1-59}$$

$$\rho_0 \frac{\partial \vec{v}_1}{\partial t} = \vec{j}_1 \times \vec{B}_0 \tag{4.1-60}$$

$$\nabla \times \vec{B}_1 = \mu_0 \vec{j}_1 \tag{4.1-61}$$

$$\eta_{\mathrm{m}} \vec{j}_1 = \vec{E}_1 + \vec{v}_1 \times \vec{B}_0 \tag{4.1-62}$$

$$\nabla \times \vec{E}_1 = -\frac{\partial \vec{B}_1}{\partial t} \tag{4.1-63}$$

$$\nabla \cdot \vec{B}_1 = 0 \tag{4.1-64}$$

由(4.1-61)式可得(以下为书写简便略去下标“1”)

$$\vec{j}=\frac{1}{\mu_0}(\nabla\times\vec{B})=\frac{1}{\mu_0}\left[-\frac{\partial B}{\partial z}\hat{e}_r+\frac{1}{r}\frac{\partial}{\partial r}(rB)\hat{e}_z\right]=(j_r,\ 0,\ j_z)$$

与(4.1-7)式类似,取时间 t 和坐标 z 的傅氏变换,即 $Q_1=\bar{Q}_1\mathrm{e}^{\mathrm{i}(\omega t-kz)}$ 则扰动电流的分量为

$$j_r=\frac{\mathrm{i}kB}{\mu_0}\tag{4.1-65}$$

$$j_z=\frac{1}{\mu_0 r}\frac{\partial}{\partial r}(rB)\tag{4.1-66}$$

由(4.1-60)式的 $\hat{e}_\theta$ 分量,可得

$$v=-\frac{B_0}{\mu_0\rho_0}\frac{k}{\omega}B\tag{4.1-67}$$

对(4.1-61)式两边求旋度,并依次代入(4.1-62)和(4.1-63)式得

$$\begin{aligned}\nabla\times(\nabla\times\vec{B})&=\frac{\mu_0}{\eta_\mathrm{m}}\nabla\times[\vec{E}+\vec{v}\times\vec{B}_0]\\&=\frac{\mu_0}{\eta_\mathrm{m}}\left[-\frac{\partial\vec{B}}{\partial t}+(\vec{B}_0\cdot\nabla)\vec{v}\right]\end{aligned}$$

在柱坐标系的 $\hat{e}_\theta$ 方向上展开上式并对扰动量做傅氏变换,得

$$\frac{\partial^2B}{\partial r^2}+\frac{1}{r}\frac{\partial B}{\partial r}-\frac{B}{r^2}+k^2B+\mathrm{i}\frac{\mu_0}{\eta_\mathrm{m}}(\omega B+kB_0v)=0$$

将(4.1-67)式代入,得

$$\frac{\partial^2B}{\partial r^2}+\frac{1}{r}\frac{\partial B}{\partial r}-\frac{B}{r^2}+k^2B+\mathrm{i}\frac{\mu_0\omega}{\eta_\mathrm{m}}\left(1-\frac{k^2v_\mathrm{A}^2}{\omega^2}\right)B=0\tag{4.1-68}$$

令

$$k_\mathrm{c}^2=k^2+\mathrm{i}\frac{\mu_0\omega}{\eta_\mathrm{m}}\left(1-\frac{k^2v_\mathrm{A}^2}{\omega^2}\right)\tag{4.1-69}$$

则(4.1-68)式化成一阶的贝塞尔方程

$$\frac{\partial^2B}{\partial r^2}+\frac{1}{r}\frac{\partial B}{\partial r}+\left(k_\mathrm{c}^2-\frac{1}{r^2}\right)B=0\tag{4.1-70}$$

其解是 $\mathrm{J}_1(k_\mathrm{c}r)$ 或 $\mathrm{Y}_1(k_\mathrm{c}r)$,后者在 $r=0$ 处发散,故在 $r=0$ 处有界的解是

$$B(r)=c_1\mathrm{J}_1(k_\mathrm{c}r)\tag{4.1-71}$$

其中 c_1 为常数

$$B(r,\ z,\ t)=c_1\mathrm{J}_1(k_\mathrm{c}r)\exp(\mathrm{i}(\omega t-kz))$$

而其他分量为

$$v=-\frac{B_0}{\mu_0\rho_0}\frac{k}{\omega}B$$

$$j_r = \frac{\mathrm{i}kB}{\mu_0}$$

$$j_z = \frac{1}{\mu_0 r}\frac{\partial}{\partial r}(rB) = \frac{k_c}{\mu_0}\frac{\mathrm{J}_0(k_c r)}{\mathrm{J}_1(k_c r)}B$$

同样，由(4.1－51)式可求得

$$E_r = \frac{k}{\omega}\left(v_A^2 - \mathrm{i}\frac{\omega\eta_m}{\mu_0}\right)B \tag{4.1-72}$$

$$E_z = \eta_m \frac{k_c}{\mu_0}\frac{\mathrm{J}_0(k_c r)}{\mathrm{J}_1(k_c r)}B \tag{4.1-73}$$

推导中用到了贝塞耳函数的递推公式 $\mathrm{J'}_1(z) = \mathrm{J}_0(z) - \frac{1}{z}\mathrm{J}_1(z)$。

对于这种类型的色散方程解，为了得出色散关系，需要用到 $r = a$（柱表面处）的边界条件（详见附录三）。设在 $r = a$ 处，

$$\vec{n} \times \vec{E} = \hat{e}_r \times \vec{E} = -E_z\hat{e}_\theta = 0 \Rightarrow E_z = 0$$

代入(4.1－73)式，即

$$\mathrm{J}_0(k_c a) = 0 \Rightarrow k_c a = Z_n \tag{4.1-74}$$

其中 Z_n 是 J_0 的第 n 个零点（实数），

$$Z_1 = 2.405,\quad Z_2 = 5.520,\quad Z_3 = 8.654,\quad Z_4 = 11.79,\quad Z_5 = 14.93$$

将(4.1－69)式代入(4.1－74)式得

$$\left[k^2 + \mathrm{i}\frac{\mu_0\omega}{\eta_m}\left(1 - \frac{k^2 v_A^2}{\omega^2}\right)\right]a^2 = Z_n^2$$

可得色散方程为

$$\omega^2 - \mathrm{i}\frac{\eta_m}{\mu_0}\left(k^2 + \frac{Z_n^2}{a^2}\right)\omega - k^2 v_A^2 = 0$$

得色散关系为

$$\omega = \mathrm{i}\frac{\eta_m}{2\mu_0}\left(k^2 + \frac{Z_n^2}{a^2}\right) \pm \sqrt{k^2 v_A^2 - \frac{\eta_m^2}{4\mu_0^2}\left(k^2 + \frac{Z_n^2}{a^2}\right)^2} \tag{4.1-75}$$

上式表明存在电阻时，剪切阿尔文波是阻尼的。当考虑柱坐标系中扰动是轴对称的但径向不均匀时，波的阻尼率不但和电阻值 η_m 有关，而且依赖于零阶贝塞尔函数的各零点值 Z_n，零点值愈大，阻尼就愈大。当 $\eta_m \to 0$，由(4.1－75)式，$\omega^2 = k^2 v_A^2$，即得到理想磁流体中剪切阿尔文波的色散关系；当 $Z_n \to 0$，即扰动量径向均匀的情况，(4.1－75)式简化为(4.1－46)式（此时该式中 $\nu = 0$）。另外当 $k = 0$ 时，(4.1－75)式给出的波频率并不为零，即存在着截止频率。由于存在无穷多个零点，故也存在无数多个截止频率，以及对应的无数支波——它们组成一个分立谱，其中频率愈高的分支（Z_n 值愈大），阻尼增长得愈快。

阻尼和分立谱正是柱坐标系中电阻剪切阿尔文波有别于理想磁流体情况的两个显著特征，这种波被称为扭转(torsional)阿尔文波。

4.2 非均匀理想磁流体力学波

4.2.1 非均匀理想磁流体的表面阿尔文波

本节考虑如图4.8所示的非均匀密度和磁场的理想磁流体，$x=0$ 处是分界面：

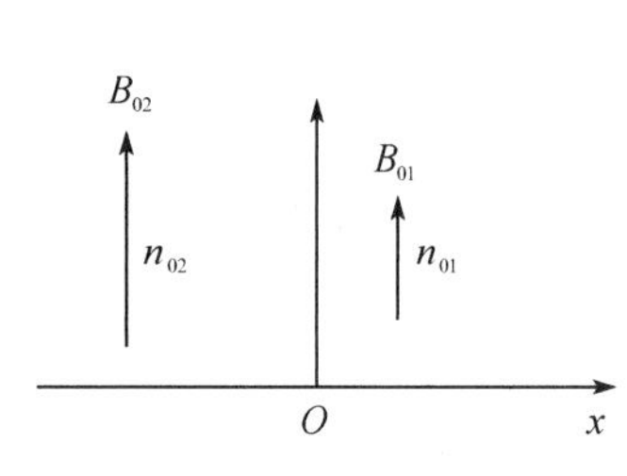

图 4.8 两个不同密度和磁场的磁流体界面

$$x<0\text{ 处：}\vec{B}_0=B_{02}\hat{k}_z,\quad n(x)=n_{02}$$
$$x>0\text{ 处：}\vec{B}_0=B_{01}\hat{k}_z,\quad n(x)=n_{01}$$

在每一个区内磁场 B_{01}、B_{02} 和密度 n_{01}、n_{02} 均为常数(参阅胡希伟,2006,第3章)。

我们只讨论剪切阿尔文波,则有不可压缩条件 $\nabla\cdot\vec{v}=0$,故所满足的完全导电理想磁流体力学方程组为

$$\nabla\cdot\vec{v}=0$$

$$\rho\frac{\mathrm{d}\vec{v}}{\mathrm{d}t}=-\nabla p+\vec{j}\times\vec{B}$$

$$\frac{\partial\vec{B}}{\partial t}=\nabla\times(\vec{v}\times\vec{B})$$

$$\nabla\cdot\vec{B}=0$$

假定平衡条件为

$$\vec{v}_0=0,\quad \rho_0=\text{常数},\quad \rho_0+\frac{1}{2\mu_0}\mid B_0\mid^2=\text{常数}$$

相应的线性微分方程组为

$$\nabla\cdot\vec{v}_1=0$$

$$\rho_0\frac{\partial\vec{v}_1}{\partial t}=\frac{1}{\mu_0}(\nabla\times\vec{B}_1)\times\vec{B}_0-\nabla p_1$$

$$\frac{\partial\vec{B}_1}{\partial t}=\nabla\times(\vec{v}_1\times\vec{B}_0)$$

$$\nabla\cdot\vec{B}_1=0$$

利用矢量公式,在本节所取的磁场位形下,运动方程和磁场方程可简化为

$$\rho_0\frac{\partial\vec{v}_1}{\partial t}=\frac{1}{\mu_0}(\vec{B}_0\cdot\nabla)\vec{B}_1-\nabla\left(p_1+\frac{\vec{B}_0\cdot\vec{B}_1}{\mu_0}\right)\tag{4.2-1}$$

$$\frac{\partial \vec{B}_1}{\partial t}=(\vec{B}_0\cdot\nabla)\,\vec{v}_1 \tag{4.2-2}$$

对(4.2-1)式两边同取时间导数后再代入(4.2-2)式，可得

$$\frac{\partial^2\vec{v}_1}{\partial t^2}=\frac{1}{\rho_0\mu_0}(\vec{B}_0\cdot\nabla)^2\,\vec{v}_1-\frac{1}{\rho_0}\nabla\frac{\partial}{\partial t}\left(p_1+\frac{\vec{B}_0\cdot\vec{B}_1}{\mu_0}\right)$$

即

$$\left[\frac{\partial^2}{\partial t^2}-\frac{(\vec{B}_0\cdot\nabla)^2}{\mu_0\rho_0}\right]\vec{v}_1=-\frac{1}{\rho_0}\frac{\partial}{\partial t}\nabla\widetilde{p} \tag{4.2-3}$$

$$\widetilde{p}=p_1+\frac{\vec{B}_0\cdot\vec{B}_1}{\mu_0} \tag{4.2-4}$$

令微分算子 $\mathscr{L}$:

$$\mathscr{L}=\frac{\partial^2}{\partial t^2}-\frac{(\vec{B}_0\cdot\nabla)^2}{\mu_0\rho_0}$$

则(4.2-3)式可写为

$$\mathscr{L}\vec{v}_1=-\frac{1}{\rho_0}\nabla\left(\frac{\partial\widetilde{p}}{\partial t}\right) \tag{4.2-3$'$}$$

微分算子 $\mathscr{L}$ 只是 x 的函数而与 y、z 无关。为了求出本征方程，首先利用 $\nabla\times\nabla A=0$，对(4.2-3′)式取旋度后有

$$\nabla\times(\mathscr{L}\vec{v}_1)=0 \tag{4.2-5}$$

上式的 x 分量为

$$\begin{aligned}[\nabla\times(\mathscr{L}\vec{v}_1)]_x&=\frac{\partial}{\partial y}(\mathscr{L}\vec{v}_1)_z-\frac{\partial}{\partial z}(\mathscr{L}\vec{v}_1)_y\\&=\mathscr{L}\left(\frac{\partial v_{1z}}{\partial y}-\frac{\partial v_{1y}}{\partial z}\right)\\&=\mathscr{L}(\nabla\times\vec{v}_1)_x\end{aligned}$$

即可得出以下方程

$$\mathscr{L}(\nabla\times\vec{v}_1)_x\equiv\mathscr{L}\left(\frac{\partial v_{1x}}{\partial y}-\frac{\partial v_{1y}}{\partial z}\right)=0 \tag{4.2-6}$$

这给出了 v_{1y}、v_{1z}之间的关系，对 v_{1x}的微分方程可以旋度 $\nabla\times(\mathscr{L}\vec{v}_1)$ 的 y、z 分量得出

$$[\nabla\times(\mathscr{L}\vec{v}_1)]_y=\mathscr{L}\frac{\partial v_{1x}}{\partial z}-\frac{\partial}{\partial x}(\mathscr{L}v_{1z})=0$$

$$[\nabla\times(\mathscr{L}\vec{v}_1)]_z=\frac{\partial}{\partial x}(\mathscr{L}v_{1y})-\mathscr{L}\frac{\partial v_{1x}}{\partial y}=0$$

由此可得

$$\frac{\partial}{\partial x}(\mathscr{L}v_{1z}) = \mathscr{L}\frac{\partial v_{1x}}{\partial z} \tag{4.2-7}$$

$$\frac{\partial}{\partial x}(\mathscr{L}v_{1y}) = \mathscr{L}\frac{\partial v_{1x}}{\partial y} \tag{4.2-8}$$

对(4.2－3′)式两边取散度得

$$\nabla\cdot(\mathscr{L}\vec{v}_1) = -\frac{1}{\rho_0}\nabla^2\left(\frac{\partial\tilde{p}}{\partial t}\right)$$

考虑不可压缩条件

$$\nabla\cdot\vec{v}_1 = \frac{\partial v_{1x}}{\partial x} + \frac{\partial v_{1y}}{\partial y} + \frac{\partial v_{1z}}{\partial z} = 0$$

结果有

$$\frac{\partial}{\partial x}(\mathscr{L}\vec{v}_1)_x = \mathscr{L}\frac{\partial v_{1x}}{\partial x} - \frac{1}{\rho_0}\nabla^2\left(\frac{\partial\tilde{p}}{\partial t}\right) \tag{4.2-9}$$

(4.2－7)＋(4.2－8)＋(4.2－9),可得

$$\frac{\partial}{\partial x}(\mathscr{L}\vec{v}_1) = \mathscr{L}(\nabla v_{1x}) - \frac{1}{\rho_0}\nabla^2\left(\frac{\partial}{\partial t}\tilde{p}\right)\hat{k}$$

或写成

$$\mathscr{L}(\nabla v_{1x}) = \frac{\partial}{\partial x}(\vec{v}_1) + \frac{1}{\rho_0}\nabla^2\left(\frac{\partial}{\partial t}\tilde{p}\right)\hat{k} \tag{4.2-10}$$

再对上式两边取散度得

$$\begin{aligned}\nabla\cdot[\mathscr{L}(\nabla v_{1x})] &= \frac{\partial^2}{\partial x^2}(\mathscr{L}v_{1x}) + \frac{\partial}{\partial x}\left(\frac{\partial v_{1y}}{\partial y} + \frac{\partial v_{1z}}{\partial z}\right) + \frac{1}{\rho_0}\frac{\partial}{\partial x}\left(\nabla^2\frac{\partial\tilde{p}}{\partial t}\right)\\ &= \frac{\partial}{\partial x}\left[\frac{\partial}{\partial x}(\mathscr{L}v_{1x}) - \mathscr{L}\frac{\partial v_{1x}}{\partial x} + \frac{1}{\rho_0}\nabla^2\left(\frac{\partial\tilde{p}}{\partial t}\right)\right]\\ &= 0\end{aligned}$$

上式中用到了 $\nabla\cdot\vec{v}_1 = 0$ 和(4.2－9)式。最后可得关于 v_{1x} 的本征方程：

$$\nabla\cdot\left\{\left[\frac{\partial^2}{\partial t^2} - \frac{1}{\rho_0\mu_0}(\vec{B}_0\cdot\nabla)^2\right]\nabla v_{1x}\right\} = 0 \tag{4.2-11}$$

线性扰动方程(4.2－3)分别在本节中分界面两区域中成立,即

$$\left[\frac{\partial^2}{\partial t^2} - \frac{(\vec{B}_{0i}\cdot\nabla)^2}{\mu_0\rho_{0i}}\right]\vec{v}_1 = -\frac{1}{p_{0i}}\frac{\partial}{\partial t}\nabla\tilde{p}_i \tag{4.2-12}$$

$$\nabla\cdot\vec{v}_{1i}=0,\quad i=1,2 \tag{4.2-13}$$

其中 $\tilde{p}_i=p_{1i}+\frac{1}{\mu_0}\vec{B}_{0i}\cdot\vec{B}_1$，$p_{0i}=n_{0i}T_o$，$\rho_i=m_in_{0i}$。此时(4.2-11)式由于 ρ_{0i}，B_{0i}是常数，故可简化为

$$\left[\frac{\partial^2}{\partial t^2}-\frac{1}{\mu_0\rho_{0i}}\left(B_{0i}\frac{\partial}{\partial z}\right)^2\right]\nabla^2 v_{1x}=0,\quad i=1,2 \tag{4.2-14}$$

取傅里叶变换

$$v_{1x}(r)=f(x)\exp(\mathrm{i}(\omega t-k_\perp y-k_{/\!/}z)) \tag{4.2-15}$$

将(4.2-15)式代入(4.2-14)式得

$$(\omega^2-k_{/\!/}^2v_{Ai}^2)\nabla^2(f(x)\exp(-\mathrm{i}k_\perp y-\mathrm{i}k_{/\!/}z))=0,\quad v_{Ai}^2=\frac{B_{0i}^2}{\mu_0\rho_0}=\text{常数},\quad i=1,2$$

上式左边第一个因子 $(\omega^2-k_{/\!/}^2v_{Ai}^2)$ 一般不为零，故上式的解等价于下面方程的解：

$$\nabla^2(f(x)\exp(-\mathrm{i}k_\perp y-\mathrm{i}k_{/\!/}z))=\left(\frac{\partial^2}{\partial x^2}-k^2\right)f(x)=0,\quad i=1,2$$

其解为

$$f(x)=\begin{cases}A\exp(-|k|x) & x>0\\ B\exp(+|k|x) & x<0\end{cases}$$

见图 4.9，这个解在分界面 $x=0$ 处有峰状结构，然后分别向两边以指数衰减，故称之为表面(界面)阿尔文波。

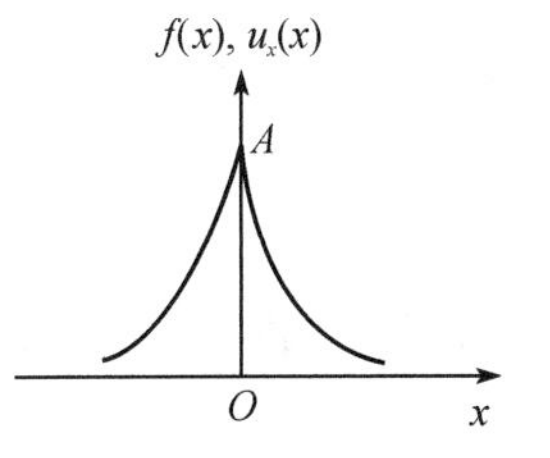

图 4.9 表面阿尔文波的空间结构

色散关系应由区域 1 和 2 在 $x=0$ 处(分界面)的连接条件来求出。

(1) v'_x、$f(x)$在界面处连续，即 $f(0^-)=f(0^+)$，于是有 $A=B$。

(2) $\tilde{p}$在界面处连续，即 $x=0$ 处$\tilde{p}_1=\tilde{p}_2$。由(4.2-12)式的 x 分量

$$\left(\omega^2-\frac{k_{/\!/}^2B_{0i}^2}{\mu_0\rho_{0i}}\right)f(x)=\mathrm{i}\frac{\omega}{\rho_{0i}}\frac{\partial\tilde{p}_i}{\partial x}$$

代入解 $f(x)$后，对 x 积分可得

$$\tilde{p}_i=\frac{k_{/\!/}^2\rho_{0i}}{\mathrm{i}\omega}\left(\frac{\omega^2}{k_{/\!/}^2}-\frac{B_{0i}^2}{\mu_0\rho_{0i}}\right)\begin{cases}A\int_{\infty}^{x}\exp(-|k|x)\mathrm{d}x & x>0\\ B\int_{-\infty}^{-x}\exp(+|k|x)\mathrm{d}x & x<0\end{cases}$$

$$=\frac{k_{/\!/}^2\rho_{0i}}{\mathrm{i}\omega|k|}\left(\frac{\omega^2}{k_{/\!/}^2}-v_{Ai}^2\right)\begin{cases}-A\exp(-|k|x) & x>0\\ A\exp(+|k|x) & x<0\end{cases}$$

当 $x=0$ 时，$\tilde{p}$连续，即

$$\rho_{01}\left(\frac{\omega^2}{k_{/\!/}^2}-v_{A1}^2\right)+\rho_{02}\left(\frac{\omega^2}{k_{/\!/}^2}-v_{A2}^2\right)=0 \tag{4.2-16}$$

当上式中 ω 有实根时，解可以写为

$$\begin{aligned}\omega^2&=k_{/\!/}^2\left(\frac{\rho_{01}}{\rho_{01}+\rho_{02}}v_{A1}^2+\frac{\rho_{02}}{\rho_{01}+\rho_{02}}v_{A2}^2\right)\\&=k_{/\!/}^2\,v_{A1}^2\left(\frac{1+\dfrac{B_{02}}{B_{01}}}{1+\dfrac{\rho_{02}}{\rho_{01}}}\right)\end{aligned} \tag{4.2-17}$$

当 $B_{02}=B_{01}$，$\rho_{02}=\rho_{01}$ 时，即磁流体变成均匀的时候，色散关系(4.2－17)式就退化为均匀磁流体中的(剪切)阿尔文波的色散关系。

又当上述的两个区域分别为等离子体和真空时，即 $\rho_{02}=0$，则色散关系(4.2－17)式退化为

$$\omega^2=k_{/\!/}^2\left(\frac{B_{01}^2+B_{02}^2}{\mu_0\rho_{01}}\right) \tag{4.2-18}$$

如果进一步假定 $B_{01}=B_{02}$，则(4.2－18)式化为

$$\omega^2=2k_{/\!/}^2\,v_A^2$$

这时的表面阿尔文波的相速度为 $\dfrac{\omega}{k_{/\!/}}=\sqrt{2}\,v_A$，要比均匀磁流体中的(剪切)阿尔文波速多一个因子$\sqrt{2}$。这表明非均匀界面上的表面波和均匀介质中的(剪切)阿尔文波是不一样的。

4.2.2 磁平板(或磁流管)结构中传播的表面波和体波

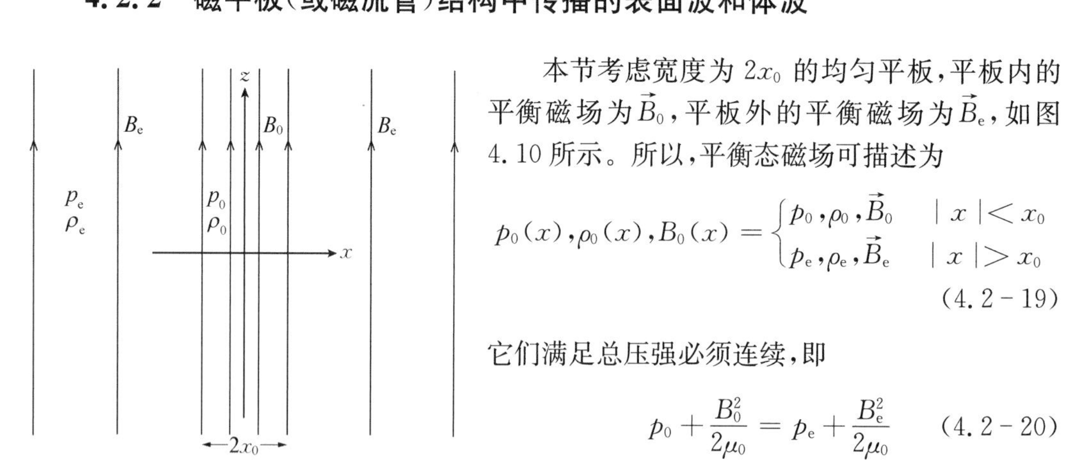

图 4.10 磁平板结构示意图

本节考虑宽度为 $2x_0$ 的均匀平板，平板内的平衡磁场为$\vec{B}_0$，平板外的平衡磁场为$\vec{B}_e$，如图4.10所示。所以，平衡态磁场可描述为

$$p_0(x),\rho_0(x),B_0(x)=\begin{cases}p_0,\rho_0,\vec{B}_0 & |x|<x_0\\ p_e,\rho_e,\vec{B}_e & |x|>x_0\end{cases} \tag{4.2-19}$$

它们满足总压强必须连续，即

$$p_0+\frac{B_0^2}{2\mu_0}=p_e+\frac{B_e^2}{2\mu_0} \tag{4.2-20}$$

代入理想气体定律上式可化为

$$\frac{\rho_e}{\rho_0}=\frac{c_s^2+\frac{1}{2}\gamma v_A^2}{c_e^2+\frac{1}{2}\gamma v_{Ae}^2} \tag{4.2-21}$$

式中 $c_s^2=\gamma\frac{p_0}{\rho_0}, v_A^2=\frac{B_0^2}{\mu_0\rho_0}, c_e^2=\gamma\frac{p_e}{\rho_e}, v_{Ae}^2=\frac{B_e^2}{\mu_0\rho_e}$

c_s^2 和 v_A^2 为平板内即 $|x|<x_0$ 的声速和阿尔文速；c_e^2 和 v_{Ae}^2 为平板外即 $|x|>x_0$ 介质中的声速和阿尔文速。

因为平板内外即 $|x|<x_0$ 和 $|x|>x_0$ 均为均匀介质，故可分别用均匀介质中的运动方程式，即

$$\frac{d^2\tilde{v}}{dx^2}-(l^2+m_0^2)\tilde{v}_x=0$$

当取 $l=0$ 时，上式简化为

$$\frac{d^2\tilde{v}_x}{dx^2}-m_0^2\tilde{v}(x)=0 \tag{4.2-22}$$

考虑二维二分量问题，$\frac{\partial}{\partial y}=0$，

$$\vec{v}(v_x,0,v_z),\quad v_x=\tilde{v}_x(x)e^{i(\omega t+kz)},\quad v_z=\tilde{v}_z(x)e^{i(\omega t+kz)} \tag{4.2-23}$$

若再考虑扰动在 $|x|>x_0$，当 $|x|\to\infty$ 时，$\tilde{v}_x\to 0$，扰动的能量限制在平板内部，则由方程(4.2-23)可得到：

$$\tilde{v}_x(x)=\begin{cases}\alpha_e e^{-m_e(x-x_0)} & x>x_0\\ \alpha_0\cosh(m_0x)+\beta_0\sinh(m_0x) & |x|<x_0\\ \beta_e e^{m_e(x+x_0)} & x<-x_0\end{cases} \tag{4.2-24}$$

式中 α_0、β_0、α_e、β_e 为任意常数，

$$m_0^2=\frac{(k^2c_s^2-\omega^2)(k^2v_A^2-\omega^2)}{(c_s^2+v_A^2)(k^2c_T^2-\omega^2)} \tag{4.2-25}$$

$$c_T=\frac{c_sv_A}{(c_s^2+v_A^2)^{1/2}} \tag{4.2-26}$$

$$m_e^2=\frac{(k^2c_e^2-\omega^2)(k^2v_{Ae}^2-\omega^2)}{(c_e^2+v_{Ae}^2)(k^2c_{Te}^2-\omega^2)} \tag{4.2-27}$$

$$c_{Te}^2=\frac{c_e^2v_{Ae}^2}{(c_e^2+v_{Ae}^2)} \tag{4.2-28}$$

上式中 c_T 和 c_{Te} 分别为平板内、外的夹角速度。(4.2-24)式是在假定 $m_e^2>0$ 得到的，当 $x\to\pm\infty$ 时，平板外的波以 $e^{\mp m_e x}$ 的形式衰减为零。所谓“表面波”这里是指在平板里 $m_0^2>0$，以 $e^{i(-\omega t+kz)\pm m_0x}$ 的形式传播在 $x=\pm x_0$ 处快速衰减消失的波，如图 4.11(a)所示；而“体波”是指 $m_0^2=-n_0<0$ 以 $e^{i(-\omega t+kz\pm n_0x)}$ 的形式振荡的波，如图 4.11(b)所示。

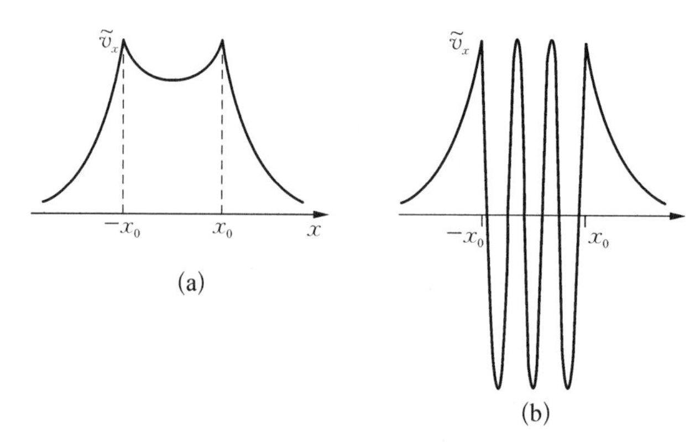

图 4.11　平板(或通量管)的表面波(a)和体波(b)示意图

(4.2-24)式中的常数必需满足 $x=\pm x_0$ 时,$\tilde{v}_x(x)$和$\tilde{p}_{\mathrm{T}}(x)$连续,则可得色散关系

$$\rho_0(k^2v_{\mathrm{A}}^2-\omega^2)m_{\mathrm{e}}+\rho_{\mathrm{e}}(k^2v_{\mathrm{Ae}}^2-\omega^2)m_0\begin{cases}\tanh(m_0x_0)\\ \coth(m_0x_0)\end{cases}=0 \qquad (4.2-29)$$

(4.2-29)式即为平衡磁场$\vec{B}_0$ 嵌在平衡外场$\vec{B}_{\mathrm{e}}$ 的平板近似,在 $m_{\mathrm{e}}>0$ 时的扰动在平板里所传播的磁流波的色散关系式。(4.2-29)式是复杂的超越方程,它具有丰富的解(快波或慢波、“腊肠”或“扭曲”、表面波或体波),取哪个解决定于平板内外的声速和阿尔文波的取值。人们通常归类为 $m_0^2>0$ 的解叫作“表面波”,$m_0^2<0$ 的波叫作“体波”(参阅 Roberts,1981a)。

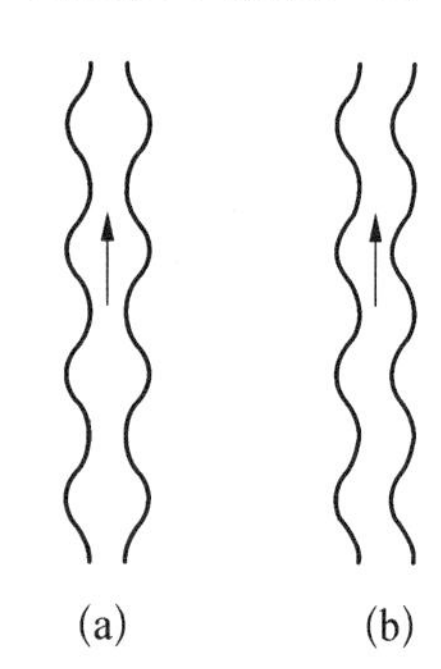

图 4.12　腊肠模(a)和扭曲膜(b)的示意图

此外,通常还可根据波在界面上振荡的特征区分为“腊肠(sausage)模”和“扭曲(kink)模”。“腊肠模”是指平板界面处的振荡扰动是对称但异相位的,即相应于$\tilde{v}_x$ 随 x 的变化是奇函数,见图 4.12(a)。“扭曲模”是指平面界面上的振荡是不对称但同位相的,相应于$\tilde{v}_x$ 随x 的变化是偶函数,见图 4.12(b)。亦即(4.2-29)式中

$$\rho_0(k^2v_{\mathrm{A}}^2-\omega^2)m_{\mathrm{e}}+\rho_{\mathrm{e}}(k^2v_{\mathrm{Ae}}^2-\omega^2)m_0\tanh(m_0x_0)=0$$

为“腊肠模”的色散关系;而

$$\rho_0(k^2v_{\mathrm{A}}^2-\omega^2)m_{\mathrm{e}}+\rho_{\mathrm{e}}(k^2v_{\mathrm{Ae}}^2-\omega^2)m_0\coth(m_0x_0)=0$$

为“扭曲模”的色散关系。

图 4.13 给出了应用到太阳光球($v_{\mathrm{A}}>c_{\mathrm{e}}>c_{\mathrm{s}}>v_{\mathrm{Ae}}$)和日冕($v_{\mathrm{Ae}}$, $v_{\mathrm{A}}>c_{\mathrm{s}},c_{\mathrm{e}}$)的物理条件下相应的色散关系图(参阅 Priest,2014,第 4 章)。

考虑日冕中的极端情况,即 $c_{\mathrm{s}}\approx c_{\mathrm{e}}=0$ 时,在图 4.13(b)中的下面区域,慢体波的窄带消失,但快波可用下式描述

$$\rho_{\mathrm{e}}\frac{m_{\mathrm{e}}}{v_{\mathrm{A}}^2}\begin{cases}\tanh\\ -\coth\end{cases}q_0x_0=-\frac{p_0q_0}{v_{\mathrm{Ae}}^2} \qquad (4.2-30)$$

此处 $q_0^2=\left(\dfrac{\omega}{v_{\mathrm{A}}}\right)^2-k^2$, $m_{\mathrm{e}}^2=k^2-\left(\dfrac{\omega}{v_{\mathrm{Ae}}}\right)^2$。

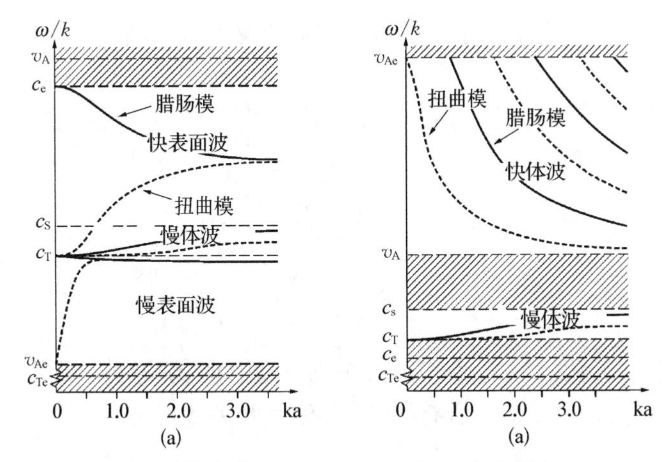

图 4.13 应用到太阳光球($v_A > c_e > c_s > v_{Ae}$)(a)和日冕($v_{Ae}, v_A > c_s, c_e$)(b)物理条件下的色散关系示意图(取自 Edwin & Roberts, 1982)

当 $v_A < \frac{\omega}{k} < v_{Ae}$ 时,q_0^2 和 m_e^2 均为正值。因此快腊肠模是方程

$$\tanh(q_0 x_0) = -\frac{q_0}{m_e} \tag{4.2-31}$$

的根。而快扭曲模由下式

$$\tanh(q_0 x_0) = \frac{m_e}{q_0} \tag{4.2-32}$$

给出。描述快腊肠模的方程(4.2-31)式即为海洋学中的 Pekeris 方程(Pekeris,1948),方程(4.2-32)是洛夫(Love,1911)方程,最早用来描述在分层弹性介质中(例如地壳)传播的波,叫作洛夫波,此处可用来描述快扭曲模的传播特性。

4.2.3 应用举例:磁声波在太阳冕环中传播的理论与观测

为便于与观测进行比较,我们将在磁平板近似中推得的色散关系,直接推广到圆柱近似的情况。众所周知,当冕环的长度远大于环的半径时,可将冕环作圆柱状磁流管近似,如图 4.14 所示,其公式的详细推导可参阅文献 Edwin & Roberts(1983)。

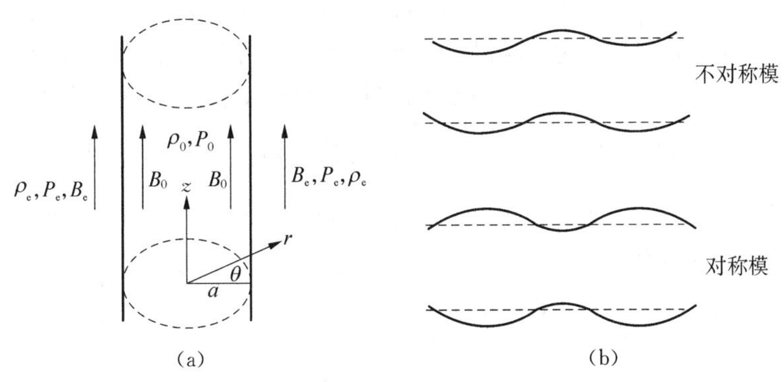

图 4.14 (a) 柱磁流管的平衡结构图(b) 柱磁流管的振荡模——不对称模(扭曲模)和对称模(腊肠模)示意图

Edwin 和 Roberts 在文中给出了柱坐标近似情况下振荡满足的色散关系：

$$\rho_0(k^2 v_A^2 - \omega^2) m_e \frac{k_n'(m_e, a)}{k_n(m_e, a)} = \rho_e(k^2 v_{Ae}^2 - \omega^2) n_0 \frac{J_n'(n_0, a)}{J_n(n_0, a)} \qquad (4.2-33)$$

式中

$$m_e^2 = \frac{(k^2 c_e^2 - \omega^2)(k^2 v_{Ae}^2 - \omega^2)}{(c_e{}^2 + v_{Ae}^2)(k^2 c_{Te}^2 - \omega^2)}$$

$$n_0^2 = \frac{(k^2 c_s^2 - \omega^2)(k^2 v_A^2 - \omega^2)}{(c_s^2 + v_A^2)(\omega^2 - k^2 c_T^2)}$$

J_n、K_n 是 n 阶贝塞尔函数，J_n'，K_n' 为相应贝塞尔函数的一阶导数。k 为沿磁场方向的波数，ω 为频率，在柱坐标(r,θ,z)中所有扰动$\vec{v}$的傅里叶表达式为

$$\vec{v} = \vec{v}(r)\exp(\mathrm{i}(\omega t + n\theta - kz))$$

此处我们仅考虑 $n=0$(腊肠模)和 $n=1$(扭曲模)，它们的几何图示见图 4.14(b)。式中的特征速度分别为：柱内外声速 $c_s = \left(r\frac{p_0}{\rho_0}\right)^{1/2}$，$c_e = \left(r\frac{p_e}{\rho_e}\right)^{1/2}$；柱内外阿尔文波速 $v_A = \left(\frac{B_0^2}{\mu_0\rho_0}\right)^{1/2}$，$v_{Ae} = \left(\frac{B_e^2}{\mu_0\rho_e}\right)^{1/2}$；柱内外磁流管速度 $c_T = \frac{c_s v_A}{(c_s^2 + v_A^2)^{1/2}}$，$c_{Te} = \frac{c_e v_{Ae}}{(c_e^2 + v_{Ae}^2)^{1/2}}$。方程(4.2-33)是在 m_e^2 为正的情况下推得的，亦即假设 ω 和 k 是实数的情况，仅考虑磁流管中振荡的自由模。

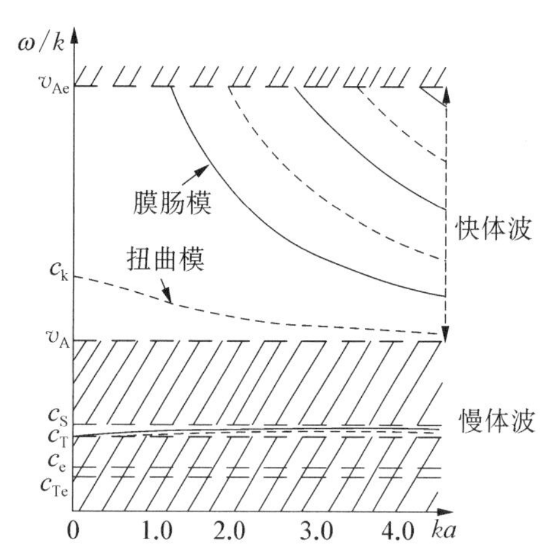

图 4.15　在日冕条件($v_{Ae} > v_A > c_s > c_T > c_e$)下，磁流管(半径为 a)中快、慢磁声波的相速度$\left(\frac{\omega}{k}\right)$随 ka(k 为纵向波数)的变化

在日冕的条件下，即低 β 情况下，亦即阿尔文波速远大于声速的条件下，方程(4.2-33)的解可用图 4.15 来表示，即相速度$\frac{\omega}{k}$随波数 k 的变化图，a 为圆柱的半径(参阅 Roberts et al.，1984)。由图 4.15 显然可见，分为两类(快，慢)磁声波模，慢模波具有很弱的色散特性，亦即慢模波的相速度很微弱地依赖于波数 k，此时流管的速度 c_T 接近于声速 c_s；腊肠模和扭曲模的相速度在 ka 不是很大时，两者的相速度$\frac{\omega}{k}$可用 c_T 来近似。反之，由图 4.15 可见快模波具有很强的色散特性，腊肠模和扭曲模的相速度均位于 v_A 和 v_{Ae}之间，且快腊肠模存在截止波数 k_c，仅在足够大的 k 时，即 $ka \geqslant 1$ 的区间传播，

$$k_c \equiv \left[\frac{(c_s^2 + v_A^2)(v_{Ae}^2 - c_T^2)}{(v_{Ae}^2 - v_A^2)(v_{Ae}^2 - c_s^2)}\right]^{1/2}\left(\frac{j_{0,s}}{a}\right), \quad s = 1,2,3,\cdots \qquad (4.2-34)$$

$j_{0,s}=(2.40, 5.52, \cdots)$是零阶贝塞尔函数 J_0 的零点，所对应的截止频率为 $\omega_c \equiv k_c v_{Ae}$。

与腊肠模相反，对所有的频率都存在扭曲模振荡，但它在 $ka \ll 1$ 时，存在一长波极限，

此时扭曲模的相速度为 c_k，

$$c_k = \left(\frac{\rho_0 v_A^2 + \rho_e v_{Ae}^2}{\rho_0 + \rho_e}\right)^{1/2}$$

c_k 是不均匀介质中的平均阿尔文速度。

对快磁声波模的行为，在 $v_A, v_{Ae} \gg c_s, c_e$ 的情况下（日冕满足此条件），目前已经进行了深入的研究，特别是磁平板近似假定的情况下，研究表明（Edwin & Roberts，1982），此时快扭曲模可简化为洛夫（Love）方程，其行为可用地震学中的洛夫波来描述（Love，1911）；而快腊肠模等价于海洋学中的 Pekeris 模（Pekeris，1948）。快模在圆柱坐标中的传播特征与磁平板近似中的传播特征相似（Edwin & Roberts，1983）。主要的不同在于平板近似中扭曲模的长波极限速度是 v_{Ae}，而在柱坐标系中是 c_k。但在两种几何位形中，截止波数和群速度轮廓是相似的。亦即在低 β 区域（如日冕区），由方程（4.2-33）给出的柱坐标近似的快模波解，与平板近似相似，均与洛夫模和 Pekeris 模是等价的。

如果考虑由脉冲扰动，例如太阳耀斑或亚耀斑产生的脉冲扰动产生的在冕环中传播的波，这种波可用海洋学中的 Pekeris 波描述，亦即用低 β 区域快腊肠模来描述。图 4.16(a) 给出了位置 $z=h$ 处快腊肠模的时间演化行为。设脉冲扰动产生在位置 $z=0$ 处发生的脉冲扰动在 $z=h$ 处观测到的演化过程明显地可划分为几个不同相〔见图 4.16(a)〕。在 $z=0$ 的源处发生脉冲的扰动，在经历了时间 $t=\frac{h}{v_{Ae}}$，频率为 $\omega_c = k_c v_{Ae}$ 的信号到达 $z=h$，这时周期相开始，在周期相期间，频率和振幅缓慢增长，直到 $t=\frac{h}{v_A}$，此时源区的高频信息到达。此后振荡的振幅剧烈地增长开始进入准周期相，准周期相阶段持续到 $t=\frac{h}{c_g^{\min}}$，此处 $c_g^{\min}$ 是群速度的极小值，在准周期相阶段段的振荡频率是 $\omega^{\min}$〔见图 4.16(b)〕。当 $>h/c_g^{\min}$，在 $z=h$ 处观测到的扰动振幅迅速地下降，虽然在此阶段振荡频率仍为 $\omega^{\min}$，此阶段称为衰减（或 Airy）相。图 4.16(b) 给出了群速度 $c_g \equiv \frac{d\omega}{dk}$ 随频率 ω 的变化。

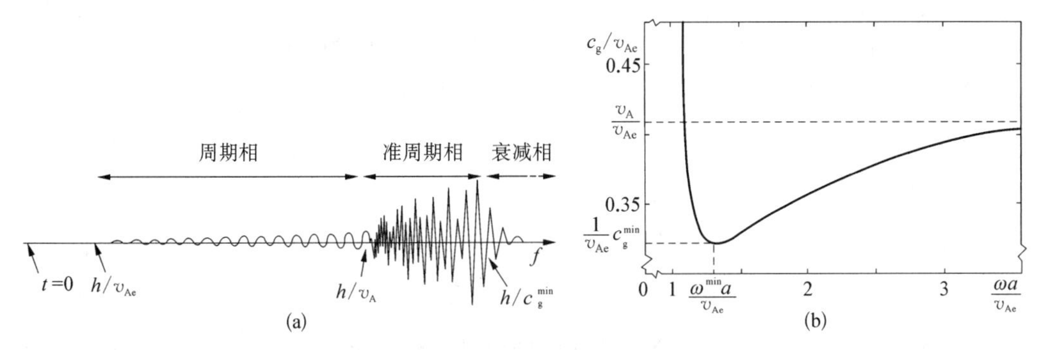

图 4.16 (a) 在低 β 极限时（$c_s, c_e \ll c_A, v_{Ae}$）快腊肠波模的演化示意图。图示表明在 $z=0$ 处的脉冲源产生扰动后在 $z=h$ 的观测点观测到的各种不同位相的波形（Pekeris 于 1948 年在海洋中波扰动后观测到相似的波形）。(b) 在低 β 极限下，取 $\frac{\rho_0}{\rho_e}=6$ 时以外部阿尔文速度 v_{Ae} 为单位的腊肠模群速度 $c_g=\frac{d\omega}{dk}$ 随无量纲频率 $\omega a/v_{Ae}$ 的演化图。注意图中群速度 c_g 的极小值 $c_g^{\min}$ 出现在无量纲频率 $\omega^{\min}a/v_{Ae}$ 处。

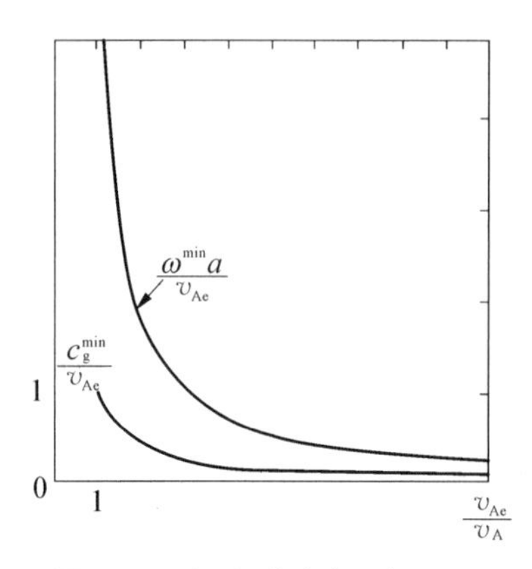

图 4.17　极小群速度 $c_g^{\min}$（以 v_{Ae} 为单位）和极小频率 $\omega^{\min}$（以 $v_{Ae/a}$ 为单位）随 $\frac{v_{Ae}}{v_A}\left(\frac{v_{Ae}}{v_A}=\left(\frac{\rho_0}{\rho_e}\right)^{1/2}\right)$ 的变化（取自 Robert et al., 1984, Fig. 4）

描述周期相的频率 ω_c，$\omega_c=k_c v_{Ae}$，k_c 由(4.2－34)式给出，当 $s=1$ 时，代入低 β 的条件，利用 $\tau_c=\frac{2\pi}{\omega_c}$，可得

$$\tau_c\equiv\frac{2\pi a}{j_{0,1}v_{Ae}}\left(\frac{\rho_0}{\rho_e}-1\right)^{1/2}=\frac{2\pi a}{j_{0,1}v_A}\left(1-\frac{\rho_e}{\rho_0}\right)^{1/2} \tag{4.2-35}$$

注意到 $\rho_0 v_A^2\approx\rho_e v_{Ae}^2$，所以 τ_c 是脉冲扰动中的最长时间尺度。所有其他的周期，例如 $\tau^{\min}=\frac{2\pi}{\omega^{\min}}$，是准周期相末端的扰动周期，它小于 τ_c。而 τ_c 在稠密非均匀介质中($\rho_0\gg\rho_e$)的值又小于 $2\pi a/(j_{0,1}v_A)\approx 2.6\frac{a}{v_A}$。当 a、v_A 取典型的日冕值时，τ_c 是很小的值，大约为一秒的量级。图 4.17 给出了 $\omega^{\min}$（它表征了准周期相末端的频率）和极小群速度 $c_g^{\min}$ 随 $\left(\frac{\rho_0}{\rho_e}\right)^{1/2}$ 的变化图。这些结果将可用于与观测进行比较。

下面我们将介绍太阳观测中有关短周期振荡的报道。早在 1970 年代，不少作者报道与研究了太阳Ⅳ型射电暴中的短周期振荡（例如 Rosenberg，1970；Gotwols，1972），典型的振荡周期为 0.5～3.0 s。此后，在微波（Orwig et al.，1981；Dennis et al.，1981）及硬 X 射线和微波两个波段里同时观测到短周期振荡（Takakura et al.，1983；Kane et al.，1983），通常短周期振荡可能叠加在长周期调制上。非常著名的一个观测例子见图 4.18，总带宽约为 40 MHz。假定等离子体发射处一等温（$T_0=2\times10^6$ K）静态大气中，由气压方程可推得其垂直尺度为 23 000 km，磁流管的半径应远小于这一尺度。根据 Trottet 等 1981 年观测得到的视源的直径约为 200 000 km，可能是由于散射效应所至。考虑到稠密活动区上空的标准模里 305 MHz 的等离子体的高度约为 60 000 km，假定所观测的源仅为总拱长的一小部分，从上面理论讨论可知，在日冕等离子体里在射电和 X 射线波段里出现的短周期振荡表明了在密度增强的冕环中产生了快模振荡。例如当耀斑爆发所产生的脉冲扰动，使冕环产生了如图 4.16(a)所示形式的波动，即具有三个相：周期相、准周期相和衰减（或 Airy）相。事件的极大周期为 τ_c〔见方程(4.2－35)〕，它小于 $2.6\frac{a}{v_A}$，当取 $N_0=10^9/\text{cm}^3$，$B_0=40$ G，磁流管的半径 $a=2\times10^3$ km 时，极大周期 $\tau_c^{\max}\approx1$ s。

由图 4.18 可知，1980 年 3 月 29 日事件在 303 MHz 和 343 MHz 之间射电通量明显呈现出如图 4.16(a)理论所预示的准周期，短周期振荡，尤其可以将准周期相的理论持续时间与观测进行比较。图 4.19 给出了准周期相的持续时间 $\tau_{dur}=h\left(\frac{1}{c_g^{\min}}-\frac{1}{v_A}\right)$ 与准周期相的极小频率 $\omega^{\min}$ 的变化关系的理论曲线图。图 4.19 中的资料点（用×示之）取自 1972 年 5 月 21 日太阳噪暴期间记录的米波脉动暴（Tapping，1978）。由图 4.19 可见，准周期相的持续时间随频率的增长（即周期的下降）而下降，观测与理论预期符合得相当好。

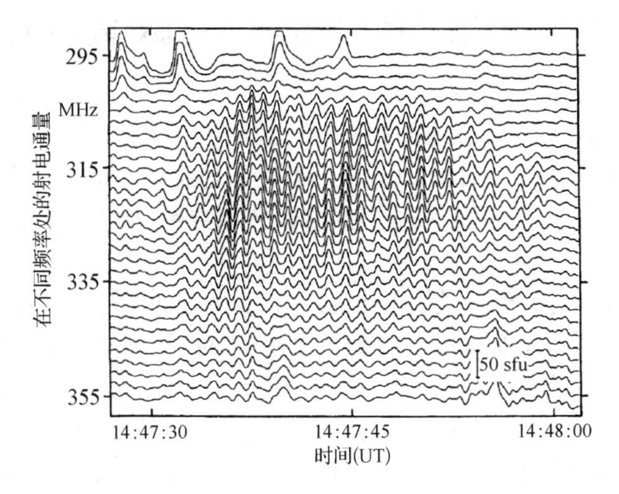

图 4.18　1980 年 3 月 28 日 Icarus 数字分光计记录到的位于 303 MHz 和 343 MHz 频率之间的射电通量的准周期和短周期振荡的演化图[已减去背景的滑动平均值(时间)常数 5.1 s](取自 Roberts et al., 1984, Fig. 6)

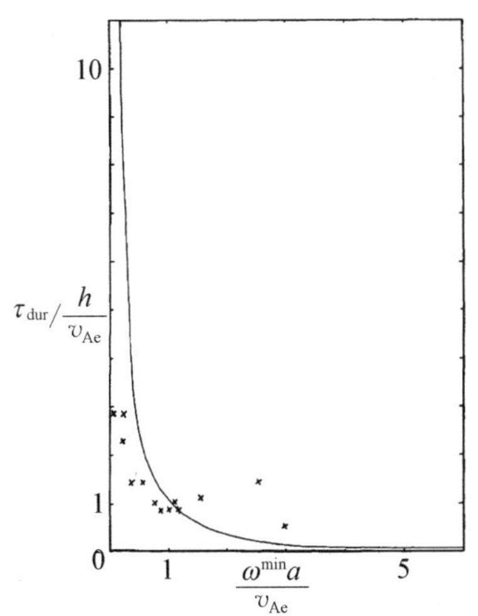

图 4.19　准周期相的持续时间 $\tau_{dur}=h\left(\frac{1}{c_g^{min}}-\frac{1}{v_A}\right)$ 随极小无量纲频率 $\omega^{min}a/v_{Ae}$ 的变化。持续时间以 $\frac{h}{v_{Ae}}$ 为单位。h 是观测点离扰动源区的距离。图中数据点取自 Tapping (1978)1972 年 5 月 21 日太阳噪暴期间记录的米波脉动暴(取自 Roberts et al., 1984, Fig. 7)

4.3 一维非定常流动——(磁)简单波

若初始扰动具有不是很小的有限振幅,则我们不能利用4.1节中的小扰动方法将方程组线性化,而必须求解非线性方程组。下面我们讨论流体和磁流体的一维非定常流动——(磁)简单波,由此了解有限振幅的传播规律和特性,及转变为激波的可能性和转化条件。

在处理小扰动时,对方程组做线性化处理,得到方程的解是 $x+ct$ 的函数(平面波),它相当于形状不变但具有以速度 c 移动的波轮廓的"行波"(波轮廓是指各有关物理量——密度、速度等在沿波传播方向上的分布情况)。前面讨论的声波、磁声波、磁流波都属于这种情况。既然速度、密度和压强在这种行波中都只是同一组合 $(x+ct)$ 的函数,所以它们相互之间都可用不显含坐标与时间的关系式来表达,例如 $p=p(\rho)$, $v=v(\rho)$ 等。

如果扰动不是小振幅,而是有限波幅的情形,那么上述这些简单关系就不再成立。但是仍有可能采用小振幅线性方程解式 $f(x+ct)$ 的推广来求出表示运动方程的准确解,这个解通常被称为简单波或黎曼波。

假定任意振幅波中密度和速度仍可相互以函数形式表达,由此我们来理解流体的一维非定常运动。

理想流体的运动方程式为

$$\frac{\partial \rho}{\partial t}+\nabla\cdot(\rho\vec{v})=0 \tag{4.3-1}$$

$$\frac{\partial \vec{v}}{\partial t}+(\vec{v}\cdot\nabla)\vec{v}=-\frac{1}{\rho}\nabla p \tag{4.3-2}$$

$$s=常数 \tag{4.3-3}$$

在求解一维非定常运动时,方程式取如下形式:

$$\frac{\partial \rho}{\partial t}+\frac{\partial(\rho v)}{\partial x}=0 \tag{4.3-4}$$

$$\frac{\partial v}{\partial t}+v\frac{\partial v}{\partial x}+\frac{1}{\rho}\frac{\partial p}{\partial x}=0 \tag{4.3-5}$$

由于假定 p、ρ、v 互为单值函数,于是上方程式可写为

$$\frac{\partial \rho}{\partial t}+\frac{\mathrm{d}(\rho v)}{\mathrm{d}\rho}\frac{\partial \rho}{\partial x}=0 \tag{4.3-6}$$

$$\frac{\partial v}{\partial t}+\left(v+\frac{1}{\rho}\frac{\partial p}{\partial v}\right)\frac{\partial v}{\partial x}=0 \tag{4.3-7}$$

又因为有

$$\frac{\partial \rho}{\partial t}\bigg/\frac{\partial \rho}{\partial x}=-\left(\frac{\partial x}{\partial t}\right)_{\rho} \tag{4.3-8}$$

$$\frac{\partial v}{\partial t}\bigg/\frac{\partial v}{\partial x}=-\left(\frac{\partial x}{\partial t}\right)_{v} \tag{4.3-9}$$

将(4.3-8)、(4.3-9)式代入(4.3-6)式及(4.3-7)式中可得

$$\left(\frac{\partial x}{\partial t}\right)_{\rho}=v+\rho\frac{\mathrm{d}v}{\mathrm{d}\rho} \tag{4.3-10}$$

$$\left(\frac{\partial x}{\partial t}\right)_{v}=v+\frac{1}{\rho}\frac{\mathrm{d}p}{\mathrm{d}v} \tag{4.3-11}$$

ρ、v 互为单值函数，意味着

$$\left(\frac{\partial x}{\partial t}\right)_{\rho}=\left(\frac{\partial x}{\partial t}\right)_{v}$$

于是，由(4.3-8)和(4.3-9)式可得到

$$\rho\frac{\mathrm{d}v}{\mathrm{d}\rho}=\frac{1}{\rho}\frac{\mathrm{d}p}{\mathrm{d}v}$$

而

$$\frac{\mathrm{d}p}{\mathrm{d}v}=\frac{\mathrm{d}p}{\mathrm{d}\rho}\frac{\mathrm{d}\rho}{\mathrm{d}v}=c_{\mathrm{s}}^{2}\frac{\mathrm{d}\rho}{\mathrm{d}v}\quad\left(c_{\mathrm{s}}^{2}=\frac{\mathrm{d}p}{\mathrm{d}\rho}\right)$$

所以

$$\left(\frac{\mathrm{d}v}{\mathrm{d}\rho}\right)^{2}=\frac{c_{\mathrm{s}}^{2}}{\rho^{2}}$$

即

$$\frac{\mathrm{d}v}{\mathrm{d}\rho}=\pm\frac{c_{\mathrm{s}}}{\rho},\quad \mathrm{d}v=\pm\frac{c_{\mathrm{s}}}{\rho}\mathrm{d}\rho=\pm\frac{\mathrm{d}p}{\rho\ c_{\mathrm{s}}} \tag{4.3-12}$$

所以有

$$v=\pm\int\frac{c_{\mathrm{s}}}{\rho}\mathrm{d}\rho=\pm\int\frac{\mathrm{d}p}{\rho c_{\mathrm{s}}} \tag{4.3-13}$$

(4.3-13)式给出了 v、ρ 和 p 之间的普遍关系。利用物态方程，积分(4.3-13)式，便可得到一维非定常流动中各参量之间的函数关系。

将(4.3-12)式代入(4.3-11)式中，可得

$$\left(\frac{\partial x}{\partial t}\right)_{v}=v\pm c_{\mathrm{s}} \tag{4.3-14}$$

积分(4.3-14)式,便得一维非定常流动的一般解为

$$x = t(v \pm c_s) + f(v) \tag{4.3-15}$$

或

$$v = F(x - (v \pm c_s)t) \tag{4.3-16}$$

解(4.3-15)或(4.3-16)式被称为简单波或黎曼波,它给出了 v 与 x 及 t 之间的函数关系。

考虑完全导电理想磁流体的非定常流动。完全导电理想磁流体的运动方程为

$$\frac{\partial \rho}{\partial t} + \nabla \cdot (\rho \vec{v}) = 0 \tag{4.3-17}$$

$$\frac{\partial \vec{v}}{\partial t} + (\vec{v} \cdot \nabla)\vec{v} = -\frac{1}{\rho}\nabla p + \frac{1}{\mu_0 \rho}(\nabla \times \vec{B}) \times \vec{B} \tag{4.3-18}$$

$$\frac{\partial \vec{B}}{\partial t} = \nabla \times (\vec{v} \times \vec{B}) \tag{4.3-19}$$

在一维运动情况下,(4.3-17)~(4.3-19)式取下列形式:

$$\frac{\partial \rho}{\partial t} + \frac{\partial}{\partial x}(\rho v) = 0 \tag{4.3-20}$$

$$\begin{cases} \dfrac{\partial v}{\partial t} + v\dfrac{\partial v}{\partial x} = -\dfrac{1}{\rho}\dfrac{\partial p}{\partial x} - \dfrac{1}{\mu_0 \rho}\left(B_y \dfrac{\partial B_y}{\partial x} + B_z \dfrac{\partial B_z}{\partial x}\right) & (4.3-21) \\ B_x \dfrac{\partial B_y}{\partial x} = 0 & (4.3-22a) \\ B_x \dfrac{\partial B_z}{\partial x} = 0 & (4.3-22b) \end{cases}$$

$$\begin{cases} \dfrac{\partial B_x}{\partial t} = 0 \\ \dfrac{\partial B_y}{\partial t} = -\dfrac{\partial}{\partial x}(vB_y) \\ \dfrac{\partial B_z}{\partial t} = -\dfrac{\partial}{\partial x}(vB_z) \end{cases} \tag{4.3-23}$$

可能有两种情况:

① $B_x \neq 0$,由(4.3-22)式可得 $\dfrac{\partial B_y}{\partial x} = \dfrac{\partial B_z}{\partial x} = 0$,运动方程(4.3-21)式便简化为

$$\frac{\partial v}{\partial t} + v\frac{\partial v}{\partial x} = -\frac{1}{\rho}\frac{\partial p}{\partial x}$$

这相当于流动不受磁场影响。这时应有 $B_y = B_z = 0$,流动是沿着磁场的,运动情况与一

般理想流体完全一样。

② $B_x = 0$，即流动与磁场方向垂直。由完全导电磁流体的冻结效应可知，在以后的运动中，B_x 将永远为零。这时方程组(4.3-20)～(4.3-23)式简化为

$$\frac{\partial \rho}{\partial t} + v\frac{\partial \rho}{\partial x} = -\rho\frac{\partial v}{\partial x} \tag{4.3-24}$$

$$\frac{\partial B}{\partial t} + v\frac{\partial B}{\partial x} = -B\frac{\partial v}{\partial x} \tag{4.3-25}$$

$$\frac{\partial v}{\partial t} + v\frac{\partial v}{\partial x} = -\frac{1}{\rho}\frac{\partial}{\partial x}\left(p + \frac{B^2}{2\mu_0}\right) \tag{4.3-26}$$

比较(4.3-24)和(4.3-25)式，可知 $B = a\rho$ (a 为常数)，显然这是冻结效应的结果。于是 $B = B(\rho)$，并引入量 p_{m}：

$$p_{\mathrm{m}} = p + \frac{B^2}{2\mu_0} \tag{4.3-27}$$

将(4.3-27)式代入(4.3-26)式中，方程组便化成下列形式

$$\frac{\partial \rho}{\partial t} + v\frac{\partial \rho}{\partial x} = -\rho\frac{\partial v}{\partial x} \tag{4.3-28}$$

$$\frac{\partial v}{\partial t} + v\frac{\partial v}{\partial x} = -\frac{1}{\rho}\frac{2p_{\mathrm{m}}}{\partial x} \tag{4.3-29}$$

方程(4.3-28)和(4.3-29)的形式与一般理想流体一维运动完全相同，只是用 p_{m} 代替了 p，$p_{\mathrm{m}} = p + \frac{B^2}{2\mu_0} = p_{\mathrm{m}}(\rho)$。于是解(4.3-13)、(4.3-14)和(4.3-15)式都适用于方程(4.3-28)和(4.3-29)式或(4.3-20)～(4.3-23)式。唯一的变动是声速 c_{s} 必须改为磁声速 c_{m}，这是磁场存在下直接导致的结果。最后得到的完全导电理想磁流体一维非定常运动的一般解为

$$\mathrm{d}v = \pm\frac{c_{\mathrm{m}}}{\rho}\mathrm{d}\rho = \pm\frac{\mathrm{d}p_{\mathrm{m}}}{c_{\mathrm{m}}\rho} \tag{4.3-30}$$

$$c_{\mathrm{m}} = \sqrt{c_{\mathrm{s}}^2 + v_{\mathrm{A}}^2} \tag{4.3-31}$$

$$v = F[x - (v \pm c_{\mathrm{m}})t] \tag{4.3-32}$$

$$x = t(v \pm c_{\mathrm{m}}) + f(v) \tag{4.3-33}$$

一维非定常流动的一般解(4.3-13)、(4.3-15)和(4.3-16)式，或(4.3-30)～(4.3-33)式所描写的简单波，与小振幅线性波有着本质上的差别。线性波在传播过程中波轮廓不变，因为波轮廓上各点的移动速度都为 c_{s} 或 c_{m}，而简单波轮廓上各点的移动速度 U 为

$$U = v \pm c_s (\text{或 } v \pm c_m) \tag{4.3-34}$$

(4.3－34)式表明简单波波轮廓上各点的移动速度不同，扰动大的点传播速度快，扰动小的点传播速度慢。这意味着在传播过程中，简单波的波轮廓在不断变化着，经过一段时间后，波峰将赶上波谷(如图4.20所示)，这时简单波传播过程中将出现间断面，从而形成激波(详见第五章)。

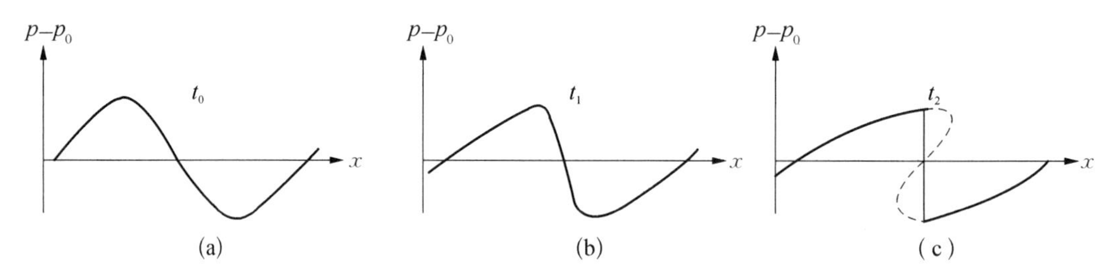

图4.20 简单波波轮廓

下面我们来研究理想气体中简单波的传播速度。在绝热情况下有

$$p\rho^{-\gamma} = \text{常数} = A$$

于是

$$c_s = \sqrt{A\gamma}\rho^{\frac{\gamma-1}{2}}$$

$$v = \pm\int \frac{c_s}{\rho}\mathrm{d}\rho = \pm\frac{2\sqrt{A\gamma}}{\gamma-1}\left(\rho^{\frac{\gamma-1}{2}} - \rho_0^{\frac{\gamma-1}{2}}\right)$$

ρ_0 为对应于 $v = 0$ 的平衡位置处(即未扰动时)的密度值。若 $c_{s0} = \sqrt{A\gamma}\rho_0^{\frac{\gamma-1}{2}}$，则

$$v = \pm\frac{2}{\gamma-1}(c_s - c_{s0}) \tag{4.3-35}$$

或

$$c_s = c_{s0} \pm \frac{\gamma-1}{\gamma}v \tag{4.3-36}$$

利用这个结果，我们可以粗略地估算简单波形成激波的条件。将(4.3－36)式代入(4.3－34)式中，在压缩情况下取正号，便得理想气体中简单波传播速度为

$$U = c_{s0} + \frac{\gamma+1}{2}v \tag{4.3-37}$$

在波轮廓上，波峰速度最大，传播速度 U_p 也最大

$$U_p = c_{s0} + \frac{\gamma+1}{2}v_m$$

而波谷速度最小，传播速度 U_v 也最小

$$U_{\mathrm{v}} = c_{\mathrm{s0}} - \frac{\gamma + 1}{2} v_{\mathrm{m}}$$

显然当波峰赶上波谷时，便形成激波。考虑到波峰与波谷之间距离为半个波长$\frac{\lambda}{2}$，于是形成激波的条件由下式确定：

$$\int_0^{t^*} (U_{\mathrm{p}} - U_{\mathrm{v}}) \mathrm{d}t = \frac{\lambda}{2}$$

即

$$\int_0^{t^*} (\gamma + 1) v_{\mathrm{m}} \mathrm{d}t = \frac{\lambda}{2} \tag{4.3-38}$$

考虑到 $\mathrm{d}x = c_{\mathrm{s0}} \mathrm{d}t$，(4.3－38)式可写成

$$\int_0^{x^*} \frac{\gamma + 1}{c_{\mathrm{s0}}} v_{\mathrm{m}} \mathrm{d}t = \frac{\lambda}{2} \tag{4.3-39}$$

t^* 和 x^* 分别表示激波形成的时刻和地点。由简单波形成激波是激波形成的一种机制，考虑到一般恒星大气中密度随高度减小的事实，当声波或磁声波由下向上传播时，其振幅将逐渐变大，波形也逐渐变陡，从而有可能在某个高度转变为激波或磁激波，这时波的能量大量且迅速地转化为上层大气的热能，有效地加热上层大气。上述讨论尽管相当粗糙，甚至有些地方欠妥，但它却给出了由小振幅波过渡到简单波再发展成激波，再由激波耗散动能加热恒星大气的基本物理图像。

第五章 磁流体力学激波

众所周知,在通常的流体中,小扰动以声波传播。由上一章的讨论知道,在有磁场的导电流体中,除了声波外还产生了阿尔文波和快慢磁声波。在数学上,这种小扰动过程相应于线性方程组的连续解。

如果扰动振幅很大,它的传播现象与小扰动传播比较大不相同。大幅度扰动在(磁)流体中形成(磁)流体变量(如密度、压强、温度等)的突变面,该突变面以大于声速的速度向前传播。这种现象称作激波现象,而突变面(或称间断面)就是激波。

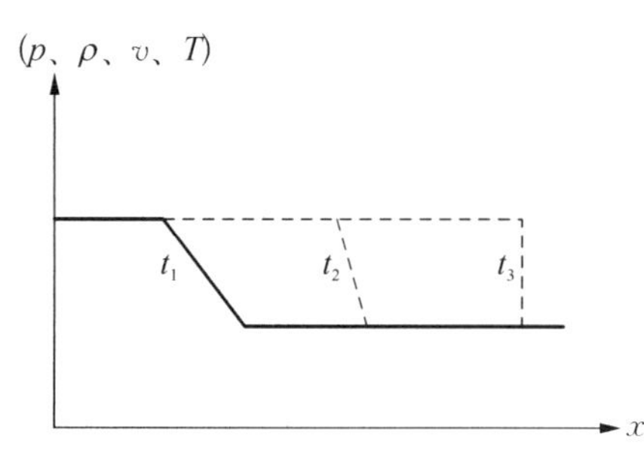

图 5.1 波轮廓随时间的变化

描述激波现象必须保留宏观方程中的非线性项,其结果便是在扰动的传播过程中,波形(或称波轮廓)不断变化,波阵面斜率逐渐变大(如图 5.1 所示)。斜率的增大意味着横越波阵面压强、密度等梯度的增大,当这些物理量的梯度增大到一定程度时,便不能再略去耗散效应(流体中的黏滞性和热传导。磁流体中还要考虑有限电导率所引起的焦耳耗散)。如果在宏观方程中考虑这些效应的影响,则发现波阵面的变陡是受限制的,最后将达到一个定常的波形,它是对流效应和耗散机制相互制约的结果。这种由非线性效应和耗散效应的平衡所产生的稳定波形就是激波。耗散系数减小,波阵面越陡,激波便越接近流体力学(或磁流体力学)的间断面。

由于横越激波时,磁流体的物理量发生显著变化,所以可以把激波看作是未扰磁流体与激波通过后的扰动磁流体之间的定常过渡区(如图 5.2 所示)。在具体处理激波问题时,常作如下简化:① 将激波过渡区近似当作流体力学或磁流体力学性质的间断面——物理量发生不连续跳跃的几何曲面;② 只要状态变化的弛豫时间 τ 足够小,$\tau \ll \tau_0$(τ_0 为

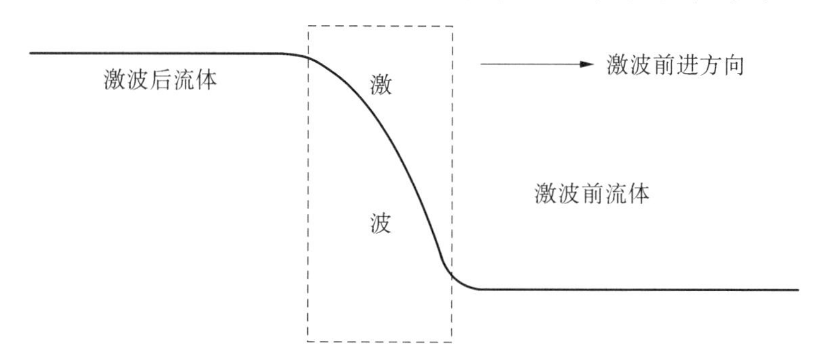

图 5.2 激波是扰动与未扰动流体(包括磁流体)之间的定常过渡区

磁流体宏观运动的特征时间），把激波近似看作两个状态均匀区域的过渡区。实际上，激波后的等离子体并不处于均匀状态，由于受稀疏波或膨胀波的影响，磁流体不能保持激波刚通过时的那种状态，而是随时间变化着。然而这种不均匀性不会给激波问题的处理结果带来很大误差。

激波中最困难的基本问题是激波的结构。由于存在耗散效应，激波波阵面并不是理想的间断面，耗散越小，激波越接近于间断面。在非导电流体中，只有通过碰撞才能建立新的平衡态，因此流体力学激波的厚度大约是粒子平均自由程的量级。而磁流体激波比一般激波增加了一项由有限电导率引起的焦耳耗散，激波结构更为复杂。

处理实际问题时，常常只对激波前后物理量的变化感兴趣，即激波对磁流体的影响。对磁流体宏观方程以及麦克斯韦方程横越激波积分，可得到一组与激波结构无关的方程。这样既回避了激波本身的结构问题，又建立了激波前后两侧磁流体物理量之间的关系。

激波现象在自然界和实验室中都是经常发生的，尤其是在天体爆发过程中，常常会出现激波。如太阳爆发时，大量物质从活动区喷出，形成强激波，向太阳高层大气及行星际空间传播，它是太阳爆发中的一个重要过程。超新星爆发时也会形成向外传播的激波，有时还会产生向内传播的反向激波。而太阳风与地磁场的相互作用，则在地球头部形成弓形激波。当太阳风与其他行星相互作用时，也常有类似的激波出现。这种概念推广到恒星风与脉冲星的相互作用中，在脉冲星的磁层顶处也应有激波出现。所以激波现象是宇宙中一个极为普遍的重要现象。

如 4.3 节直接用流体力学方程（或磁流体力学方程）求解有限扰动在流体（或导电流体）中的传播规律，可获得简单波（黎曼波）的关系式，说明在传播过程中，简单波的波形将不断发生变化。在一定的物理条件下，局部的压强或密度不均匀也可以发展成激波，即一般流体中的声波在特定的条件（局部的压强或密度不均匀）下可能发展成激波。而在导电流体中，磁场的存在将使波动的模式更加复杂。磁流体力学波具有快、慢磁声波和阿尔文波，它们都可能形成相应的强间断。其中，快磁激波使磁场增强，而慢磁激波使磁场减弱，阿尔文波形成旋转间断。这表明磁流体力学激波关系比一般流体力学激波复杂得多。简单波传播规律所阐明的有限振幅扰动发展为激波的理论，在恒星大气加热机制中有重要的作用。

5.1 流体力学激波一般概论

激波是流体（包括磁流体）中一种剧烈扰动传播现象。通常在流体中，局部区域中微小扰动将带动周围的质点，逐渐向外传播，形成一般的（线性）波动现象。声波、磁流波、磁声波均属于这种类型。这时，波动的传播速度由流体的密度、压强和磁场强度等物理量来决定。如果扰动比较剧烈且并不限于局部区域，例如由于爆炸使大量流体质点以高速度冲向某个方向，若质点速度是如此之大，以致流体的弹性来不及调整局部区域中流体的运动，便造成原来被挤压的流体部分不再稀疏化，于是在流体中便形成了一个密度、压强等物理量的突变面，它以大于声速的速度前进，这个突变面就是激波。

5.1.1 平面激波的基本规律

为了初步了解激波的基本规律以及建立一个简单而明晰的激波图像，先考虑稳定的平面激波。以带有活塞的长管子中气体运动为例，进行较形象的讨论，从而较直观地导出平面激波的基本规律。

假设具有一定体积的气体位于一根长管中，管的一端由活塞塞住(如图 5.3 所示)。开始时活塞静止，这时活塞所受到的压强和全部气体的压强相同，且都等于 p_1。如果活塞突然以恒定速度 v 向右运动，显然，为了克服活塞前面气体的阻力，活塞所受到的压强必须由 p_1 增加到 p_2，假定活塞从静止变到运动的加速度很大(即压强从 p_1 增加到 p_2 是在瞬间完成)，那么这种压强扰动来不及脱离活塞的近处及调整前面气体的运动情况。因此，气体就在活塞前面被挤紧。实际情况是活塞前面紧邻的气体已具有速度 v 和压强 p_2，随着活塞向右推进，前面受压气体的量不断增加，所以受压的运动气体与未受压的静止气体的分界面必然要以大于活塞速度 v 的速度 v' 前进。又由于这种扰动的前进速度快到使气体来不及用弹性传播调整它的运动，以致形成了压强、密度发生突变的分界面，所以分界面的传播速度一定大于普通声速。严格地说，这个突变面(又称激波波前)不可能是一个几何面，它有一定的厚度，其数量级约等于表征分子碰撞特征的平均自由程。在这薄层中，流体的压强、密度和其他热力学量将经历复杂的变化。我们不考虑这种复杂变化，而仅在假定激波波前为一个几何面的情况下，用普通的守恒定律来讨论各种物理量的突变情况。

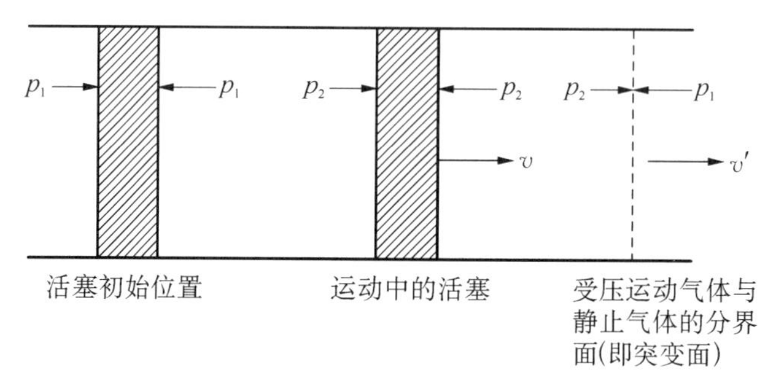

图 5.3 激波的产生

我们假定受扰动的气体以速度 v、突变面(即激波波前)以速度 v' 向静止气体前进，在时间 Δt 内，突变面前进的距离为 $\Delta x_1 = v'\Delta t$〔如图 5.4(a)所示〕。在这段时间内，气体原先是静止的，压强为 p_1，密度为 ρ_1。但当突变面经过以后，即在 Δt 后，这段气体也以速度 v 运动，同时其压强增加到 p_2，而密度增加到 ρ_2，又因为这段气体后方的气体原先已经以速度 v 在运动，它们在 Δt 时间内所移动的距离应为 $v\Delta t$，所以我们研究的这段气体在时间 Δt 内，应当被挤到长度 $\Delta x_2 = (v' - v)\Delta t$ 的范围内〔如图 5.4(b)所示〕。

从质量守恒关系不难得到 $\rho_1 \Delta x_1 = \rho_2 \Delta x_2$，即

$$\rho_1 v' = \rho_2 (v' - v) \tag{5.1-1}$$

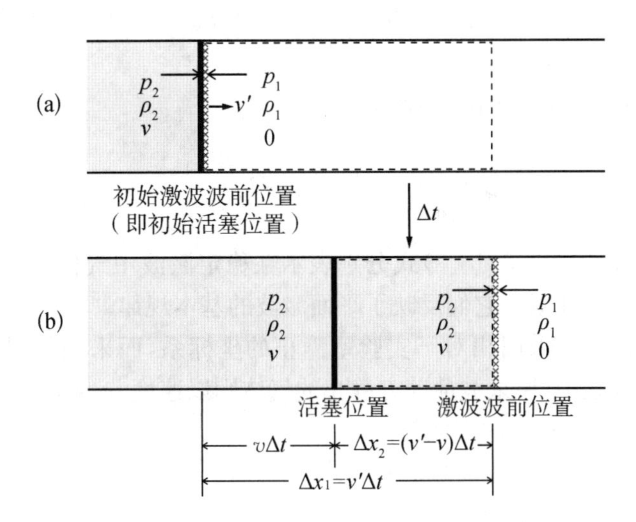

图 5.4　激波前后物理量变化示意图(×号表示波前,竖实线表示活塞)

另一方面不难看出,在时间 Δt 内,质量为 $\rho_1\Delta x_1=\rho_1 v'\Delta t$(按单位截面积计算)的流体速度由 0 增加到 v,所以这段气体动量的变化应为 $\rho_1 v'\Delta t v$。引起该动量变化的冲量应为 $(p_2-p_1)\Delta t$。因此可得动量守恒关系式为

$$p_2-p_1=\rho v v' \tag{5.1-2}$$

再从能量角度看,外压强 p_2 在时间 Δt 内对这段气体所做的功是

$$p_2(\Delta x_1-\Delta x_2)=p_2\Delta x_1\left(1-\frac{\Delta x_2}{\Delta x_1}\right)=p_2\left(1-\frac{\rho_1}{\rho_2}\right)\Delta x_1$$

压强 p_1 并未对这段气体做功,因为这段气体并未移动。而这段气体在相同时间内获得的动能为

$$\frac{1}{2}mv^2=\frac{1}{2}\rho_1\Delta x_1 v^2$$

若分别以 u_1 和 u_2 来表示这段气体压缩前和压缩后的内能,则 u_2-u_1 表示这段气体被压缩后内能的增加。由能量守恒定律应有

$$p_2\left(1-\frac{\rho_1}{\rho_2}\right)\Delta x_1=u_2-u_1+\frac{1}{2}\rho_1\Delta x_1 v^2$$

引入比能的概念,比能表示以单位质量计算的气体内能,则气体压缩前后的比能分别为

$$I_1 = \frac{u_1}{\rho_1 \Delta x_1}, \quad I_2 = \frac{u_2}{\rho_2 \Delta x_2}$$

将上式代入能量守恒定律关系中，即可得

$$p_2\left(\frac{1}{\rho_1} - \frac{1}{\rho_2}\right) = I_2 - I_1 + \frac{1}{2}v^2 \tag{5.1-3}$$

公式(5.1-1)、(5.1-2)和(5.1-3)式分别表示在稳定激波中气体运动应当满足的质量守恒、动量守恒和能量守恒。它们反映了平面激波的基本规律。

通常研究激波时，不采用相对于实验室静止的坐标系，而采用相对波前静止的坐标系，在这个惯性坐标系中，原来波前前方静止的气体则以速度 $v_1 = v'$ 向左运动，而波前后方的气体以速度 $v_2 = v' - v$ 向左运动。

故在以速度 v' 运动的惯性坐标系中，(5.1-1)、(5.1-2)和(5.1-3)式只需令 $v_1 = v'$，$v_2 = v' - v$，代入上式中即可得

$$\begin{cases} \rho_1 v_1 = \rho_2 v_2 \\ p_1 + \rho_1 v_1^2 = p_2 + \rho_2 v_2^2 \\ \dfrac{p_1}{\rho_1} + I_1 + \dfrac{1}{2}v_1^2 = \dfrac{p_2}{\rho_2} + I_2 + \dfrac{1}{2}v_2^2 \\ \text{或} \\ p_1 V_1 + I_1 + \dfrac{1}{2}v_1^2 = p_2 V_2 + I_2 + \dfrac{1}{2}v_2^2 \end{cases} \quad \text{即} \quad \begin{cases} \langle \rho v \rangle = 0 & (5.1-4) \\ \langle p + \rho v^2 \rangle = 0 & (5.1-5) \\ \left\langle pV + I + \dfrac{1}{2}v^2 \right\rangle = 0 & (5.1-6a) \end{cases}$$

$$V = \frac{1}{\rho} \text{ 为比容} \tag{5.1-6b}$$

(5.1-4)、(5.1-5)和(5.1-6)式即为激波在以波前为参考系中的基本规律，它们具有完全对称的形式。尖括号表示物理量在间断面两侧的差。

5.1.2 激波的简单理论

下面利用激波的基本规律进一步讨论激波的一些性质。一般情况下，气体原来的状态 p_1、ρ_1 和 I_1 为已知，产生激波的因素——波前后面的压强 p_2 则被认为已经给定，$\dfrac{p_2}{p_1}$ 可作为激波强度的度量。其余物理量，如激波通过后的 ρ_2、I_2 及表征气体运动速度与激波传播速度 v_1 和 v_2，则是需要求解的量。要求解的未知数有四个，而方程只有三个，尚须补充一个物态方程。

下面以理想气体的情况为例进行讨论。理想气体的物态方程为

$$pV = \frac{p}{\rho} = RT \tag{5.1-7}$$

式中 R 是单位质量的气体常数，理想气体的比能为

$$I = c_V T \tag{5.1-8}$$

而

$$pV + I = RT + c_V T = (R + c_V)T = c_p T \tag{5.1-9}$$

式中 c_V 和 c_p 分别为理想气体的定容和定压比热，又 $\frac{c_p}{c_V} = \gamma$ 为气体的比热比值。

将(5.1-4)和(5.1-5)式稍作变换，即可得到

$$v_2 - v_1 = \sqrt{(p_2 - p_1)\left(\frac{1}{\rho_1} - \frac{1}{\rho_2}\right)} = \sqrt{(p_2 - p_1)(V_1 - V_2)} \tag{5.1-10}$$

(5.1-10)式给出了速度、密度和压强突变的关系。这个关系式与能量守恒律及物态方程无关。再将(5.1-7)、(5.1-8)和(5.1-9)式代入(5.1-6)式中，便有

$$v_1^2 - v_2^2 = \frac{2\gamma}{\gamma - 1}(p_2 V_2 - p_1 V_1) \tag{5.1-11}$$

把(5.1-4)式代入(5.1-10)和(5.1-11)式中可得

$$\left(1 - \frac{V_2}{V_1}\right)^2 v_1^2 = (p_2 - p_1)(V_1 - V_2)$$

$$\left[1 - \left(\frac{V_2}{V_1}\right)^2\right] v_1^2 = \frac{2\gamma}{\gamma - 1}(p_2 V_2 - p_1 V_1) \tag{5.1-12}$$

这两式相除得

$$\frac{V_1 + V_2}{V_1 - V_2} = \frac{2\gamma}{\gamma - 1} \frac{p_2 V_2 - p_1 V_1}{(p_2 - p_1)(V_1 - V_2)}$$

或写为

$$p_2 - p_1 = \frac{2\gamma}{\gamma - 1} \frac{p_2 V_2 - p_1 V_1}{V_1 + V_2}$$

$$\frac{p_2}{p_1} - 1 = \frac{2\gamma}{\gamma - 1} \frac{\frac{p_2}{p_1} - \frac{V_1}{V_2}}{\frac{V_1}{V_2} + 1} \tag{5.1-13}$$

解方程(5.1-13)可得

$$\frac{V_1}{V_2} = \frac{\rho_2}{\rho_1} = \frac{(\gamma - 1) + (\gamma + 1)\frac{p_2}{p_1}}{(\gamma + 1) + (\gamma - 1)\frac{p_2}{p_1}} \tag{5.1-14}$$

(5.1-14)式表示激波波前前后的密度比与激波强度 $\frac{p_2}{p_1}$ 之间的关系，它由激波基本方程式及理想气体物态方程式导出，是激波经典理论的方程式之一，这个方程式通常被称为兰金-于戈尼奥(Rankine-Hugoniot)方程。

将(5.1-12)式两端约去$\left(1-\dfrac{V_2}{V_1}\right)$，并将(5.1-14)式代入，可得到

$$\begin{aligned} v_1^2 &= \frac{V_1}{2}[(\gamma-1)p_1+(\gamma+1)p_2] \\ &= \frac{p_1V_1}{2}\left[(\gamma-1)+(\gamma+1)\frac{p_2}{p_1}\right] \end{aligned} \tag{5.1-15}$$

因为$v_2=\dfrac{\rho_1}{\rho_2}v_1$，则由(5.1-14)和(5.1-15)式可得

$$v_2^2=\frac{p_1V_1}{2}\frac{\left[(\gamma+1)+(\gamma-1)\dfrac{p_2}{p_1}\right]^2}{\left[(\gamma-1)+(\gamma+1)\dfrac{p_2}{p_1}\right]} \tag{5.1-16}$$

由此可得气体运动速度v为

$$v=v_1-v_2=\sqrt{\frac{2p_1V_1}{(\gamma-1)+(\gamma+1)\dfrac{p_2}{p_1}}}\left(\frac{p_2}{p_1}-1\right) \tag{5.1-17}$$

由理想气体状态方程及(5.1-17)式可得

$$\frac{T_2}{T_1}=\frac{p_2\rho_1}{p_1\rho_2}=\frac{p_2}{p_1}\left[\frac{(\gamma+1)+(\gamma-1)\dfrac{p_2}{p_1}}{(\gamma-1)+(\gamma+1)\dfrac{p_2}{p_1}}\right] \tag{5.1-18}$$

(5.1-14)～(5.1-18)式给出了理想气体中平面激波的一般性结论。下面做简要讨论：

① 若$p_2=p_1$，由(5.1-15)式可得$v_1=v'=\sqrt{\gamma p_1V_1}=\sqrt{\gamma\dfrac{p_1}{\rho_1}}=c_s$，这表明在无压强突变(即无激波存在)时，流体中只有通常的声波传播。且由(5.1-17)式可知$v=0$，气体无整体运动，这正是所预期的。

② 若$p_2>p_1$，由(5.1-15)式可得$v_1=v'>c_s$，这意味着激波的产生必须有压强的突变，并且激波的传播速度必须大于声速。

③ $\dfrac{p_2}{p_1}\to\infty$时，由(5.1-14)式可得$\dfrac{\rho_2}{\rho_1}\to\dfrac{\gamma+1}{\gamma-1}$，这意味着无论多强的激波，密度突变不会超过$\dfrac{\gamma+1}{\gamma-1}$倍。由(5.1-18)式可得$\dfrac{T_2}{T_1}\to\dfrac{(\gamma-1)p_2}{(\gamma+1)p_1}$。这表现温度的突变将与压强的突变有相同的数量级，强激波可使流体的温度得到巨大的增加，这就是激波加热的基本原理。

激波前后的压强比$\dfrac{p_2}{p_1}$是表示激波强度的一种度量。通常还可采用马赫数Ma来表示激波的强度。

$$Ma=\frac{v'}{c_s} \tag{5.1-19}$$

v'为激波波前的传播速度，c_s 为声速度。显然越强的激波，其波前传播的速度也越大，这与用压强来表示是完全一致的。

将(5.1－19)式代入(5.1－14)～(5.1－18)式可得用马赫数 Ma 表示的理论气体中平面激波的基本规律。

$$\frac{p_2}{p_1}=\frac{2\gamma Ma^2-(\gamma-1)}{\gamma+1} \tag{5.1-20}$$

$$\frac{\rho_2}{\rho_1}=\frac{Ma^2(\gamma+1)}{Ma^2(\gamma-1)+2} \tag{5.1-21}$$

$$\begin{aligned}\frac{T_2}{T_1}&=\frac{(\gamma-1)\left[2\gamma Ma^2-\dfrac{2}{Ma^2}-(\gamma-1)\right]+4\gamma}{(\gamma+1)^2}\\&=\left(\frac{\gamma-1}{\gamma+1}\right)^2\frac{1}{Ma^2}\left(\frac{2\gamma}{\gamma-1}Ma^2-1\right)\left(Ma^2+\frac{2}{\gamma-1}\right)\end{aligned} \tag{5.1-22}$$

5.2　理想磁流体的间断面和相容性条件

表征一般流体或磁流体的一些物理量，如速度、压强、密度、磁场强度等，它们的空间分布通常是连续的，但在某些特定的条件下，可能出现物理量的连续分布遭到破坏的情形。这时，物理量在某个几何面上出现不连续的跳跃，这种曲面就是间断面。理想的几何面实际上是不存在的，尽管物理量在其两侧出现急剧变化，但所谓“间断面”仍然具有一定的厚度。只不过这种“面”(特别是强间断面)的厚度，与所处理的问题的特征尺度相比可以忽略而已。因此在理论上便将这种“薄薄”的突变区域抽象为一个无厚度的几何面，并用“间断面”的概念来描述它。

前面已指出，激波实际上相当于一种流体力学间断面。然而，激波两侧物理量的变化必须满足一定的物理关系。例如，对稳定的平面激波而言，其前后的物理量必须满足质量守恒、动量守恒和能量守恒等基本物理规律。由此导出了平面激波的基本规律(5.1－1)～(5.1－3)式或(5.1－4)式～(5.1－6)式，建立了平面激波的理论。通常把突变面两侧物理量所需满足的物理规律称为相容性条件。显然，它表征了间断面的基本性质。间断面与相容性条件是不可分开的，研究间断面就必须研究相容性条件。

5.2.1　理想磁流体力学间断面的相容性条件

磁流体力学间断面的相容性条件显然较上节导出的(5.1－4)～(5.1－6)式复杂。从磁流体力学方程出发，横越间断面积分这些方程，便可得到其相容性条件。考虑到绝大多数讨论空间和天体磁流体激波的应用中，电阻、黏性、热传导等耗散效应是可以忽略的，因此这种激波可以用理想(无耗散)的磁流体力学方程组进行描述。按 2.6 节，它们可以写成下列守恒律的形式。

质量守恒：

$$\frac{\partial \rho}{\partial t}=-\nabla\cdot(\rho\vec{v}) \tag{5.2-1}$$

动量守恒：

不考虑重力时

$$\rho\frac{\mathrm{d}\vec{v}}{\mathrm{d}t}=\nabla\cdot\overleftrightarrow{p}+\vec{j}\times\vec{B}=\nabla\cdot(\overleftrightarrow{p}+\overleftrightarrow{T})$$

其中

$$\overleftrightarrow{p}=-p\overleftrightarrow{I},\quad \overleftrightarrow{T}=\frac{1}{\mu_0}\left(-\frac{B^2}{2}\overleftrightarrow{I}+\vec{B}\vec{B}\right)$$

等式左端：

$$\rho\frac{\mathrm{d}\vec{v}}{\mathrm{d}t}=\rho\frac{\partial\vec{v}}{\partial t}+\rho(\vec{v}\cdot\nabla)\vec{v}=\frac{\partial}{\partial t}(\rho\vec{v})+\nabla\cdot(\rho\vec{v}\vec{v})$$

则动量方程可写为

$$\frac{\partial}{\partial t}(\rho\vec{v})=-\nabla\cdot\left[\rho\vec{v}\vec{v}+\left(p+\frac{B^2}{2\mu_0}\right)\overleftrightarrow{I}-\frac{1}{\mu_0}\vec{B}\vec{B}\right] \tag{5.2-2}$$

能量守恒：

忽略热传导和重力做功时

$$\rho\frac{\mathrm{d}}{\mathrm{d}t}\left(\varepsilon+\frac{v^2}{2}\right)=-\nabla\cdot(p\vec{v})+\vec{E}\cdot\vec{j}$$

又

$$\vec{E}\cdot\vec{j}=-\nabla\cdot\left(\frac{1}{\mu_0}\vec{E}\times\vec{B}\right)-\frac{\partial}{\partial t}\left(\frac{1}{2\mu_0}B^2\right)$$

$$\begin{aligned}\rho\frac{\mathrm{d}}{\mathrm{d}t}\left(\varepsilon+\frac{v^2}{2}\right)&=\rho\frac{\partial}{\partial t}\left(\varepsilon+\frac{v^2}{2}\right)+\rho(\vec{v}\cdot\nabla)\left(\varepsilon+\frac{v^2}{2}\right)\\&=\frac{\partial}{\partial t}\left(\rho\varepsilon+\frac{\rho}{2}v^2\right)-\left(\varepsilon+\frac{v^2}{2}\right)\frac{\partial\rho}{\partial t}+\rho(\vec{v}\cdot\nabla)\left(\varepsilon+\frac{v^2}{2}\right)\\&=\frac{\partial}{\partial t}\left(\rho\varepsilon+\frac{\rho}{2}v^2\right)+\nabla\cdot\left[\left(\varepsilon+\frac{v^2}{2}+\frac{p}{\rho}\right)\rho\vec{v}+\frac{1}{\mu_0}\vec{E}\times\vec{B}\right]\end{aligned}$$

因 $\sigma\rightarrow\infty$，则 $\vec{E}=-\vec{v}\times\vec{B}$，故

$$\frac{1}{\mu_0}\vec{E}\times\vec{B}=-\frac{1}{\mu_0}(\vec{v}\times\vec{B})\times\vec{B}=\frac{1}{\mu_0}[B^2\,\vec{v}-(\vec{B}\cdot\vec{v})\,\vec{B}]$$

则能量方程的散度表达式为

$$\frac{\partial}{\partial t}\left[\rho\left(\varepsilon+\frac{v^2}{2}\right)+\frac{1}{2\mu_0}B^2\right]=\nabla\cdot\left\{\left(\varepsilon+\frac{v^2}{2}+\frac{p}{\rho}\right)\rho\,\vec{v}+\frac{1}{\mu_0}[B^2\,\vec{v}-(\vec{B}\cdot\vec{v})\,\vec{B}]\right\}$$

(5.2-3)

$$\frac{\partial\vec{B}}{\partial t}=\nabla\times(\vec{v}\times\vec{B})\tag{5.2-4}$$

$$\nabla\cdot\vec{B}=0\tag{5.2-5}$$

当激波完全形成并稳定传播时，激波的波前可以被认为做匀速直线运动。于是在一个随波前运动的坐标系中，波前及其相邻的上、下游边界附近的流体都处于稳态$\left(\frac{\partial}{\partial t}=0\right)$。描述该区域激波状态的方程组可在上述方程组中令$\frac{\partial}{\partial t}=0$得到：

$$\nabla\cdot(\rho\vec{v})=0\tag{5.2-1'}$$

$$\nabla\cdot\left[\rho\vec{v}\,\vec{v}+\left(p+\frac{B^2}{2\mu_0}\right)\hat{I}-\frac{1}{\mu_0}\vec{B}\,\vec{B}\right]=0\tag{5.2-2'}$$

$$\nabla\cdot\left\{\left(\varepsilon+\frac{v^2}{2}+\frac{p}{\rho}\right)\rho\,\vec{v}+\frac{1}{\mu_0}[B^2\,\vec{v}-(\vec{B}\cdot\vec{v})\,\vec{B}]\right\}=0\tag{5.2-3'}$$

$$\nabla\times(\vec{v}\times\vec{B})=0\tag{5.2-4'}$$

$$\nabla\cdot\vec{B}=0\tag{5.2-5'}$$

取激波的传播方向为$\hat{n}$，间断面位于垂直于$\hat{n}$的切平面内，记作$\hat{t}$。例如取直角坐标系，若$\hat{n}$取作$\hat{i}$，则$\hat{j}$、$\hat{k}$位于垂直于$\hat{n}$的切平面$\hat{t}$内。由于(5.1-1′)～(5.1-5′)式的理想磁流体力学方程组都表示成空间的完全微商等于零的形式，故积分结果只和上、下游处磁流体状态的差值有关。再假定在间断面两侧区域中各物理量均为常数，则对上述方程组横越间断面的积分，便得到磁流体力学间断面的相容性条件。

磁场法向连续：　$\langle B_n\rangle=0$　(5.2-6)

电场切向连续：　$\langle B_n\,\vec{v}_t-v_n\,\vec{B}_t\rangle=0$　(5.2-7)

质量守恒：　$\langle\rho v_n\rangle=0,\quad \rho v_n=J$　(5.2-8)

动量守恒：　$\left\langle\rho v_n\,\vec{v}+\left(p+\frac{B^2}{2\mu_0}\right)\vec{n}-\frac{B_n}{\mu_0}\vec{B}\right\rangle=0$　(5.2-9)

$$\left\langle J\,\vec{v}_t-\frac{B_n}{\mu_0}\vec{B}_t\right\rangle=0\tag{5.2-9a}$$

或

$$J^2\left\langle\frac{1}{\rho}\right\rangle+\left\langle p+\frac{B_t^2}{2\mu_0}\right\rangle=0 \tag{5.2-9b}$$

能量守恒：$$\left\langle v_n\left(\rho I+\frac{1}{2}\rho v^2+p\right)+\frac{1}{\mu_0}[B^2v_n-(\vec{B}\cdot\vec{v})B_n]\right\rangle=0 \tag{5.2-10}$$

或

$$J\left\langle I+\frac{J^2}{2\rho^2}+\frac{1}{2}v_t^2+\frac{p}{\rho}+\frac{1}{\mu_0\rho}B_t^2-\frac{B_n}{\mu_0 J}(\vec{B}_t\cdot\vec{v}_t)\right\rangle=0 \tag{5.2-10a}$$

$$I=\varepsilon$$

由上述八个相容性条件，再加上物态方程，便可根据间断面的类型，从间断面一侧的磁流体参量求解另一侧的参量值。

5.2.2 理想磁流体力学间断面

由(5.1-6)～(5.1-10)式知，当 $\vec{B}=0$ 时满足的相容性条件为

$$\begin{cases}\langle\rho v_n\rangle=0, \quad J=\rho v_n=\text{常数}\\ \langle J\vec{v}_t\rangle=0\\ J^2\left\langle\dfrac{1}{\rho}\right\rangle+\langle p\rangle=0\\ J\left\langle I+\dfrac{J^2}{2\rho^2}+\dfrac{1}{2}v_t^2+\dfrac{p}{\rho}\right\rangle=0\end{cases}$$

显然无磁场时的间断面(即一般流体力学间断面)可能存在两种间断面。

(1) 切向间断

当 $v_n=0$ 即 $J=0$ 时，没有物质流过间断面。由相容性条件得

$$\langle\vec{v}_t\rangle\neq0, \quad \langle p\rangle=0, \quad \langle\rho\rangle\neq0$$

即法向速度、压强连续；切向速度和密度不连续。物理上该间断面相当于两种密度不同的流体层相对滑动的界面。

(2) 激波

当 $v_n\neq0$，即 $J\neq0$，$\langle p\rangle\neq0$，$\langle\rho\rangle\neq0$，意味着有物质流过间断面。由相容性条件(5.1-6)～(5.1-10)式可得

$$\langle\rho\vec{v}_t\rangle=0 \quad \begin{cases}\langle\vec{v}_t\rangle=0\rightarrow\left\langle I+\dfrac{J^2}{2\rho^2}+\dfrac{p}{\rho}\right\rangle=0\\ \langle\rho\vec{v}_t\rangle=0\end{cases}$$

$$J^2\left\langle\frac{1}{\rho}\right\rangle+\langle p\rangle=0$$

$$\left\langle I+\frac{J^2}{2\rho^2}+\frac{1}{2}v_t^2+\frac{p}{\rho}\right\rangle=0$$

所以激波应满足 $J\neq 0$，$\langle\rho\rangle\neq 0$。它可分两大类：正激波和斜激波。对正激波，除上述条件外尚需满足 $\langle\vec{v}_t\rangle=0$，此时满足的相容性条件为

$$\begin{cases}J^2\left\langle\dfrac{1}{\rho}\right\rangle+\langle p\rangle=0\\ \left\langle I+\dfrac{J^2}{2\rho^2}+\dfrac{p}{\rho}\right\rangle=0\end{cases}$$

斜激波是没有任何特殊限制的一般激波，此时满足的相容性条件为

$$\begin{cases}\langle\rho\vec{v}_t\rangle=0\\ J^2\left\langle\dfrac{1}{\rho}\right\rangle+\langle p\rangle=0\\ \left\langle I+\dfrac{J^2}{2\rho^2}+\dfrac{1}{2}v_t^2+\dfrac{p}{\rho}\right\rangle=0\end{cases}$$

磁流体力学间断面的类型较多，通常有切向间断、接触间断、旋转间断和正激波、斜激波等好几种。

1. 切向间断

磁流体力学切向间断的概念大致与一般流体力学切向间断相似，只是增加了间断面两侧磁场的法向分量为零而切向分量不连续的条件，即

$$v_n=0,\quad B_n=0$$

由 $J=0$，$B_n=0$，得$\langle\vec{v}_t\rangle\neq 0$，$\langle\vec{B}_t\rangle\neq 0$，$\left\langle p+\dfrac{B_t^2}{2\mu_0}\right\rangle=0$，即间断面两侧速度切向分量、密度和切向磁场不连续，法向速度和法向磁场连续〔见图 5.5(a)〕。

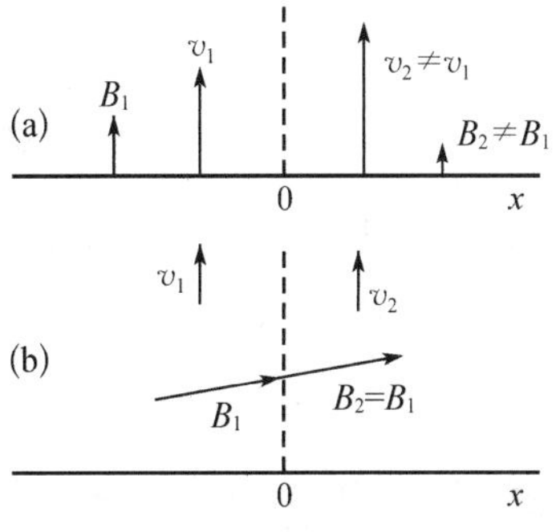

图 5.5 切向间断(a)和接触间断(b)示意图

2. 接触间断

接触间断相当于两种密度不同的流体的交界面，或同一种流体处于两种不同状态时的交界面。即 $v_n=0$，$B_n\neq 0$。由相容性条件(5.2-6)～(5.2-10)式可得，因 $v_n=0$，$B_n\neq 0$，由(5.2-7)式得$\langle B_n\vec{v}_t\rangle=0$，所以必需要求$\langle\vec{v}_t\rangle=0$，又 $B_n\neq 0$，由(5.2-9a)式得$\langle\vec{B}_t\rangle=0$，由 $J=0$ 和(5.2-9b)式得$\langle p\rangle=0$，$\langle\rho\rangle\neq 0$。即速度、压强、磁场强度连续，物质密度不连续。接触间断面为两种不同流体的交界面，与切向间断面的区别在于两层之间没有相对滑动〔见图 5.5(b)〕。

3. 旋转间断

在一般流体中除 $v_n=0$ 的切向间断，就是 $v_n\neq 0$ 的激波。而在磁流体中却存在 $v_n\neq 0$，$\langle\rho\rangle=0$ 的非激波间断，这种间断称作旋转间断，旋转间断是磁流体力学中所特有的一种间断。

利用相容性条件，由于 $v_n\neq 0$，$\langle\rho\rangle=0$，则由 (5.2－9b)，

$$\left\langle p+\frac{B_t^2}{2\mu_0}\right\rangle=0$$

由 (5.2－7)，

$$\langle\vec{v}_t\rangle=\frac{v_n}{B_n}\langle\vec{B}_t\rangle=\frac{J}{B_n\rho}\langle\vec{B}_t\rangle$$

由 (5.2－9a)，

$$\langle\vec{v}_t\rangle=\frac{B_n}{J\mu_0}\langle\vec{B}\rangle$$

则

$$\frac{J}{B_n\rho}=\frac{B_n}{J\mu_0}\quad \text{i. e.,}\quad \frac{J}{B_n}=\sqrt{\frac{\rho}{\mu_0}}\ \text{或}\ \frac{J}{\rho}=\frac{B_n}{\sqrt{\mu_0\rho}}$$

故

$$\langle\vec{v}_t\rangle=\frac{1}{\sqrt{\mu_0\rho}}\langle\vec{B}_t\rangle\quad \text{i. e.,}\quad \left\langle\vec{v}_t-\frac{1}{\sqrt{\mu_0\rho}}\vec{B}_t\right\rangle=0$$

因 $v_n=\dfrac{J}{\rho}=\dfrac{B_n}{\sqrt{\mu_0\rho}}=$ 常数，则

$$\langle B_n\rangle=0,\quad \langle v_n\rangle=0$$

由 (5.2－10a)，

$$\left\langle I+\left(\frac{p}{\rho}+\frac{B_t^2}{2\mu_0\rho}\right)+\underbrace{\frac{1}{2}v_t^2+\frac{B_t^2}{2\mu_0\rho}-\frac{1}{\sqrt{\mu_0\rho}}\vec{B}_t\cdot\vec{v}_t}_{\frac{1}{2}\left(\vec{v}_t-\frac{\vec{B}_t}{\sqrt{\mu_0\rho}}\right)^2}\right\rangle=0$$

因

$$\langle\rho\rangle=\left\langle p+\frac{B_t^2}{2\mu_0}\right\rangle=\left\langle\vec{v}_t-\frac{\vec{B}_t}{\sqrt{\mu_0\rho}}\right\rangle=0$$

则$\langle I\rangle=0$，而$I=\dfrac{p}{\rho(\gamma-1)}$。故$\langle p\rangle=0$，$\langle B_t^2\rangle=0$，即$\langle B_t\rangle=0$。

所以，旋转间断面满足条件为

$$\langle B_t\rangle=\langle B_n\rangle=0,\quad \langle v_n\rangle=\langle p\rangle=\langle \rho\rangle=0$$

只有$\vec{B}_t$的方向和$\vec{v}_t$的方向会发生间断，且满足$\langle \vec{v}_t\rangle=\dfrac{1}{\sqrt{\mu_0\rho}}\langle \vec{B}_t\rangle$。在以速度$\vec{u}=\vec{v}_{t2}-\dfrac{\vec{B}_{t2}}{\sqrt{\mu_0\rho}}=\vec{v}_{t1}-\dfrac{\vec{B}_{t1}}{\sqrt{\mu_0\rho}}$运动的坐标系中，间断面两侧物理量的关系为

$$B_2=B_1,\quad v_{n2}=v_{n1},\quad \vec{v}_{t2}=\vec{v}_{t1}-\vec{u}=\frac{\vec{B}_{t1}}{\sqrt{\mu_0\rho}}$$

则

$$\langle B\rangle=0,\quad \langle v_n\rangle=0,\quad \vec{v}=\frac{\vec{B}_2}{\sqrt{\mu_0\rho}}=\frac{\vec{B}_1}{\sqrt{\mu_0\rho}}$$

上述各关系式表明，在以速度为$\vec{u}$运动的坐标系里，$\vec{v}\parallel\vec{B}$，且$\vec{v}$和$\vec{B}$都只有方向间断而无大小间断，所以在间断面后，$\vec{v}_2$、$\vec{B}_2$在一个以$\vec{B}_1$与间断面法线夹角为顶角的圆锥上，其数值大小不变，仅方向上沿锥面转了一个角度，旋转角的大小由间断的强弱决定，所以称为旋转间断（见图 5.6）。当旋转间断的强度趋向于零时，间断面将失去“间断”的意义，而蜕变为阿尔文波的波阵面。反之，当阿尔文波振幅变大时，它将变化为旋转间断，但不是激波，故通常将旋转间断也称为阿尔文间断（或阿尔文激波）。

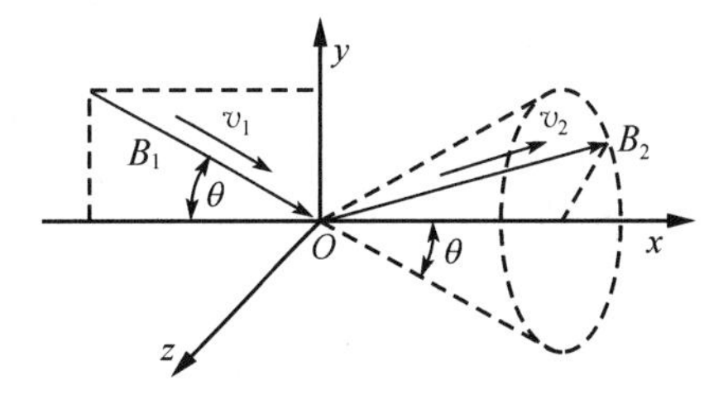

图 5.6　旋转（或阿尔文）间断

4. 磁流体力学激波

磁流体力学激波（简称磁激波）是另一类间断，它与旋转间断的差别在于它的两侧物质密度有突变，即$v_n\neq 0$，$\langle\rho\rangle\neq 0$。

磁流体力学激波可分两大类：正激波和斜激波。对正激波，除上述条件外尚需满足$\langle \vec{v}_t\rangle=0$，$B_n=0$，即要求激波传播方向与磁场垂直。对斜激波，除$v_n\neq 0$，$\langle\rho\rangle\neq 0$外，尚需满足$\langle \vec{v}_t\rangle\neq 0$，$B_n\neq 0$，即激波方向可与磁场成任何角度。所以，斜激波是没有任何特殊限制的最一般的磁流体力学间断，它的研究最为复杂。下节将着重研究磁流体力学正激波的基本性质，由此来阐明磁激波的主要特性。

5.3 理想磁流体力学兰金-于戈尼奥(Rankine-Hugoinot)方程

正如上节所指出的，当 $v_n \neq 0$，$\langle \rho \rangle \neq 0$ 时，磁流体力学间断面即为激波。它所满足的相容性条件为(5.2-6)～(5.2-10)式。下面从这些条件出发，研究磁流体激波的基本特性。

通常激波通过前，磁流体的状态是已知的，如果再已知激波的强度（它可以用激波速度、激波前后的压强比、激波通过后流体的速度或马赫数等物理量表示），那么利用相容性条件，便可求得激波通过后磁流体中的物理状态。兰金-于戈尼奥方程即是从相容性条件出发，从激波强度及磁流体原来的物理量求解激波通过后状态的方程式。

从相容性条件(5.2-6)～(5.2-10)式可得

$$B_n = \text{常数} \tag{5.3-1}$$

$$\left\langle \vec{v}_t - \frac{J}{B_n \rho} \vec{B}_t \right\rangle = 0$$

$$\rho_1 v_{1n} = \rho_2 v_{2n} = J = \text{常数} \tag{5.3-2}$$

$$\left\langle J \vec{v}_t - \frac{B_n}{\mu_0} \vec{B}_t \right\rangle = 0 \rightarrow \left\langle \vec{v}_t - \frac{B_n}{\mu_0 J} \vec{B}_t \right\rangle = 0 \tag{5.3-3}$$

$$J^2 \left\langle \frac{1}{\rho} \right\rangle + \left\langle p + \frac{B_t^2}{2\mu_0} \right\rangle = 0 \tag{5.3-4}$$

$$\left\langle I + \frac{J^2}{2\rho^2} + \frac{1}{2} v_t^2 + \frac{p}{\rho} + \frac{B_t^2}{\mu_0 \rho} - \frac{B_n}{\mu_0 J} (\vec{B}_t \cdot \vec{v}_t) \right\rangle = 0 \tag{5.3-5}$$

将(5.3-4)$\times \frac{1}{2}\left(\frac{1}{\rho_2} + \frac{1}{\rho_1}\right)$，得

$$\frac{1}{2} J^2 \left(\frac{1}{\rho_2} + \frac{1}{\rho_1}\right) \left\langle \frac{1}{\rho} \right\rangle = \frac{1}{2} J^2 \left\langle \frac{1}{\rho^2} \right\rangle = -\frac{1}{2} \left(\frac{1}{\rho_2} + \frac{1}{\rho_1}\right) \left\langle p + \frac{B_t^2}{2\mu_0} \right\rangle \tag{5.3-6}$$

将(5.3-3)式平方，得

$$\left\langle v_t^2 - \frac{B_n}{\frac{\mu_0}{2} J} \vec{v}_t \cdot \vec{B}_t + \frac{B_n^2}{\mu_0^2 J^2} B_t^2 \right\rangle = 0 \tag{5.3-7}$$

再将(5.3-6)、(5.3-7)代入(5.3-5)式，得

$$\langle I \rangle - \frac{1}{2} \left(\frac{1}{\rho_2} + \frac{1}{\rho_1}\right) \left\langle p + \frac{B_t^2}{2\mu_0} \right\rangle + \left\langle \frac{p}{\rho} + \frac{B_t^2}{\mu_0 \rho} - \frac{B_n^2}{2\mu_0^2 J^2} B_t^2 \right\rangle = 0$$

即

$$\langle I\rangle+\frac{1}{2}(p_1+p_2)\left\langle\frac{1}{\rho}\right\rangle-\frac{1}{4\mu_0}\left(\frac{1}{\rho_2}+\frac{1}{\rho_1}\right)\langle B_t^2\rangle-\frac{B_n^2}{2\mu_0^2J^2}\langle B_t^2\rangle+\frac{1}{\mu_0}\left\langle\frac{B_t^2}{\rho}\right\rangle=0 \tag{5.3-8}$$

↓ Ⅰ　↓ Ⅱ　↓ Ⅲ　↓ Ⅳ　↓ Ⅴ

由电场切向分量连续与动量方程的切向分量可得

$$\langle\vec{v}_t\rangle=\left\langle\frac{J}{B_n\rho}\vec{B}_t\right\rangle=\left\langle\frac{B_n}{\mu_0J}\vec{B}_t\right\rangle\rightarrow\left\langle\frac{\vec{B}_t}{\rho}\right\rangle=\frac{B_n^2}{\mu_0J^2}\langle\vec{B}_t\rangle \tag{5.3-9}$$

将(5.3－9)式代入(5.3－8)式第四项，并注意到

$$\langle B_t^2\rangle=B_{t2}^2-B_{t1}^2=(\vec{B}_{t2}+\vec{B}_{t1})(\vec{B}_{t2}-\vec{B}_{t1})=\langle\vec{B}_t\rangle(\vec{B}_{t2}+\vec{B}_{t1})$$

则(5.3－8)式第四项为

$$\begin{aligned}\frac{B_n^2}{2\mu_0J^2}\langle B_t^2\rangle&=\frac{B_n^2}{2\mu_0J^2}\langle\vec{B}_t\rangle(\vec{B}_{t2}+\vec{B}_{t1})=\frac{1}{2\mu_0}\left\langle\frac{\vec{B}_t}{\rho}\right\rangle(\vec{B}_{t2}+\vec{B}_{t1})\\&=\frac{1}{2\mu_0}\left\langle\frac{B_t^2}{\rho}\right\rangle+\frac{\vec{B}_{t1}\cdot\vec{B}_{t2}}{2\mu_0}\left\langle\frac{1}{\rho}\right\rangle\end{aligned}$$

(5.3－8)式第四项加第五项为

$$-\frac{B_n^2}{2\mu_0J^2}\langle B_t^2\rangle+\frac{1}{\mu_0}\left\langle\frac{B_t^2}{\rho}\right\rangle=\frac{1}{2\mu_0}\left\langle\frac{B_t^2}{\rho}\right\rangle-\frac{\vec{B}_{t1}\cdot\vec{B}_{t2}}{2\mu_0}\left\langle\frac{1}{\rho}\right\rangle$$

(5.3－8)式中第三、四、五项相加为

$$\frac{1}{4\mu_0}(B_{t2}^2-2\vec{B}_{t1}\cdot\vec{B}_{t2}+B_{t1}^2)\left\langle\frac{1}{\rho}\right\rangle=\frac{1}{4\mu_0}\langle\vec{B}_t\rangle^2\left\langle\frac{1}{\rho}\right\rangle$$

则(5.3－8)式化为

$$\langle I\rangle+\frac{1}{2}(p_1+p_2)\left\langle\frac{1}{\rho}\right\rangle+\frac{1}{4\mu_0}\langle\vec{B}_t\rangle^2\left\langle\frac{1}{\rho}\right\rangle=0$$

因 $\langle B_n\rangle=0$，所以上式即为

$$\langle I\rangle+\frac{1}{2}(p_1+p_2)\left\langle\frac{1}{\rho}\right\rangle+\frac{1}{4\mu_0}\langle\vec{B}\rangle^2\left\langle\frac{1}{\rho}\right\rangle=0 \tag{5.3-10}$$

(5.3－10)式即为磁流体力学的兰金-于戈尼奥方程。在理想气体的情况下，

$$I=\frac{p}{\rho(\gamma-1)}$$

代入(5.3－10)式可得

$$\frac{p_2}{p_1}=\frac{(\gamma+1)\rho_2-(\gamma-1)\rho_1}{(\gamma+1)\rho_1-(\gamma-1)\rho_2}+\frac{(\gamma-1)(\rho_1-\rho_2)(\vec{B}_2-\vec{B}_1)^2}{2\mu_0 p_1(\gamma+1)\rho_1-(\gamma-1)\rho_2} \tag{5.3-11}$$

由(5.3-10)式〔或(5.3-11)式〕可知，当磁场 $\vec{B}=0$ 时，或者 $\vec{B}_2=\vec{B}_1$ 时，(5.3-10)式〔或(5.3-11)式〕最后一项为零，就得到流体力学的兰金-于戈尼奥方程即

$$\langle I\rangle+\frac{1}{2}(p_1+p_2)\left\langle\frac{1}{\rho}\right\rangle=0 \quad 或 \quad \langle I\rangle+\frac{1}{2}(p_1+p_2)\langle V\rangle=0$$

式中 $V=\dfrac{1}{\rho}$ 为比容。这些关系把激波两侧的压强和密度联系起来，其作用与状态绝热变化时 $p\rho^{-\gamma}=$ 常数所起的作用相同。不过，由于激波中存在着各种耗散因素(例如热传导等)，因此激波过程并非绝热，不能用绝热定律描述。兰金-于戈尼奥方程正是代替绝热定律用来直接描述激波前后物理状态变化的基本方程式。

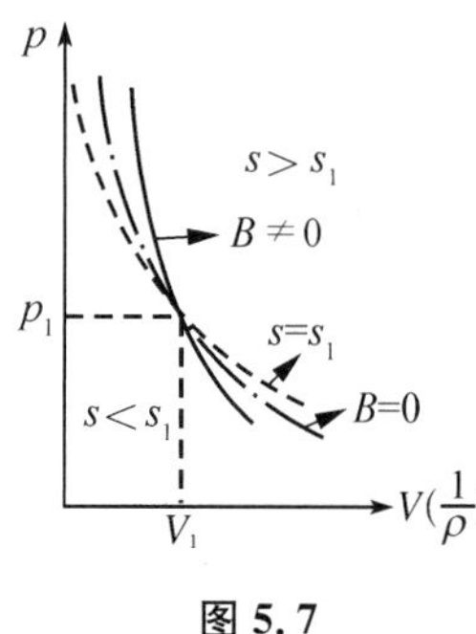

图 5.7

图 5.7 表示 $\left(p,\ V\left(\dfrac{1}{\rho}\right)\right)$ 平面上的磁流体力学兰金-于戈尼奥关系(实线)，流体力学兰金-于戈尼奥关系(点虚线)和泊松绝热曲线(虚线)。由(5.3-10)式中最后一项，当 $V_2<V_1$ 时，即 $\rho_2>\rho_1$ 时，为负值，而当 $V_2>V_1$ 时，即 $\rho_2<\rho_1$ 时为正值。故在图 5.7 中，当 $V_2<V_1$ 时，区域中满足(5.3-10)式的点位于流体力学的于戈尼奥曲线之上，而在 $V_2>V_1$ 时，区域中满足(5.3-10)式的点位于流体力学的于戈尼奥曲线之下。而在流体力学中，当 $V_2<V_1$ 时兰金-于戈尼奥曲线位于柏松绝热曲线之上，当 $V_2>V_1$ 时位于柏松绝热曲线之下。因此，满足磁流体力学兰金-于戈尼奥关系(5.3-10)式的点，在 $V<V_1$ 时位于 $s>s_1$ 的区域，而当 $V>V_1$ 时位于 $s<s_1$ 的区域。这表明在通常的假设下，磁流体力学中不可能有稀疏跃变，因为它们相应于熵减少的过程。激波引起的变化是非绝热过程，伴随着耗散和加热，因此根据热力学第二定律知道，激波过程必然引起熵的增加。所以，激波只能是稠密跃变，是压缩波。

5.4 理想磁流体力学激波的传播

5.4.1 平行于磁场方向的激波传播

根据磁激波相容性条件，先研究沿初始磁场方向传播的激波。

若取激波的传播方向为 x 方向，在激波内部所有变量仅为 x 的函数，在激波外(激波的上游和下游区域)则为常数，即

$$\vec{B}_1=(B_1,\ 0,\ 0),\quad \vec{v}_1=(v_1,\ 0,\ 0)$$

通过激波后，磁场一般既有法向分量，又有切向分量。选 y 轴与磁场的切向分量一致，则

$$\vec{B}_2=(B_x,\ B_y,\ 0),\quad \vec{v}_2=(v_x,\ v_y,\ 0)$$

代入磁激波的相容性条件(5.2－6)～(5.2－10)式得

$$B_x=B_1 \tag{5.4-1}$$

$$B_x v_y-v_x B_y=0,\quad v_y=\frac{v_x}{B_x}B_y=\frac{v_x}{B_1}B_y \tag{5.4-2}$$

$$\rho_2 v_x=\rho_1 v_1,\quad v_x=\frac{\rho_1}{\rho_2}v_1 \tag{5.4-3}$$

$$\rho_2 v_x v_y-\frac{B_x B_y}{\mu_0}=0\quad \text{i. e.},\quad \left(v_x^2-\frac{B_1^2}{\mu_0\rho_2}\right)B_y=0 \tag{5.4-4}$$

$$v_y=\frac{B_1 B_y}{\mu_0\rho_2 v_x}=\frac{B_1 B_y}{\mu_0\rho_1 v_1} \tag{5.4-5}$$

$$\rho_2 v_x^2+p_2+\frac{B_y^2}{2\mu_0}=\rho_2\left(\frac{\rho_1}{\rho_2}\right)^2 v_1^2+p_2+\frac{1}{2\mu_0}B_y^2=\rho_1 v_1^2+p_1 \tag{5.4-6}$$

$$\left\langle I+\frac{p}{\rho}+\frac{1}{2}v^2+\frac{B_y^2}{\mu_0\rho}-\frac{B_x B_y v_y}{\mu_0\rho v_x}\right\rangle=0$$

即

$$\frac{\gamma p_1}{\rho_1(\gamma-1)}+\frac{v_1^2}{2}=\frac{\gamma p_2}{\rho_2(\gamma-1)}+\frac{1}{2}(v_x^2+v_y^2)+\frac{B_y^2}{\mu_0\rho_2}-\frac{B_1 B_y v_y}{\mu_0\rho_2 v_x} \tag{5.4-7}$$

即平行激波下游的磁场 $\vec{B}_2$ 和$\vec{v}_2$ 为

$$\vec{B}_2=(B_1,\ B_y,\ 0),\quad \vec{v}_2=\left(\frac{\rho_1}{\rho_2}v_1,\ \frac{B_1 B_y}{\mu_0\rho_1 v_1},\ 0\right)$$

由(5.4－4)式，

$$\left(v_x^2-\frac{B_1^2}{\mu_0\rho_2}\right)B_y=0$$

意味着可能存在两个解。

(1) 激波沿磁场方向传播

$B_y=0$,则$\vec{B}_2=\vec{B}_1$，于是相容性条件便变为如下形式：

$$\rho_2 v_2=\rho_1 v_1$$

$$p_1+\rho_1 v_1^2=p_2+\rho_2 v_2^2$$

$$\frac{\gamma p_2}{\rho_2(\gamma-1)}+\frac{v_2^2}{2}=\frac{\gamma p_1}{\rho_1(\gamma-1)}+\frac{v_1^2}{2}$$

即为无磁场存在时的激波相容性条件。表明若激波沿磁场方向传播时，磁场不起作用，宛如磁场不存在一样。当然激波对磁场也没有任何影响，磁场也不发生变化。这和任何沿磁场方向的流体运动一样，磁场与运动没有丝毫耦合。因此 $B_y=0$ 的解即为一般流体力学激波。

(2) 诱生(switch-on)激波和消去(switch-off)激波

(5.4-4)式的另一个解为

$$v_x^2=\frac{B_1^2}{\mu_0\rho_2}$$

又 $v_x=\frac{\rho_1 v_1}{\rho_2}$，令$\frac{\rho_2}{\rho_1}=X$，有

$$v_1^2=X^2v_x^2=X^2\frac{B_1^2}{\mu_0\rho_2}=X^2\frac{B_1^2}{\mu_0\rho_1}\frac{\rho_1}{\rho_2}=X\frac{B_1^2}{\mu_0\rho_1}=Xv_{A1}^2 \tag{5.4-8}$$

由(5.4-6)式得到 p_2 代入能量方程(5.4-7)，并利用(5.4-3)、(5.4-5)、(5.4-8)式消去各速度分量，得到

$$B_y^2\left[\frac{\gamma}{2\mu_0X(\gamma-1)}-\frac{1}{2\mu_0X}\right]=\frac{\gamma B_1^2}{\mu_0(\gamma-1)}+\frac{\gamma p_1}{(\gamma-1)X}-\frac{\gamma B_1^2}{(\gamma-1)X\mu_0}+\frac{B_1^2}{2\mu_0X}-\frac{XB_1^2}{2\mu_0}-\frac{\gamma p_1}{\gamma-1}$$

整理后得

$$B_y^2=2(X-1)B_1^2\left[\frac{(\gamma+1)-X(\gamma-1)}{2}-\frac{\mu_0\gamma p_1}{B_1^2}\right] \tag{5.4-9}$$

(5.4-9)式要有非零实数解必须满足

$$\frac{(\gamma+1)-X(\gamma-1)}{2}>\frac{\gamma\mu_0p_1}{B_1^2}=\frac{\gamma\frac{p_1}{\rho_1}}{\frac{B_1^2}{\mu_0\rho_1}}=\frac{c_{s1}^2}{v_{A1}^2} \tag{5.4-10}$$

一般情况下，$1\leqslant X<\frac{\gamma+1}{\gamma-1}$，所以

$$0<\frac{(\gamma+1)-X(\gamma-1)}{2}\leqslant 1$$

(5.4-10)式表明仅当初始磁场强度强到使阿尔文速度远大于声速时，才能出现这种解。

显然对于强激波，$\frac{(\gamma+1)-X(\gamma-1)}{2}\to 0$，即要求 $v_A\gg c_s$，由(5.4-8)式，

$$v_1^2=Xv_{A1}^2,\quad X>1$$

表明存在这种解时，激波速度必然大于阿尔文速度，亦即激波速度 v_1 必然满足

$$v_1>v_A>c_s$$

这种解给出了这样的物理结果，当激波沿磁场传播时，若满足 $v_1 > v_A > c_s$ 便能产生原来不存在的磁场切向分量，我们把这种激波称为“诱生”激波；相反，也可有初始磁场的切向分量被激波消去的情形，这种激波叫“消去”激波（见图 5.8）。因为磁场的切向分量不守恒，所以激波波阵面上一般存在面电流。

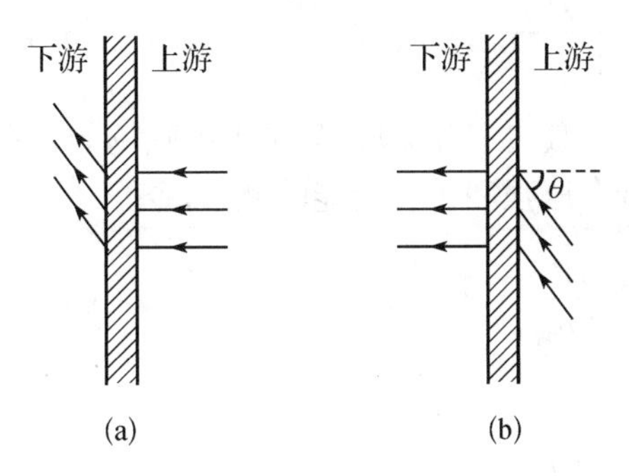

图 5.8 诱生激波(a)和消去激波(b)

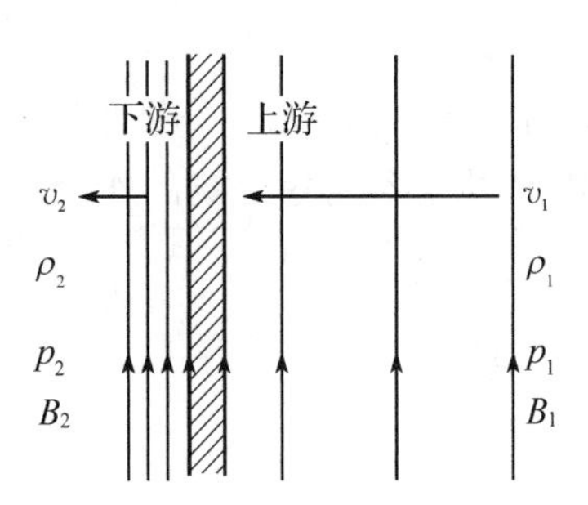

图 5.9 垂直磁激波示意图

5.4.2 垂直于磁场方向传播的激波

如图 5.9 所示，选择传播方向为 x 轴方向，磁场方向为 y 轴方向。于是有

$$\vec{B}_1 = (0,\ B_1,\ 0),\quad \vec{v}_1 = (v_1,\ 0,\ 0) \tag{5.4-11}$$

利用法向磁场连续(5.2-6)式，则

$$\vec{B}_2 = (0,\ B_y,\ B_z)$$
$$\vec{v}_2 = (v_x,\ v_y,\ v_z)$$

由相容性条件(5.2-8)式，得

$$v_x = \frac{\rho_1}{\rho_2} v_1 = \frac{v_1}{X},\quad v_z = 0$$

上述量代入(5.2-7)式，得

$$B_z = 0,\quad B_y = \frac{v_1}{v_x} B_1 = XB_1$$

即

$$\vec{v}_2 = \left(\frac{v_1}{X},\ 0,\ 0\right) \tag{5.4-12}$$

$$\vec{B}_2 = (0,\ B_y,\ 0) = (0,\ XB_1,\ 0) \tag{5.4-13}$$

(5.4-12)和(5.4-13)式表明：如果磁场强度不变，则磁场强度增大的比率与密度增大的比率相同。该结果是磁场冻结效应造成的。当流体被压缩时，与流体冻结在一起的磁力线也按同样的比例被挤压，从而使密度增大的比率与场强增大的比率完全一样。这与磁声波的物理图像一致，只不过垂直激波是非线性波，而磁声波是线性波而已。此时，相容

性条件(5.2－9)和(5.2－10)式为

$$\rho_1 v_1^2 + p_1 + \frac{B_1^2}{2\mu_0} = \rho_2 v_2^2 + p_2 + \frac{B_2^2}{2\mu_0} \tag{5.4-14}$$

$$\frac{\gamma p_1}{(\gamma-1)\rho_1} + \frac{v_1^2}{2} + \frac{B_1^2}{\mu_0\rho_1} = \frac{\gamma p_2}{(\gamma-1)\rho_2} + \frac{v_2^2}{2} + \frac{B_2^2}{\mu_0\rho_2} \tag{5.4-15}$$

(5.4－14)和(5.4－15)式形式上与一般流体力学激波十分类似，只是由于磁场的存在，内能和压力中必须考虑磁场的作用。引入所谓折合压强和折合内能的概念，令

$$p^* = p + \frac{B^2}{2\mu_0} \tag{5.4-16}$$

$$I^* = I + \frac{B^2}{2\mu_0\rho} \tag{5.4-17}$$

则垂直磁激波的动量守恒和能量守恒(5.4－14)和(5.4－15)式可变换成与流体力学激波在形式上完全相同的方程，即

$$\langle p^* + \rho v^2 \rangle = 0 \tag{5.4-18}$$

$$\left\langle I^* + \frac{p^*}{\rho} + \frac{v^2}{2} \right\rangle = 0 \tag{5.4-19}$$

如果再引入折合温度的概念，令

$$T^* = \frac{p^*}{\rho R} = \left(p + \frac{B^2}{2\mu_0}\right)\Big/\rho R = T + \frac{B^2}{2\mu_0\rho R} \tag{5.4-20}$$

则一般流体力学激波所得到的结论都可在磁流体力学激波中应用，不过压强、内能、温度都必须理解为“折合”的意义。

同样，与流体力学激波一样，磁激波亦可用马赫数表示，不过在磁场存在的情况，马赫数可以有三种形式，它们分别是，$Ma = \dfrac{v_1}{c_s}$，$Ma_A = \dfrac{v_1}{v_A}$，$Ma^* = \dfrac{v_1}{c_s^*}$，式中 $c_s^{*2} = c_s^2 + v_A^2$。

综上所述，垂直磁激波的相容性条件为

$$v_2 B_2 = v_1 B_1, \quad \frac{B_2}{B_1} = \frac{v_1}{v_2}$$

$$\langle \rho v \rangle = 0, \quad \rho_1 v_1 = \rho_2 v_2 \rightarrow \frac{v_2}{v_1} = \frac{\rho_1}{\rho_2}$$

$$\langle p^* + \rho v^2 \rangle = 0 \tag{5.4-18}$$

$$\left\langle I^* + \frac{p^*}{\rho} + \frac{v^2}{2} \right\rangle = 0 \tag{5.4-19}$$

下面借助于密度比 X、马赫数 Ma_1 和等离子体 β 值来表示垂直激波的相容性条件

$$\frac{v_2}{v_1}=\frac{\rho_1}{\rho_2}=X^{-1} \tag{5.4-21}$$

$$\frac{B_2}{B_1}=\frac{v_1}{v_2}=X \tag{5.4-22}$$

代入(5.4－18)和(5.4－19)式分别为

$$\frac{p_2}{p_1}=1+\frac{1}{\beta_1}(1-X^2)+\gamma Ma_1^2\left(1-\frac{1}{X}\right) \tag{5.4-23}$$

$$(X-1)\langle 2-(2-\gamma)X^2+[2\beta_1+(\gamma-1)\beta_1 Ma_1^2+2]\gamma X-\gamma(\gamma+1)\beta_1 Ma_1^2\rangle=0 \tag{5.4-24}$$

上式中 $X=1$ 显然不是激波的解，则 X 必须为 $f(X)$ 的正解，

$$f(X)=2(2-\gamma)X^2+[2\beta_1+(\gamma-1)\beta_1 Ma_1^2+2]\gamma X-\gamma(\gamma+1)\beta_1 Ma_1^2=0 \tag{5.4-25}$$

$$X=\frac{-[2\beta_1+(\gamma-1)\beta_1 Ma_1^2+2]\gamma\pm\sqrt{[2\beta_1+(\gamma-1)\beta_1 Ma_1^2+2]^2\gamma^2+8(2-\gamma)\gamma(\gamma+1)\beta_1 Ma_1^2}}{4(2-\gamma)}$$

当 $1<\gamma<2$ 时，对于激波 $X>1$，只能取正解，故有

$$\gamma(\gamma+1)\beta_1 Ma_1^2>2(2-\gamma)+[2\beta_1+(\gamma-1)\beta_1 Ma_1^2+2]\gamma$$

得

$$Ma_1^2>1+\frac{2}{\gamma\beta_1}=1+\frac{v_{A1}^2}{c_{s1}^2}$$

又

$$Ma_1=\frac{v_1}{c_{s1}}$$

所以垂直激波解必须需满足

$$v_1^2>c_{s1}^2+v_{A1}^2 \tag{5.4-26}$$

即激波的速度必须超过激波上游的快磁声速 $(c_{s1}^2+v_{A1}^2)^{1/2}$，此时快磁声波起了流体力学中声波的作用。当马赫数 Ma_1 无限增加时，压缩比 X 的增加趋于一根限值 $\frac{\gamma+1}{\gamma-1}$，即磁压缩比限制在下述范围之中，

$$1<\frac{B_2}{B_1}<\frac{\gamma+1}{\gamma-1} \tag{5.4-27}$$

上式表示磁场的增加是有限的。当 $\gamma=\frac{5}{3}$ 时，$1<\frac{B_2}{B_1}<4$。

必须指出，激波的能量来源于流体流动的能量，在引进磁场的情况下，同样的流动能，激波强度将减少，这时流动的能量不仅转化为热能，还将有一部分转化为磁能。由于磁能的增加是有限的(正如密度的增加是有限的那样)，因此对于高马赫数的强激波，磁激波的加热效应近似地与一般流体激波相同。

5.4.3 斜激波

磁激波传播除了沿磁场方向和垂直磁场方向外，磁场和等离子体速度都包含有垂直波前和平行于波前的两个分量，即 $v_n \neq 0$，$B_n \neq 0$，假定这两个分量均位于 x-y 平面内，$\hat{i}$ 方向为波前的法向，$\hat{j}$ 方向为波前的切向，如图 5.10 所示，激波上、下游的分量分别记为 1、2。斜激波满足的相容性条件为

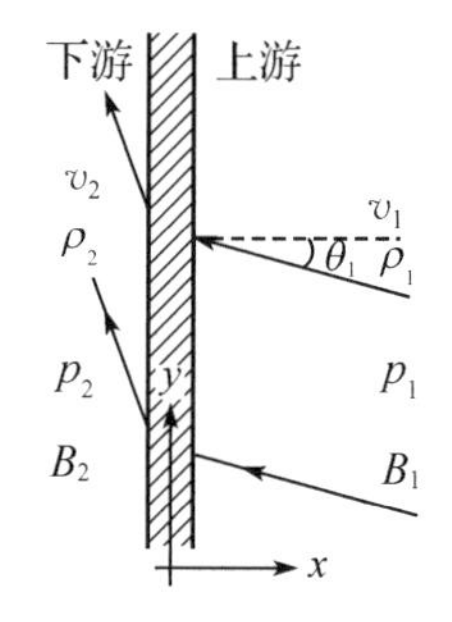

图 5.10 斜激波示意图

$$\langle B_n \rangle = 0$$

$$\langle B_n \vec{v}_t - v_n \vec{B}_t \rangle = 0$$

$$\langle \rho v_n \rangle = 0$$

$$\left\langle J \vec{v}_t - \frac{B_n}{\mu_0} \vec{B}_t \right\rangle = 0$$

$$J^2 \left\langle \frac{1}{\rho} \right\rangle + \left\langle p + \frac{B_t^2}{2\mu_0} \right\rangle = 0$$

$$J \left\langle I + \frac{J^2}{2\rho^2} + \frac{1}{2} v_t^2 + \frac{p}{\rho} + \frac{B_t^2}{\mu_0 \rho} - \frac{B_n}{\mu_0 J} (\vec{B}_t \cdot \vec{v}_t) \right\rangle = 0$$

取 $\hat{n} = \hat{x}_1$，$\hat{t} = \hat{y}_1$，则上述相容性条件为

$$B_{2x} = B_{1x} \tag{5.4-28}$$

$$B_{2x} v_{2y} - v_{2x} B_{2y} = B_{1x} v_{1y} - v_{1x} B_{1y} \tag{5.4-29}$$

$$\rho_2 v_{2x} = \rho_1 v_{1x} \tag{5.4-30}$$

$$\rho_2 v_{2x} v_{2y} - \frac{B_{2x} B_{2y}}{\mu_0} = \rho_1 v_{1x} v_{1y} - \frac{B_{1x} B_{1y}}{\mu_0} \tag{5.4-31}$$

$$\rho_2 v_{2x}^2 + p_2 + \frac{B_{2y}^2}{2\mu_0} = \rho_1 v_{1x}^2 + p_1 + \frac{B_{1y}^2}{2\mu_0} \tag{5.4-32}$$

$$\begin{aligned} &\rho_2 v_{2x} \left(I_2 + \frac{1}{2} v_2^2 + \frac{p_2}{\rho_2} + \frac{B_{2y}^2}{\mu_0 \rho_2} - \frac{B_{2x}}{\mu_0 \rho_2 v_{2x}} B_{2y} v_{2y} \right) \\ &= \rho_1 v_{1x} \left(I_1 + \frac{1}{2} v_1^2 + \frac{p_1}{\rho_1} + \frac{B_{1y}^2}{\mu_0 \rho_1} - \frac{B_{1x}}{\mu_0 \rho_1 v_{1x}} B_{1y} v_{1y} \right) \end{aligned} \tag{5.4-33}$$

(5.4-33)式即

$$\left(p_2+\frac{B_{2y}^2}{2\mu_0}\right)v_{2x}-\frac{B_{2x}}{\mu_0}B_{2y}v_{2y}+\left(I_2\rho_2+\frac{1}{2}\rho_2 v_{2x}^2+\frac{B_{2y}^2}{2\mu_0}\right)v_{2x}$$

$$=\left(p_1+\frac{B_{1y}^2}{2\mu_0}\right)v_{1x}-\frac{B_{1x}}{\mu_0}B_{1y}v_{1y}+\left(I_1\rho_1+\frac{1}{2}\rho_1 v_{1x}^2+\frac{B_{1y}^2}{2\mu_0}\right)v_{1x} \quad (5.4-34)$$

选取沿 y 轴方向，相对于实验室以$\vec{u}$运动的动坐标系，有

$$\vec{u}=\vec{v}_1-\frac{v_{1x}}{B_{1x}}\vec{B}_1$$

则在此动坐标系里

$$\vec{v}_1(\vec{u})=\vec{v}_1-\vec{u}=\frac{v_{1x}}{B_{1x}}\vec{B}_1$$

这种坐标系叫作 de Hoffmann-Teller(HT)系(de Hoffmann & Teller, 1950)。这种动坐标的选取在垂直激波的情况显然是不可能的(因为 $B_{1x}=0$)。在 HT 系里，方程(5.4-29)两边为零，亦即波前两边的速度必须与磁场平行，即

$$\tan\theta=\frac{v_{1y}}{v_{1x}}=\frac{B_{1y}}{B_{1x}},\quad \frac{v_{2y}}{v_{2x}}=\frac{B_{2y}}{B_{2x}} \quad (5.4-35)$$

θ 是上游磁场与激波法向的夹角。

在 HT 坐标系中，

$$(5.4-33)\text{式}\rightarrow\frac{\gamma p_2}{\rho_2(\gamma-1)}+\frac{v_2^2}{2}=\frac{\gamma p_1}{\rho_1(\gamma-1)}+\frac{v_1^2}{2} \quad (5.4-36)$$

令压缩比 $X=\frac{\rho_2}{\rho_1}$，声速 $c_{s1}^2=\gamma\frac{p_1}{\rho_1}$，阿尔文速度 $v_{A1}^2=\frac{B_1^2}{\mu_0\rho_1}$，则

$$(5.4-30)\text{式}\rightarrow\frac{v_{2x}}{v_{1x}}=X^{-1}$$

$$(5.4-28)\text{式}\rightarrow\frac{B_{2x}}{B_{1x}}=1$$

$$(5.4-31)\text{式}\rightarrow\frac{v_{2y}}{v_{1y}}=\frac{v_1^2-v_{A1}^2}{v_1^2-Xv_{A1}^2} \quad (5.4-37)$$

$$(5.4-29)\text{式}\rightarrow\frac{B_{2y}}{B_{1y}}=X\frac{v_{2y}}{v_{1y}}=\frac{v_1^2-v_{A1}^2}{v_1^2-Xv_{A1}^2}X \quad (5.4-38)$$

$$(5.4-36)\text{式}\rightarrow\frac{p_2}{p_1}=X+\frac{(\gamma-1)Xv_1^2}{2c_{s1}^2}\left(1-\frac{v_2^2}{v_1^2}\right) \quad (5.4-39)$$

此处压缩比 X 是下述方程的解

$$(v_1^2-Xv_{A1}^2)^2\left\{Xc_{s1}^2+\frac{1}{2}v_1^2\cos\theta[X(\gamma-1)-(\gamma+1)]\right\}+\frac{1}{2}v_{A1}^2v_1^2\sin\theta X$$

$$\times\{[\gamma+X(2-\gamma)]v_1^2-Xv_{A1}^2[(\gamma+1)-X(\gamma-1)]\}=0 \quad (5.4-40)$$

方程(5.4－40)有三个解,对应于快、慢磁激波与中间波(见图5.11)。当 $X \to 1$ 时,(5.4－37)式即为

$$\begin{cases} v_1^2 = v_{A1}^2 \\ v_{1x}^4 - (c_{s1}^2 + v_{A1}^2)v_{1x}^2 + v_{A1}^2 c_{s1}^2 \cos^2\theta = 0 \end{cases}$$

此时即还原为均匀磁流体力学波动(见4.1节)中的三支波:中间波(即阿尔文波)和快、慢磁声波。

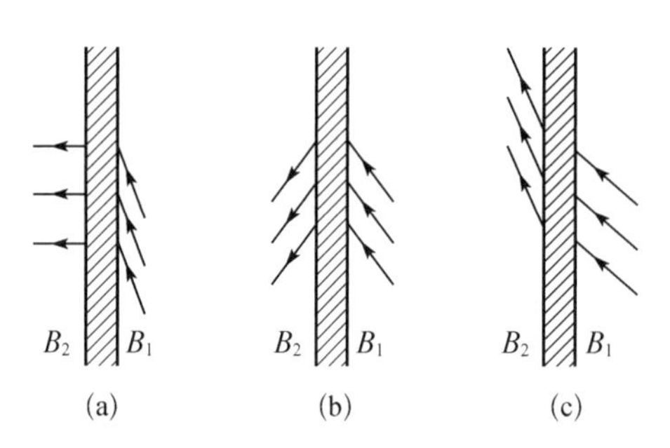

图5.11 三类斜激波〔(a) 慢波、(b) 中间波、(c) 快波〕示意图

1. 快、慢磁激波

有关斜激波特性的完整推导可以参阅有关文献(例如 Bazer & Ericson,1959;Jeffrey & Taniuti,1964)。本节先考虑慢(模)磁激波和快(模)磁激波〔见图5.11(a)、(c)〕。

因为激波是压缩波,所以要求 $X > 1$,(5.4－39)式意味着 $p_2 > p_1$。由切向磁场分量符号的一致性,要求 $\dfrac{B_{2y}}{B_{1y}}$ 为正。由(5.4－38)式,要使 $\dfrac{B_{2y}}{B_{1y}}$ 为正,必须要求(5.4－38)式右端的分子和分母同时为正或同时为负。

第一种情况:同时为正,即

$$v_1^2 \geqslant X v_{A1}^2 (> v_{A1}^2) \tag{5.4-41}$$

由(5.4－38)式得 $B_{2y} > B_{1y}$,即 $B_2 > B_1$。此时通过激波后的磁场 $\vec{B}_2$ 向远离波前法向偏析,且磁场强度增强〔见图5.10(c)〕。显然由(5.4－37)式,$v_{2y} > v_{1y}$,亦即此时为快(模)磁激波。

第二种情况:同时为负,即

$$v_1^2 \leqslant v_{A1}^2 (< X v_{A1}^2) \tag{5.4-42}$$

同样由(5.4－38)式,$B_{2y} < B_{1y}$,即 $B_2 < B_1$,此时通过激波后的磁场 $\vec{B}_2$ 向波前法向偏析,且磁场强度减弱〔见图5.10(a)〕。由(5.4－37)式,此时 $v_{2y} < v_{1y}$,亦即为慢(模)磁激波。

由激波的演化条件可知,当激波速度 v_{1x} 超过慢磁声速 c_{M-} 时,可以产生慢磁激波;而当 v_{1x} 超过快磁声速 c_{M+} 时,可产生快磁声波。显然,此时在激波下游 v_{2x} 相应地小于 c_{M-} 或 c_{M+}。

由上可知,由于 $\dfrac{v_{2x}}{v_{1x}} = X^{-1}$,且对激波 $X > 1$,所以 $v_{2x} < v_{1x}$。在 y 方向的流动当

$v_{2y} < v_{1y}$ 时为慢激波，而当 $v_{2y} > v_{1y}$ 时为快激波。

考虑 $B_x \to 0$ 时的极限，此时磁场只有 y 方向，此时的快磁激波就变成垂直激波（见图 5.9）。另一方面，此时的慢磁激波，由于 $v_{1x} = v_{2x} = 0$，$B_{1x} = B_{1y} = 0$，流速和磁场只有切向（即 y 轴方向）分量，即满足 $\langle \vec{v}_t \rangle \neq 0$，$\langle \vec{B}_t \rangle \neq 0$，只有总压强 $\left\langle p + \frac{\vec{B}_t^2}{2\mu_0} \right\rangle = 0$ 连续，所以退化为切向间断（见 5.2 节）。

当（5.4-41）和（5.4-42）式取等号时，这时快、慢磁激波就退化为诱生激波和消去激波（见图 5.7）。

（1）消去激波

当 $v_1 = v_{A1}$，$X \neq 1$ 时，由（5.4-38）式，此时 $B_{2y} = 0$，如果 $B_{1y} \neq 0$，此时有消去激波〔见图 5.8(b)〕，消去激波是慢激波的特例。由 $v_{1y} = v_{1x} \frac{B_{1y}}{B_{1x}}$，即 $\vec{v}_1 \parallel \vec{B}_1$，可知消去激波以 $v_{1x} = \left(\frac{B_{1x}}{\mu_0 \rho_1} \right)^{1/2}$ 传播，此时方程（5.4-40）式对于 $X \neq 1$ 可化为

$$\left(\frac{2c_{s1}^2}{v_{A1}^2} + \gamma - 1 \right) X^2 - \left[\frac{2c_{s1}^2}{v_{A1}^2} + \gamma(1 + \cos^2\theta) \right] X + (\gamma + 1)\cos^2\theta = 0 \quad (5.4-41)$$

$$X = \frac{\left[2\frac{c_{s1}^2}{v_{A1}^2} + \gamma(1+\cos^2\theta) \right] \pm \sqrt{\left[2\frac{c_{s1}^2}{v_{A1}^2} + \gamma(1+\cos^2\theta) \right]^2 - 4\left(\frac{2c_{s1}^2}{v_{A1}^2} + \gamma - 1 \right)(\gamma+1)\cos^2\theta}}{2\left(\frac{2c_{s1}^2}{v_{A1}^2} + \gamma - 1 \right)}$$

（5.4-42）

由（5.4-42）可知，总有一个大于 1 的解。

当 $\frac{c_{s1}^2}{v_{A1}^2} > \frac{1}{2}$，$\theta$ 从 $0° \to \frac{\pi}{2}$ 时，X 从 1 增加到 $1 + \frac{1}{2\frac{c_{s1}^2}{v_{A1}^2} + \gamma - 1}$。

当 $\frac{c_{s1}^2}{v_{A1}^2} < \frac{1}{2}$ 时，θ 从 $0° \to \frac{\pi}{2}$，X 从 $\frac{\gamma+1}{2\frac{c_{s1}^2}{v_{A1}^2} + \gamma - 1}$ 下降到 $1 + \frac{1}{2\frac{c_{s1}^2}{v_{A1}^2} + \gamma - 1}$。

（2）诱生激波

当激波沿磁场传播时，即 $B_{1y} = 0$，$\theta = 0$，方程（5.4-40）式可化为

$$(v_1^2 - Xv_{A1}^2)^2 \left\{ Xc_{s1}^2 + \frac{1}{2}v_1^2 [X(\gamma-1) - (\gamma+1)] \right\} = 0 \quad (5.4-43)$$

这时快磁激波相当于诱生激波 $X = \frac{v_1^2}{v_{A1}^2} > 1$，$B_{2x} = B_1$。代入相容性条件中方程（5.4-32）和（5.4-34）式消去 p_2 得

$$\frac{B_{2y}^2}{B_{2x}^2}=\frac{B_{2y}^2}{B_1^2}=(X-1)\left[(\gamma+1)-(\gamma-1)X-\frac{2\mu_0\gamma p_1}{B_1^2}\right]$$

即为(5.4－9)式。故当激波沿磁场传播(即为平行激波)时,诱生激波是快激波的特例。正如5.4节平行激波内容中指出的,当激波的速度 v_1 满足 $v_1>v_A>c_s$ 时才能产生诱生激波,此时密度比 X 的范围为

$$1<X<\frac{\gamma+1-2\,\dfrac{c_{s1}^2}{v_{A1}^2}}{\gamma-1}$$

当 $c_{s1}\ll v_{A1}$ 时,X 的上限为 $\dfrac{\gamma+1}{\gamma-1}$,即

$$1<X\leqslant\frac{\gamma+1}{\gamma-1}$$

随着密度比 X 从1开始增加,磁力线的偏转 $\dfrac{B_{2y}^2}{B_{2x}^2}$ 从零到极大值。当 $X=\dfrac{\gamma-\dfrac{c_{s1}^2}{v_{A1}^2}}{\gamma-1}$ 时,$\dfrac{B_{2y}}{B_{2x}}$ 达极大值,极大值为 $\dfrac{\left(1-\dfrac{c_{s1}^2}{v_{A1}^2}\right)^2}{\gamma-1}$。当 $X=\dfrac{\gamma+1-2\,\dfrac{c_{s1}^2}{v_{A1}^2}}{\gamma-1}$ 时,磁力线的偏转下降为零。

2. 中间波

当激波上游的速度以阿尔文波速传播时,$v_1=v_{A1}$ 相当于 $X=\dfrac{v_1}{v_{A1}}=1$,(5.4－37)、(5.4－38)式无意义,由(5.4－29)与(5.4－35)式可得

$$\frac{B_{2y}}{B_{1y}}=\frac{v_{2y}}{v_{1y}}$$

由方程式(5.4－32)、(5.4－34)式可得

$$p_2=p_1,\quad B_{2y}^2=B_{1y}^2\quad(v_{2y}^2=v_{1y}^2)$$

又 $X=1$,所以

$$v_{2x}=v_{1x}\quad \text{i. e. },\ \langle v_n\rangle=\langle v_x\rangle=0$$

又因为 $B_{2x}=B_{1x}$,$B_{2y}^2=B_{1y}^2$,所以

$$|\vec{B}_2|=|\vec{B}_1|$$

又

$$\langle v_x\rangle=0,\quad\langle\rho\rangle=0,\quad\langle p\rangle=0,\quad v_x\neq0$$

所以中间波〔见图5.11(b)〕即为旋转间断(详见5.2节),磁场大小不变,但方向改变(见

图 5.6)。此时

$$B_{2y} = -B_{1y}, \quad B_{2x} = B_{1x}$$

$$v_{2y} = -v_{1y}, \quad v_{2x} = v_{1x}$$

旋转间断是磁流体力学中所特有的一种间断。当旋转间断失去意义时，即当 $X \to 1$ 时，此时它将蜕变为阿尔文波的波阵面，故通常将旋转间断也叫作阿尔文间断，或"阿尔文激波"，但必须明确"阿尔文激波"不是激波。

第六章　理想磁流体力学不稳定性

6.1　现象、基本假设和描述方法

一个磁流体体系在达到平衡态后仍可以有偏离平衡值的扰动存在。对处在热平衡态附近的磁流体体系来说，这种扰动一般是局部的、无规的、随机的，其扰动振幅在热涨落的水平，此种扰动的传播即为第四章所讨论的磁流体波。当磁流体处于力学平衡状态但处于非热力学平衡态时，其内部存在着一定数量的自由能。在一定的物理条件下，它能以快速变化的形式发展成为在大范围、长时间、能量超过热噪声水平的大幅度集体运动，这种集体运动就称为不稳定的模式。由于它常用磁流体力学方程进行处理，故相应的现象通常称为磁流体力学不稳定性。

不稳定性过程的特点是任何偏离力学平衡的小扰动都将导致系统更进一步偏离平衡状态，最后使平衡态被彻底破坏。每种不稳定的扰动在其演化过程中都会依次经历三个阶段：线性阶段、非线性阶段及饱和阶段。本章只讨论磁流体的线性不稳定性。用数学语言来讲，若用 x 表示偏离，上述过程便意味着 x 随时间的变化可以用线性微分方程表述：

$$\frac{\mathrm{d}^2 x}{\mathrm{d}t^2} = \kappa$$

如果 κ 是正实数，解上述方程可得

$$x = x_0 \mathrm{e}^{\pm\gamma t}$$

其中 $\gamma = \sqrt{\kappa}$ 。这表明偏离可以以指数形式增长。这样的平衡态是不稳定的，γ 称为不稳定性的增长率。

如果 κ 是负实数，那么方程的解是余弦函数：

$$x = x_0 \cos(\omega t + \phi)$$

其中 $\omega = \sqrt{-\kappa}$ 。系统在平衡态附近小幅振荡而不会继续偏离平衡态。这样的平衡是稳定平衡。

线性不稳定性的基本描述方法有三种：直观分析法、简正模法和能量原理。

1. 直观分析法

这种方法直接分析磁流体平衡位形的性质，研究给予平衡位形以某种形式的扰动后，

作用于磁流体上力的变化。微扰破坏平衡条件，产生净作用力，如果这个力的方向和微扰方向相反，则微扰产生的力是回复力（即指向平衡位置），系统对微扰是稳定的；反之，如果力和微扰同向，则会进一步促进扰动，因而系统线性不稳定。这种分析方法只能应用于一些相对简单或特殊的平衡位形，例如 6.2.1 节中讨论电流不稳定性的物理图像，又如 6.2.4节中讨论的回路电流的膨胀不稳定性。

2. 简正模分析法

这种方法把扰动作为本征值问题来处理。考虑到初始扰动是微扰，可将磁流体力学方程线性化，并将随时间变化的扰动量（如速度、密度、磁场等）$q(\vec{r},t)$表示成傅里叶分量的形式

$$q(\vec{r},t)\to q(k,\omega)\mathrm{e}^{\mathrm{i}(\vec{k}\cdot\vec{r}-\omega t)}$$

$$\omega(k)=\omega_r(k)+\mathrm{i}\gamma(k)$$

然后代入线性化的磁流体力学方程中，并考虑合适的边界条件，按扰动变量进行整理后，与第四章讨论波动完全类似，可得色散关系

$$D(\omega,k)=0$$

如果从色散关系解得的所有简正模式的 ω 均为实数，则所有扰动变量均做简谐振荡，这时磁流体是稳定的。如果至少有一个 ω 具有正虚部（即 $\gamma(k)>0$），则该扰动模式将随时间按 $\mathrm{e}^{\gamma t}$ 的指数形式增长，即系统不稳定。利用这种分析方法，能够得到关于平衡位形稳定性的比较完整的知识，诸如不稳定性的增长率、频谱等。例如用这个方法，可以讨论直柱磁流管中的螺线电流扭曲不稳定性的克鲁斯卡尔-沙弗拉诺夫（Kruskal-Shafranov）判据（6.2.3节）、瑞利-泰勒不稳定性（6.3 节）和开尔文-亥姆霍兹不稳定性（6.4 节）。简正模方法的主要缺点是，对于比较复杂的磁场位形和非均匀磁流体（如电流、磁场、压强的各种空间分布）情况，线性方程不可能一一严格求解，因而无法得出色散关系。这时无法知道不稳定模是否存在，故它的可应用范围受到限制。

3. 能量原理（仅对理想磁流体适用）

利用理想磁流体体系的保守系性质，其总能量 H（动能 T 加势能 W）守恒，即

$$H=T+W=\text{常数}$$

因此总扰动能 δH 满足

$$\delta H=\delta T+\delta W=0$$

当扰动使动能增加 $\delta T>0$ 时，扰动使势能减少 $\delta W<0$，这时体系趋向不稳定（扰动动能增大，整个体系从高势能态向低势能态演化）。而当 $\delta T<0$ 时，$\delta W>0$，这时体系是稳定的（在扰动下体系势能从低能态向高能态变化，同时扰动动能不断减少）。因此完全可以通过扰动势能 δW 的符号来判别磁流体体系受微扰时是否能保持稳定，这种方法称为能量原理。

具体计算能量时要在整个空间积分。在天体物理和空间物理中，通常将空间分为磁

流体内部和外部，即将作为研究对象的磁流体（通常携带电流）放置于稀薄等离子体（不携带电流，且通常简化为真空）中，计算由于磁流体内的微扰引起磁流体系统势能的改变量。磁流体内的微扰使磁流体内的热力学和电磁学性质发生变化，这种变化也会影响磁流体外的能量变化，比如通过磁流体边界传播的能流，这些变化由磁流体的边界条件决定。下面可以看到，经过一定的数学计算，对给定微扰，系统势能的变化可以分解为若干项，其中三项取正值〔见(6.1-48)或(6.1-53)式〕即势能增长，分别对应于阿尔文波、声波和磁声波；另外几项可能取负值〔见(6.1-48)或(6.1-53)式〕即势能减小，分别与引力、等离子体气强梯度和电流洛伦兹力做功有关。

能量原理的详细阐述最早见于 Bernstein 等(1958)。能量原理的优点为：

① 在判断体系对某种扰动的稳定性时只要估计 δW 的符号，使计算大为简化。尤其对难于求得色散关系的或无需关注具体增长率的、比较复杂的磁位形和非均匀磁流体情况，往往可以用能量原理讨论不稳定性的阈值。

② 通过改写 δW 的表达式，比较容易形象地分辨出产生不稳的或致稳的各种物理因素，帮助我们建立相应的物理图像。

能量原理的缺点是：扰动势能的求值依赖于所选的试探函数形式，并且无法直接得到不稳定的增长率(或稳定扰动的波频)。

运用能量原理，直接判断势能变化的正负是研究复杂位形的常用手段。引力、流体压强梯度或者电流洛伦兹力做功，可以导致势能变化。这些物理机制可以解释瑞利-泰勒不稳定性、开尔文-亥姆霍兹不稳定性、交换不稳定性和电流不稳定性，将在 6.2～6.5 节中分别加以讨论。

本章主要参考 Bernstein 等(1958)和 Newcomb(1960)发展和应用能量原理的开拓文献，以及 Bateman(1978)、Kulsrud(2005)、Bellan(2006)和 Freidberg(2014)的教科书。对理想磁流体方程和稳定性分析的完备数学推导，读者可以参考 Preidberg(2014)。对磁流体理论在天体和空间物理领域的应用，读者可以参考 Kulsrud(2005)富含物理洞见的讨论。

6.1.1 理想磁流体方程线性化和微扰

理想磁流体力学的基本方程包括连续性方程(质量守恒)、绝热方程、动量方程(考虑洛伦兹力、重力和气压梯度)、麦克斯韦方程组和欧姆定律(见 2.6 节)：

$$\frac{\partial \rho}{\partial t} + \nabla \cdot (\rho \vec{v}) = 0 \tag{6.1-1}$$

$$\frac{\mathrm{d}}{\mathrm{d}t}(p\rho^{-\gamma}) = 0 \tag{6.1-2}$$

$$\rho \frac{\mathrm{d}\vec{v}}{\mathrm{d}t} = -\nabla p + \vec{J} \times \vec{B} - \rho \nabla \phi_g \tag{6.1-3}$$

$$\vec{E} + \vec{v} \times \vec{B} = 0 \tag{6.1-4}$$

$$\frac{\partial \vec{B}}{\partial t}=-\nabla \times \vec{E} \tag{6.1-5}$$

$$\nabla \times \vec{B}=\mu_0 \vec{j} \tag{6.1-6}$$

其中重力加速度为$\vec{g}=-\nabla \phi_g$。如果磁流体分为两个部分，那么在两部分边界上的物理参量满足边界条件

$$\langle p+\frac{1}{2\mu_0}B^2\rangle=0 \tag{6.1-7}$$

$$\hat{n}\cdot \vec{v}=0 \tag{6.1-8}$$

$$\hat{n}\times\langle\vec{E}\rangle=0 \tag{6.1-9}$$

$$\hat{n}\cdot\langle\vec{B}\rangle=0 \tag{6.1-10}$$

$$\hat{n}\times\langle\vec{B}\rangle=\frac{1}{\mu_0}\vec{K} \tag{6.1-11}$$

上式中$\hat{n}$是边界面的法向矢量，$\langle\rangle$表示穿过边界面的相容性条件，$\vec{K}$是边界上的面电流密度。如果连续分布的磁流体外是真空（即只有磁场没有流体），可以定义$\hat{n}$的方向从流体指向真空。这种情形下，面电流密度$\vec{K}$只存在于磁流体一侧的内表面，而磁流体外真空中的磁场$\vec{B}_v$满足条件$\nabla\times\vec{B}_v=0$。

上述所有 MHD 方程中的变量下标 0 表征磁静平衡。在磁静平衡条件下，$\partial/\partial t=0$，$\vec{v}_0=0$，从而得到

$$\vec{E}_0=0 \tag{6.1-12}$$

$$\vec{j}_0=\frac{1}{\mu_0}\nabla\times\vec{B}_0 \tag{6.1-13}$$

$$-\nabla p_0+\frac{1}{\mu_0}(\nabla\times\vec{B}_0)\times\vec{B}_0-\rho_0\nabla\phi_g=0 \tag{6.1-14}$$

边界条件为

$$\langle p_0+\frac{1}{2\mu_0}B_0^2\rangle=0 \tag{6.1-15}$$

$$\hat{n}_0\cdot\langle\vec{B}_0\rangle=0 \tag{6.1-16}$$

$$\hat{n}_0\times\langle\vec{B}_0\rangle=\frac{1}{\mu_0}\vec{K} \tag{6.1-17}$$

边界面两边总压力平衡，如果磁流体边界外是真空，则真空中气压为零。边界两边法向磁场连续，如果没有面电流，则横向磁场也连续。磁静平衡时，理想磁流体内外的电场为零。

在磁静平衡条件下引入磁流体位移微扰$\vec{\xi}$，$\vec{r}=\vec{r}_0+\vec{\xi}$，并只保留一阶小量（用下标

1 表示)，得到微扰速度：

$$\vec{v}_1 = \frac{\partial \vec{\xi}}{\partial t} \tag{6.1-18}$$

微扰的初始条件为 $\vec{\xi}(\vec{r},0)=0$，$\vec{v}_1(\vec{r},0)\neq 0$。

代入原方程组的连续性方程、绝热方程和麦克斯韦方程组，同样只保留一阶小量，并对时间积分一次。在欧拉坐标系，密度、压强、磁场和磁流体微扰力的一阶分量可表述为

$$\rho_1(\vec{r},t) = -\nabla\cdot(\rho_0\vec{\xi}) = -\rho_0\nabla\cdot\vec{\xi} - \vec{\xi}\cdot\nabla\rho_0 \tag{6.1-19}$$

$$p_1(\vec{r},t) = -\gamma p_0\nabla\cdot\vec{\xi} - (\vec{\xi}\cdot\nabla)p_0 \tag{6.1-20}$$

$$\vec{E}_1 = -\vec{v}_1\times\vec{B}_0 \tag{6.1-21}$$

$$\vec{B}_1(\vec{r},t) = \nabla\times(\vec{\xi}\times\vec{B}_0) \tag{6.1-22}$$

$$\rho_0\frac{\partial^2\vec{\xi}}{\partial t^2} = -\nabla p_1 + \frac{1}{\mu_0}(\nabla\times\vec{B}_1)\times\vec{B}_0 + \frac{1}{\mu_0}(\nabla\times\vec{B}_0)\times\vec{B}_1 - \rho_1\nabla\phi_g \tag{6.1-23}$$

上述表式隐含了初始条件 $p_1(\vec{r},0)=0$，$\vec{B}_1(\vec{r},0)=0$，$\rho_1(\vec{r},0)=0$。微扰力的表述可以定义为算子 $\vec{F}(\vec{\xi})$，可进一步如下表述：

$$\vec{F}(\vec{\xi}) \equiv \rho_0\frac{\partial^2\vec{\xi}}{\partial t^2} = \nabla[\gamma p_0\nabla\cdot\vec{\xi} + (\vec{\xi}\cdot\nabla)p_0] + \frac{1}{\mu_0}(\nabla\times\vec{B}_1)\times\vec{B}_0 + \frac{1}{\mu_0}(\nabla\times\vec{B}_0)\times\vec{B}_1 + \nabla\cdot(\rho_0\vec{\xi})\nabla\phi_g \tag{6.1-24}$$

求解上面的微分方程，需要考虑引入扰动后的磁流体边界条件。对于线性微扰，可以对上述等式中给出的边界条件线性化。这里我们只考虑天体或者空间物理的一种普遍情形，即磁流体外是非常稀薄不携带电流的等离子体，通常近似为真空。考虑到边界面由于扰动可能发生变化，可以证明在磁流体边界的压力平衡写为

$$p_{1\text{t}} + (\vec{\xi}\cdot\nabla)p_{\text{t}} = \frac{1}{\mu_0}\vec{B}_{0\text{v}}\cdot\vec{B}_{1\text{v}} + (\vec{\xi}\cdot\nabla)\left(\frac{B_{0\text{v}}^2}{2\mu_0}\right) \tag{6.1-25}$$

上式中 p_{t} 为磁静平衡态磁流体的总压强 $p_{\text{t}} = p_0 + \frac{1}{2\mu_0}B_0^2$，$p_{1\text{t}}$ 为微扰总压强 $p_{1\text{t}} = p_1 + \frac{1}{\mu_0}\vec{B}_0\cdot\vec{B}_1$。等式右端的下标 v 表示磁流体边界外真空的物理量。其次，不同于磁静平衡，微扰将产生非零电场，但边界上电场的切向分量是连续的。由边界上切向电场和法向磁场的连续性条件，可以得到

$$\hat{n}_0\cdot\vec{B}_{1\text{v}} = \hat{n}_0\cdot[\nabla\times(\vec{\xi}\times\vec{B}_{0\text{v}})] \tag{6.1-26}$$

其中 $\hat{n}_0$ 是平衡态磁流体表面的法向单位矢量。

6.1.2　简正模

对理想磁流体，微扰力 $\vec{F}$ 完全是微扰位移$\vec{\xi}$的线性函数，而不依赖于微扰的时间微分。因此可以把微扰位移函数取为时空分开的形式$\vec{\xi}\to\vec{\xi}(\vec{r})e^{-i\omega t}$，因而磁流体的微扰力可以写成 $\vec{F}(\vec{\xi})=-\rho_0\omega^2\vec{\xi}$。

可以证明，理想磁流体的微扰力算子 $\vec{F}(\vec{\xi})$ 有一个有趣的数学性质，称作自伴性。对任意两个矢量$\vec{\xi}\neq\vec{\eta}$，函数$\vec{F}(\vec{\xi})$的自伴性定义为$\int\vec{F}(\vec{\xi})\cdot\vec{\eta}\mathrm{d}^3x=\int\vec{F}(\vec{\eta})\cdot\vec{\xi}\mathrm{d}^3x$。这个性质对于实函数自变量成立，由于微扰力算子是$\vec{\xi}$的线性函数，所以自伴性对复函数自变量也成立。由这个数学性质可以导出很多有用的物理条件。

其一，可以证明 ω^2 是纯实数。这个性质表明，ω^2 的正负性质可以完全决定磁流体对微扰的稳定性。物理图像上，如果 ω^2 为正，则微扰力和微扰反向，可见$\vec{F}$是回复力，则磁流体对这个形式的微扰是稳定的；反之则不稳定。这是理想磁流体的特殊性质，即磁流体或者完全稳定，微扰只引起振荡，或者完全不稳定，初始微扰指数增长，而不可能出现增/减幅振荡的状态。

其二，假设相应于离散频率 ω_n 的微扰写作$\vec{\xi}_n(\vec{r})e^{-i\omega_n t}$。可以证明对应不同的离散频率 $\omega_m\neq\omega_n$，微扰$\vec{\xi}_m$ 和$\vec{\xi}_n$ 是正交的，即$\int\rho_0\vec{\xi}_m\cdot\vec{\xi}_n\mathrm{d}^3x=0$。由这个性质，我们可以把微扰写为本征函数的集合 $\vec{\xi}=\sum_n\vec{\xi}_n(\vec{r})e^{-i\omega_n t}$，代入动量方程，并根据边界条件，寻找 ω_n^2 的解。如果对所有扰动，ω_n^2 为正值，则系统稳定；如果对某种扰动，ω_n^2 为负值，则系统不稳定，$|\omega_n|$是不稳定性的增长率。讨论不稳定性增长只需要研究增长最快的本征模，从而初始条件不重要。用简正模研究磁流体力学不稳定性的几个具体事例可见后面几节。

6.1.3　能量原理

我们可以从磁流体力学的动量方程推导出能量方程。首先用速度矢量点积动量方程，得到

$$\vec{v}\cdot\rho\frac{\mathrm{d}\vec{v}}{\mathrm{d}t}=-\vec{v}\cdot\nabla p+\frac{1}{\mu_0}\vec{v}\cdot[(\nabla\times\vec{B})\times\vec{B}]-\rho\vec{v}\cdot\nabla\phi_g \quad (6.1-27)$$

上式经过一些代数变换，并运用连续性方程、绝热方程和麦克斯韦方程，可以得到

$$\begin{aligned}&\frac{\partial}{\partial t}\left(\frac{1}{2}\rho|\vec{v}|^2\right)+\frac{\partial}{\partial t}\left(\frac{1}{2\mu_0}|\vec{B}|^2+\rho\phi_g+\frac{p}{\gamma-1}\right)\\&+\nabla\cdot\left(\frac{1}{\mu_0}\vec{E}\times\vec{B}+\frac{\gamma}{\gamma-1}p\vec{v}+\rho\phi_g\vec{v}+\frac{1}{2}\rho v^2\vec{v}\right)=0\end{aligned} \quad (6.1-28)$$

我们可以对上式在固定体积内积分，并把最后一项的体积分变成表面积分，则得到能量守

恒方程为

$$\int_F \frac{\partial}{\partial t}\left(\frac{1}{2}\rho \mid \vec{v} \mid^2\right)\mathrm{d}^3x + \int_F \frac{\partial}{\partial t}\left(\frac{1}{2\mu_0} \mid \vec{B} \mid^2 + \rho\phi_g + \frac{p}{\gamma-1}\right)\mathrm{d}^3x$$
$$+\oint_S \hat{n}\cdot\left(\frac{1}{\mu_0}\vec{E}\times\vec{B} + \frac{\gamma}{\gamma-1}p\,\vec{v} + \rho\phi_g\,\vec{v} + \frac{1}{2}\rho v^2\,\vec{v}\right)\mathrm{d}s = 0$$

(6.1-29)

上式各项的物理意义很清楚。最左端是力做功引起的磁流体(用下标 F 表示)的动能变化。第二项是磁流体(F)的磁能、引力能和内能的变化,可以总称为磁流体的势能。第三项面积分是从磁流体表面(用下标 S 表示)流入或者流出的能流,$\hat{n}$表示表面的法向,定义为从流体内部指向外部。表面积分括号内的第一项是坡印亭矢量,即电磁波能流。代入欧姆定理$\vec{E}=-\vec{v}\times\vec{B}$,坡印亭矢量可以写成

$$\frac{1}{\mu_0}\vec{E}\times\vec{B} = \frac{1}{\mu_0}\vec{B}\times(\vec{v}\times\vec{B}) = \frac{1}{\mu_0}[\vec{v} \mid \vec{B} \mid^2 - (\vec{v}\cdot\vec{B})\vec{B}] \quad (6.1-30)$$

完全封闭并固定边界的磁流体的边界条件满足$\hat{n}\cdot\vec{v}=0$,$\hat{n}\cdot\vec{B}=0$,则所有的表面项为零。一般情况下,我们考虑磁流体的外边界不是固结的,表面能流则一般不为零。磁流体和真空组成的系统的能量包括磁流体动能 T 和势能 W。保守系统的总能量是守恒的,$T+W\equiv T_0+W_0$,完全由初始态决定。

如果在初始时刻引入微扰 $\vec{v}_1=\partial\vec{\xi}/\partial t\neq 0$,微扰的发展使得磁流体的微扰动能 δT 增加,根据能量守恒,系统微扰势能 δW 减少,则系统不稳定;反之,扰动引起势能增加,则系统稳定。能量原理的基本方法就是判断引入微扰$\vec{\xi}$后系统微扰势能变化 δW 的正负,而给出稳定性的判据。下面讨论引入微扰$\vec{\xi}$的势能变化 δW 的表述。

磁静平衡条件下 $\vec{v}_0=0$,引入线性微扰$\vec{\xi}$后,磁流体速度矢量 $\vec{v}\equiv\vec{v}_1=\partial\vec{\xi}/\partial t$。磁流体的动能变化,只保留最低阶,可以取为

$$\delta T = \int_F \frac{1}{2}\rho_0 \mid \vec{v}_1 \mid^2\mathrm{d}^3x = \int_F \frac{1}{2}\rho_0\left|\frac{\partial\vec{\xi}}{\partial t}\right|^2\mathrm{d}^3x \quad (6.1-31)$$

引入微扰后,微扰力做功会减少系统势能,增加磁流体微扰动能。因而可以用上述微扰速度点积微扰力并在整个空间积分得到微扰势能的变化。注意这里的处理和用简正模方法解线性方程有所不同。不失一般性,假设微扰函数$\vec{\xi}$可以取为复函数,则能量方程的推导需要采用微扰位移或者速度的实部 $\mathrm{Re}[\vec{\xi}]$和微扰力的实部 $\mathrm{Re}[\vec{F}(\vec{\xi})]$。微扰力算子是微扰位移的线性函数,则微扰力的实部可以写为 $\mathrm{Re}[\vec{F}(\vec{\xi})]\equiv\vec{F}(\mathrm{Re}[\vec{\xi}])$,简单起见,在以下能量原理的推导中,我们令微扰位移为实函数,或者复函数的实部,$\vec{\xi}\to\mathrm{Re}[\vec{\xi}]$,则微扰流体速度为 $\vec{v}_1=\partial\vec{\xi}/\partial t$ 也是实函数。用微扰速度点积微扰力,并在整个空间积分,得到

$$-\int \frac{\partial \vec{\xi}}{\partial t} \cdot \vec{F}(\vec{\xi}) \mathrm{d}^3 x \equiv -\int \frac{\partial \vec{\xi}}{\partial t} \cdot \rho_0 \frac{\partial^2 \vec{\xi}}{\partial t^2} \mathrm{d}^3 x = -\frac{\partial}{\partial t}(\delta T) = \frac{\partial}{\partial t}(\delta W) \tag{6.1-32}$$

上述最后一步用了能量守恒。同时，定义 $\vec{\eta} \equiv \partial \vec{\xi}/\partial t$，由算子$\vec{F}(\vec{\xi})$的自伴性$\int \vec{\eta} \cdot \vec{F}(\vec{\xi}) \mathrm{d}^3 x = \int \vec{\xi} \cdot \vec{F}(\vec{\eta}) \mathrm{d}^3 x$ 可得

$$\frac{\partial}{\partial t}(\delta W) = -\frac{1}{2}\left(\int \frac{\partial \vec{\xi}}{\partial t} \cdot \vec{F}(\vec{\xi}) \mathrm{d}^3 x + \int \vec{\xi} \cdot \vec{F}\left(\frac{\partial \vec{\xi}}{\partial t}\right) \mathrm{d}^3 x\right) = \frac{\partial}{\partial t}\left(-\frac{1}{2}\int \vec{\xi} \cdot \vec{F}(\vec{\xi}) \mathrm{d}^3 x\right) \tag{6.1-33}$$

因而系统势能的变化为

$$\delta W - \delta W_0 = -\frac{1}{2}\int \vec{\xi} \cdot \vec{F}(\vec{\xi}) \mathrm{d}^3 x \tag{6.1-34}$$

其中 δW_0 是初始时刻 t_0 系统的势能变化，由能量守恒，$\delta W - \delta W_0 = -(\delta T - \delta T_0)$。根据前面讨论，如果微扰的发展使相对于初始时刻的势能变化 $\delta W - \delta W_0$ 为正，势能增长(即动能变化 $\delta T - \delta T_0$ 为负，动能减少)，则系统对微扰稳定，反之不稳定。由于初始时刻$\vec{\xi} = 0$，$\vec{v}_1 \neq 0$，可见 $\delta W_0 = 0$，因而上式左端成为 δW。这个微扰势能的表式类同于简谐弹簧振子的势能，系统的势能变化等于力做的功。类似于弹簧振子，磁流体微扰力是位移的线性函数，由此解释上式右端的 $\frac{1}{2}$ 因子。如前所述，把微扰写为时空分开的函数，$\vec{\xi} \equiv \vec{\xi}(\vec{r})\mathrm{e}^{-\mathrm{i}\omega t}$，微扰力成为$\vec{F}(\vec{\xi}) = -\omega^2 \rho_0 \vec{\xi}$，则微扰势能写为

$$\delta W = \omega^2 \int \frac{1}{2}\rho_0 \mid \vec{\xi} \mid^2 \mathrm{d}^3 x \tag{6.1-35}$$

定义上式的积分项为磁流体广义动能 $K \equiv \int \frac{1}{2}\rho_0 \mid \vec{\xi} \mid^2 \mathrm{d}^3 x$，此项总是取正值。因而如果 ω^2 是正数，微扰使势能增加，系统稳定；反之如果 ω^2 为负，微扰使势能减小，系统不稳定，不稳定性的增长率为

$$\mid \omega \mid^2 = \frac{\mid \delta W \mid}{K} \tag{6.1-36}$$

代入微扰力算子的表达式(6.1-24)，微扰引起系统的势能变化 δW 可以写为三项，分别表示压强梯度做功、引力做功和洛伦兹力做功：

$$\delta W_p = -\frac{1}{2}\int \vec{\xi} \cdot \nabla [\gamma p_0 (\nabla \cdot \vec{\xi}) + (\vec{\xi} \cdot \nabla) p_0] \mathrm{d}^3 x \tag{6.1-37}$$

$$\delta W_g = -\frac{1}{2}\int (\vec{\xi} \cdot \nabla \phi)[\nabla \cdot (\rho_0 \vec{\xi})] \mathrm{d}^3 x \tag{6.1-38}$$

$$\delta W_b = -\frac{1}{2\mu_0}\int \vec{\xi}\cdot[(\nabla\times\vec{B}_1)\times\vec{B}_0+(\nabla\times\vec{B}_0)\times\vec{B}_1]\mathrm{d}^3x \qquad (6.1-39)$$

经过一定的矢量微积分计算，如同前面的能量计算，并使用分部积分，上面的微扰势能变化表式可以写为两个部分，一部分是体积分，另一部分是面积分：

$$\begin{aligned}\delta W = &\frac{1}{2}\int[\gamma p_0\,|\nabla\cdot\vec{\xi}\,|^2+(\nabla\cdot\vec{\xi})(\vec{\xi}\cdot\nabla p_0)]\mathrm{d}^3x-\frac{1}{2}\int(\vec{\xi}\cdot\nabla\phi)[\nabla\cdot(\rho_0\vec{\xi})]\mathrm{d}^3x\\ &+\frac{1}{2}\int\left[\frac{1}{\mu_0}\,|\vec{B}_1|^2-\vec{j}_0\cdot(\vec{B}_1\times\vec{\xi})\right]\mathrm{d}^3x-\frac{1}{2}\oint(\hat{n}\cdot\vec{\xi})[\gamma p_0\nabla\cdot\vec{\xi}+(\vec{\xi}\cdot\nabla)p_0]\mathrm{d}s\\ &+\frac{1}{2\mu_0}\oint[(\hat{n}\cdot\vec{\xi})(\vec{B}_1\cdot\vec{B}_0)-(\hat{n}\cdot\vec{B}_0)(\vec{B}_1\cdot\vec{\xi})]\mathrm{d}s \qquad (6.1-40)\end{aligned}$$

上式中 $\vec{B}_1=\nabla\times(\vec{\xi}\times\vec{B}_0)$。流体表面的法向$\hat{n}$定义为从流体指向真空。

1. 重力场中的磁流体

对于边界固定的流体，$\vec{\xi}\cdot\hat{n}=0$，$\vec{B}_0\cdot\hat{n}=0$，上式的面积分完全消失，势能变化完全由流体内的体积分给出：

$$\begin{aligned}\delta W = \delta W_{\mathrm{F}} = &\frac{1}{2}\int[\gamma p_0\,|\nabla\cdot\vec{\xi}\,|^2+(\nabla\cdot\vec{\xi})(\vec{\xi}\cdot\nabla P_0)]\mathrm{d}^3x\\ &-\frac{1}{2}\int(\vec{\xi}\cdot\nabla\phi)[\nabla\cdot(\rho_0\vec{\xi})]\mathrm{d}^3x \qquad (6.1-41)\\ &+\frac{1}{2}\int\left[\frac{1}{\mu_0}\,|\vec{B}_1|^2-\vec{j}_0\cdot(\vec{B}_1\times\vec{\xi})\right]\mathrm{d}^3x\end{aligned}$$

δW_{F} 表示流体内的势能，能量积分完全在流体内进行。

很多情况下，流体外边界不是固结的，可以自由运动，一般情况下可以考虑流体外是真空。这种情况下，上面的面积分需要仔细处理，从而得到广义的能量原理(extended energy principle)。微扰势能中的面积分一项可以重写为

$$\begin{aligned}\delta W-\delta W_{\mathrm{F}} = &-\frac{1}{2}\int(\hat{n}\cdot\vec{\xi})[\gamma p_0\nabla\cdot\vec{\xi}+(\vec{\xi}\cdot\nabla)p_0]\mathrm{d}s\\ &+\frac{1}{2\mu_0}\int[(\hat{n}\cdot\vec{\xi})(\vec{B}_1\cdot\vec{B}_0)-(\hat{n}\cdot\vec{B}_0)(\vec{B}_1\cdot\vec{\xi})]\mathrm{d}s\\ = &\frac{1}{2}\int(\hat{n}\cdot\vec{\xi})\left(p_1+\frac{1}{\mu_0}\vec{B}_1\cdot\vec{B}_0\right)\mathrm{d}s-\frac{1}{2\mu_0}\int(\hat{n}\cdot\vec{B}_0)(\vec{B}_1\cdot\vec{\xi})\mathrm{d}s\end{aligned}$$

$$(6.1-42)$$

上面的积分用边界条件可以继续改写。首先考虑边界条件

$$\langle p+\frac{B^2}{2\mu_0}\rangle = 0 \qquad (6.1-43)$$

这个边界条件在磁静平衡和引入微扰后都要满足。引入微扰$\vec{\xi}$后，对这个边界条件取一

阶分量,并考虑到边界不是固结的,而是随流体微扰发生变化,可以得到微扰边界的总压强连续性条件为

$$\left[\left(p_1+\frac{1}{\mu_0}\vec{B}_0\cdot\vec{B}_1\right)+(\vec{\xi}\cdot\nabla)\left(p_0+\frac{|\vec{B}_0|^2}{2\mu_0}\right)\right]_{\mathrm{F}} =\left[\left(\frac{1}{\mu_0}\vec{B}_0\cdot\vec{B}_1\right)+(\vec{\xi}\cdot\nabla)\left(\frac{|\vec{B}_0|^2}{2\mu_0}\right)\right]_{\mathrm{V}} \tag{6.1-44}$$

上述表式中的 p_1 与 $\vec{B}_1$ 是前面推导的在欧拉坐标系里微扰引起的物理量变化。下标 F 表示磁流体中的物理量,而下标 V 表示真空中的物理量(当然真空中 $p_0=p_1=0$)。上式可以继续整理为

$$\left(p_1+\frac{1}{\mu_0}\vec{B}_0\cdot\vec{B}_1\right)_{\mathrm{F}}=\left\langle(\vec{\xi}\cdot\nabla)\left(p_0+\frac{|\vec{B}_0|^2}{2\mu_0}\right)\right\rangle+\left(\frac{1}{\mu_0}\vec{B}_0\cdot\vec{B}_1\right)_{\mathrm{V}} \tag{6.1-45}$$

其次考虑磁流体表面切向电场连续性条件

$$\hat{n}\times(\vec{E}_1-\vec{E}_{1\mathrm{V}})=0 \tag{6.1-46}$$

其中$\vec{E}_1$ 是流体中的电场,根据麦克斯韦方程,$\vec{E}_1=-\vec{v}_1\times\vec{B}_0=-\frac{\partial\vec{\xi}}{\partial t}\times\vec{B}_0$,$\vec{E}_{1\mathrm{V}}$ 是真空里的电场,$\vec{E}_{1\mathrm{V}}=-\frac{\partial\vec{A}_{\mathrm{V}}}{\partial t}$。上式对时间积分一次,并且初始时刻的微扰位移和微扰矢量势为零,则导出边界条件

$$\hat{n}\times\vec{A}_{\mathrm{V}}=\hat{n}\times(\vec{\xi}\times\vec{B}_0) \tag{6.1-47}$$

其中$\vec{A}_{\mathrm{V}}$ 是真空微扰磁场的矢量势,$\nabla\times\vec{A}_{\mathrm{V}}=\vec{B}_{1\mathrm{V}}$。运用上面两个连续性条件改写面积分,经过一定运算,磁流体的微扰势能最后可以写作三个部分 $\delta W=\delta W_{\mathrm{F}}+\delta W_{\mathrm{S}}+\delta W_{\mathrm{V}}$,代表磁流体内的微扰能、磁流体的表面能和真空磁能,各自表示如下:

$$\delta W_{\mathrm{F}}=\frac{1}{2}\int[\gamma p_0|\nabla\cdot\vec{\xi}|^2+(\nabla\cdot\vec{\xi})(\vec{\xi}\cdot\nabla P_0)]\mathrm{d}^3x-\frac{1}{2}\int(\vec{\xi}\cdot\nabla\phi)[\nabla\cdot(\rho_0\vec{\xi})]\mathrm{d}^3x +\frac{1}{2}\int\left[\frac{1}{\mu_0}|\vec{B}_1|^2-\vec{j}_0\cdot(\vec{B}_1\times\vec{\xi})\right]\mathrm{d}^3x \tag{6.1-48}$$

$$\delta W_{\mathrm{S}}=\frac{1}{2}\int(\hat{n}\cdot\vec{\xi})\left\langle(\vec{\xi}\cdot\nabla)\left(P_0+\frac{|\vec{B}_0|^2}{2\mu_0}\right)\right\rangle\mathrm{d}s+\frac{1}{2\mu_0}\int(\hat{n}\cdot\vec{B}_0)(\vec{B}_{1\mathrm{V}}-\vec{B}_1)\cdot\vec{\xi}\mathrm{d}s \tag{6.1-49}$$

$$\delta W_{\mathrm{V}}=\frac{1}{2\mu_0}\int|\vec{B}_{1\mathrm{V}}|^2\mathrm{d}^3x \tag{6.1-50}$$

根据前面的讨论，如果对所有的微扰，系统势能增加 $\delta W>0$，则磁流体位形是稳定的；反之，只要存在某种形式的微扰使势能减少，$\delta W<0$，则不稳定。实际运用中，我们可以寻找能量变化 δW 的极小值，判断其正负。如果极小值为正，系统绝对稳定，反之系统不稳定。上式的各项能量，流体外真空磁能为正，是致稳项。流体压力、引力或者洛伦兹力做功可以导致流体势能变化。对可压流体，$|\nabla\cdot\vec{\xi}|^2>0$，是致稳项，因而没有压强梯度的可压流体更稳定。由压强梯度导致的能量项可能取负值，与之相关的不稳定性包括交换不稳定性。其次，和引力有关的能量变化可以取负值，导致不稳定。比如对不可压流体，$\nabla\cdot\vec{\xi}=0$，和引力有关的能量变化可写为 $\delta W_g=-\frac{1}{2}\int_F(\vec{\xi}\cdot\nabla\phi)(\vec{\xi}\cdot\nabla\rho_0)\mathrm{d}^3x$，很明显如果流体的密度梯度和重力反向 $\nabla\rho_0 /\!/ -(-\nabla\phi)$，比如密度大的流体在密度小的流体上，则微扰能量 $\delta W_g\leqslant 0$，流体不稳定，这是经典流体力学的瑞利-泰勒不稳定性。最后，微扰引起的磁能变化 $|\vec{B}_1|^2$ 也是正值，是致稳项，而和电流有关的能量变化可能取负值，引起系统不稳定。由电流引起的不稳定性统称为电流不稳定性。

2. 无重力的磁流体

如果不考虑引力，根据磁静平衡条件 $\nabla p_0=\vec{j}_0\times\vec{B}_0$，可知 $\vec{B}_0\perp\nabla p_0$，$\vec{j}_0\perp\nabla p_0$，即磁流体的电流和磁场矢量决定的表面是等压面。可以把微扰位移以及其他物理量分别写为平行和垂直于 $\vec{B}_0$ 的分量，继续改写微扰势能的表式，可以清楚地表现每一项的物理意义。我们引入表示平衡磁场的方向的单位矢量 $\hat{b}=\vec{B}_0/B_0$，磁力线的曲率可以表示为 $\vec{\kappa}=\hat{b}\cdot\nabla\hat{b}$，气压梯度成为 $\nabla p_0\equiv\nabla_\perp p_0$。把微扰位移写为平行与垂直平衡磁场的分量 $\vec{\xi}=\xi_{/\!/}\hat{b}+\vec{\xi}_\perp$，微扰磁场写为平行与垂直平衡磁场的分量 $\vec{B}_1=\nabla\times(\vec{\xi}\times\vec{B}_0)=\nabla\times(\vec{\xi}_\perp\times\vec{B}_0)=B_{1/\!/}\hat{b}+\vec{B}_{1\perp}$，其中平行分量可以进一步计算为

$$B_{1/\!/}=-B_0\nabla\cdot\vec{\xi}_\perp-2B_0\vec{\kappa}\cdot\vec{\xi}_\perp+\frac{\mu_0}{B_0}\vec{\xi}_\perp\cdot\nabla_\perp p_0 \tag{6.1-51}$$

不考虑重力，磁流体微扰势能的体积分一项是

$$\delta W_{\mathrm{F}}=\frac{1}{2}\int\left[\gamma p_0|\nabla\cdot\vec{\xi}|^2+(\nabla\cdot\vec{\xi})(\vec{\xi}\cdot\nabla p_0)+\frac{1}{\mu_0}|\vec{B}_1|^2-\vec{j}_0\cdot(\vec{B}_1\times\vec{\xi})\right]\mathrm{d}^3x \tag{6.1-52}$$

由前面平行和垂直于磁力线的物理量的定义，经过一些代数运算并反复运用磁静平衡条件，即压强梯度等于洛伦兹力并垂直于平衡态磁力线，最后得到无重力作用下的的磁流体微扰势能的表式为

$$\begin{aligned}\delta W_{\mathrm{F}}=\frac{1}{2}\int\Big[&\frac{1}{\mu_0}|\vec{B}_{1\perp}|^2+\gamma p_0|\nabla\cdot\vec{\xi}|^2+\frac{1}{\mu_0}B_0^2(\nabla\cdot\vec{\xi}_\perp+2\vec{\xi}_\perp\cdot\vec{\kappa})^2\\&-2(\vec{\xi}_\perp\cdot\nabla_\perp p_0)(\vec{\xi}_\perp\cdot\vec{\kappa})-j_{0/\!/}\vec{B}_{1\perp}\cdot(\vec{\xi}_\perp\times\hat{b})\Big]\mathrm{d}^3x\end{aligned} \tag{6.1-53}$$

积分在磁流体内进行。对固结边界的流体，微扰势能 $\delta W=\delta W_{\mathrm{F}}$。对在真空中边界自由

运动的流体，微扰能量还包括表面项和真空磁能，即 $\delta W = \delta W_F + \delta W_S + \delta W_V$，其中

$$\delta W_S = \frac{1}{2}\int (\hat{n} \cdot \vec{\xi}) \left\langle \vec{\xi} \cdot \nabla \left(p_0 + \frac{|\vec{B}_0|^2}{2\mu_0} \right) \right\rangle ds \tag{6.1-54}$$

$$\delta W_V = \frac{1}{2\mu_0}\int |\vec{B}_{1v}|^2 d^3 x \tag{6.1-55}$$

上面对无重力磁流体内微扰势能 δW_F 的表式中，前面三项都取非负值，分别对应于阿尔文波、声波和磁声波，是致稳项。寻找微扰势能极小值时，可以采用特定的微扰函数令此三项部分为零，比如采用不可压流体的假设 $\nabla \cdot \vec{\xi} = 0$，可令气压势能为零，因而不可压流体更容易失稳。第四项表明，如果气压梯度和磁力线曲率平行，即 $\vec{\kappa} \parallel \nabla_\perp p_0$，磁力线凹向流体气压高的部分，则这一部分贡献为负，增加不稳定性，即所谓的"坏曲率"；反之，如果磁力线凸向流体气压较高的部分，则增加稳定性，所谓的"好曲率"。由压强梯度和磁力线曲率产生的不稳定性统称交换不稳定性。流体内微扰势能的最后一项可能取负值，从而增加流体不稳定性，这一项完全取决于平行于磁场的电流分量，因而称作电流不稳定性。从这一项的表式可见，产生电流不稳定性需要平行于磁力线的电流($j_{0\parallel} \neq 0$)和垂直于磁力线的扰动$\vec{\xi}_\perp$。因为携带平行电流的磁力线呈螺旋状，这一项引起的不稳定性亦经常称作螺旋扭曲不稳定性。上式也表明，平行于磁场的微扰位移 $\xi_\parallel$ 对不稳定性没有贡献。

6.2　电流不稳定性

天体与空间物理中比较常见的一种磁流体位形是柱状磁流管，比如太阳活动区的日冕环和日珥、空间物理中的磁云、太阳风中的小磁绳、天体物理吸积盘喷流等等。运用上述方法，可以讨论各种位形的磁流管的稳定性。由于磁流管大多携带电流，因而磁流管的稳定性问题可以在广义上统称为电流不稳定性。电流不稳定性分内部模(固定边界模，无边界扰动)和外部模(自由边界模)，主要区别是扰动是否在边界消失。显然边界条件会影响磁流体的稳定性。从能量原理的导出可见，对内部模，扰动在边界消失，用能量原理对能量极小化研究不稳定性时，只需要考虑磁流体的微扰势能。如果扰动改变磁流管边界的形状，微扰势能包括表面能和边界外的真空微扰磁能，一般更加复杂。下面用简正模方法导出的克鲁斯卡尔-沙弗拉诺夫对扭曲不稳定性(kink instability)的判据，考虑的是外部模，即扰动改变磁流管柱面边界的形状。除了柱面边界，有限长度的磁流管上下两端的边界条件也要考虑。恒星日冕中的磁流管或者地磁空间的磁绳，一般用有限长度的柱状磁流管近似，磁流管两端根植于等离子体密度较高的光球。在不稳定性驱动的爆发时间尺度内，一般认为磁流管在光球的边界 $z = \pm L$ 是系连(line-tying)的，即微扰位移或者微扰磁场在边界消失。这个底端的边界条件会改变克鲁斯卡尔-沙弗拉诺夫的稳定阈值。此外，对螺旋磁力线的直柱磁流管，磁力线曲率的方向总是指向圆心，因而如果磁流体压

强梯度的方向指向轴心(比如管内均匀气压,管外真空),则增加不稳定性。除了压强梯度的分布,磁流体内的电流分布也影响不稳定性的阈值,这在下面关于线性无力场与非线性无力场的讨论中可以一窥。上面考虑了磁力线在扰动经过的地方发生变形而引起的局地不稳定性,也可以考虑磁流管的整体不稳定性,比如携带回路电流的磁流管在外场中对垂直于磁流管电流方向的整体扰动的不稳定性。这个不稳定性在早期文献中记作水平不稳定性(Bateman, 1978)。在近期文献中,这个不稳定性又称圆环形电流不稳定性(torus instability)。以下各节我们分别讨论上述几个物理过程。

6.2.1 长直柱磁流管稳定性的物理图像

3.4 节中讨论了圆柱箍缩磁流体的基本性质和规律,本节将用直观分析法来讨论电流不稳定性的物理图像。

设通过理想圆柱磁流体的电流强度为 I,由于趋肤效应,电流只在圆柱表面流过,平衡时圆柱半径为 a,电流 I 在圆柱表面上产生的角向磁场为 $B_{\theta a}=\frac{\mu_0 I}{2\pi a}$。在柱内无纵向磁场的情况下,压力平衡要求柱内表面附近的气压 p 满足

$$p=\frac{B_{\theta a}^2}{2\mu_0} \tag{6.2-1}$$

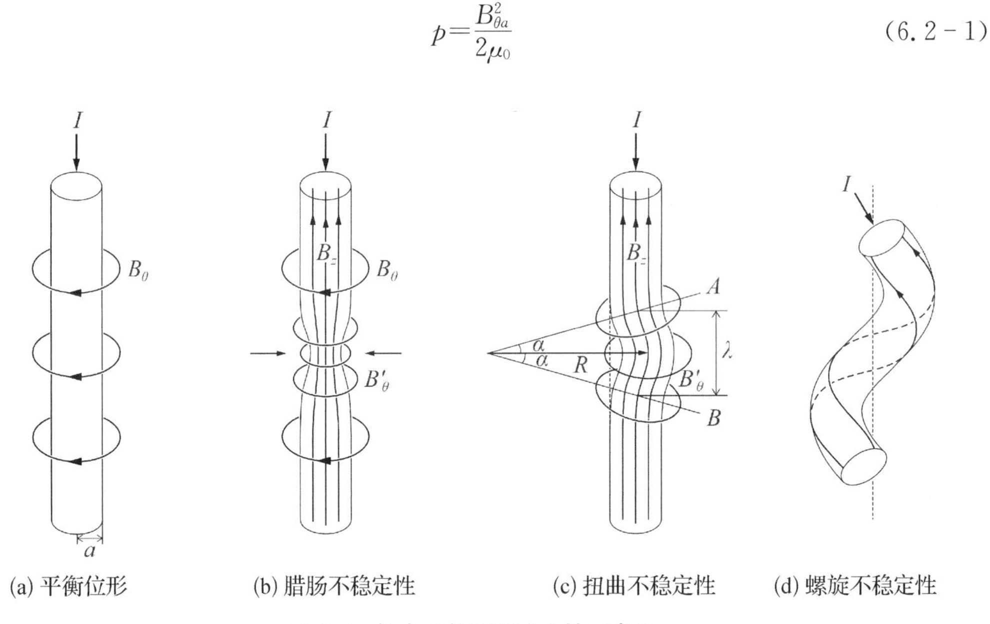

图 6.1 柱电流箍缩不稳定性示意图

当磁流管受到一个角向对称的径向扰动时〔如图 6.1(b)所示〕,由于 I 不变,并考虑到 $B_{\theta a}\sim\frac{1}{a}$,所以局部颈缩处的角向磁场将增强,故磁压$\frac{B_{\theta a}^2}{2\mu_0}$将增强,而因为在颈缩处受挤压的磁流体可自由进入柱内其他区域,故柱内磁流体气压 p 并无明显增强,于是有

$$\frac{B'^2_{\theta a}}{2\mu_0}>p \tag{6.2-2}$$

$B'_{\theta a}$为受压缩后柱表面处的磁场强度。这样，增强的磁压力将继续压缩磁流体柱，亦即扰动将继续进一步发展，直至趋向于使柱切断。由于这种不稳定发生时，等离子体的形状变得类似于腊肠，故被命名为“腊肠”不稳定性。

上述讨论表明，线箍缩的长直柱磁流管的平衡是不稳定的，很容易发生“断裂”。但是，这种不稳定性可以通过在圆柱内附加纵向磁场来使其转为稳定。增加纵向磁场后磁流体柱的平衡条件变为

$$p+\frac{B_z^2}{2\mu_0}=\frac{B_{\theta a}^2}{2\mu_0} \tag{6.2-3}$$

B_z 为附加的纵向场的场强。这时，如果再发生局部颈缩，则由于冻结在磁流体柱内的纵向磁场因受到压缩而场强增强，从而有可能对抗因颈缩而增强的柱外磁压力，抑制扰动的发展，使原来的不稳定平衡变为稳定。下面推导为了致稳所需的纵向磁场 B_z 的值。当平衡柱半径为 a 时，由于颈缩扰动而减小为 $a-\delta a$ 时，柱面处角向磁场将由 $B_{\theta a}=\dfrac{\mu_0 I}{2\pi a}$变为

$$\begin{aligned} B'_{\theta a}&=\frac{\mu_0 I}{2\pi(a-\delta a)} \\ &\approx\frac{\mu_0 I}{2\pi a}\left(1+\frac{\delta a}{a}\right) \\ &\approx B_{\theta a}\left(1+\frac{\delta a}{a}\right) \end{aligned} \tag{6.2-4}$$

上式中 $\delta a\ll a$，并考虑略去$\dfrac{\delta a}{a}$的二阶和二阶以上小量，于是磁流体柱外的磁压强 $B'_{\theta a}$ 为

$$\frac{B'^2_{\theta a}}{2\mu_0}\approx\frac{B_{\theta a}^2}{2\mu_0}\left(1+2\,\frac{\delta a}{a}\right)$$

即外部磁压强增大了 $\Delta p_{\mathrm{m}\theta}$，

$$\Delta p_{\mathrm{m}\theta}=\frac{B_{\theta a}^2}{\mu_0}\frac{\delta a}{a} \tag{6.2-5}$$

由于冻结效应，柱内纵向磁场的磁通量是守恒的，$\pi a^2 B_z=\pi\,(a-\delta a)^2 B'_z$，因此可得

$$B'_z\approx B_z\left(1+2\,\frac{\delta a}{a}\right) \tag{6.2-6}$$

$$\Delta p_{\mathrm{m}z}\approx\frac{B_z^2}{\mu_0}\frac{2\delta a}{a} \tag{6.2-7}$$

显然，对颈缩扰动稳定要求

$$\Delta p_{\mathrm{m}z}>\Delta p_{\mathrm{m}\theta} \tag{6.2-8}$$

将(6.2-5)和(6.2-7)式代入(6.2-8)式，便得

$$B_z^2 > \frac{B_{\theta a}^2}{2} \tag{6.2-9}$$

(6.2－9)式就是增加柱内纵向磁场、使线箍缩磁流体柱不发生腊肠不稳定性的条件。

必须指出,(6.2－9)式是在 $\delta a \ll a$,即扰动足够微小的情况下,在线性理论范畴里得到的条件。实际上,只要在线箍缩磁流体柱中增加纵向磁场,不管其值如何,当扰动发展到一定程度时,总会出现柱内总压强(包括气压和纵向磁场的磁压强)等于并超过柱外角向磁场磁压强的情况。而这时,扰动便被抑制而不再发展,磁流体柱便不会发生"断裂"。亦即该情况属于线性不稳定而非线性稳定的状态。

图 6.1(c)给出了扭曲不稳定的图像:当线箍缩磁流体柱受到小扰动而发生局部微小弯曲时,由于凹的一侧角向磁场增强、凸的一侧磁场减小,造成的磁压强差将使凹边凹得更厉害、凸边凸得更厉害,最终可能把磁流体柱折断。在圆柱内附加纵向磁场同样可抑制扰动发展。这时,由于扭曲扰动造成纵向磁力线弯曲,而弯曲磁力线中的磁张力将阻碍柱体继续扭曲,从而起致稳作用。这种致稳作用对短波扰动尤其有效。下面估算为了不发生扭曲不稳定性所需要附加的纵向磁场的场强。

设弯曲部分的特征长度为 λ,曲率半径为 R〔如图 6.1(c)〕,柱内被弯曲的纵向磁力线所产生的恢复力 F_z 为

$$F_z = \frac{B_z^2}{\mu_0}\pi a^2 \cdot 2\sin\alpha \approx \frac{B_z^2}{\mu_0}\pi a^2 \frac{\lambda}{R} \tag{6.2-10}$$

为了求角向磁场所引起的弯曲力,我们可先考虑柱体被弯曲前,两端截面上所受的磁压力正好互相抵消的情况。当由于扰动而造成磁流体柱弯曲时,设想用半径为 λ 的圆筒把柱的弯曲部分包起来,圆筒两端面位于通过曲率中心的平面 A 和 B 内〔见图 6.1(c)〕。圆筒的侧面因距离柱的形变部分较远,可近似认为这里的磁场不受弯曲形变的影响。于是,扰动引起的弯曲力 F_θ 大致等于圆筒上面和下面的角向场压强所产生的弯曲力,即

$$F_\theta = 2\sin\alpha \int_a^\lambda \frac{B_\theta^2}{2\mu_0} 2\pi r \mathrm{d}r \approx \frac{\lambda}{R}\int_a^\lambda \frac{B_\theta^2}{2\mu_0} 2\pi r \mathrm{d}r \tag{6.2-11}$$

由于柱体内角向磁场为零,所以积分从 a 开始。考虑到 $B_\theta(r) = B_{\theta a}\dfrac{a}{r}$,最后可得弯曲力为

$$F_\theta = \frac{B_{\theta a}^2}{2\mu_0}\pi a^2 \frac{\lambda}{R} \ln\frac{\lambda}{a} \tag{6.2-12}$$

显然,为了使扭曲不稳定性稳定化,必须有

$$F_z > F_\theta$$

将(6.2－10)和(6.2－12)式代入上式,便得扭曲不稳定性的致稳条件为

$$\frac{B_z^2}{B_{\theta a}^2} > \ln\frac{\lambda}{a} \tag{6.2-13}$$

比较腊肠不稳定性和扭曲不稳定性的致稳条件(6.2－9)和(6.2－13)式,可以看出扭

曲不稳定性的致稳条件与波长有关。由平衡条件(6.2-3)式可得

$$\frac{B_z^2}{B_{\theta a}^2}<1 \tag{6.2-14}$$

比较(6.2-13)和(6.2-14)式,可得

$$\ln\frac{\lambda}{a}<1 \tag{6.2-15}$$

上式表明,只有对扰动波长较短的扭曲不稳定性,才能用附加纵向场的方法致稳;而对于 $\ln\frac{\lambda}{a}>1$ 的长波扰动,则线箍缩磁流体柱总是不稳定的。从物理上讲,长波扰动时纵向磁力线弯曲小,于是抑制扰动的恢复力也较小;而弯曲力却随波长增大而更大,这样附加纵向场便无法实现其致稳的目的了。

图 6.1(d)给出的螺旋不稳定性,是由磁力线被电流弯曲成螺旋形后的张力所引起的。当弯曲磁力线的张力使其趋向变直时,电流则趋向变形为螺旋状。螺旋不稳定性的阈值很低,故非常容易出现,它是磁约束磁流体中最具危险性的一种不稳定性。它的稳定性条件为

$$\left|\frac{B_\theta}{B_z}\right|<\frac{2\pi a}{L}$$

其中 L 为柱的长度,对螺旋不稳定性的较详细研究见 6.2.3 节。

6.2.2 角箍缩和线箍缩的长直柱磁流管的稳定性

无重力磁流体的一个特别简单的例子是由柱对称的完全轴向或者完全环向的电流产生的磁流管,即前面提到的线箍缩和角箍缩的位形。可以用能量原理分别讨论这两种位形的磁流管的稳定性。先讨论角箍缩的位形。在柱坐标系中,电流只有角向分量;$\vec{j}_0=j_\theta(r)\hat{\theta}$,磁场只有轴向分量 $\vec{B}_0=B_z(r)\hat{z}$,并且只是 r 的函数(柱对称条件)。平直磁力线的曲率为零,因而微扰能量中和压强梯度有关的一项为零。这种位形中磁流管的电流和磁场垂直,因而微扰能量中和平行电流相关的一项也为零。假设磁流管内的气压和磁场从内到外是光滑变化的,磁流管边界上没有面电流,那么微扰能量的表面项也忽略,则所有的能量变化都取非负值。可见角箍缩的螺线电流的磁流管是非常稳定的。

其次讨论柱对称的线箍缩的磁流管的情形。同样在柱坐标系中,电流只有轴向分量 $\vec{j}_0=j_z(r)\hat{z}$,磁场只有角向分量 $\vec{B}_0=B_\theta(r)\hat{\theta}$。和角箍缩的情形类似,在这种位形中电流和磁场垂直,因而没有平行电流的非稳作用。但是平衡磁场的磁力线曲率不为零,$\vec{\kappa}=\hat{b}\cdot\nabla\hat{b}=-\hat{r}/r$,因而气体压强梯度和磁力线曲率可能产生不稳定性。根据前面讨论,如果压强梯度和磁力线曲率平行,则和压强梯度相关的微扰能量为负,在这种位形下,这一项是唯一可能取负值的微扰能量,因而稳定性的充分条件是磁流管内每一处气压从轴往外增长;反之,磁流管可能不稳定。下面通过寻求微扰能量极小值,具体讨论不稳定性的

条件。根据安培定律，有

$$\vec{j}_0=\frac{1}{\mu_0}\nabla\times\vec{B}_0=\frac{1}{\mu_0 r}\frac{\mathrm{d}(rB_\theta)}{\mathrm{d}r}\hat{z} \tag{6.2-17}$$

磁静平衡条件为

$$\frac{\mathrm{d}p_0}{\mathrm{d}r}+\frac{1}{\mu_0}\frac{B_\theta}{r}\frac{\mathrm{d}(rB_\theta)}{\mathrm{d}r}=0 \tag{6.2-18}$$

取柱对称的微扰形式 $\vec{\xi}\to\vec{\xi}(r)\mathrm{e}^{\mathrm{i}(kz+m\theta-\omega t)}$，并令微扰在磁流管边界上消失，这样微扰能量的表面项和真空磁场能为零。流体内微扰能量表式中的三项都只和微扰的垂直分量 $\vec{\xi}_\perp=\xi_r\hat{r}+\xi_z\hat{z}$ 有关，另一项是可压流体的气压能。为简便起见，我们用复函数的形式写出微扰，并讨论能量极小值。首先求解微扰磁场

$$\vec{B}_1=\nabla\times(\vec{\xi}_\perp\times\vec{B}_0)=\frac{\mathrm{i}mB_\theta}{r}(\xi_r\hat{r}+\xi_z\hat{z})-\left(\nabla\cdot\vec{\xi}_\perp B_\theta+\xi_r\frac{\mathrm{d}B_\theta}{\mathrm{d}r}-\frac{\xi_r}{r}B_\theta\right)\hat{\theta} \tag{6.2-19}$$

则微扰能量积分的第一非零项为

$$\frac{|\vec{B}_{1\perp}|^2}{\mu_0}=\frac{m^2B_\theta^2}{\mu_0 r^2}(|\xi_r|^2+|\xi_z|^2) \tag{6.2-20}$$

第二项可压流体的气压能为

$$\gamma p_0|\nabla\cdot\vec{\xi}|^2=\gamma p_0\left|\frac{1}{r}\frac{\mathrm{d}(r\xi_r)}{\mathrm{d}r}+\mathrm{i}\frac{m}{r}\xi_\theta+\mathrm{i}k\xi_z\right|^2 \tag{6.2-21}$$

第三项为

$$\frac{B_0^2}{\mu_0}|\nabla\cdot\vec{\xi}_\perp+2\vec{\xi}_\perp\cdot\vec{\kappa}|^2=\frac{B_\theta^2}{\mu_0}\left|\frac{\mathrm{d}\xi_r}{\mathrm{d}r}-\frac{\xi_r}{r}+\mathrm{i}k\xi_z\right|^2 \tag{6.2-22}$$

最后一项为

$$-2(\vec{\xi}_\perp\cdot\vec{\kappa})(\vec{\xi}_\perp^*\cdot\nabla_\perp p_0)=2\frac{|\xi_r|^2}{r}\frac{\mathrm{d}p_0}{\mathrm{d}r} \tag{6.2-23}$$

因而计算微扰势能的积分函数只是关于坐标 r 的函数。我们用符号′表示 $\mathrm{d}/\mathrm{d}r$，流体微扰能量的积分简化为

$$\delta W_F=2\pi L\int_0^a G(\xi_r,\xi_r',\xi_\theta,\xi_z,r)r\mathrm{d}r \tag{6.2-24}$$

其中 $2L$ 是磁流管的长度，a 是流管的半径，积分函数 $G(\xi_r,\xi_r',\xi_\theta,\xi_z,r)$ 写作

$$G(\xi_r,\xi_r',\xi_\theta,\xi_z,r)=\left(\frac{m^2B_\theta^2}{\mu_0 r^2}+\frac{2}{r}p_0'\right)|\xi_r|^2+\frac{m^2B_\theta^2}{\mu_0 r^2}|\xi_z|^2+\frac{B_\theta^2}{\mu_0}\left|r\left(\frac{\xi_r}{r}\right)'+\mathrm{i}k\xi_z\right|^2$$

$$+\gamma\frac{p_0}{r^2}\mid(r\xi_r)'+\mathrm{i}m\xi_\theta+\mathrm{i}kr\xi_z\mid^2 \tag{6.2-25}$$

上面的微扰能量表式中只有压强梯度 p_0'可能取负值，产生不稳定性。可压流体对微扰能量的贡献为正，因而不可压流体更不稳定。对不可压流体，从上述表述可见 m 越大，对微扰能量的正贡献越大，因而较小 m 的扰动模不稳定性更强。对**不可压流体**的讨论见后面章节。这里我们讨论**可压流体**对 $m=0$ 的微扰的稳定性。

如果初始扰动 $m=0$，则微扰磁场的垂直分量为零，$\vec{B}_{1\perp}=0$，上面的微扰能量积分函数改写为

$$G=\frac{2}{r}p_0'\mid\xi_r\mid^2+\frac{B_\theta^2}{\mu_0}\left|r\left(\frac{\xi_r}{r}\right)'+\mathrm{i}k\xi_z\right|^2+\gamma\frac{p_0}{r^2}\mid(r\xi_r)'+\mathrm{i}kr\xi_z\mid^2 \tag{6.2-26}$$

用能量原理探讨不稳定性的阈值，可以寻找能量极小值，根据这个极小值的正负给出稳定项的判据。上述对可压流体 $m=0$ 的微扰的能量积分，是两个独立变量 ξ_z 和 ξ_r 的函数，需要对两个独立变量分别取极小。其中 $G(r)$ 是 ξ_z 的二次代数函数，展开后写为 $|c_1|^2[|\xi_z|^2+\mathrm{i}(c_2\xi_z^*-c_2^*\xi_z)]$的形式，可以改写为 $|c_1|^2|\xi_z+\mathrm{i}c_2|^2-|c_2|^2/|c_1|^2$。如果取 $\xi_z=\mathrm{i}c_2$ 令上式第一项为零，则关于 ξ_z 的函数取极小值。我们也可以根据能量积分函数取极值的必要条件$\partial G/\partial\xi_z=0$，导出 ξ_z 的表式

$$\xi_z=\frac{\mathrm{i}}{k}\frac{\dfrac{B_\theta^2}{\mu_0}r\left(\dfrac{\xi_r}{r}\right)'+\dfrac{\gamma p_0}{r}(r\xi_r)'}{\dfrac{B_\theta^2}{\mu_0}+\gamma p_0} \tag{6.2-27}$$

这个条件下，$\partial^2G/\partial\xi_z\partial\xi_z^*>0$，因而这个条件是能量极小的充要条件。把 ξ_z 的表式代回积分函数，得

$$G(r,\xi_r,\xi_r')=\left(\frac{2}{r}p_0'+\frac{4\gamma p_0}{r^2}\frac{B_\theta^2}{B_\theta^2+\mu_0\gamma p_0}\right)\xi_r^2=\left(\frac{2}{r}p_0'+\frac{4\gamma p_0}{r^2}\frac{1}{1+\gamma\beta}\right)\xi_r^2 \tag{6.2-28}$$

上式中 $\beta\equiv\mu_0p_0/B_0^2$，即等离子体的气压与磁压比。对 $\beta\gg1$ 的磁流体，和前面讨论一致，$p_0'>0$，即磁流管内等离子体气压从轴向外增加，是磁流管稳定的充分条件。对 $\beta\ll1$ 的磁流体，如果磁流体气压分布处处满足条件

$$\frac{rp_0'}{p_0}>-2\gamma\rightarrow\frac{\mathrm{d}(\ln p_0)}{\mathrm{d}(\ln r)}>-2\gamma \tag{6.2-29}$$

则磁流体一定是稳定的，反之磁流体有可能不稳定。上述条件表明，管半径为 a 并且 $\beta\ll1$ 的磁流管，假设磁流管内等离子体气压分布为 $p_0(r)=p_0(0)\mathrm{e}^{-\alpha\frac{r}{a}}$，如果气压从轴向外衰减足够缓慢，$\alpha<2\gamma$，则磁流体对 $m=0$ 的扰动也是稳定的。

$m=0$ 的扰动是轴对称的，指向轴心的径向扰动把流体挤压到上下两侧，因而流管扰动处局部收缩，而上下端膨胀，称为腊肠模。如果流管中有轴向磁场 $B_z\neq 0$，则扰动需要克服轴向磁场被压缩而增强的磁压，所以轴向磁场是致稳的。这样包括轴向磁场与环向磁场的位形，磁力线和电流走向是螺旋形的。引入轴向磁场虽然增加 $m=0$（即腊肠模）的稳定性，但是和上面讨论的角箍缩和线箍缩有所不同，螺旋形磁场中一般存在平行于磁场的电流分量，从而可能导致电流不稳定性，通常称为螺旋扭曲不稳定性（helical kink instability）。我们下面具体讨论螺旋磁场的稳定性条件。

6.2.3 圆直柱磁流管中的螺旋电流不稳定性

磁流体中狭义的电流不稳定性特指流体中和平衡态磁力线平行的电流引起的不稳定性，即能量方程(6.1-53)中的最后一项取负值的情形。天体物理和空间物理常见的很多结构可以近似为圆直柱或者圆环形的磁流管。这里我们讨论忽略重力作用的圆直柱磁流管中存在平行于平衡磁场的电流分量的情形，即螺旋形磁力线与电流分布的位形。

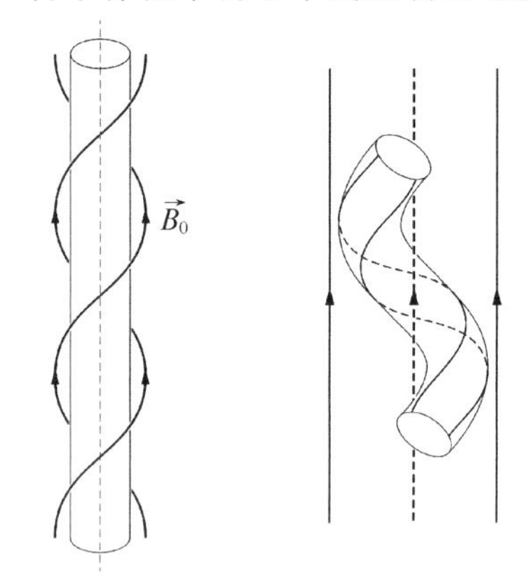

图 6.2 圆直柱磁流管中的螺旋电流不稳定性

简单起见，我们仍然考虑柱对称的位形（图 6.2）。可以用柱坐标把磁静平衡态的磁场表述为两个分量 $\vec{B}_0\equiv B_\theta(r)\hat{\theta}+B_z(r)\hat{z}$，磁流体气压 $p_0\equiv p_0(r)$，平衡电流表述为

$$\mu_0\vec{j}_0=\nabla\times\vec{B}_0=\left[-\frac{\mathrm{d}B_z}{\mathrm{d}r}\hat{\theta}+\frac{1}{r}\frac{\mathrm{d}}{\mathrm{d}r}(rB_\theta)\hat{z}\right] \tag{6.2-30}$$

磁静平衡的力方程 $-\nabla p_0+\vec{j}_0\times\vec{B}_0=0$，导出

$$\frac{\mathrm{d}}{\mathrm{d}r}\left(p_0+\frac{B_0^2}{2\mu_0}\right)+\frac{B_\theta^2}{\mu_0 r}=0 \tag{6.2-31}$$

令符号 $'\equiv\mathrm{d}/\mathrm{d}r$，并定义总压强 $p_t\equiv p_0+\dfrac{B_0^2}{2\mu_0}$，则磁静平衡写为

$$p_t'+\frac{B_\theta^2}{\mu_0 r}=0 \tag{6.2-32}$$

上面的平衡方程是通解。对给定磁位形和边界条件，引入微扰，可以用简正模方法或者能量变分原理讨论磁流体的不稳定性。考虑微扰形式 $\vec{\xi}=\vec{\xi}(r)\mathrm{e}^{\mathrm{i}(kz+m\theta-\omega t)}$，可以写出磁流体中各个微扰物理量的表式：

$$p_1=-\gamma p_0\nabla\cdot\vec{\xi}-(\vec{\xi}\cdot\nabla)p_0=-\gamma p_0\left[\frac{1}{r}(r\xi_r)'+\mathrm{i}k\xi_z+\mathrm{i}\frac{m}{r}\xi_\theta\right]-\xi_r p_0' \tag{6.2-33}$$

$$\vec{B}_1=\nabla\times(\vec{\xi}\times\vec{B}_0)=(\mathrm{i}\vec{k}_0\cdot\vec{B}_0)\vec{\xi}-(\nabla\cdot\vec{\xi})\vec{B}_0+\xi_r\left(\frac{B_\theta}{r}-B_\theta'\right)\hat{\theta}-\xi_r B_z'\hat{z} \tag{6.2-34}$$

其中 $\vec{k}_0\equiv\frac{m}{r}\hat{\theta}+k\hat{z}$，是微扰波矢量。

对不考虑重力作用的圆直柱磁流管，类似前面能量原理的推导，也可以采用这样的坐标系，定义平行和垂直于磁力线的正交单位矢量为$(\hat{e}_r,\hat{e}_\perp,\hat{e}_{/\!/})$，

$$\hat{e}_r\equiv\hat{r},\quad \hat{e}_{/\!/}\equiv\frac{B_\theta\hat{\theta}+B_z\hat{z}}{B_0},\quad \hat{e}_\perp\equiv\hat{e}_{/\!/}\times\hat{e}_r=\frac{B_z\hat{\theta}-B_\theta\hat{z}}{B_0} \tag{6.2-35}$$

微扰位移在这个坐标系的三个分量写作

$$\xi_r=\xi_r,\quad \xi_{/\!/}=\vec{\xi}\cdot\hat{e}_{/\!/}=\frac{\xi_\theta B_\theta+\xi_z B_z}{B_0},\quad \xi_\perp=\vec{\xi}\cdot\hat{e}_\perp=\frac{\xi_\theta B_z-\xi_z B_\theta}{B_0} \tag{6.2-36}$$

其他微扰物理量也可以相应地表达为在这个坐标系的三个分量。本节中沿用传统的柱坐标系表述微扰物理量。下文用简正模或者能量原理的方法讨论磁流体不稳定性。这两种方法推导出的微分方程比较复杂，绝大多数情形只能用数值方法求解，对某些相对简单的位形，可以用解析解或者近似解析解讨论磁流体的稳定性。

1. 简正模方法

用简正模的方法，磁流体微扰力写作

$$\begin{aligned}-\rho_0\omega^2\vec{\xi}=-\nabla p_1+\vec{j}_0\times\vec{B}_1+\vec{j}_1\times\vec{B}_0=&-\nabla\left(p_1+\frac{1}{\mu_0}\vec{B}_0\cdot\vec{B}_1\right)\\&+\frac{1}{\mu_0}[(\vec{B}_0\cdot\nabla)\vec{B}_1+(\vec{B}_1\cdot\nabla)\vec{B}_0]\end{aligned} \tag{6.2-37}$$

如前所述，定义微扰总压强为 $p_{1\mathrm{t}}=p_1+\frac{1}{\mu_0}\vec{B}_1\cdot\vec{B}_0$，代入前面给出的微扰物理量，经过一定运算，并运用磁静平衡关系，微扰力表式内的各项分别写作

$$\vec{B}_1\cdot\vec{B}_0=(\mathrm{i}\vec{k}_0\cdot\vec{B}_0)(\vec{B}_0\cdot\vec{\xi})-(\nabla\cdot\vec{\xi})B_0^2-\xi_r B_\theta B_\theta'-\xi_r B_z B_z'+\frac{\xi_r}{r}B_\theta^2 \tag{6.2-38}$$

$$p_{1\mathrm{t}}=-\left(\gamma p_0+\frac{B_0^2}{\mu_0}\right)(\nabla\cdot\vec{\xi})+\frac{(\mathrm{i}\vec{k}_0\cdot\vec{B}_0)}{\mu_0}(\vec{B}_0\cdot\vec{\xi})+\frac{2\xi_r B_\theta^2}{r\mu_0} \tag{6.2-39}$$

$$\begin{aligned}&(\vec{B}_0\cdot\nabla)\vec{B}_1+(\vec{B}_1\cdot\nabla)\vec{B}_0\\&=\left[-\xi_r(\vec{k}_0\cdot\vec{B}_0)^2+\frac{2B_\theta^2}{r}(\nabla\cdot\vec{\xi})+\frac{2B_\theta\xi_r}{r}\left(B_\theta'-\frac{B_\theta}{r}\right)-\frac{2B_\theta\xi_\theta}{r}(\mathrm{i}\vec{k}_0\cdot\vec{B}_0)\right]\hat{r}\end{aligned}$$

$$+\left[-\xi_\theta(\vec{k}_0\cdot\vec{B}_0)^2-(\mathrm{i}\vec{k}_0\cdot\vec{B}_0)B_\theta\left(\nabla\cdot\vec{\xi}-2\frac{\xi_r}{r}\right)\right]\hat{\theta}$$

$$+[-\xi_z(\vec{k}_0\cdot\vec{B}_0)^2-(\mathrm{i}\vec{k}_0\cdot\vec{B}_0)B_z(\nabla\cdot\vec{\xi})]\hat{z} \tag{6.2-40}$$

从上面这些表述，我们可以写出微扰力的各个分量，并经过整理得到

$$[-\mu_0\rho_0\omega^2+(\vec{k}_0\cdot\vec{B}_0)^2]\xi_r=-\mu_0 p'_{1t}+\frac{2B_\theta^2}{r}(\nabla\cdot\vec{\xi})+\frac{2B_\theta\xi_r}{r}\left(B'_\theta-\frac{B_\theta}{r}\right)-\frac{2B_\theta\xi_\theta}{r}(\mathrm{i}\vec{k}_0\cdot\vec{B}_0) \tag{6.2-41}$$

$$[-\mu_0\rho_0\omega^2+(\vec{k}_0\cdot\vec{B}_0)^2]\xi_\theta=-\frac{\mathrm{i}m}{r}\mu_0 p_{1t}-\mathrm{i}(\vec{k}_0\cdot\vec{B}_0)B_\theta\left(\nabla\cdot\vec{\xi}-2\frac{\xi_r}{r}\right) \tag{6.2-42}$$

$$[-\mu_0\rho_0\omega^2+(\vec{k}_0\cdot\vec{B}_0)^2]\xi_z=-\mathrm{i}k\mu_0 p_{1t}-\mathrm{i}(\vec{k}_0\cdot\vec{B}_0)B_z(\nabla\cdot\vec{\xi}) \tag{6.2-43}$$

以上关于微扰磁场和微扰位移的几个等式构成分析柱对称的螺旋电流不稳定性的基本方程组。

(1) 特殊解：均匀不可压磁流体的稳定性

求解上面的微扰位移和微扰磁场，并应用边界条件，可以得到色散方程，讨论 ω^2 的正负决定不稳定性的判据，并计算不稳定性的增长率。微扰位移和微扰磁场的一般解是非常复杂的，通常需要通过数值方法求解。但仔细观察上面对微扰位移和微扰磁场的表式，对一些相对简单的磁流体位形，求解比较容易。由前面能量原理的表式可知，不可压流体更加不稳定，因而可以采用不可压条件，寻找不稳定的阈值。此外令磁流体管内的平衡态的角向磁场为零 $B_\theta=0$，轴向磁场 B_z 均匀，则微扰位移和磁场的方程变得非常简单。定义 $F\equiv(\vec{k}_0\cdot\vec{B}_0)^2-\rho_0\mu_0\omega^2$，微扰位移的方程化为

$$F\vec{\xi}=-\mu_0\nabla p_{1t} \tag{6.2-44}$$

微扰磁场的方程为

$$\vec{B}_1=\mathrm{i}(\vec{k}_0\cdot\vec{B}_0)\vec{\xi} \tag{6.2-45}$$

其中 $\vec{k}_0=(m/r)\hat{\theta}+k\hat{z}$。注意到平衡磁场的位形是无力场，磁静平衡条件要求磁流体的气压 p_0 均匀，$\nabla p_0=0$。可以令磁流管内密度 ρ_0 均匀，对上面微扰位移的方程取散度，得到

$$\nabla\cdot(F\vec{\xi})=F(\nabla\cdot\vec{\xi})=-\mu_0\nabla^2 p_{1t}=0 \tag{6.2-46}$$

则问题变为求解微扰总压强 p_{1t} 的拉普拉斯方程。由于微扰的形式 $\vec{\xi}(r,t)$ 取 $\vec{\xi}(r)\mathrm{e}^{\mathrm{i}(m\theta+kz-\omega t)}$，可知线性方程的解 p_{1t} 对 θ 和 z 的函数也取 $\mathrm{e}^{\mathrm{i}(m\theta+kz)}$ 的形式。不失一般性，规定 $m>0, k>0$，则 p_{1t} 对 r 的函数是修正贝塞尔函数 $\mathrm{I}_m(kr)$ 与 $\mathrm{K}_m(kr)$。对圆柱内的解，

在轴上 $r\to 0$ 解不能发散，因而只取 $\mathrm{I}_m(kr)$，即 $p_{1t}=c_1\mathrm{I}_m(kr)$，其中 c_1 是实常数。由 p_{1t}的解，可以写出磁流体内的微扰位移和微扰磁场

$$\vec{\xi}=-\frac{c_1\mu_0}{F}\left(\mathrm{I}_m'(kr)\,\hat{r}+\mathrm{i}\frac{m}{r}\mathrm{I}_m(kr)\,\hat{\theta}+\mathrm{i}k\mathrm{I}_m(kr)\,\hat{z}\right)\mathrm{e}^{\mathrm{i}(m\theta+kz-\omega t)} \qquad (6.2-47)$$

$$\vec{B}_1=-\mathrm{i}\frac{c_1\mu_0 kB_z}{F}\left(\mathrm{I}_m'(kr)\,\hat{r}+\mathrm{i}\frac{m}{r}\mathrm{I}_m(kr)\,\hat{\theta}+\mathrm{i}k\mathrm{I}_m(kr)\,\hat{z}\right)\mathrm{e}^{\mathrm{i}(m\theta+kz-\omega t)} \qquad (6.2-48)$$

求解上述方程，需要考虑边界条件。这里考虑磁流管边界随扰动发生变化，则需要知道管外的磁场分布。假设磁流管外 $r>a$ 是真空（或者稀薄等离子体 $\beta\approx 0,\vec{j}=0$），平衡态磁流管外磁场既有角向分量 $B_{\theta\mathrm{V}}$也有轴向分量 $B_{z\mathrm{V}}$，并假设轴向磁场 $B_{z\mathrm{V}}$也是均匀的。可以想象这样的磁流管内外的磁场分布可以由流管表面的面电流密度 K_θ、K_z，和真空外边界上的面电流密度 K_θ 产生。这样给定的磁流管内外的磁静平衡态位形，自动满足在边界上切向电场和法向磁场的连续性条件。总压强的连续性条件写作

$$p_0(a)+\frac{B_z^2(a)}{2\mu_0}=\frac{B_{z\mathrm{V}}^2(a)+B_{\theta\mathrm{V}}^2(a)}{2\mu_0} \qquad (6.2-49)$$

下面求解引入微扰$\vec{\xi}(r)\mathrm{e}^{\mathrm{i}(m\theta+kz-\omega t)}$后的真空磁场$\vec{B}_{1\mathrm{V}}$。真空中磁场满足 $\nabla\times\vec{B}_{1\mathrm{V}}=0$，因而可以把微扰磁场写为标量势函数的梯度 $\vec{B}_{1\mathrm{V}}=-\nabla\phi_m$，由磁场散度为零的条件给出拉普拉斯方程 $\nabla^2\phi_m=0$。在柱坐标中方程的解是贝塞尔函数。同样，线性方程的解对 θ 与 z 的函数和微扰一致，取为 $\mathrm{e}^{\mathrm{i}(m\theta+kz-\omega t)}$。不失一般性，$k>0$，$m>0$，则 ϕ_m 的解是修正贝塞尔函数 $\mathrm{I}_m(kr)$与 $\mathrm{K}_m(kr)$的线性组合，即

$$\phi_m=(c_2\mathrm{I}_m(kr)+c_3\mathrm{K}_m(kr))\mathrm{e}^{\mathrm{i}(m\theta+kz-\omega t)} \qquad (6.2-50)$$

积分常数 c_2 与 c_3 可以由真空磁场的外边界条件限制。考虑磁流管和管外的稀薄等离子体（这里假设为真空）作为一个整体封闭系统，则真空外边界 $r=b$ 为导电率无限大电导率的刚体，因而$\hat{r}\cdot\vec{B}_{1\mathrm{V}}(b)=0$，由此得到

$$c_2\mathrm{I}_m'(kb)+c_3\mathrm{K}_m'(kb)=0 \qquad (6.2-51)$$

其中符号$'$表示对贝塞尔函数的自变量 $x=kr$ 取导数。在极限 $b\gg a$，可以认为外边界在无限远，则 $c_2=0$，$\phi_m=c_3\mathrm{K}_m(kr)$。

引入微扰后，在磁流体和真空之间的边界条件包括总压强、法向磁场和切向电场的连续性。根据 6.1.1 节，压强连续性写为

$$p_{1t}+(\vec{\xi}\cdot\nabla)p_t=\frac{1}{\mu_0}\vec{B}_{1\mathrm{V}}\cdot\vec{B}_{0\mathrm{V}}+(\vec{\xi}\cdot\nabla)\frac{B_{0\mathrm{V}}^2}{2\mu_0}\to p_{1t}=\frac{1}{\mu_0}\vec{B}_{1\mathrm{V}}\cdot\vec{B}_{0\mathrm{V}}+\xi_r\frac{\mathrm{d}}{\mathrm{d}r}\left(\frac{B_{\theta\mathrm{V}}^2(a)}{2\mu_0}\right) \qquad (6.2-52)$$

切向电场和法向磁场在边界的连续性条件为

$$\hat{n}_0 \cdot \vec{B}_{1\mathrm{V}} = \hat{n}_0 \cdot [\nabla \times (\vec{\xi} \times \vec{B}_{0\mathrm{V}})] \rightarrow \hat{r} \cdot \vec{B}_{1\mathrm{V}} = \hat{r} \cdot [(\vec{B}_{0\mathrm{V}} \cdot \nabla)\vec{\xi} - (\vec{\xi} \cdot \nabla)\vec{B}_{0\mathrm{V}}] \tag{6.2-53}$$

代入 $p_{1\mathrm{t}}$、$\vec{\xi}$和 $\vec{B}_{0\mathrm{V}}$、$\vec{B}_{1\mathrm{V}}(\equiv -\nabla\phi_m)$ 的解。经过整理，上述两个描述连续性条件的方程写为

$$\mu_0\left(\mathrm{I}_m(ka) - \frac{kB_{\theta\mathrm{V}}^2}{aF}\mathrm{I}_m'(ka)\right)c_1 - \mathrm{i}\left(\frac{m}{a}B_{\theta\mathrm{V}} + kB_{z\mathrm{V}}\right)\left(\frac{\mathrm{K}_m'(kb)}{\mathrm{I}_m'(kb)}\mathrm{I}_m(ka) - \mathrm{K}_m(ka)\right)c_3 = 0 \tag{6.2-54}$$

$$\mathrm{i}\,\frac{\mu_0}{F}\left(\frac{m}{r}B_{\theta\mathrm{V}} + kB_{z\mathrm{V}}\right)\mathrm{I}_m'(ka)c_1 + \left(\frac{\mathrm{K}_m'(kb)}{\mathrm{I}_m'(kb)}\mathrm{I}_m'(ka) - \mathrm{K}_m'(ka)\right)c_3 = 0 \tag{6.2-55}$$

除非特别指明，上述各个磁场分量取 $r=a$ 处的值，并注意这里符号$'$表示对 kr 求导。上面两个方程，积分常数 c_1 和 c_3 有非零解的条件是系数矩阵的秩为零，由此得出

$$\mu_0\rho_0\omega^2 = k^2B_z^2 - \left(\frac{m}{a}B_{\theta\mathrm{V}} + kB_{z\mathrm{V}}\right)^2 \frac{\mathrm{I}_m'(ka)\left(\mathrm{I}_m(ka) - \dfrac{\mathrm{I}_m'(kb)}{\mathrm{K}_m'(kb)}\mathrm{K}_m(ka)\right)}{\mathrm{I}_m(ka)\left(\mathrm{I}_m'(ka) - \dfrac{\mathrm{K}_m'(ka)}{\mathrm{K}_m'(kb)}\mathrm{I}_m'(kb)\right)} - \frac{\mathrm{I}_m'(ka)}{\mathrm{I}_m(ka)}\frac{k^2B_{\theta\mathrm{V}}^2}{ka} \tag{6.2-56}$$

磁流管稳定的充要条件是 $\omega^2>0$。我们分别讨论上式右边各项对稳定性的贡献。第一项是正数，因而磁流管内的轴向磁场是致稳的，磁场越强，磁流体越稳定。等式右边第二项一定非负，是致稳项，证明如下。根据贝塞尔函数的性质，$\mathrm{I}_m'/\mathrm{I}_m>0$，$\mathrm{K}_m'/\mathrm{K}_m<0$，因而这一项的分子是正数。再看分母：对 $b>a$，$0<\mathrm{I}_m'(ka)<\mathrm{I}_m'(kb)$，$\mathrm{K}_m'(ka)/\mathrm{K}_m'(kb)>1$ 所以这一项的分母一定是负数。如果 $\vec{k}_0 \cdot \vec{B}_\mathrm{V}\neq 0$，右边第二项取正值，是致稳项。此外，真空的刚体外边界越靠近磁流管，$b\rightarrow a$，这一项分母越接近零，从而磁流管稳定性更强；反之，如果外边界刚体在无限远，$b\rightarrow\infty$，则磁流体对扰动最不稳定。最后，沿着磁流管表面磁力线传播的扰动（$\vec{k}_0 /\!/ \vec{B}_\mathrm{V}$），第二项取最大值，磁流体最稳定，而垂直于磁流管表面磁力线传播的扰动（$\vec{k}_0 \perp \vec{B}_\mathrm{V}$），第二项为零，磁流体最不稳定。等式右边第三项，根据贝塞尔函数的性质 $\mathrm{I}_m'/\mathrm{I}_m>0$，显而易见是负值。这一项可以令磁流体失稳，而且角向磁场 $B_{\theta\mathrm{V}}$越强，越不稳定，类似于螺旋磁力线曲率与气压梯度同向产生的交换不稳定性。

可以详细讨论在不同条件下，比如长波扰动 $ka\ll 1$，和短波扰动 $ka\gg 1$，上面各项对不稳定性的贡献。先对贝塞尔函数在这两个极限下展开。令 $x\equiv ka$，长波极限 $x\ll 1$ 时，等式右边的各个贝塞尔函数展开为

$$
\begin{aligned}
&\mathrm{I}_0(x)\approx 1+\frac{x^2}{4}\\
&\mathrm{I}_m(x)\approx \frac{1}{\Gamma(m+1)}\left(\frac{x}{2}\right)^m\\
&\mathrm{K}_0(x)\approx -\left(\ln\left(\frac{x}{2}\right)+0.5772\right)\\
&\mathrm{K}_m(x)\approx \frac{\Gamma(m)}{2}\left(\frac{2}{x}\right)^m
\end{aligned}
\tag{6.2-57}
$$

短波极限下 $x\gg 1$，贝塞尔函数展开为

$$
\begin{aligned}
&\mathrm{I}_m(x)\approx \frac{1}{\sqrt{2\pi x}}\mathrm{e}^x\left(1+O\left(\frac{1}{x}\right)\right)\\
&\mathrm{K}_m(x)\approx \sqrt{\frac{\pi}{2x}}\mathrm{e}^{-x}\left(1+O\left(\frac{1}{x}\right)\right)
\end{aligned}
\tag{6.2-58}
$$

此时等式右边第三项的系数近似为

$$
\frac{\mathrm{I}_m'}{x\mathrm{I}_m}\approx \frac{1}{x}\left(1-\frac{1}{2x}\right) \tag{6.2-59}
$$

因 $x\gg 1$，于是这一项趋近于零。由于等式中只有这一项对磁流体不稳定性有贡献，可见磁流体对短波扰动是非常稳定的。因此下面只集中讨论在长波扰动下磁流体稳定的条件。另外，真空外边界 $b\gg a$ 时，磁流体稳定性更低。因而可以令 $b\to\infty$，讨论稳定条件。

如果 $b\to\infty$，$\mathrm{I}_m'(kb)\gg \mathrm{K}_m'(kb)$，色散方程简化为

$$
\mu_0\rho_0\omega^2 = k^2B_z^2 - k^2\left(\frac{m}{x}B_{\theta\mathrm{V}}+B_{z\mathrm{V}}\right)^2\frac{\mathrm{I}_m'(x)\mathrm{K}_m(x)}{\mathrm{I}_m(x)\mathrm{K}_m'(x)} - k^2\frac{\mathrm{I}_m'(x)}{\mathrm{I}_m(x)}\frac{B_{\theta\mathrm{V}}^2}{x} \tag{6.2-60}
$$

对 $m=0$ 的腊肠模，长波扰动 $x\ll 1$ 的稳定条件是

$$
B_z^2 - B_{z\mathrm{V}}^2\frac{x^2}{2}\ln x - \frac{1}{2}B_{\theta\mathrm{V}}^2 > 0 \tag{6.2-61}
$$

应用磁静平衡关系 $B_z^2+2\mu_0p_0=B_{z\mathrm{V}}^2+B_{\theta\mathrm{V}}^2$，得到稳定条件

$$
\left(1-\frac{x^2}{2}\ln x\right)B_{z\mathrm{V}}^2+\frac{1}{2}B_{\theta\mathrm{V}}^2-2\mu_0p_0>0 \tag{6.2-62}
$$

对 $x=ka\ll 1$，上式左端括号内取正值。对小 β 磁流体，$2\mu_0p_0\ll B_z^2$，上述条件自然满足，则磁流体对 $m=0$ 的腊肠模是稳定的。反之，流体气压很大则会增强腊肠模的不稳定性，而轴向磁场是致稳的，这和前面对线箍缩可压流体的稳定性的讨论是基本一致的。

对 $m\geq 1$ 的长波扰动，利用贝塞尔函数的近似解，磁流体的稳定条件化为

$$
B_z^2+\left(\frac{m}{x}B_{\theta\mathrm{V}}+B_{z\mathrm{V}}\right)^2-\frac{m}{x^2}B_{\theta\mathrm{V}}^2>0 \tag{6.2-63}
$$

同样,利用磁静平衡条件 $B_z^2+2\mu_0 p_0=B_{zV}^2+B_{\theta V}^2$,上式改写为

$$(2B_{zV}^2+B_{\theta V}^2-2\mu_0 p_0)x^2+2B_{zV}B_{\theta V}mx+(m^2-m)B_{\theta V}^2>0 \qquad (6.2-64)$$

上面的表式可见,对小 β 的磁流体,对扰动传播方向 $m>0,k>0$,如果 $B_{zV}B_{\theta V}>0$,则磁流体总是稳定的。我们考虑 $B_{zV}B_{\theta V}<0,\beta\ll 1$ 的磁流体,并且真空角向场远小于轴向场,即 $|\alpha|=|B_{\theta V}/B_{zV}|\ll 1$。这种情形下,稳定条件化为

$$2x^2+2\alpha mx+(m^2-m)\alpha^2=2\left(x+\frac{1}{2}\alpha m\right)^2+\frac{1}{2}m(m-2)\alpha^2>0 \qquad (6.2-65)$$

由上面表式可见,磁流体对 $m\geqslant 2$ 的扰动是稳定的。唯一可能不稳定的模是 $m=1$ 的扰动。对 $m=1$ 的扰动,上面表达式写作

$$\left(x+\frac{1}{2}\alpha\right)^2-\frac{1}{4}\alpha^2>0\rightarrow x(x+\alpha)>0 \qquad (6.2-66)$$

根据定义 $x=ka>0$,则稳定性条件是 $x>-\alpha$。对 $\alpha\equiv B_{\theta V}/B_{zV}>0$,自然满足;反之,如果 $\alpha\equiv B_{\theta V}/B_{zV}<0$,则稳定性条件是 $x=ka>|\alpha|$。扰动模的波数可以写作 $k=2n\pi/2L$,$2L$ 是磁流管的长度,n 是正整数,则 $x=2n\pi(a/2L)$,$a/2L$ 是磁流管的半径和长度比值,所谓 aspect ratio。这个比值越小越不稳定,即细长的磁流管更容易失稳。对给定 $a/2L\ll 1$,波长最长的扰动 $n=1$,$x=2\pi a/2L$,不稳定的阈值为

$$\frac{2\pi a}{2L}=\frac{|B_{\theta V}|}{B_{zV}} \qquad (6.2-67)$$

定义磁力线从磁流管一端到另一端绕过的角距离,或称缠绕角〔参阅 3.4 节(3.4-10)式〕:

$$\Phi_T=\frac{2LB_{\theta V}}{aB_{zV}} \qquad (6.2-68)$$

则上面情形不稳定性的阈值是 $\Phi_T=2\pi$。上述表明,磁场、气压和密度均匀的磁流管,外表面螺旋磁力线的缠绕不能超过 2π 或者一圈是磁流体稳定的充要条件。这个条件最早由 Kruskal 和 Shafranov 决定,称作 Kruskal-Shafranov 条件。对于细长圆环形的磁流管,$2L=2\pi R$,R 是圆环的主半径,则 Kruskal-Shafranov 条件近似为

$$\Phi_T=\frac{R|B_{\theta V}|}{a|B_{zV}|}<1 \qquad (6.2-69)$$

上面推导 Kruskal-Shafranov 判据过程中,不稳定性取决于相对于磁力线的扰动传播方向。物理上可以这样理解,如果扰动使得磁力线变形最大,则产生最大回复力,磁流管对这样的扰动更稳定;反之,如果扰动使得磁力线不发生形变,磁力线的回复力最小,磁流管对这样的扰动容易不稳定。我们可以讨论两种极端情况。其一,扰动传播方向和磁力线完全平行或者反向平行,即 $\vec{k}_0 /\!/ \pm\vec{B}_0$,这样的扰动令磁力线变形最大,产生较强回复力,是致稳的。从能量角度,这样的扰动产生的微扰磁场 $|\vec{B}_1|$ 最强,在能量项中是致稳项。

反之,如果扰动传播方向和磁力线方向垂直,$\vec{k}_0 \cdot \vec{B}_0=0$,则磁力线不发生形变,$\vec{B}_1=0$,这样的扰动不会受到抑制,因而会继续增长。实际上,Kruskal-Shafranov 判据的临界点正是 $\vec{k}_0 \cdot \vec{B}_V=0$。

用简正模方法和解析解导出 Kruskal-Shfranov 判据的具体磁位形的特点是磁流管只有面电流,面电流产生的角向场远小于轴向场。如果改变电流分布,比如磁流管中有体电流,角向场和轴向场均不为零,不稳定性的阈值也会改变,但求解比较复杂。另外 Kruskal-Shfranov 判据的条件对细长磁流管两头边界的扰动没有规定。计算表明,如果在磁流管上下边界 $z=\pm L$ 加以约束,比如使扰动在边界上消失,会改变磁流管的稳定性。我们后面导出简正模的一般解和直柱磁流管不可压流体的能量原理,并讨论这两个问题。

(2) 一般解

前面的特殊解讨论的位形,磁流管内的流体和磁场都均匀分布,磁流管内电流为零,电流只分布在流管表面,并且磁流体是不可压流体。根据前面讨论的稳定条件,可见流管表面的轴向电流越大,磁流体越不稳定。这个结论可以定性地推广到有轴向体电流分布的磁流体中。有体电流分布的磁流管,微扰力的矢量方程比较复杂。通常的做法是利用给定的各个条件,写出微扰 ξ_r 的二次微分方程,根据边界条件求解。绝大多数情况下,求解方程的解析解很困难,而只能使用数值迭代方法。这里给出柱对称的直圆柱磁流管,在给定微扰形式 $\vec{\xi}(r)e^{i(m\theta+kz-\omega t)}$ 的二次微分方程,而不具体求解。下面重列一下关于微扰物理量的几个关键方程:

$$\vec{B}_1=(i\vec{k}_0\cdot\vec{B}_0)\vec{\xi}-(\nabla\cdot\vec{\xi})\vec{B}_0+\xi_r\left(\frac{B_\theta}{r}-B_\theta'\right)\hat{\theta}-\xi_r B_z'\hat{z} \tag{6.2-70}$$

$$p_{1t}=-\left(\gamma p_0+\frac{B_0^2}{\mu_0}\right)(\nabla\cdot\vec{\xi})+\frac{(i\vec{k}_0\cdot\vec{B}_0)}{\mu_0}(\vec{B}_0\cdot\vec{\xi})+\frac{2\xi_r B_\theta^2}{r\mu_0} \tag{6.2-71}$$

$$\begin{aligned}\left[-\mu_0\rho_0\omega^2+(\vec{k}_0\cdot\vec{B}_0)^2\right]\xi_r=&-\mu_0 p_{1t}'+\frac{2B_\theta^2}{r}(\nabla\cdot\vec{\xi})+\frac{2B_\theta\xi_r}{r}\left(B_\theta'-\frac{B_\theta}{r}\right)\\&-\frac{2B_\theta\xi_\theta}{r}(i\vec{k}_0\cdot\vec{B}_0)\end{aligned} \tag{6.2-72}$$

$$\left[-\mu_0\rho_0\omega^2+(\vec{k}_0\cdot\vec{B}_0)^2\right]\xi_\theta=-\frac{im}{r}\mu_0 p_{1t}-i(\vec{k}_0\cdot\vec{B}_0)B_\theta\left(\nabla\cdot\vec{\xi}-2\frac{\xi_r}{r}\right) \tag{6.2-73}$$

$$\left[-\mu_0\rho_0\omega^2+(\vec{k}_0\cdot\vec{B}_0)^2\right]\xi_z=-ik\mu_0 p_{1t}-i(\vec{k}_0\cdot\vec{B}_0)B_z(\nabla\cdot\vec{\xi}) \tag{6.2-74}$$

把 ξ_θ 和 ξ_z 的两个表式代入 ξ_r 和 p_{1t} 的方程中,经过一定代数运算,最后得到关于 p_{1t} 和 $r\xi_r$ 的微分方程,简写为

$$p_{1t}'=c_{11}(r)p_{1t}+c_{12}(r)(r\xi_r) \tag{6.2-75}$$

$$(r\xi_r)'=c_{21}(r)p_{1t}+c_{22}(r)(r\xi_r) \tag{6.2-76}$$

其中 $c_{11}(r)$、$c_{12}(r)$、$c_{21}(r)$、$c_{22}(r)$是方程的系数。从这两个方程可以进一步得到关于 $r\xi_r$ 的二阶常微分方程

$$(r\xi_r)''+A(r)(r\xi_r)'+C(r)(r\xi_r)=0 \tag{6.2-77}$$

对具体的磁流体位形和边界条件,可以代入 $A(r)$与 $C(r)$的表达式求解 $r\xi_r(r)$。对绝大多数的磁流体位形,上面的方程表述比较繁琐,一般不能得到解析解,而需要用数值迭代的方法,并匹配边界条件,寻找 ξ_r 的近似解。微扰的解首先应该满足在轴心的边界条件,即解在 $r=0$ 处不发散。扰动的解也要满足在磁流管边缘 $r=a$ 的外边界条件。对内部扰动,可以令微扰在柱体的边界 $r=a$ 处消失 $\xi_r(a)=0$。如果微扰在磁流管表面不为零,我们需要求解磁流管外微扰真空磁场。和前面一样,柱坐标系中微扰真空磁场的解,一般可以写作 $\vec{B}_{1\mathrm{V}}=-\nabla\phi_m$,其中标量函数 $\phi_m=c_3\mathrm{I}_m(kr)+c_4\mathrm{K}_m(kr)$,系数 c_3 与 c_4 不是相互独立的,由真空外的条件决定,对无限大空间(或者真空外边界相较于磁流体的尺度非常遥远),可以令 $c_3=0$,则 $\phi_m=c_4\mathrm{K}_m(kr)$。由电磁场和压强在磁流体与真空的边界的连续性条件,可以得到色散方程,进而讨论不稳定性及其增长率。

2. 能量原理

对磁流管稳定性的研究,也可以运用能量变分原理,寻找系统微扰势能的极小值,通过判断这个极小值的正负,得到稳定性的判据。如前所述,能量原理的方法可以判断稳定性的阈值,但不能确切给出扰动模的增长率。下面仍然以柱对称的直柱磁流管位形为例,并忽略引力,推导微扰势能的具体表式,用能量原理讨论磁流管的稳定性。这个工作最早见 Newcomb 等(1960)。这个位形的磁静平衡态$\vec{B}_0$、$\vec{j}_0$、p_0 的表达式由前面给出,微扰形式也和前面一致,写作$\vec{\xi}(r)\mathrm{e}^{\mathrm{i}(kz+m\theta-\omega t)}$,并定义微扰的波矢量 $\vec{k}_0=k\hat{z}+\frac{m}{r}\hat{\theta}$。可以用两种方法计算无重力的磁流体微扰势能。Newcome 等(1960)把磁流体物理量写作和磁静平衡态磁场$\vec{B}_0$ 平行与垂直的分量〔这个方法也可以参见 Freidberg(2014)〕。本节中仍然采用传统的柱坐标系推导磁流体微扰势能的表达式。另外,由前面讨论可知,不可压流体的微扰势能更小,因而寻找极小能量的一个途径是考虑不可压流体的微扰,$\nabla\cdot\vec{\xi}=0$,即

$$\frac{1}{r}(r\xi_r)'+\mathrm{i}\frac{m}{r}\xi_\theta+\mathrm{i}k\xi_z=0 \tag{6.2-78}$$

不可压流体中和气压有关的微扰势能为零,忽略重力,磁流管的微扰势能只和微扰磁场有关。给定微扰形式,微扰磁场$\vec{B}_1$ 由前面给出:

$$\vec{B}_1=(\mathrm{i}\vec{k}_0\cdot\vec{B}_0)\vec{\xi}-(\nabla\cdot\vec{\xi})\vec{B}_0+\xi_r\left(\frac{B_\theta}{r}-B'_\theta\right)\hat{\theta}-\xi_r B'_z\hat{z} \tag{6.2-79}$$

不失一般性,使用微扰位移的复函数形式,长度为 $2L$ 的直圆柱磁流管的微扰势能写作

$$\delta W_F=\frac{1}{2}\int\left[\frac{1}{\mu_0}|\vec{B}_1|^2-\vec{j}_0\cdot(\vec{B}_1\times\vec{\xi}^*)\right]\mathrm{d}^3x=\frac{2\pi L}{\mu_0}\int[|\vec{B}_1|^2-\mu_0\vec{j}_0\cdot(\vec{B}_1\times\vec{\xi}^*)]r\mathrm{d}r \tag{6.2-80}$$

其中 $\vec{\xi}^*$ 是 $\vec{\xi}$ 的共轭。令上式积分项方括号内的表达式为 $W(r)$，经过一定运算，$W(r)$ 可写为

$$W(r) \equiv |\vec{B}_1|^2 - \mu_0 \vec{j}_0 \cdot (\vec{B}_1 \times \vec{\xi}^*)$$
$$= (\vec{k}_0 \cdot \vec{B}_0)^2 |\vec{\xi}|^2 - \frac{2}{r} B_\theta \left(B_\theta' - \frac{B_\theta}{r} \right) |\xi_r|^2 + (\mathrm{i} \vec{k}_0 \cdot \vec{B}_0) \frac{2B_\theta}{r} (\xi_\theta \xi_r^* - \xi_r \xi_\theta^*) \tag{6.2-81}$$

其中

$$|\vec{\xi}|^2 = \xi_r \xi_r^* + \xi_\theta \xi_\theta^* + \xi_z \xi_z^*,\ |\xi_r|^2 = \xi_r \xi_r^* \tag{6.2-82}$$

用不可压流体的条件置换上式中的 ξ_z，则 $W(r)$ 成为独立变量 ξ_θ 的代数函数和 ξ_r 的泛函。首先我们对独立变量 ξ_θ 取能量极小，必要条件是 $\partial W(r)/\partial \xi_\theta = 0$，因而得到 ξ_θ 与 ξ_z 的表式

$$\xi_\theta = \frac{\mathrm{i}2k^2 B_\theta \xi_r + \mathrm{i}(\vec{k}_0 \cdot \vec{B}_0) k_\theta (r\xi_r)'}{r k_0^2 (\vec{k}_0 \cdot \vec{B}_0)} \tag{6.2-83}$$

$$\xi_z = \frac{-\mathrm{i}2k k_\theta B_\theta \xi_r + \mathrm{i}(\vec{k}_0 \cdot \vec{B}_0) k (r\xi_r)'}{r k_0^2 (\vec{k}_0 \cdot \vec{B}_0)} \tag{6.2-84}$$

其中 $k_\theta = m/r, k_0^2 = k^2 + k_\theta^2$。观察能量方程的形式，容易证明以上条件也是能量极小的充分条件，即 $\partial^2 W(r)/\partial \xi_\theta \partial \xi_\theta^* > 0$。把 ξ_θ 和 ξ_z 的表达式代入能量积分项，得到

$$W(r) = \frac{(\vec{k}_0 \cdot \vec{B}_0)^2}{r^2 k_0^2} |(r\xi_r)'|^2 + \left[\frac{(\vec{k}_0 \cdot \vec{B}_0)^2 (r^2 k_0^2) - 4k^2 B_\theta^2}{r^4 k_0^2} - \frac{B_\theta}{r^3} \left(B_\theta' - \frac{B_\theta}{r} \right) \right] |r\xi_r|^2$$
$$- \frac{2mB_\theta (\vec{k}_0 \cdot \vec{B}_0)}{r^4 k_0^2} [(r\xi_r)'(r\xi_r^*) + (r\xi_r^*)'(r\xi_r)] \tag{6.2-85}$$

上面表式中包含 ξ_r 与 ξ_r' 的系数都是实数，不失一般性，我们可以把 ξ_r 取为实数，则上式最后一项方括号内成为 $2(r\xi_r)'(r\xi_r)$。为简化方程，定义 $F_1 \equiv \vec{k}_0 \cdot \vec{B}_0 = kB_z + mB_\theta/r, F_2 \equiv kB_z - mB_\theta/r$，则微扰势能积分内的函数继续写为

$$rW(r) = \frac{rF_1^2}{k_0^2} \xi_r'^2 + \frac{2F_1F_2}{k_0^2} \xi_r \xi_r' + \left[\frac{F_1^2 (k_0^2 r^2 - 1)}{r k_0^2} - \frac{4k^2 B_\theta^2 + 2k_0^2 r B_\theta \left(B_\theta' - \dfrac{B_\theta}{r} \right)}{r k_0^2} + \frac{2F_1F_2}{r k_0^2} \right] \xi_r^2 \tag{6.2-86}$$

把上式第二项即 $\xi_r \xi_r'$ 一项，代回积分做分部积分，经过一定运算，则磁流体微扰势能变为

$$\delta W_F = \frac{2\pi L}{\mu_0} \int_0^a (f(r) \xi_r'^2 + g(r) \xi_r^2) \mathrm{d}r + \frac{2\pi L}{\mu_0} \left(\frac{F_1 F_2}{k_0^2} \xi_r^2 \right)_{r=a} \tag{6.2-87}$$

其中最后一项由磁流体的表面边界条件决定。如果在磁流管表面扰动为零,则这一项消失。积分函数 $f(r)$与 $g(r)$的表达式如下:

$$f(r)=\frac{rF_1^2}{k_0^2} \tag{6.2-88}$$

$$g(r)=\frac{F_1^2(k_0^2r^2-1)}{rk_0^2}+\frac{4m^2B_\theta^2}{r^3k_0^2}-2\frac{B_\theta}{r}(rB_\theta)'-r^2\left(\frac{F_1F_2}{r^2k_0^2}\right)' \tag{6.2-89}$$

展开上面 $g(r)$的表式中最后一项的微分,并应用磁静平衡条件,可以得到 $g(r)$的另一个表达式(参见 Bateman,1970;Freidberg,2014):

$$g(r)=\frac{k_0^2r^2-1}{rk_0^2}F_1^2+2\mu_0\frac{k^2}{k_0^2}p_0'+\frac{2k^2}{rk_0^4}F_1F_2 \tag{6.2-90}$$

如果微扰在流管表面不消失,则微扰势能还包括表面能 δW_S 和真空磁能 δW_V。注意到 δW_V总是非负的,因而是致稳项。

磁流体不稳定的条件是微扰势能 δW 为负。在微扰势能的体积分中,$f(r)\xi_r'^2$ 总是正数,是致稳项。而 $g(r)$的表达式显示,如果磁流管内气体压强从轴向外增加,则压强梯度致稳,反之则可能导致不稳。此外,$g(r)$的正负,即磁流体的稳定性,显然也取决于扰动模的波长 k_0 和扰动相对于平衡态磁力线的传播方向(式中的 F_1F_2 项)。

对 $m=0$ 的微扰,即腊肠模,$k_0=k$,$F_1=F_2=kB_z$,磁流体微扰能量积分 δW_F 中的积分变量为

$$\begin{aligned}f(r)&=rB_z^2\\g(r)&=\frac{k^2r^2+1}{r}B_z^2+2\mu_0p_0'\end{aligned} \tag{6.2-91}$$

可见对不可压流体的腊肠模,轴向磁场 B_z 的存在完全是致稳的,短波扰动(k 很大)更加稳定,而唯一可能导致不稳定的因素是压强梯度。这和前面关于线箍缩磁位形的可压流体的腊肠模的讨论一致。

对 $m\geqslant1$ 的扰动模,上式也表明气体压强从轴向外增长的磁流体更加稳定,反之则可能导致不稳。另外 $k_0\to\infty$的短波扰动更加稳定。对给定波长 k,一般而言 m 越大的扰动模式越稳定,和前面的特殊解结论一致。也可以用能量方程讨论 $m=1$ 细长磁流管的稳定条件。对细长磁流管,忽略磁流体的微扰势能 δW_F 中的体积分,而真空微扰磁场的能量总为正。如果表面项非负,则磁流体一定稳定。因而磁流管稳定的充分条件是

$$(F_1F_2)_{r=a}=\left(k^2B_z^2-\frac{B_\theta^2}{a^2}\right)_{r=a}\geqslant0 \tag{6.2-92}$$

上式正是 Kruskal-SHafranov 条件 $\Phi_T=\dfrac{2L\mid B_\theta\mid}{a\mid B_z\mid}\leqslant2\pi$。

一般情况下,求解磁流体稳定性的充要条件,需要对微扰能量取极小值 δW_{min}。如果

极小值为正，则磁流体稳定，如果极小值为负，则磁流体不稳定。上述能量方程的积分函数是微扰 ξ_r 的泛函

$$\delta W_{\mathrm{F}}=\frac{2\pi L}{\mu_0}\int_0^a(f(r)\xi_r'^2+g(r)\xi_r^2)\mathrm{d}r \tag{6.2-93}$$

取极小值的一般方法是在给定边界条件下求解欧拉-拉格朗日方程

$$(f\xi_r)'-g\xi_r=0 \tag{6.2-94}$$

得到的微扰位移 ξ_r 令泛函取极小值，由极小值的正负判定给定磁流体位形的稳定性。

3. 底端固结的磁流管稳定条件

前面讨论的微扰形式，在磁流管上下两端的边界是自由的。在实际情形中，磁流管是有限长度的。比如日冕中的磁流管，两端束缚在光球上。一般认为，在不稳定性驱动的爆发时间尺度内，光球边界是不变的，这个条件可以表示为微扰位移或者微扰磁场的某些分量，比如垂直于光球的磁场分量 B_{1z}，在边界 $z=0,2L$ 处为零。类似前面的例子，可以用简正模或者能量原理的方法讨论直圆柱磁流管两端受到束缚的不稳定性。束缚条件的引入一般增强磁流体的稳定性，但具体的分析非常繁琐，用简正模方法只能对某些特别简单的位形得到微扰的解析解，并依靠数值演算逼近稳定阈值条件，即 $\omega^2=0$。在一般位形下，微扰位移和磁场不能得到解析解，也可以运用能量原理讨论管端束缚的边界条件。从上面讨论可知，对不可压流体，管端磁场分量 $B_{1z}=0$ 的边界条件等同于垂直于磁力线的扰动为零。比如可以取满足这个边界条件的微扰位移函数 $\vec{\xi}\rightarrow\vec{\xi}(r)\sin\left(\frac{\pi}{2L}z\right)\mathrm{e}^{\mathrm{i}(m\theta+kz-\omega t)}$，代入微扰能量方程，并用数值近似求解欧拉-拉格朗日方程和微扰能量极小值，讨论不稳定性阈值。

Hood 和 Priest(1981)、Einaudi 等(1983)用上述方法分析了均匀缠绕的非线性无力场(即无力因子 α 不是常数)的稳定性。这个无力场位形的特殊性在于磁力线的缠绕 $\Phi_{\mathrm{T}}(r)\equiv 2LB_\theta/rB_z$ 是均匀的，解的形式由第三章(3.3-37)式给出。用满足磁流管底端限制条件的微扰尝试数值近似解，得到临界缠绕值 $\Phi_{\mathrm{T}}=2.5\pi$ (Hood & Priest, 1981; Einaudi et al.,1983)，略微大于 Kruskal-Shafranov 的 2π 的阈值。但需要注意，磁流管的稳定性和电流分布是有关系的。计算显示，在同样的底端边界条件限制下，线性无力场比非线性无力场更稳定，缠绕阈值更大(Hood & Priest, 1981; Einaudi et al., 1983)。除了边界条件，环形或者弯曲的磁流管，轴向磁力线的曲率产生的磁张力对螺旋磁力线位形的扭曲不稳定性也有致稳作用。高性能大型计算机的发展，允许对更加复杂的磁场位形进行模拟。Torok 和 Kliem(2005)、Fan(2007)分别考虑了对光球边界的系连效应 $B_{1z}=0$ 模拟理想磁流体($\beta=0$)的准静态演化，发现磁流管扭曲不稳定性的阈值和具体的磁位形与几何位形有关，但一般不超过 4π，即磁力线从磁流管一头到另一头，缠绕不超过两圈。对 $\beta\approx 1$ 的非无力场等离子体，由一般讨论可知，如果磁流体的气压从内向外增长，则致稳，反之磁流体更加不稳定。

6.2.4 回路电流的膨胀不稳定性

上面讨论的无限长直柱磁流管中的不稳定性，是由于扰动引起磁力线和等离子体局部形变而产生的不稳定性。实际情形中，磁流管携带的电流必须是闭合的。比如日冕大气中的日冕环、磁绳、日珥等等类似磁流管的结构，两端立足在太阳表面的光球层，并可能携带轴向电流，在光球下形成回路。本节讨论这些结构的整体稳定性。本节主要参考 Bateman(1978)、Demoulin 和 Aulanier(2010)以及 Freidberg(2014)，用解析解分析相对简单对称的磁流管位形。

对在光球上方高度 h 处，携带轴向电流的磁流管，可以假设存在对称反向的磁流管，即所谓的镜像电流，在光球下方，和光球表面距离为 h，磁流管和镜像电流形成闭合电流。恒星星冕大气中的磁场，包括由带电磁流管以及其镜像电流组成的回路电流产生的磁场，还包括除了这个电流回路以外的其他原因产生的磁场，统称为相对于电流回路的背景磁场。这个背景磁场在很多情形下取为势场，即背景场完全由光球表面以下的其他电流产生，并由光球边界的纵向磁场分布完全决定。注意到在讨论回路电流的平衡与稳定性时引入镜像电流，不会改变光球边界上纵向磁场的分布，因而不影响背景磁场的分布。闭合电流回路中，镜像电流和磁流管中的电流反向，磁流管和其镜像电流互相排斥，因而需要背景磁场垂直于磁流管电流的分量，对磁流管施加向下的洛伦兹力，维持磁流管的整体磁静平衡。这样的背景场制约磁流管回路电流在自身斥力下的膨胀，因而又称作 strapping field，或约束背景场。恒星大气中的背景磁场通常随高度递减。不失一般性，可以把位于高度 h 的背景磁场 $B_s(h)$ 的梯度表述为 $n=-\mathrm{d}(\ln|B_s|)/\mathrm{d}(\ln h)$，其中 n 是正实数，n 的取值越大表示背景场随高度衰减越快。n 描述背景场的对数递减梯度，通常又称为递减指数。

假设某种扰动使得磁流管发生整体位移而改变高度 δh，但不发生局部形变。比如 $\delta h>0$，磁流管受扰动上升，如果微扰引起的回路电流与背景场的变化产生的洛伦兹力方向向下，则洛伦兹力是回复力，磁流管的平衡态是稳定平衡。反之，如果向上的微扰引起的洛伦兹力也向上，则磁流管愈加偏离平衡态，平衡态为不稳定平衡。由于恒星星冕的背景场一般随高度递减，可见向上的扰动会减小背景场对磁流管的向下的洛伦兹力；同时，随着磁流管高度增加，镜像电流产生的斥力也减小。如果背景场梯度很大，随高度衰减过快，不足以提供回复力，则磁流管不稳定。因而在物理图像上，磁流管的稳定性取决于背景场随高度递减的梯度。对给定磁流管位形，存在背景磁场的临界递减指数 n_{CT}，决定磁流管对整体扰动 δh 的稳定性。下面具体讨论对一些简单对称的位形怎样决定这个临界递减指数。

1. 无限长直电流回路的膨胀不稳定性

图 6.3 显示无限长带电细直磁流管和镜像电流的情形。磁流管及其镜像电流在 x-z 平面，光球表面为 $z=0$ 的 x-y 平面。磁流管在光球上方，高度为 h，其镜像电流在光球下方 $z=-h$ 处。假设长直磁流管的长度与高度远大于管的半径 a，磁流管携带轴向(x 方向)电流 I。这里主要考虑磁流管在镜像电流和外场中的整体平衡与稳定性，而不具体讨论管内磁场与等离子体气压分布决定的内部平衡。磁流管的镜像电流为 $-I$，与磁流管的

距离为 $2h$。对细长磁流管，假设沿轴向的电流分布是径向对称的，比如在管内均匀分布的电流，则镜像电流对磁流管的斥力可以用毕奥-萨伐尔定律写出。磁流管单位长度受到的的斥力为

$$f_i = \frac{\mu_0 I^2}{4\pi h} \tag{6.2-95}$$

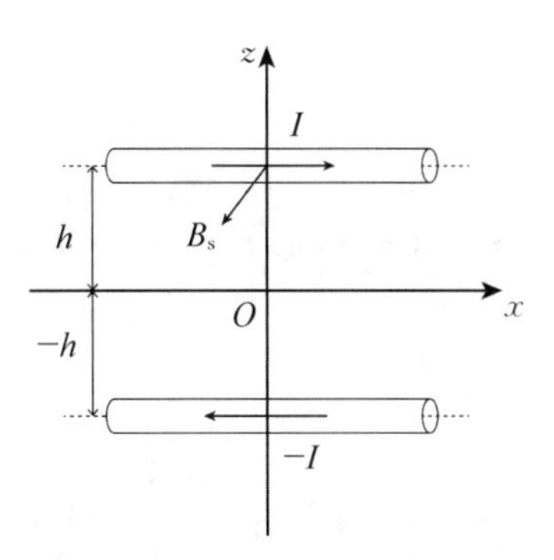

图 6.3 无限长带电细直磁流管和镜像电流示意图

磁流管所在高度的背景磁场施加的洛伦兹力抵消镜像电流的斥力，从而达到整体磁静平衡。考虑随高度递减的外场 $B_s(h)$，因为只有垂直轴向电流的外场对磁流管施加净洛伦兹力。简单起见，我们令外场在 y 方向，垂直于磁流管的轴向电流，并对磁流管施予 z 方向的洛伦兹力。最后，忽略背景磁场沿细长磁流管半径的分布，可以写出外场施予磁流管的单位长度的洛伦兹力为 $f_s = IB_s$。上面两个洛伦兹力的表述都写作标量。约定正号表示力的方向为斥力，在 $+z$ 方向，而负号表示力的方向向下，沿 $-z$ 方向。整体磁静平衡要求两个力的总和为零，因而磁静平衡条件为

$$f = f_i + f_s = \frac{\mu_0 I^2}{4\pi h} + IB_s = 0 \tag{6.2-96}$$

以上给出的平衡态决定了在某个高度 h 的磁流管电流和背景磁场的关系：

$$4\pi h B_s = -\mu_0 I \tag{6.2-97}$$

接下来考虑这个平衡位形的整体稳定性，假设某种扰动使得磁流管发生整体位移改变高度 δh，产生的净力 $\delta f = (\mathrm{d}f/\mathrm{d}h)\delta h$ 与高度变化同向，即 $\delta f/\delta h > 0$，则是不稳定平衡，反之是稳定平衡。因而不稳定性的判据是 $\mathrm{d}f/\mathrm{d}h>0$。用上式计算微分 $\mathrm{d}f/\mathrm{d}h$ 时，需要考虑电流 I 和磁流管半径 a 在微扰下的演化作为限制条件。这些条件往往由磁流管内的局部平衡决定，这里我们不做具体讨论。我们只讨论另外一种限制条件，即理想 MHD 的限制条件：在磁流管高度变化时，磁流管与光球表面之间穿过的磁通量守恒。这个磁通量 Φ_t 包括磁流管电流回路产生的磁通量 Φ_i 和背景场的磁通量 Φ_s，$\Phi_{tot} = \Phi_i + \Phi_s$。其中 $\Phi_i = \frac{1}{2}LI$，L 是磁流管电流回路的单位长度的自感系数，$\Phi_s = \int_0^h B_s(z)\mathrm{d}z$。无限长直均匀分布的电流以及其镜像电流组成的电流回路，单位长度的自感系数是(Jackson, 1999)

$$L = \frac{\mu_0}{4\pi}\left[4\ln\left(\frac{2h}{a}\right)+1\right] \tag{6.2-98}$$

理想 MHD 的假设要求微扰磁场演化过程中这个磁通量守恒，即 $\mathrm{d}\Phi_{tot}/\mathrm{d}h=0$。注意到 Φ_{tot}的表式中，I 与 L 都可能随微扰产生变化，因而

$$\frac{\mathrm{d}\Phi_{tot}}{\mathrm{d}h} = \frac{1}{2}L\frac{\mathrm{d}I}{\mathrm{d}h} + \frac{1}{2}I\frac{\mathrm{d}L}{\mathrm{d}h} + \frac{\mathrm{d}\Phi_s}{\mathrm{d}h} \tag{6.2-99}$$

令 $\mathrm{d}\Phi_{tot}/\mathrm{d}h = 0$，进而得到磁流管电流的演化

$$\frac{\mathrm{d}I}{\mathrm{d}h}=-\frac{2B_s}{L}-\frac{I}{L}\frac{\mathrm{d}L}{\mathrm{d}h} \tag{6.2-100}$$

其中 $\mathrm{d}L/\mathrm{d}h$ 的表达式中包括磁流管半径 a 随微扰的变化。根据前面讨论，扰动引起磁流管整体高度变化，不稳定性的判据是 $\mathrm{d}f/\mathrm{d}h>0$。由前面洛伦兹力的表达式，这个微分可以写作

$$\frac{\mathrm{d}f}{\mathrm{d}h}=-\frac{\mu_0 I^2}{4\pi h^2}+I\frac{\mathrm{d}B_s}{\mathrm{d}h}+\left(\frac{\mu_0 I}{2\pi h}+B_s(h)\right)\frac{\mathrm{d}I}{\mathrm{d}h} \tag{6.2-101}$$

代入平衡条件 $f=0$ 与磁通量守恒决定的 $\mathrm{d}I/\mathrm{d}h$ 表式，$\mathrm{d}f/\mathrm{d}h$ 的表式进一步整理为

$$\frac{\mathrm{d}f}{\mathrm{d}h}=\frac{\mu_0 I^2}{4\pi h^2}\left[n-1+\frac{2}{4\ln\left(\frac{2h}{a}\right)+1}-\frac{h}{L}\frac{\mathrm{d}L}{\mathrm{d}h}\right] \tag{6.2-102}$$

对 $h\gg a$ 的细长磁流管，等式右边方括号里的第三项可以忽略。第四项取决于磁流管半径 a 的变化，这个变化一般由磁流管内的力平衡决定。我们可以取两种假设，证明在细长磁流管条件下，这一项也可以忽略。比如假设磁流管半径 a 不变，则这一项 $\approx 1/\ln(2h/a)\ll 1$，从而可以忽略。或者假设磁流管自相似膨胀，即在上升过程中管半径变大，a/h 为常数。在这个条件下，随磁流管上升电流回路的自感系数 L 是常数，因而右边方括号内最后一项为零，不稳定性的判据 $\mathrm{d}f/\mathrm{d}h>0$ 成为简单的条件 $n>1$，因此长直磁流管整体膨胀的不稳定性的判据是背景磁场衰减指数超过临界值 $n_{cr}=1$。

考虑其他限制条件，比如膨胀过程中磁流管的总缠绕守恒或者严格遵循磁流管内的局部平衡，进而求解管半径 a 随高度 h 的变化以及其他各种情况。Demoulin 和 Aulanier (2010)证明，对长直磁流管，不稳定性判据的背景场临界梯度 $n_{cr}\approx 1$。

2. 圆环形电流膨胀不稳定性

天体物理中的实际磁流体位形很少是无限长的平直磁流管。不失一般性，我们考虑圆环形的细长磁流管。如图 6.4 所示，根据考虑的位形，我们取球坐标，令坐标原点在环形磁流管的圆心，径向距离，即圆环半径，为 h，而磁流管的半径为 a。定义小半径和大半径的比值 $\varepsilon\equiv a/h$，对细长磁流管，$a\ll h$，即 $\varepsilon\ll 1$，磁流管内的磁场位形可以近似用直柱磁流管的解来描述。简单起见，考虑轴对称的磁场位形，令环形磁流管内的轴向总电流为 $I\approx 2\pi\int_0^a J_\theta \rho\,\mathrm{d}\rho$，其中坐标 ρ 是磁流管内到轴心的距离。

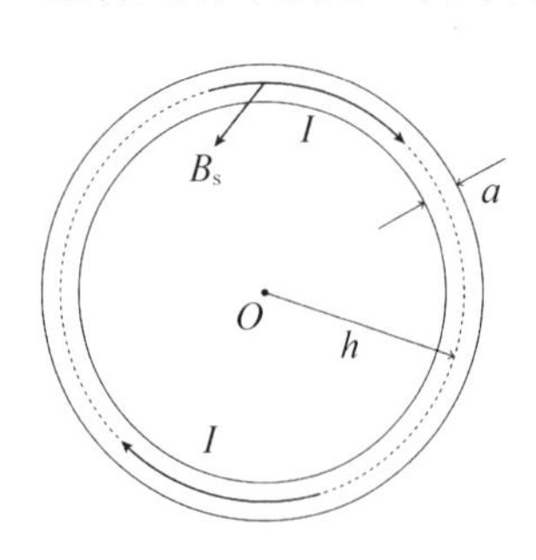

图 6.4 圆环形细长磁流管示意图

类似于长直磁流管及其镜像电流的情形，圆环形的磁流管沿直径两段的元电流方向总是相反而互相排斥，因而磁流管无限向外膨胀不能达到磁静平衡，而需要借助外场抵消圆环电流产生的自斥力(这个力又称作 hoop force)。假设外场 B_s 和环形磁流管的轴向电流是垂直的并施加指向环圆心的洛伦兹力，而抵消环向电流产生的自斥力。由于 $\varepsilon\ll 1$，可以认为外场在磁流管各处是均匀的 $\vec{B}_s(h,\rho)\approx\vec{B}_s(h,0)$，而只有圆环半径膨胀或

者收缩时，轴心电流所在的外场发生变化。下面求解圆环形电流回路膨胀不稳定性的背景场递减指数 n_{cr}。

Shafranov(1966)研究了柱对称的磁流管内各种电流分布，考虑管内磁流体的平衡，得到半径为 h 的电流环的自感系数为

$$L=\mu_0 h\left(\ln\left(\frac{8h}{a}\right)-2+\frac{l_i}{2}\right) \tag{6.2-103}$$

其中 l_i 是小于 1 的常数，取决于圆环内的具体电流分布。携带轴向电流 I 的电流环的总能量为 $W=\frac{1}{2}LI^2$。令电流环膨胀或者收缩，即改变环半径 h，所需要的力为 $F_i=-\mathrm{d}W/\mathrm{d}h=-LI\mathrm{d}I/\mathrm{d}h-\frac{1}{2}I^2\mathrm{d}L/\mathrm{d}h$。理想 MHD 条件下，在磁环膨胀时，环内磁通量 $\Phi_i=LI$ 是守恒的，即 $L\mathrm{d}I/\mathrm{d}h+I\mathrm{d}L/\mathrm{d}h=0$，把这个关系带入力方程，从而得到 $F_i=\frac{1}{2}I^2\mathrm{d}L/\mathrm{d}h$。圆环单位长度上的力 $f_i=F/(2\pi h)$，可以由上面写出：

$$f_i=\frac{I^2}{4\pi h}\frac{\mathrm{d}L}{\mathrm{d}h}=\frac{\mu_0 I^2}{4\pi h}\left(\ln\left(\frac{8h}{a}\right)-1+\frac{l_i}{2}\right) \tag{6.2-104}$$

这个力即是圆环形电流的自身排斥力，可以理解为圆环内轴向电流和环向磁场之间的洛伦兹力沿磁流管半径积分后得到的净力。这个力总是沿大环径向向外，意欲使圆环膨胀。在这个位形中，磁流管内的轴向磁场 B_ϕ 与围绕磁流管轴心的环向电流 j_θ 之间也产生洛伦兹力。这个力的具体推导见 Bateman(1978)。在细长磁流管 $h\gg a$ 的假设下，这个力可以忽略。简单起见，可以认为上式中的 l_i 包括了这个力分量。综上所述，f_i 相当于圆环形电流的自身斥力，由于这个斥力，圆环形电流总是趋向于向外膨胀，而不能达到磁静平衡。如果环形电流外的背景磁场提供指向圆心的洛伦兹力，则可以达到磁静平衡。如前所述，可以简单地假设这个背景磁场 $B_s(h)$ 随高度衰减，并处处垂直于磁流管的轴向电流。背景磁场的对数梯度为 $n=-\mathrm{d}\ln|B_s(h)|/\mathrm{d}\ln h$，其中 n，背景场递减指数，为正实数。

考虑圆环形电流和背景场，环形磁流管单位长度的净洛伦兹力为

$$f(h)=\frac{1}{4\pi h}I^2\frac{\mathrm{d}L}{\mathrm{d}h}+IB_s \tag{6.2-105}$$

磁静平衡条件下，高度(即半径)为 h 的电流环内的电流与背景场的关系为

$$-4\pi hB_s=I\frac{\mathrm{d}L}{\mathrm{d}h} \tag{6.2-106}$$

考虑引起电流环整体膨胀或者收缩的微扰 $\delta h\ll h$，在理想 MHD 条件下，从光球表面到电流环心的磁通量守恒，这个磁通量包括圆环电流产生的磁通量 $\Phi_i=\frac{1}{2}LI$，和背景磁场的磁通量 $\Phi_s=\int B_s\mathrm{d}s=\pi\int_0^h B_s r\mathrm{d}r$。用上面的各个表达式，总磁通量可以写作 $\Phi_{tot}=\Phi_i+\Phi_s$。磁场演化过程中，这个磁通量守恒，即

$$2\frac{d\Phi_{tot}}{dh}=L\frac{dI}{dh}+I\frac{dL}{dh}+2\pi hB_s=0 \tag{6.2-107}$$

得到电流的演化

$$\frac{dI}{dh}=-\frac{I}{L}\frac{dL}{dh}-\frac{2\pi hB_s}{L} \tag{6.2-108}$$

如前所述，给定各向同性的径向微扰 δh，如果微扰产生的洛伦兹力和微扰关系为 $df/dh>0$，则电流环对微扰不稳定。根据洛伦兹力的表式，df/dh 可以写作

$$\frac{df}{dh}=\frac{1}{4\pi h}I^2\frac{d^2L}{dh^2}-\frac{1}{4\pi h^2}I^2\frac{dL}{dh}+\frac{1}{2\pi h}I\frac{dI}{dh}\frac{dL}{dh}+B_s\frac{dI}{dh}+I\frac{dB_s}{dh} \tag{6.2-109}$$

代入以上导出的平衡电流 I 与电流变化 dI/dh 与 h 的关系，df/dh 可以进一步写为

$$\frac{df}{dh}=\frac{I^2L'}{4\pi h^2}\left(n-1-\frac{1}{2}\frac{L'h}{L}+\frac{L''h}{L'}\right) \tag{6.2-110}$$

其中 $L'=dL/dh, L''=d^2L/dh^2$。在 $h\gg a$ 的细长磁流管条件下，无论考虑磁流管半径 a 不变，还是自相似膨胀（a/h 为常数），可以证明上式右端方括号内的最后一项 $L''h/L'\ll 1$ 可以忽略，而第三项 $L'h/L\approx 1$。因而不稳定条件 $df/dh>0$ 很简单地写为 $n>\frac{3}{2}$，即圆环电流不稳定性的背景场临界递减指数为 $n_{cr}\approx 1.5$。如果背景场递减过快，超过临界递减指数 n_{cr}，则磁流管对膨胀或者收缩的整体扰动不稳定，反之则稳定。这种稳定性对研究天体物理中磁结构的爆发（比如太阳大气中的日冕物质抛射）有重要意义。

以上给出长直电流回路和圆形电流环在某些制约下的不稳定性条件。这些制约包括理想 MHD 要求的电流环和光球表面之间的磁通量守恒。讨论上述各向同性的整体扰动（即电流环的整体膨胀或者收缩）时，忽略了磁流管内的局部平衡。仔细考虑磁流管内部电流分布和平衡条件的更准确的解，参见 Demoulin 和 Aulanier(2010)的分析与总结。另外要注意的是，恒星星冕背景磁场一般采用势场。上述给出的背景场表式只是用于描述在特定高度 h 的磁场变化而不能描述全局势场。以上文献中采用了二维或者三维的势场的准确解来描述背景磁场。注意到在细长磁流管的假设下（$a/h\ll 1$），这些准确解得到的不稳定性条件，和上面给出的简单近似解是一致的。

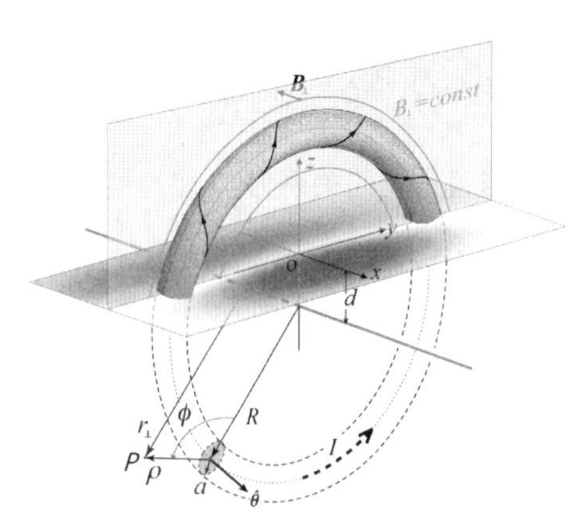

图 6.5　轴对称圆环电流在三维势场中的位形(Tivtov & Demoulin, 1999)

最后，作为应用，我们简述 Titov 和 Demoulin (1999)讨论的轴对称圆环电流在三维势场中的位形。如图 6.5 所示，Titov 和 Demoulin(1999)用一对置放于光球表面的磁偶极子构造势场背景场，使得圆环电流各处的背景场是完全相同

的，并且背景场对圆环电流各处的洛伦兹力都指向环心。假设磁偶极子的强度为$\pm q$，位置为$y=0, x=\pm l$。在电流高度(即圆环大半径)h处，磁偶极磁场为

$$B_s=-\frac{2ql}{(h^2+l^2)^{3/2}} \tag{6.2-111}$$

负号表明磁场在圆环上总是沿$-x$方向。在光球上方，磁流管最高处电流$+I$沿$-y$方向，受到磁偶极背景场的洛伦兹力在$-z$方向，指向环心。而磁流管穿过光球表面$y>0$处，电流在z方向，与背景场作用产生的洛伦兹力在$-y$方向，也指向环心。这个理想三维偶极场的递减指数$n=-\mathrm{dln}\,|B_s|/\mathrm{dln}\,h=3/(l^2/h^2+1)$，随高度$h$增加而增加，在无穷远处$h\gg l, n=3$。当$h=l$，即磁流管高度等于磁偶极半距离时，$n=1.5$，即达到圆环电流膨胀不稳定性的阈值。

本节的回路电流的膨胀不稳定性和上一节的螺旋电流扭曲不稳定性经常被用来讨论日冕中快速能量释放过程的触发机制。一般认为，光球磁场的演化可能在日冕中产生携带轴向电流的螺旋状磁流管或者磁绳。不稳定性的产生使得这些结构爆发，比如日冕物质抛射。实际情形中，天体和空间磁流体的位形比较复杂，通常不能近似为二维或者对称的结构，通过理论分析理想位形得到的不稳定性阈值仅有指导作用，而不一定准确描述实际磁流体位形的不稳定性阈值。由于问题的复杂性，对底端受限的磁流管或者磁绳不稳定性的理论研究也非常有限。另外，天体和空间磁流体在某些物理过程，比如光球等离子体运动的驱动下缓慢演化，常常很难区分哪一种不稳定性在磁流体各个演化阶段和最后爆发过程中占优。Fan 和 Gibson(2007)通过数值模拟研究理想磁流管在背景势场中浮现并准静态演化，并对根植于光球的磁流管施以限制条件$B_{1z}=0$，发现在平缓递减的背景场中，磁流管的平均缠绕接近两圈时，扭曲不稳定性发生导致磁流管爆发，而缠绕较低的磁流管在背景场递减指数达到 1.8 时，磁流管失稳爆发。这个工作基本证实了理论讨论的两种不稳定性的条件。观测研究中，原则上可以通过观测估算太阳大气磁场的性质，比如磁流管或者磁绳的缠绕、日冕背景磁场的递减指数，定性诊断日冕中的磁流管或者磁绳失稳爆发的机制。实际情形中，天体磁场的测量是非常困难的。运用理想磁流体冻结的性质，有时候可以观测磁绳等离子体的形态演化来推测不稳定性的作用，比如扭曲不稳定性能使磁流管轴向变形发生扭曲。有些观测发现，磁绳演化过程中不同的不稳定性分别起作用，比如扭曲不稳定性使得磁绳变形并缓慢上升至背景磁场递减指数足够大的高度，进而触发膨胀不稳定性引起磁绳最终爆发。观测中估算的日冕背景场临界递减指数在 1 到 2 之间。通过观测估算日冕中磁流管或者磁绳爆发前的缠绕角非常困难。有些爆发磁绳在接近地球时经过近地卫星，可以直接测量磁绳的等离子体和电磁场性质。测量发现相当数量的近地磁绳平均缠绕甚至多于两圈，超过理论和数值计算得到的扭曲不稳定性阈值。此外，磁绳在日冕爆发过程中常常伴随太阳耀斑，并能观测到日冕磁场重构而打破理想冻结条件。这需要考虑非理想条件，比如携带电流的磁流体中电阻率不为零，这个条件使磁流体可以进一步演化到更低的能量状态，也可以产生另一类不稳定性，即有限电阻不稳定性。下一章讨论这类非理想物理过程及其在天体和空间物理能量释放中的作用。

6.3 磁流体中的瑞利-泰勒(Rayleigh-Taylor)不稳定性

宇宙等离子体中,考虑引力(重力)的作用具有普遍性,在许多情况下它具有重要意义。当宇宙等离子体的密度梯度方向与重力方向相反时,或者在重力场中密度较小的一种磁流体支托另一种密度大的磁流体时,这类平衡经常是不稳定的。由于磁场的存在,电磁力与重力同时对磁流体作用,使稳定性问题更为复杂。正是重力和电磁力在宇宙等离子体的重要地位,使得这类不稳定性受到天体物理学、空间物理学等领域中科学家们的垂青。它被用来解释宇宙等离子体中的某些爆发现象,例如宇宙 γ 射线暴、太阳宁静日珥的爆发等。

瑞利早在 1883 年就对重力场中轻流体支撑重流体的平衡位形的稳定性问题进行了理论研究,指出这种平衡位形是不稳定的。后来泰勒推广了这一理念,并通过实验进行了论证。因此,人们将这类不稳定性称作瑞利-泰勒不稳定性。在磁流体力学中,也有类似的物理情况。于是瑞利-泰勒不稳定性被推广到磁流体力学领域中,有时也把这种推广的结果称作克鲁斯卡尔-史瓦西(Kruskal-Schwarzschild)不稳定性。

6.3.1 流体力学的瑞利-泰勒不稳定性

流体力学中的瑞利-泰勒不稳定性研究的是重力场中两种密度不同的流体边界面的稳定性问题。

如图 6.6(a)所示,重力场中存在两种密度不同而处于平衡状态的流体:一种流体(下标为 1)位于 x-y 平面之上,另一种流体(下标为 2)位于 x-y 平面之下。重力沿 z 轴向下。下面研究边界面上出现的任何小扰动〔如图 6.7(b)〕将如何发展和传播,以及它如何影响边界面两边的流体。

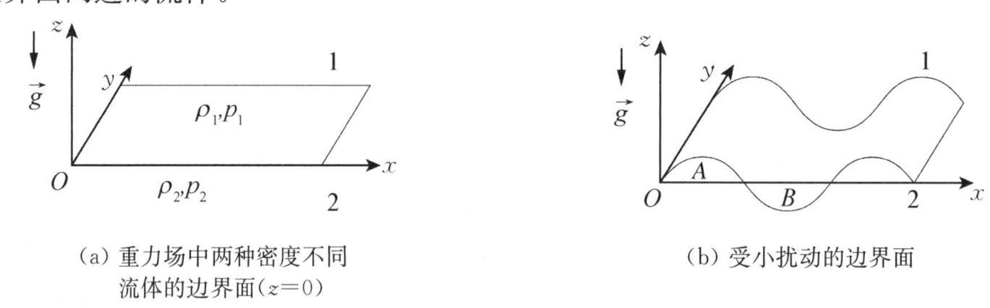

(a) 重力场中两种密度不同流体的边界面($z=0$)

(b) 受小扰动的边界面

图 6.6 流体边界面示意图

流体的可能运动由两种流体的运动方程和连续性方程决定,在理想流体的情况下可以不考虑流体的能量方程。

$$\rho_i \frac{\mathrm{d}\vec{v}_i}{\mathrm{d}t} = -\nabla p_i + \rho_i \vec{g} \qquad (6.3-1)$$

$$(i = 1,2)$$

$$\frac{\partial \rho_i}{\partial t} + \nabla \cdot (\rho_i \vec{v}_i) = 0 \qquad (6.3-2)$$

在小扰动假定下，即当 $v_i \ll c_s$ 时，可把流体看作是不可压的，即 $\nabla \cdot \vec{v}_i = 0$，且限于讨论无旋运动，$\nabla \times \vec{v}_i = 0$，这表明速度存在势函数 ϕ_i，

$$\vec{v}_i = \nabla \phi_i \tag{6.3-3}$$

故可用重力势表示重力，于是

$$\rho \vec{g} = -\nabla(\rho g z) \tag{6.3-4}$$

假定流体在 y 方向是均匀的，将(6.3-3)、(6.3-4)式代入(6.3-1)～(6.3-2)式可得

$$\rho_i \frac{\partial \phi_i}{\partial t} + \rho_i g z + p_i = 0 \tag{6.3-5}$$

$$\frac{\partial^2 \phi_i}{\partial x^2} + \frac{\partial^2 \phi_i}{\partial z^2} = 0 \tag{6.3-6}$$

虽然在两种流体的边界面上应满足：

(1) $p_2 = p_1$

即

$$\rho_1 \frac{\partial \phi_1}{\partial t} + \rho_1 g z = \rho_2 \frac{\partial \phi_2}{\partial t} + \rho_2 g z$$

上式两端对 t 求偏导数，并考虑到

$$\frac{\partial z}{\partial t} = v_z = \frac{\partial \phi}{\partial z}$$

可得

$$\rho_1 \left(\frac{\partial^2 \phi_1}{\partial t^2} + g \frac{\partial \phi_1}{\partial z} \right) \bigg|_{边界} = \rho_2 \left(\frac{\partial^2 \phi_2}{\partial t^2} + g \frac{\partial \phi_2}{\partial z} \right) \bigg|_{边界} \tag{6.3-7}$$

(2) $v_{1z}|_{边界} = v_{2z}|_{边界}$

即

$$\frac{\partial \phi_1}{\partial z} \bigg|_{边界} = \frac{\partial \phi_2}{\partial z} \bigg|_{边界} \tag{6.3-8}$$

考虑小扰动为沿 x 方向传播的平面波形式的解〔见图(6.3-1b)〕，即

$$\phi_i = A_i(z) \exp(\mathrm{i}(\omega t - kx)) \quad (i = 1,2) \tag{6.3-9}$$

将(6.3-9)代入(6.3-6)式，并考虑到当 $z \to \infty$ 时，$A_1(z) \to 0$，$z \to -\infty$ 时，$A_2(z) \to 0$，于是可得

$$A_1(z) = c_1 \exp(-kz)$$

$$A_2(z) = c_2 \exp(+kz)$$

即

$$\phi_1 = c_1\exp(-kz + \mathrm{i}(\omega t - kx)) \tag{6.3-10}$$

$$\phi_2 = c_2\exp(+kz + \mathrm{i}(\omega t - kx)) \tag{6.3-11}$$

将(6.3-10)和(6.3-11)式代入边界条件(6.3-7)和(6.3-8)式,可得到色散关系

$$\omega = \pm\sqrt{\left(\frac{\rho_2 - \rho_1}{\rho_2 + \rho_1}\right)kg} \tag{6.3-12}$$

(6.3-12)式表明,当 $\rho_2 > \rho_1$,即密度小的流体位于密度大的流体之上,则 ω 为实数,解的振幅与时间无关,小扰动不会破坏边界的稳定性。而当 $\rho_2 < \rho_1$ 时,即密度大的流体位于密度小的流体之上时,ω 便为虚数,解的振幅将随时间无限增大,直至平衡受到破坏,上下流体互换位置为止。这便是典型的流体力学瑞利-泰勒不稳定性(Rayleigh, 1883; Taylor, 1950b)。显然,驱动不稳定性发展的能量来自重力位能。这是因为当扰动引起边界上面密度大的流体向下位移时〔图 6.6(b)B 区〕,其位能的减少并不能由边界之下同样体积的小密度流体向上位移〔图 6.6(b)A 区〕来抵偿,部分位能将转化为扰动能,驱使扰动发展,直到整个系统的位能减少到极小状态为止。这就对应于两种流体互换位置,轻流体位于重流体之上的情况。鉴于不稳定性造成的后果是互换位置,所以也把这种不稳定性叫作"互换不稳定性"。(6.3-12)式还表明,当发生不稳定性时,增长率与两种流体密度差的平方根成正比,这在物理上是可以理解的。增长率还与扰动波长的平方根成反比,波长越短,扰动增长越快。

6.3.2 磁流体力学的瑞利-泰勒不稳定性

宇宙等离子体中的不少活动现象都与磁场密切相关,因此,将流体力学中的瑞利-泰勒不稳定性推广到磁流体中是十分必要的。为了使讨论更具普遍性,这里不仅考虑了磁场,同时也考虑了密度的不均匀性,即磁流体是分层的。

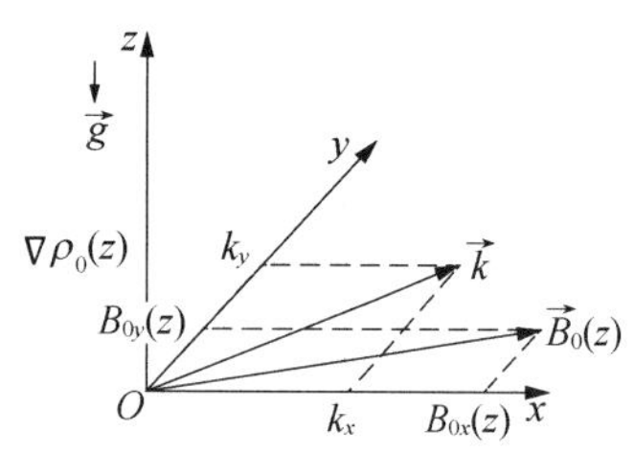

图 6.7 磁流体中磁场和密度的分布

考虑如图 6.7 所示的简化位形。等离子体中存在着密度梯度 $\nabla\rho_0(z)$,平衡态磁场 $\vec{B}_0$ 在 x-y 平面中,其大小和方向仅随 z 变化,即

$$\vec{B}_0(z) = B_{0x}(z)\,\hat{i} + B_{0y}(z)\,\hat{j} \tag{6.3-13}$$

重力加速度沿 z 轴向下。这时,静态平衡的条件为

$$\frac{\mathrm{d}}{\mathrm{d}z}\left(p_0 + \frac{B_0^2}{2\mu_0}\right) = -\rho_0 g \tag{6.3-14}$$

我们用简正模方法分析问题。受到扰动的等离子体动力学行为将由扰动方程(6.1-27)确定。由于考虑小扰动时,总可将等离子体当作不可压缩流体处理,又考虑到在一级近似下,位移量 $\vec{\xi}(\vec{r}_0,t)$ 和扰动速度 $\vec{v}_1(\vec{r},t)$ 的关系为

$$\vec{v}_1(\vec{r},t) \approx \vec{v}_1(\vec{r}_0,t)$$

$$=\frac{\partial}{\partial t}\vec{\xi}(r_0,t)$$

上式中，$\vec{r}=\vec{r_0}+\vec{\xi}(r_0,t)$，即初始扰动方程为

$$\rho_0\frac{\partial^2\vec{v_1}}{\partial t^2}=\nabla[(\vec{v_1}\cdot\nabla)p_0]+\frac{1}{\mu_0}(\nabla\times\vec{B_0})\times\vec{R}-\frac{1}{\mu_0}\vec{B_0}\times(\nabla\times\vec{R})-(\vec{v_1}\cdot\nabla)(\rho_0\vec{g})\tag{6.3-15}$$

$$\vec{R}(\vec{v_1})=\nabla\times(\vec{v_1}\times\vec{B_0})$$

假定扰动速度$\vec{v_1}$具有下列形式

$$\vec{v_1}(\vec{r},t)=[v_{1x}(z)\hat{i}+v_{1y}(z)\hat{j}+v_{1z}(z)\hat{k}]\exp\{i(\vec{k}\cdot\vec{r}-\omega t)\}\tag{6.3-16}$$

并假定扰动在 x-y 平面中传播，即

$$\vec{k}=k_x\hat{i}+k_y\hat{j},\quad k^2=k_x^2+k_y^2\tag{6.3-17}$$

求解小扰动方程(6.3-15)式的步骤如下：

① 首先计算出 $\vec{R}(\vec{v_1})=\nabla\times(\vec{v_1}\times\vec{B_0})$：

$$R_x=i(\vec{B_0}\cdot\vec{k})v_{1x}-v_{1z}\frac{dB_{0x}}{dz}\tag{6.3-18}$$

$$R_y=i(\vec{B_0}\cdot\vec{k})v_{1y}-v_{1z}\frac{dB_{0y}}{dz}\tag{6.3-19}$$

$$R_z=i(\vec{B_0}\cdot\vec{k})v_{1z}\tag{6.3-20}$$

注意在推导中利用了 $\nabla\cdot\vec{v_1}=ik_xv_{1x}+iR_yv_{1y}+\frac{d\vec{v_{1z}}}{dz}=0$。

② 将$\vec{R}(\vec{v_1})$代入(6.3-15)式，则小扰动方程化为

$$-\omega^2\rho_0v_{1x}=ik_xv_{1z}\frac{dp_0}{dz}+\frac{1}{\mu_0}\frac{dB_{0x}}{dz}R_z-\frac{i}{\mu_0}B_{0y}(k_xR_y-k_yR_x)\tag{6.3-21}$$

$$-\omega^2\rho_0v_{1y}=ik_yv_{1z}\frac{dp_0}{dz}+\frac{1}{\mu_0}\frac{dB_{0y}}{dz}R_z+\frac{i}{\mu_0}B_{0x}(k_xR_y-k_yR_x)\tag{6.3-22}$$

$$-\omega^2\rho_0v_{1z}=\frac{d}{dz}\left(v_{1z}\frac{dp_0}{dz}\right)-\frac{1}{\mu_0}\left(R_y\frac{dB_{0y}}{dz}+R_x\frac{dB_{0x}}{dz}\right)+\frac{i}{\mu_0}(\vec{k}\cdot\vec{B_0})R_z+v_{1z}\frac{d\rho_0}{dz}g\tag{6.3-23}$$

③ 以 B_{0x}乘(6.3-21)式、B_{0y}乘(6.3-22)式，两式相加，并将(6.3-20)和(6.3-14)式代入，可得

$$B_{0x}v_{1x}+B_{0y}v_{1y}=\frac{i(\vec{k}\cdot\vec{B_0})}{\omega^2}gv_{1z}\tag{6.3-24}$$

同理，以 $\mathrm{i}k_x$ 乘(6.3－21)式、$\mathrm{i}k_y$ 乘(6.3－22)式，相加可得

$$\omega^2\rho_0\frac{\mathrm{d}v_{1z}}{\mathrm{d}z}=-k^2v_{1z}\frac{\mathrm{d}p_0}{\mathrm{d}z}-v_{1z}\frac{\mathrm{d}}{\mathrm{d}z}\left[\frac{(\vec{k}\cdot\vec{B}_0)^2}{2\mu_0}\right]+\frac{1}{\mu_0}(k_xB_{0y}-k_yB_{0x})\cdot(k_xR_y-k_yR_x)$$

(6.3－25)

在上式的推导中，又一次利用了 $\nabla\cdot\vec{v}_1=0$。

将 k_x 和 k_y 的表达式(6.3－18)和(6.3－19)式代入(6.3－25)式右端的第三项，并利用 $\nabla\cdot\vec{v}_1=0$ 的条件和利用平衡条件(6.3－14)式，(6.3－25)式可化为

$$\left[\omega^2\rho_0-\frac{(\vec{k}\cdot\vec{B}_0)^2}{\mu_0}\right]\left(\frac{\mathrm{d}v_{1z}}{\mathrm{d}z}-\frac{k^2}{\omega^2}gv_{1z}\right)=0 \qquad (6.3-26)$$

由上式得

$$\omega^2\rho_0-\frac{(\vec{k}\cdot\vec{B}_0)^2}{\mu_0}=0 \qquad (6.3-27)$$

或

$$\frac{\mathrm{d}v_{1z}}{\mathrm{d}z}-\frac{k^2}{\omega^2}gv_{1z}=0 \qquad (6.3-28)$$

由(6.3－27)式，得

$$\omega^2=\frac{k^2B_0^2\cos^2\theta}{\mu_0\rho_0}$$

这是大家熟悉的斜阿尔文波的色散关系。我们的兴趣显然在另一种情况，即(6.3－28)式。

④ 将 R_x(6.3－18)、R_y(6.3－19)式代入(6.3－23)式中右端第二项中，并利用(6.3－24)式，再利用平衡条件(6.3－14)式，(6.3－23)式化为

$$-\frac{\mathrm{d}}{\mathrm{d}z}\left\{\left[\rho_0-\frac{(\vec{k}\cdot\vec{B}_0)^2}{\mu_0\omega^2}\right]gv_{1z}\right\}+\left\{g\frac{\mathrm{d}\rho_0}{\mathrm{d}z}+\omega^2\left[\rho_0-\frac{(\vec{k}\cdot\vec{B}_0)^2}{\mu_0\omega^2}\right]\right\}v_{1z}=0$$

用 $\frac{k^2}{\omega^2}$ 乘上式各项，并利用(6.3－28)式，可得

$$\frac{\mathrm{d}}{\mathrm{d}z}\left\{\left[\rho_0-\frac{(\vec{k}\cdot\vec{B}_0)^2}{\mu_0\omega^2}\right]\frac{\mathrm{d}v_{1z}}{\mathrm{d}z}\right\}-\frac{k^2}{\omega^2}\left\{g\frac{\mathrm{d}\rho_0}{\mathrm{d}z}+\omega^2\left[\rho_0-\frac{(\vec{k}\cdot\vec{B}_0)^2}{\mu_0\omega^2}\right]\right\}v_{1z}=0$$

(6.3－29)

(1) 锐边界情形

这种情况是指在边界 $z=0$ 的平面附近，密度和磁场急剧变化，而在非边界附近则密度和磁场的变化缓慢。我们近似地把密度变化表示成

$$\rho_0(z) \approx \begin{cases} \rho_1 & z > 0 \\ \rho_2 & z < 0 \end{cases} \tag{6.3-30}$$

$$\frac{d\rho_0(z)}{dz} = (\rho_1 - \rho_2)\delta(z) \tag{6.3-31}$$

显然,它所描绘的正是两种密度不同的等离子体相邻的情况。上一部分讨论的流体力学情况就属于这种类型。在宇宙等离子体中这种物理状态并不少见,所以具有一定的应用价值。

从 0^- 到 0^+ 对(6.3-29)式积分,并考虑到速度的连续性 $(v_{1z})_{0^-} \approx (v_{1z})_{0^+} \equiv v_{1z}(0)$ 和 $\int_{0^-}^{0^+} k^2\left[\rho_0 - \frac{(\vec{k}\cdot\vec{B}_0)^2}{\mu_0\omega^2}\right]v_{1z}dz = 0$, 可得

$$\left[\rho_1 - \frac{(\vec{k}\cdot\vec{B}_0)_1^2}{\mu_0\omega^2}\right]\left(\frac{dv_{1z}}{dz}\right)_{0^+} - \left[\rho_2 - \frac{(\vec{k}\cdot\vec{B}_0)_2^2}{\mu_0\omega^2}\right]\left(\frac{dv_{1z}}{dz}\right)_{0^-} - \frac{gk^2}{\omega^2}(\rho_1 - \rho_2)v_{1z}(0) = 0 \tag{6.3-32}$$

又由于在边界以外 $\rho_0(z)$ 和 $\vec{B}_0(z)$ 随 z 的变化都很缓慢,因此在 $z\neq0$ 时,$\left[\rho_0 - \frac{(\vec{k}\cdot\vec{B}_0)^2}{\mu_0\omega^2}\right]$ = 常数,$\frac{d\rho_0}{dz} = 0$。于是在 $z=0$ 以上和以下的区域中,可将(6.3-29)式写成如下形式:

$$\frac{d^2 v_{1z}}{dz^2} - k^2 v_{1z} = 0 \tag{6.3-33}$$

上述方程的解为

$$\begin{cases} v_{1z}(z) = v_{1z}(0)\exp(-kz) & z \geqslant 0 \\ v_{1z}(z) = v_{1z}(0)\exp(kz) & z < 0 \end{cases} \tag{6.3-34}$$

由此可得

$$\begin{cases} \left(\dfrac{dv_{1z}}{dz}\right)_{0^+} = -kv_{1z}(0) \\ \left(\dfrac{dv_{1z}}{dz}\right)_{0^-} = +kv_{1z}(0) \end{cases} \tag{6.3-35}$$

将(6.3-34)和(6.3-35)式代入(6.3-32)式中,便得到色散关系

$$\omega^2 = \frac{(\vec{k}\cdot\vec{B}_{01})^2 + (\vec{k}\cdot\vec{B}_{02})^2}{\mu_0(\rho_1 + \rho_2)} - gk\frac{\rho_1 - \rho_2}{\rho_1 + \rho_2} \tag{6.3-36}$$

(6.3-36)式表明:

① 当 $B_{01} = B_{02} = 0$ 时(即无磁场存在时),(6.3-36)式化为

$$\omega^2 = -gk\frac{\rho_1 - \rho_2}{\rho_1 + \rho_2}$$

上式与流体力学的色散关系(6.3-12)式完全相同,这正是我们所期望的。

② 由于(6.3-36)式右端第一项总满足

$$\frac{(\vec{k}\cdot\vec{B}_{01})^2+(\vec{k}\cdot\vec{B}_{02})^2}{\mu_0(\rho_1+\rho_2)}\geqslant 0$$

显示磁场总是起致稳作用的。这是因为扰动一般会引起磁力线形变,而形变产生的磁张力将抑制扰动的发展,除非$\vec{k}\perp\vec{B}_0$,这时,扰动引起的等离子体形变并不改变磁场的分布,磁场也就对扰动不作反应了。

③ 当重力场中的等离子体受到磁场支撑时,即 $\rho_2=0,\rho_1=\rho$ 时,(6.3-36)式变为

$$\omega^2=\frac{(\vec{k}\cdot\vec{B}_{01})^2+(\vec{k}\cdot\vec{B}_{02})^2}{\mu_0\rho}-gk \tag{6.3-37}$$

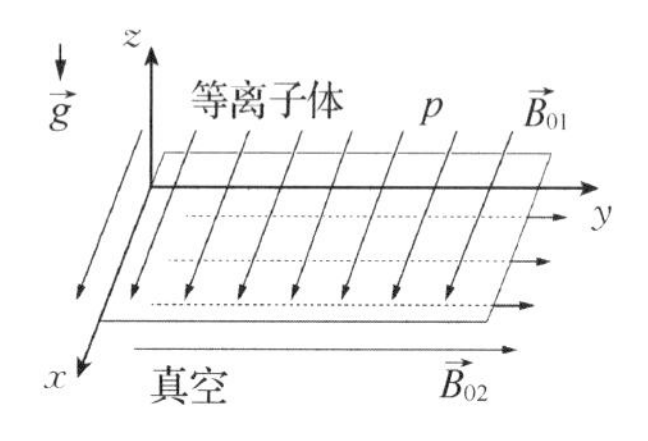

图 6.8 重力场中等离子体受剪切磁场支撑示意图

若磁场有剪切,如图 6.8 所示,磁场方向随 z 而变化(各层磁力线的方向不断改变)时,由(6.3-36)或(6.3-37)式可知,它有助于磁场的稳定。例如真空磁场为 $\vec{B}_{02}=(\alpha_xB_0,\alpha_yB_0,0)$,($\alpha_x$、$\alpha_y$ 为磁场的方向余弦,$\alpha_x^2+\alpha_y^2=1$),等离子体磁场为 $\vec{B}_{01}=(\gamma_xB_0,\gamma_yB_0,0)$,这时(6.3-37)式变为

$$\omega^2=[(k_x\alpha_x+k_y\alpha_y)^2+(k_x\gamma_x+k_y\gamma_y)^2]v_A^2-gk \tag{6.3-38}$$

$v_A=\dfrac{B_0}{\sqrt{\mu_0\rho}}$ 为阿尔文速度。边界两侧的压力平衡条件应为

$$p+\frac{(\gamma_x^2+\gamma_y^2)B_0^2}{2\mu_0}=\frac{B_0^2}{2\mu_0} \tag{6.3-39}$$

为简化问题,我们假定 $\vec{B}_{01}\perp\vec{B}_{02}$,并取 $\alpha_y=1$,于是 $\alpha_x=\gamma_y=0$,再利用(6.3-39)式,便有 $\gamma_x^2=1-\beta\left(\beta=\dfrac{2\mu_0\rho_0}{B_0^2}\right)$。由此,(6.3-38)式可写为

$$\omega^2=[k_x(1-\beta)+k_y^2]v_A^2-gk \tag{6.3-40}$$

当 $k_y=0$ 时,即扰动沿 x 轴传播时,$\vec{k}\perp\vec{B}_{02}$,这时,最容易发生不稳定性,为了使这种情况下仍然稳定,便要求扰动波长 $\lambda_x\left(=\dfrac{2\pi}{k_x}\right)$ 为

$$\lambda_x<\lambda_c\equiv\left(\frac{2\pi}{g}\right)(1-\beta)v_A^2=\frac{2\pi(1-\beta)B_0^2}{\mu_0\rho g} \tag{6.3-41}$$

式中 λ_c 为临界波长。由此可见,磁场的剪切能使波长小于临界波长 λ_c 的所有扰动趋向稳定。这是因为剪切对等离子体的形变必然引起磁力线形变而抑制扰动,从而产生磁场的

致稳作用。

如果均匀密度为 ρ_0 的等离子体,被如图 6.9 所示的磁场 $B_0\hat{i}$ 所支撑时,由(6.3-37)式可得

$$\omega^2 = -gk + \frac{k_x^2 B_0^2}{\mu_0 \rho_0} \tag{6.3-42}$$

式中 $k = (k_x^2 + k_y^2)^{1/2}$。

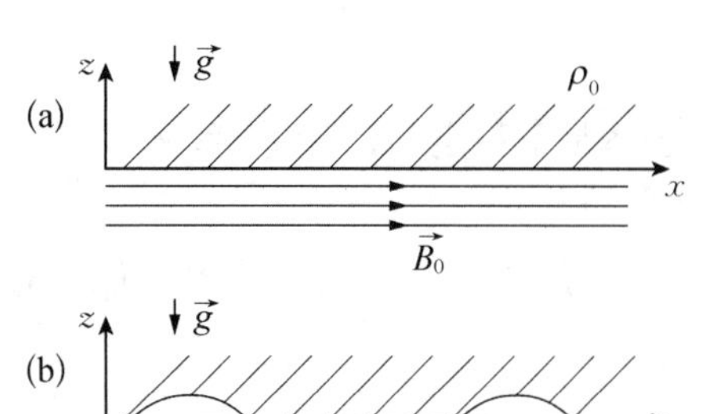

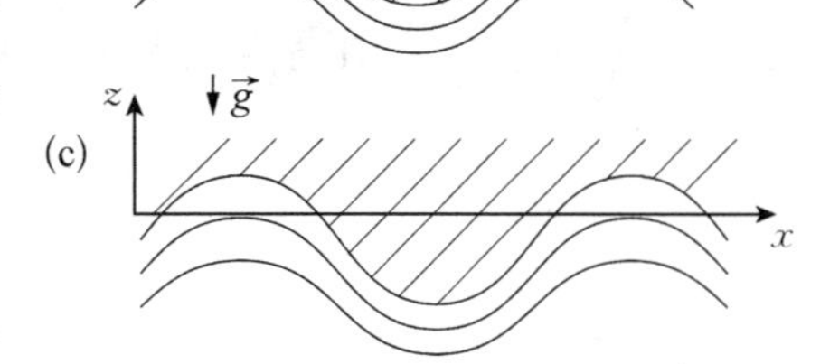

图 6.9　磁场支持等离子体的平衡及其边界面的磁扰动

对于 $k_y=0$ 沿着磁场方向传播的长波扰动是不稳定的($0<k<k_c$,此处临界波数 $k_c = g\mu_0\rho_0/B_0^2$),而对短波扰动($k>k_c$)是稳定的,由于此时磁张力起控制作用,最快增长模的波数为 $\frac{1}{2}k_c$。由(6.3-36)、(6.3-37)、(6.3-42)式显见,只有第二项小于第一项时,亦即只有磁场较弱时,才可能出现不稳定性。可见磁场的存在增加了两种均匀的不同密度交界面的稳定性。而磁场的稳定作用只限于与波矢量 k 平行的分量,这可以看成是磁应力中相当于张力的作用,磁场与波矢量 k 垂直的分量对稳定性没有任何影响。所以,当 $\vec{k}\perp\vec{B}_{01}$,$\vec{k}\perp\vec{B}_{02}$ 时,(6.3-37)式即为

$$\omega^2 = -gk \tag{6.3-37$'$}$$

(2) 等离子体密度按指数变化的情形(即 $\rho_0(z) = \rho_0\exp(k_z)$)

这种密度按指数变化分布也是宇宙等离子体中较常见的情况。考虑 $v_{1z}=$常数的情形(即扰动振幅在空间各点相等),即 $\frac{\mathrm{d}v_{1z}}{\mathrm{d}z}=0$,$\frac{\mathrm{d}^2 v_{1z}}{\mathrm{d}z^2}=0$。(6.3-29)式化为

$$\frac{k^2}{\omega^2}\left\{g\frac{\mathrm{d}\rho_0(z)}{\mathrm{d}z} + \omega^2\left[\rho_0(z) - \frac{(\vec{k}\cdot\vec{B}_0)^2}{\mu_0\omega^2}\right]\right\}v_{1z} = 0 \tag{6.3-43}$$

上式表明,$v_{1z}\neq 0$ 的解要求

$$g\frac{\mathrm{d}\rho_0(z)}{\mathrm{d}z} + \omega^2\left[\rho_0(z) - \frac{(\vec{k}\cdot\vec{B}_0)^2}{\mu_0\omega^2}\right] = 0$$

于是可得,密度以指数形式变化时的色散关系

$$\omega^2 = \frac{(\vec{k}\cdot\vec{B}_0)^2}{\mu_0\rho_0(z)} - \frac{g}{\rho_0(z)}\frac{\mathrm{d}\rho_0(z)}{\mathrm{d}z} \tag{6.3-44}$$

(6.3-44)式表明,磁场仍然起致稳作用,除非 $\vec{k}\perp\vec{B}_0$,当 $\vec{k}\cdot\vec{B}_0=0$ 时,则有

$$\omega^2 = -\frac{g}{\rho_0(z)}\frac{\mathrm{d}\rho_0(z)}{\mathrm{d}z} \tag{6.3-45}$$

从(6.3-45)式可见，当$\frac{\mathrm{d}\rho_0(z)}{\mathrm{d}z}>0$，即密度梯度方向与重力方向相反时，$\omega^2<0$时，等离子体是不稳定的，其增长率$\gamma=\sqrt{\frac{g}{\rho_0(z)}\frac{\mathrm{d}\rho_0(z)}{\mathrm{d}z}}$；而当$\frac{\mathrm{d}\rho_0}{\mathrm{d}z}<0$时，即密度梯度方向与重力一致，这时$\omega^2>0$，等离子体是稳定的，等离子体做频率为$\omega_r=\sqrt{\frac{g}{\rho_0(z)}\frac{\mathrm{d}\rho_0(z)}{\mathrm{d}z}}$的振荡。

有时常用等温的流体静力学平衡分层大气近似描述恒星大气，由重力场中流体静力学方程$\frac{\mathrm{d}\rho}{\mathrm{d}z}=-\rho g$，在等温情况下可解得密度分布$\rho(z)$为

$$\rho(z)=\rho(0)\exp\left(-\frac{z}{H}\right) \tag{6.3-46}$$

$H=\frac{k_B T}{mg}$为标高，k_B为玻尔兹曼常数，T为温度，m为组成大气的粒子的平均质量。由(6.3-45)式表示的密度分布，其梯度方向与重力方向一致。因此，由(6.3-46)式描述的恒星大气是稳定的。

6.3.3 另一种瑞利-泰勒型不稳定性——磁场不均匀性引起的不稳定性及应用举例

上面的讨论表明，瑞利-泰勒不稳定性机制的本质是重力引起电荷分离。然而，不单是重力，作用在电荷上的所有与磁场垂直且与电荷符号无关的力，都能引起这种电荷分离。因此，我们可以把上述结果加以推广，以得到关于等离子体稳定性的更一般的判据。

为此，我们先考虑这样的问题：对于重力场中磁场支持的等离子体而言，重力方向是从等离子体内部指向外部，已知这种平衡位形是不稳定的；如果重力方向是从等离子体外部指向内部，则位形是否仍属不稳呢？事实上，只需把重力加速度改一个符号，则g值由正变成负，就可代表后面一种情况的基本特点了。由(6.3-37)式可知，当g值为负时，扰动振幅ξ_0，就不再无限制地增长，而变成边界面处的振荡，因此这种平衡位形是稳定的。于是，磁场中重力的作用归结为：当重力方向从等离子体内部指向外部时的平衡位形是不稳定的；而重力方向从等离子体外部指向内部的平衡位形则是稳定的。

因此，对于具有与重力类似性质的作用力，我们也可得到相应的稳定性判据：对于磁约束等离子体，当等离子体边界面附近，存在与磁场垂直并与电荷符号无关的作用力时，如果力的方向是从等离子体指向真空，则系统是不稳的；反之则为稳定。

比较常见的这类力是由于磁场的梯度和曲率所引起的等效力。特别使我们感兴趣的是等离子体—真空边界面附近磁力线弯曲的情况(见图6.10所示)，这种位形在宇宙等离子体中比较常见。磁力线的弯曲不但会使带电粒子受到一个惯性离心力$\frac{mv_{/\!/}^2}{R}$(R为磁力线的曲率半径)的作用；而且弯曲也意味着磁场梯度的存在。由单粒子轨道理论，

$$\frac{\nabla_{\perp} B}{B} = -\frac{\vec{R}}{R^2} \tag{6.3-47}$$

垂直于磁场方向的梯度也将引起带电粒子的漂移。于是可得磁力线弯曲时的漂移速度为

$$\vec{v}_{\mathrm{DB}} = \frac{m\left(v_{/\!/}^2 + \frac{1}{2}v_{\perp}^2\right)}{qB^2R^2}(\vec{R} \times \vec{B}) = \frac{m}{qB^2}\vec{g}_{\mathrm{eff}} \times \vec{B} \tag{6.3-48}$$

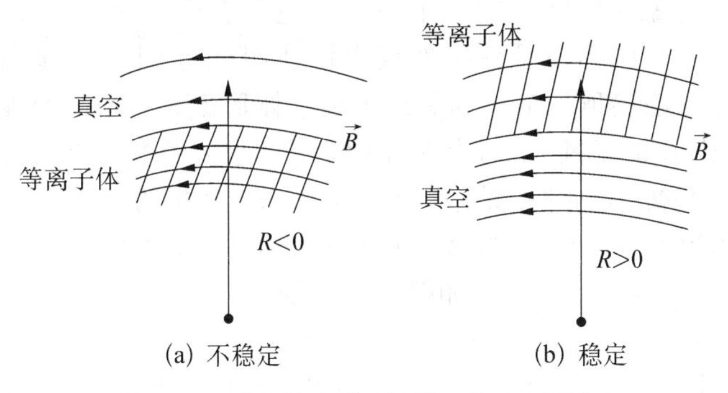

图 6.10　磁力线弯曲时位形的稳定和不稳定

$$\vec{g}_{\mathrm{eff}} = \left(v_{/\!/}^2 + \frac{1}{2}v_{\perp}^2\right)\frac{\vec{R}}{R^2} \tag{6.3-49}$$

由(6.3-37)式可知，关于重力对平衡位形稳定性影响的结论，都适用于磁场弯曲的情况。而只需要利用(6.3-49)式求出其等效重力加速度$\vec{g}_{\mathrm{eff}}$即可。

一个直接的结论是：在磁约束等离子体的边界附近，如果磁力线处处凹向等离子体(即磁力线的曲率半径从等离子体内部指向外部)(如图 6.10 所示)，则平衡位形是不稳定的；反之，如果磁力线处处凸向等离子体(即曲率半径$\vec{R}$指向等离子体内部)，则为稳定。更具体而形象地说，为了使磁约束等离子体平衡位形稳定，必须使等离子体处于磁场极小的区域中，亦即通常所说的"磁阱"或最小磁场($B_{\min}$)稳定条件。由(6.3-37)式推理得出，磁力线弯曲所导致的磁约束不稳定性，其增长率为

$$\gamma = \sqrt{g_{\mathrm{eff}}k} \tag{6.3-50}$$

显然上式同样只适合$\vec{k} \perp \vec{B}$的情况。

作为瑞利-泰勒不稳定性在宇宙等离子体中的一个具体应用实例，我们介绍如何用克鲁斯卡尔-史瓦西不稳定性来解释 1979 年 3 月 5 日的宇宙 γ 射线暴。

1979 年 3 月 5 日，9 个宇宙飞船同时探测到一次极强的硬 X 射线和 γ 射线暴 FXP 0520-66，与通常的宇宙 γ 射线暴相比，这次事件具有显著特点。整个事件可以明显地分为爆发相和脉动相，爆发相具有相当高的峰值流量，且从爆发开始到亮度达到极大的时标小于 0.1 s。能谱的测量表明，在开始阶段(0～4 s)有一个较硬的分量和一个较软的分量，在 430 keV 处有一条宽谱线，而以后阶段(4～32 s)能谱只有一较软分量。在相隔 14

小时后，又测量到一次较弱的 γ 射线暴。对这次 γ 射线暴的暴源有不同的猜想，一种看法是根据它的脉动相的辐射特征，认为是发生在通常的 X 射线脉冲星上，它的 X 射线功率应为 $10^{30}\sim10^{31}$ J/s，由此，可确定暴源距离约为 100～300 秒差距。另一种看法是根据暴源的方向，认为它可能起源于大麦云内超新星遗迹 N49 的一次激烈大爆炸，由此推得暴源距离达 55 kpc。第二种看法意味着整个事件释放的能将大于4.6×10^{37} J，目前还很难找到一个模型来解释这样巨大能量的爆发。

一些作者试图基于第一种看法来解释这次宇宙 γ 射线暴（王德焴 等，1981）。他们认为，这次强烈的爆发事件可能发生在一个包含有中子星的双星系统中，由于某种原因，来自伴星的星风等离子体突然极大增强，它们把中子星磁层压缩到远小于一般中子星磁层，在磁层顶处堆积的星风等离子体形成具有很高密度的吸积环（如图 6.11 所示）。吸积环中的星风等离子体处于中子星的重力场中，但在磁场的支持下，并不进入中子星磁层。起初，这种平衡是稳定的。由于来自伴星的星风等离子体不断与磁层作用，其携带的动能中一部分转化为磁层顶附近的磁能。计算表明，新感应的磁场将使磁层顶附近的偶极场磁力线不断变形（如图 6.11 所示）。当星风等离子体的堆积达到一定数量时，原来稳定的位形会变得不稳定，这时克鲁斯卡尔-史瓦西不稳定性导致边界面的破坏，吸积粒中的大量星风等离子体突然进入磁层，并沿磁力线到达中子星磁极附近，释放的引力能通过电子的轫致辐射产生强烈的 X 射线辐射和 γ 射线辐射，从而形成 γ 射线暴。用上述物理机制计算所得的结果，基本上能解释 3 月 5 日爆发的辐射特征。

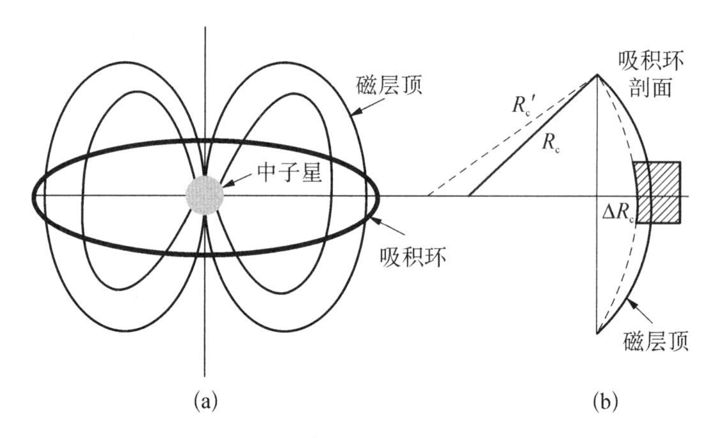

图 6.11　中子星磁层和吸积环

通常用偶极磁场来描述中子星磁场，在磁层顶处的场强 $\vec{B}_m$ 可表示为

$$\vec{B}_m=\frac{\mu_0}{4\pi}\frac{\vec{\mu}}{r_m^3}\tag{6.3-51}$$

$\vec{\mu}$为中子星磁矩，μ_0 为真空磁导率，r_m 为中子星磁层的半径。

对于处在中子星磁层顶处的等离子体，判断其位形是否稳定必须同时考虑几个因素：其一是中子星重力的作用；其二是等离子体绕中子星运动时的离心力；其三是由于磁层顶处磁力线弯曲引起的等效重力；最后还要考虑磁张力的致稳效应。这两个因素可用$\dfrac{GM_s}{r_m^2}$

和 $\Omega_s^2 r_m$ 表示。G 为引力常数，M_s 为中子星质量，Ω_s 为吸积环中物质绕中子星做开普勒运动时的离心加速度。第三项磁力线曲率作用可根据(6.3-49)式计算，考虑到等离子体是在磁赤道上绕中子星旋转的，从图 6.11(a)可知速度与磁场垂直，即 $v_{/\!/}=0$。根据中子星磁层被星风等离子体压缩时磁层顶处磁能密度和等离子体动能密度相等的原则，应有 $\frac{1}{2}\rho_m v^2=\frac{B_m^2}{2\mu_0}$($\rho_m$ 为磁层顶处的等离子体密度)。利用(6.3-51)式，于是磁力线曲率的作用可被表示为 $\frac{\mu_0\mu^2}{32\pi^2\rho_m r_m^6 R_c}$，$R_c$ 为磁层顶处磁力线的曲率半径，由于磁力线凸向等离子体，起致稳作用，所以上式应取负号。最后一项磁张力的致稳作用由于星风等离子体中磁场可忽略，因此(6.3-37)式中第一项为 $\frac{(\vec{k}\cdot\vec{B}_m)^2}{\mu_0\rho_m}=\frac{\mu_0(\vec{k}\cdot\vec{\mu})^2}{16\pi^2\rho_m r_m^6}$。把上述四个因素综合考虑，便得到总的等效重力加速度 g_{eff}：

$$g_{eff}=\frac{GM_s}{r_m^2}-\Omega_s^2 r_m-\frac{\mu_0\mu^2}{32\pi^2\rho_m r_m^6 R_c}-\frac{\mu_0(\vec{k}\cdot\vec{\mu})^2}{16\pi^2\rho_m r_m^6 k} \tag{6.3-52}$$

(6.3-52)式便是偶极磁场磁层顶处克鲁斯卡尔-史瓦西不稳定性的判据。当 $g_{eff}>0$ 时为不稳定，而 $g_{eff}<0$ 时则稳定。当$\vec{k}\perp\vec{\mu}$时，不稳定性最容易出现，(6.3-52)式便简化为

$$g_{eff}=\frac{GM_s}{r_m^2}-\Omega_s^2 r_m-\frac{\mu_0\mu^2}{32\pi^2\rho_m r_m^6 R_c} \tag{6.3-53}$$

吸积物质流动时的黏滞效应使得 $\Omega_s^2 r_m$ 小于通常的开普勒速度所对应的离心力，即 $\Omega_s^2 r_m=\alpha\frac{GM_s}{r_m^2}$，$\alpha$ 为小于 1 的常数。于是(6.3-52)式又可写为

$$g_{eff}=(1-\alpha)\frac{GM_s}{r_m^2}-\frac{\mu_0\mu^2}{32\pi^2\rho_m r_m^6 R_c} \tag{6.3-54}$$

当取对中子星合适的 M_s、μ、r_m、ρ_m 以及 R_c(它由 r_m 决定)代入上式计算，可得 $g_{eff}<0$。所以，当吸积环中物质数量不多时，磁层顶附近的平衡位形是稳定的；而当伴星发出的星风强度突然大幅度增大时，中子星吸积环中的物质数量将极大地增长，它们与磁层顶附近磁场的相互作用，将迫使磁力线变形，从而曲率半径 R_c 增大。R_c 增大意味着 g_{eff}增加，一旦当 g_{eff}从小于零变到大于零时，相应地原来稳定的位形也将变成不稳，由此引起的克鲁斯卡尔-史瓦西不稳定性将破坏磁层顶处的边界，吸积环中大量等离子体进入磁层中，从而导致 γ 射线暴的发生。计算表明，对于 $\mu=10^{21}\ \mathrm{T\cdot m^3}$，$r_m=3\times10^5$ m 的中子星，当吸积环中物质的数量达到产生这次 γ 射线暴所需要的值 $M_s\approx10^{18}$ kg 时，对应于 $g_{eff}>0$，且其增长时间小于 0.1 s。这个计算结果证实了原来设想的模型基本上是可行的。

瑞利-泰勒不稳定性在宇宙等离子体中的应用是极其广泛的。上面所讨论的实例告诉我们，必须善于从具体的物理或天文问题中，剖析出运用等离子体不稳定理论解释观测结果的可能性，运用理论比熟悉理论似乎更不易。

6.4 磁流体中的开尔文-亥姆霍兹(Kelvin-Helmholtz)不稳定性

在宇宙等离子体的活动现象中,常常会观测到一部分等离子体相对于另一部分等离子的运动过程。例如,太阳和恒星大气中等离子体的抛射、由活动天体产生的等离子体的射流、太阳风或星风绕地球或恒星做开普勒运动等等。这时,在运动等离子体或静止等离子体边界面两侧存在着速度剪切,在流体力学中,这种平衡位形被称作切向间断。可以证明流体力学的切向间断面对于任何波长的扰动都是不稳定的。对于宇宙等离子体而言,它的任何运动和变化通常都是和磁场及重力的作用耦合在一起的。因此,我们必须考虑磁场和重力场对流体力学切向间断面稳定性的可能影响。由于开尔文和亥姆霍兹两位物理学家最早研究了流体力学切向间断面的稳定性问题,于是这类由速度剪切所导致的不稳定性被命名为开尔文-亥姆霍兹不稳定性。

天体物理、空间物理和地球物理领域中的观测和理论研究表明,活动天体的爆发现象、天体上活动区的不稳定过程及某些地球物理效应,都可利用开尔文-亥姆霍兹不稳定性进行理论上的解释。

6.4.1 流体力学的开尔文-亥姆霍兹(Kelvin-Helmholtz)不稳定性

1. 流体力学切向间断面的不稳定性

这里证明不考虑重力和磁场的作用时,具有速度剪切的不同等离子体的边界面是绝对不稳定的。

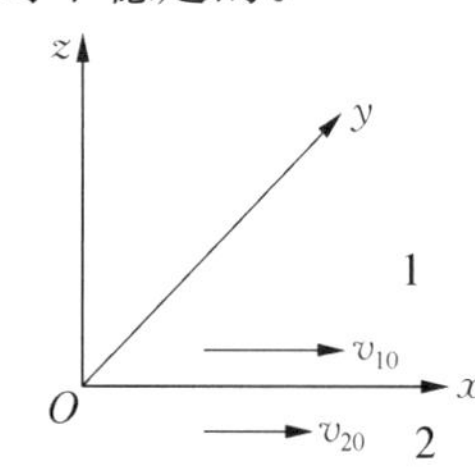

图 6.12 等离子体中速度的切向间断

如图 6.12 所示,边界面 x-y 平面为切向间断面。设间断面受一微扰,这时,间断面上各点的位移、流体压强和速度都为正比于 $e^{i(\omega t-kx)}$ 的周期函数,即假定所有扰动量在 y 方向是均匀的,扰动仅沿 x 轴方向传播。我们来考察间断面两侧的流体(速度为 $\vec{v}_i,i=1,2$),以$\vec{v}_{1i}$表示受扰动后速度的微小变化,对于微扰$\vec{v}_{1i}$(可当作不可压缩流体处理),在不考虑重力和其他力的作用时,满足下列方程组(其中$\vec{v}_{i0}$为常量):

$$\begin{cases}\nabla\cdot\vec{v}_{1i}=0 & (6.4-1)\\ \dfrac{\partial\vec{v}_{1i}}{\partial t}+v_{i0}\dfrac{\partial\vec{v}_{1i}}{\partial x}=-\dfrac{\nabla p_{1i}}{\rho_i}\quad(i=1,2) & (6.4-2)\end{cases}$$

对(6.4-2)式取散度,利用(6.4-1)式可得

$$\nabla^2 p_{1i}=0 \qquad (6.4-3)$$

若取扰动边界面的方程为 $z=\xi(x,t)$,并可取 $\xi(x,t)=\bar{\xi}\exp(i(\omega t-kx))$,则边界面附近的扰动速度的 z 分量应为

$$v_{1iz}\bigg|_{边界}=\frac{\mathrm{d}z}{\mathrm{d}t}=\frac{\partial\xi}{\partial t}+v_{i0}\frac{\partial\xi}{\partial x}\tag{6.4-4}$$

现在来求边界方程(6.4-3)式的解,设压强扰动 p_{1i} 在 x 方向的变化为

$$p_{1i}=f_i(z)\exp(\mathrm{i}(\omega t-kx))\quad(i=1,2)\tag{6.4-5}$$

上式代入(6.4-3)式后,给出关于 $f_i(z)$ 的方程:

$$\frac{\mathrm{d}^2 f_i}{\mathrm{d}z^2}-k^2 f_i=0\quad(i=1,2)\tag{6.4-6}$$

由此得出

$$f_i=C\exp(\pm kz)$$

其中 C 为常数。考虑到 $|z|\to\infty$ 时,p_{1i} 为有限量,于是有

$$p_{1i}=\bar{p}_{1i}\exp(\mathrm{i}(\omega t-kx)\mp kz)\quad\begin{cases}z>0 & 取负号\\ z<0 & 取正号\end{cases}\tag{6.4-7}$$

式中 $\bar{p}_{1i}$ 为常数。

可以认为速度扰动 $\vec{v}_{1i}$ 也有类似于(6.4-7)式形式的解,即

$$\vec{v}_{1i}(x,z,t)=\bar{\vec{v}}_{1i}\exp(\mathrm{i}(\omega t-kx)\mp kz)\quad\begin{cases}z>0 & 取负号\\ z<0 & 取正号\end{cases}\tag{6.4-8}$$

将(6.4-7)~(6.4-8)式代入(6.4-2)式中,取其 z 分量,可得到压强振幅和速度 z 分量振幅之间关系

$$\bar{p}_{1i}=\pm\frac{\mathrm{i}\rho_i(\omega-kv_{i0})}{k}\bar{v}_{1iz}\quad\begin{cases}z>0 & 取负号\\ z<0 & 取正号\end{cases}\tag{6.4-9}$$

由(6.4-4)式,可得

$$\bar{v}_{1iz}\bigg|_{边界}=\mathrm{i}(\omega-kv_{i0})\bar{\xi}\tag{6.4-10}$$

将(6.4-10)式代入(6.4-9)式,可得边界面两侧附近等离子体压强扰动振幅与边界面位移扰动振幅之间的关系

$$\bar{p}_{1i}=\mp\frac{\rho_i(\omega-kv_{i0})^2}{k}\bar{\xi}\quad\begin{cases}z>0 & 取负号\\ z<0 & 取正号\end{cases}\tag{6.4-11}$$

由于边界面两侧的压强扰动必须相等,即 $\bar{p}_{11}=\bar{p}_{12}$,于是可得色散关系为

$$-\rho_1(\omega-kv_{10})^2=\rho_2(\omega-kv_{20})^2\tag{6.4-12}$$

或

$$\frac{\omega}{k}=\frac{(\rho_1 v_{10}+\rho_2 v_{20})\pm\mathrm{i}(v_{10}-v_{20})\sqrt{\rho_1\rho_2}}{\rho_1+\rho_2}\tag{6.4-13}$$

(6.4－13)式表明，只要边界面两侧存在速度剪切，即 $v_{10}-v_{20}\neq0$，ω 便一定有一个非零的虚部，它显示了扰动振幅将随时间指数地增长，最终破坏边界面。因此，切向间断是绝对不稳定的。显然，导致扰动增长的驱动能来自等离子体的动能。

2. 经典的流体力学开尔文-亥姆霍兹不稳定性

经典的开尔文-亥姆霍兹不稳定性，讨论重力场中密度较小的流体以一定的相对速度流过密度较大流体表面时，边界面的稳定性问题。

下面讨论在图 6.12 中加上重力场的情况。考虑重力场情况时，速度微扰 $\vec{v}_{1i}$ 满足的方程组为

$$\nabla\cdot\vec{v}_{1i}=0\qquad(i=1,2)\tag{6.4-14}$$

$$\rho_i\left(\frac{\partial\vec{v}_{1i}}{\partial t}+v_{i0}\frac{\partial\vec{v}_{1i}}{\partial x}\right)=-\nabla p_i+\rho_i\vec{g},\quad \rho_i\vec{g}=-\nabla(\rho_i gz)\tag{6.4-15}$$

讨论无旋运动，即 $\nabla\times\vec{v}_{1i}=0$，于是，可引入速度势 ϕ_i：

$$\vec{v}_{1i}=\nabla\phi_i$$

则(6.3－14)式为

$$\nabla^2\phi_i=0$$

与上节解(6.4－9)式一样，可解得

$$\phi_i=c_i\exp(\mathrm{i}(\omega t-kx)\mp kz)\quad\begin{cases}z>0 & 取负号\\ z<0 & 取正号\end{cases}\tag{6.4-16}$$

与上节推导相似，考虑到边界面上两种流体的压强相等，可得色散关系

$$\rho_1[\omega^2-2kv_{10}\omega+(k^2v_{10}^2+gk)]=\rho_2[-\omega^2+2kv_{20}\omega-(k^2v_{20}^2-gk)]$$

即

$$(\rho_1+\rho_2)\omega^2-2k(\rho_1v_{10}+\rho_2v_{20})\omega+[k^2(\rho_1v_{10}^2+\rho_2v_{20}^2)+gk(\rho_1-\rho_2)]=0\tag{6.4-17}$$

从(6.4－17)式可解得

$$\omega=\frac{1}{\rho_1+\rho_2}\left[k(\rho_1v_{10}+\rho_2v_{20})\pm\sqrt{-\rho_1\rho_2k^2(v_{10}-v_{20})^2+gk(\rho_2^2-\rho_1^2)}\right]\tag{6.4-18}$$

上式表明，重力场中流体切向间断稳定与否，取决于(6.4－18)式右端第二项。若

$$gk(\rho_2^2-\rho_1^2)>\rho_1\rho_2k^2(v_{10}-v_{20})^2$$

则位形稳定。反之若

$$gk(\rho_2^2-\rho_1^2)<\rho_1\rho_2k^2(v_{10}-v_{20})^2$$

即

$$k > \frac{g}{\rho_1 \rho_2} \frac{(\rho_2^2 - \rho_1^2)}{(v_{10} - v_{20})^2} \tag{6.4-19}$$

则位形不稳定。(6.4-19)式也可用扰动波长表示

$$\lambda < \frac{\rho_1 \rho_2}{\rho_2^2 - \rho_1^2} \frac{2\pi (v_{10} - v_{20})^2}{g} \tag{6.4-20}$$

(6.4-19)和(6.4-20)式便是重力场中存在切向间断时发生不稳定性的条件。可见这种位形对短波扰动是不稳定的。这种不稳定性称作开尔文-亥姆霍兹不稳定性(Helmholtz, 1868;Kelvin, 1871)。

由(6.4-19)或(6.4-20)式可知,位形稳定与否实际上就是重力致稳作用和速度剪切的不稳作用之间大小的比较。显然,当 $\rho_1 > \rho_2$ 时,即重流体在上,而轻流体在下时,位形肯定是不稳的,其增长率 γ 为

$$\gamma = \frac{1}{\rho_1 + \rho_2} \sqrt{\rho_1 \rho_2 k^2 (v_{10} - v_{20})^2 + gk(\rho_1^2 - \rho_2^2)} \tag{6.4-21}$$

将上式与(6.3-12)、(6.4-13)式相比较,可知,这时不稳定性的增长率正好是瑞利-泰勒不稳定性的增长率和切向不稳定性的增长率合成的结果。

6.4.2　磁流体力学的开尔文-亥姆霍兹不稳定性

在宇宙等离子体中,特别令人感兴趣的是磁流体力学的开尔文-亥姆霍兹不稳定性。这时的平衡位形满足磁流体力学切向间断的相容性条件(参阅 5.2 节):

$$\begin{gathered} \langle \vec{v}_t \rangle \neq 0, \quad \langle \vec{B}_t \rangle \neq 0, \quad \langle \rho \rangle \neq 0 \\ v_n = 0, \quad B_n = 0, \quad \left\langle p + \frac{B_t^2}{2\mu_0} \right\rangle = 0 \end{gathered} \tag{6.4-22}$$

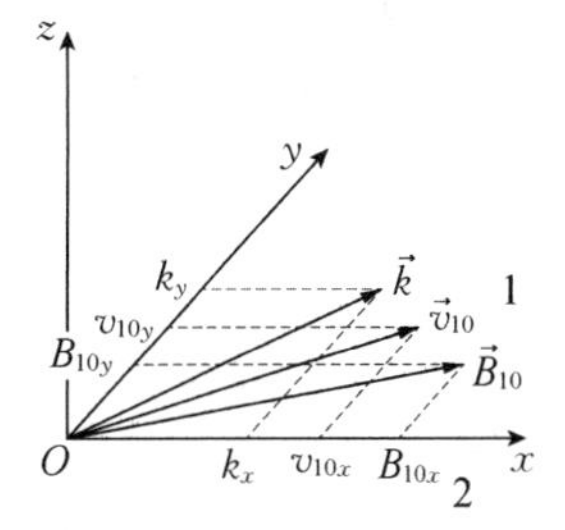

图 6.13　磁流体力学切向间断面

图 6.13 给出 x-y 平面为切向间断面,$\vec{v}_{i0}$ 和 $\vec{B}_{i0}$ $(i=1,2)$ 均在 x-y 平面中,波矢量 $\vec{k}$ 亦在 x-y 平面中,$\vec{k} = k_x \hat{i} + k_y \hat{j}$。

仍然把导电流体当作不可压流体处理,并应用完全导电理想流体方程式,应用简正模处理法,扰动量 $\vec{v}_{1i}$、$\vec{B}_{1i}$、p_{1i} 满足的线性化方程组为

$$\nabla \cdot \vec{v}_{1i} = 0 \tag{6.4-23}$$

$$\frac{\partial \vec{v}_{1i}}{\partial t} + (v_{i0} \cdot \nabla) \vec{v}_{1i} = -\frac{1}{\rho_i} \nabla \left(p_{1i} + \frac{1}{\mu_0} \vec{B}_{1i} \cdot \vec{B}_{1i} \right) + \left(\frac{B_{i0}}{\mu_0 \rho_i} \cdot \nabla \right) \vec{B}_{1i} \tag{6.4-24}$$

$$\frac{\partial \vec{B}_{1i}}{\partial t} = (\vec{B}_{i0} \cdot \nabla) \vec{v}_{1i} - (\vec{v}_{i0} \cdot \nabla) \vec{B}_{1i} \tag{6.4-25}$$

$$\nabla \cdot \vec{B}_{1i} = 0 \tag{6.4-26}$$

对(6.4－24)式两端取散度，考虑到平衡时诸物理量均为常数，再利用(6.4－23)和(6.4－26)式，便得到

$$\nabla^2\left(p_{1i} + \frac{1}{\mu_0}\vec{B}_{i0} \cdot \vec{B}_{1i}\right) = 0 \tag{6.4-27}$$

与前面类似，可以认为所有扰动量在各分层平面中呈波动形式，且其振幅随与边界面距离的增大而减小，即

$$\{p_{1i}, \vec{v}_{1i}, \vec{B}_{1i}\} = \{\bar{p}_{1i}, \bar{\vec{v}}_{1i}, \bar{\vec{B}}_{1i}\}\exp(\mathrm{i}(\omega t - k_x x - k_y y) \mp kz) \quad \begin{cases} z > 0 & \text{取负号} \\ z < 0 & \text{取正号} \end{cases} \tag{6.4-28}$$

将(6.4－28)式代入(6.4－24)和(6.4－25)式的 z 分量中，可得如下关系式

$$\rho_i(\omega - \vec{k} \cdot \vec{v}_{i0})\bar{v}_{1iz} = \pm \mathrm{i}k\left(\bar{p}_{1i} + \frac{1}{\mu_0}\vec{B}_{i0} \cdot \vec{B}_{1i}\right) - \frac{1}{\mu_0}(\vec{k} \cdot \vec{B}_{i0})\bar{B}_{1iz} \tag{6.4-29}$$

$$(\omega - \vec{k} \cdot \vec{v}_{i0})\bar{B}_{1iz} = -(\vec{k} \cdot \vec{B}_{i0})\bar{v}_{1iz} \tag{6.4-30}$$

利用(6.4－30)式消去(6.4－29)式中 $\bar{B}_{1iz}$，得到

$$\left[\rho_i(\omega - \vec{k} \cdot \vec{v}_{i0})^2 - \frac{1}{\mu_0}(\vec{k} \cdot \vec{B}_{i0})^2\right]\bar{v}_{1iz}$$
$$= \pm \mathrm{i}k(\omega - \vec{k} \cdot \vec{v}_{i0})\left(\bar{p}_{1i} + \frac{1}{\mu_0}\vec{B}_{i0} \cdot \vec{B}_{1i}\right) \quad \begin{cases} z > 0 & \text{取正号} \\ z < 0 & \text{取负号} \end{cases} \tag{6.4-31}$$

再由切向间断面的相容性条件(6.4－22)式可知，间断面两侧总压强必须连续，即平衡态和扰动态必须满足

$$\begin{cases} p_{10} + \dfrac{B_{10}^2}{2\mu_0} = p_{20} + \dfrac{B_{20}^2}{2\mu_0} & (6.4-32(\mathrm{a})) \\ p_{11} + \dfrac{1}{\mu_0}\vec{B}_{10} \cdot \vec{B}_{11} = p_{12} + \dfrac{1}{\mu_0}\vec{B}_{20} \cdot \vec{B}_{12} & (6.4-32(\mathrm{b})) \end{cases}$$

类似前面两部分的讨论，引入边界面的扰动位移 ξ。ξ 也具有(6.4－28)式的形式：

$$\xi = \bar{\xi}\exp(\mathrm{i}(\omega t - k_x x - k_y y)) \tag{6.4-33}$$

再利用 $v_{1iz} = \dfrac{\mathrm{d}\xi}{\mathrm{d}t} = \dfrac{\partial \xi}{\partial t} + (\vec{v}_{i0} \cdot \nabla)\xi$，便可得

$$\bar{v}_{1iz} = \mathrm{i}(\omega - \vec{k} \cdot \vec{v}_{i0})\bar{\xi} \tag{6.4-34}$$

将(6.4－4)式代入(6.4－31)式，可得

$$\left[\rho_i(\omega - \vec{k} \cdot \vec{v}_{i0})^2 - \frac{1}{\mu_0}(\vec{k} \cdot \vec{B}_{i0})^2\right]\bar{\xi} = \pm k\left(\bar{p}_{1i} + \frac{\vec{B}_{i0} \cdot \vec{B}_{1i}}{\mu_0}\right) \tag{6.4-35}$$

将(6.4-32)式代入(6.4-35)式得

$$\left[\rho_1(\omega-\vec{k}\cdot\vec{v}_{10})^2-\frac{1}{\mu_0}(\vec{k}\cdot\vec{B}_{10})^2\right]=-\left[\rho_2(\omega-\vec{k}\cdot\vec{v}_{20})^2-\frac{1}{\mu_0}(\vec{k}\cdot\vec{B}_{20})^2\right] \tag{6.4-36}$$

由上式可解出 ω 为

$$\omega=\frac{1}{\rho_1+\rho_2}\left\{[\rho_1(\vec{k}\cdot\vec{v}_{10})+\rho_2(\vec{k}\cdot\vec{v}_{20})]\right.$$
$$\left.\pm\sqrt{\frac{\rho_1+\rho_2}{\mu_0}[(\vec{k}\cdot\vec{B}_{10})^2+(\vec{k}\cdot\vec{B}_{20})^2-\rho_1\rho_2(\vec{k}\cdot\vec{v}_{10}-\vec{k}\cdot\vec{v}_{20})^2]}\right\} \tag{6.4-37}$$

(6.4-37)式即为磁流体力学开尔文-亥姆霍兹不稳定性满足的色散关系。

上式表明,磁流体力学切向间断稳定的条件,即不发生开尔文-亥姆霍兹不稳定的条件为

$$\frac{1}{\mu_0}[(\vec{k}\cdot\vec{B}_{10})^2+(\vec{k}\cdot\vec{B}_{20})^2]\geqslant\frac{\rho_1\rho_2}{\rho_1+\rho_2}(\vec{k}\cdot\vec{v}_{10}-\vec{k}\cdot\vec{v}_{20}) \tag{6.4-38}$$

(6.4-38)式表明,磁场存在时,除非扰动方向与磁场垂直,切向间断不再是绝对不稳定了。这是由于磁张力对切向间断具有致稳作用,只要这种致稳大于等离子体的动力学效应,切向间断便会稳定起来。反之当

$$(\vec{k}\cdot\vec{v}_{10}-\vec{k}\cdot\vec{v}_{20})^2>\frac{\rho_1+\rho_2}{\mu_0\rho_1\rho_2}[(\vec{k}\cdot\vec{B}_{10})^2+(\vec{k}\cdot\vec{B}_{20})^2] \tag{6.4-39}$$

对 ω 为复根,即(6.4-39)式为磁流体力学开尔文-亥姆霍兹产生不稳定的条件。显然该不稳定性是由两种流体沿间断边界的相对速度引起的;其次,当$\vec{k}$矢量垂直于未扰磁场$\vec{B}_0$,并平行于相对流动速度时,该不稳定性较易出现。这意味着,等离子体垂直于磁场流动时,较易激发该不稳定性。显然,由(6.4-37)式发生开尔文-亥姆霍兹不稳定性的增长率 γ 的平方为

$$\gamma^2=\frac{\rho_1\rho_2}{(\rho_1+\rho_2)^2}(\vec{k}\cdot\vec{v}_{10}-\vec{k}\cdot\vec{v}_{20})^2-\frac{1}{\mu_0(\rho_1+\rho_2)}[(\vec{k}\cdot\vec{B}_{10})+(\vec{k}\cdot\vec{B}_{20})] \tag{6.4-40}$$

6.4.3 开尔文-亥姆霍兹不稳定性的应用

本节开头已指出,开尔文-亥姆霍兹不稳定性在宇宙等离子体的活动过程中有广泛的应用。这里,仅举下例来说明它在天体物理和地球物理中的应用。

1. 开尔文-亥姆霍兹静电不稳定性及其对极光片中涡旋形成的解释

宇宙等离子体中有时会存在一些非均匀的电荷片,在磁场存在的情况下,这些电荷片

将导致等离子体产生具有速度剪切的电漂移。于是，在满足一定的条件下，等离子体漂移运动的速度剪切便可能引起开尔文-亥姆霍兹不稳定性的发生。

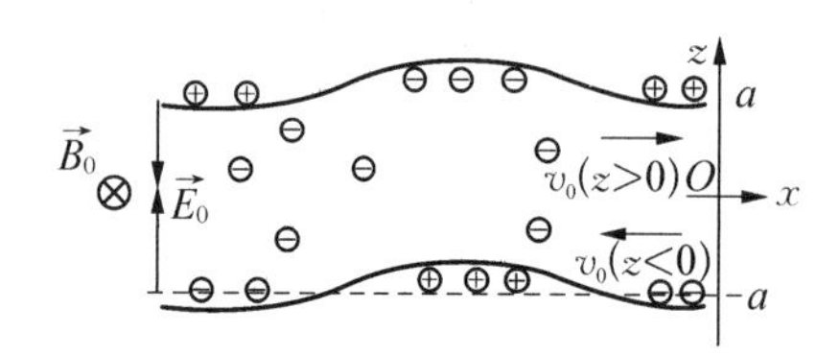

图 6.14　存在于磁场中的负电荷片

我们讨论如图 6.14 所示的电荷片：设在 x-z 平面中存在一个厚度为 $2a$ 的负电荷片，其中电子的分布是不均匀的，在 z 方向存在梯度，即在 $z=0$ 处电子密度最大，向两边逐渐减小。于是，电子片中存在方向指向电子片中心的电场。若磁场位于 y 方向且为均匀场，则在电场和磁场的作用下，片中等离子体将产生沿 x 轴方向的电漂移。在 $a>z>0$的上半部分，电漂移方向沿 x 轴正向；而在 $0>z>-a$ 的下半片，则电漂移方向沿 x 轴反向，电漂移速度的值 $v_0(z)$为

$$v_0(z)=\frac{E_0(z)}{B_0} \tag{6.4-41}$$

其中，$E_0(z)$为非均匀的，B_0 为均匀的。假定在电子片边界 $z=\pm a$ 处，漂移速度为

$$\begin{aligned}\vec{v}_0(a)&=v_0\,\hat{i}\\ \vec{v}_0(-a)&=-v_0\,\hat{i}\end{aligned} \tag{6.4-42}$$

现在我们讨论由于边界面 $z=\pm a$ 处扰动的发展情况。显然，边界面处的扰动将产生表面电荷，而表面电荷又将驱动或抑制扰动。若设扰动电场$\vec{E}_1$ 满足下列方程

$$\nabla\cdot\vec{E}_1=0$$

并限于讨论静电扰动，引进静电势 ϕ_1，即 $\vec{E}_1=-\nabla\phi_1$，ϕ_1 满足拉氏方程

$$\nabla^2\phi_1=0 \tag{6.4-43}$$

对于如图所示的二维情况，如前面所讨论的情况类似，可得方程(6.4-43)式的解为

$$\phi_1=\begin{cases}A\exp(\mathrm{i}(kx-\omega t)-kz) & z>a\\ B\exp(\mathrm{i}(kx-\omega t)+kz)+C\exp(\mathrm{i}(kx-\omega t)-kz) & -a<z<a\\ D\exp(\mathrm{i}(kx-\omega t)+kz) & z<-a\end{cases} \tag{6.4-44}$$

其中 A、B、C、D 为常数。其边界条件为：在 $z=\pm a$ 处：① 扰动电场的切向分量 $E_x=-\dfrac{\partial\phi_1}{\partial x}$ 连续；② 扰动电场的法向分量的间断值正比于边界面上的面电荷密度 σ_s。即

$$\begin{cases}\left.\dfrac{\partial\phi_1}{\partial x}\right|_{z\to a^+}=\left.\dfrac{\partial\phi_1}{\partial x}\right|_{z\to a^-}\\[2ex] \left.\dfrac{\partial\phi_1}{\partial x}\right|_{z\to -a^+}=\left.\dfrac{\partial\phi_1}{\partial x}\right|_{z\to -a^-}\end{cases} \tag{6.4-45}$$

$$\begin{cases}\left.\dfrac{\partial \phi_1}{\partial z}\right|_{z\to a^+}-\left.\dfrac{\partial \phi_1}{\partial z}\right|_{z\to a^-}=\dfrac{\sigma_s(a)}{\varepsilon_0}\\ \left.\dfrac{\partial \phi_1}{\partial z}\right|_{z\to -a^+}-\left.\dfrac{\partial \phi_1}{\partial z}\right|_{z\to -a^-}=-\dfrac{\sigma_s(-a)}{\varepsilon_0}\end{cases} \tag{6.4-46}$$

下面欲求出扰动边界面上的面电荷密度 σ_s，

$$\sigma_s(\pm a)=\lim_{\pm(a^+-a^-)\to 0}\int_{\pm a^-}^{\pm a^+} en_1(\pm a)\mathrm{d}z$$

n_1 为密度扰动量,它满足连续性方程

$$\frac{\partial n_1}{\partial t}+\nabla\cdot(n_0\vec{v}_1+n_1\vec{v}_0)=0$$

利用矢量恒等式 $\nabla\cdot(\psi\vec{F})=\vec{F}\cdot\nabla\psi+\psi\nabla\cdot\vec{F}$, 可将上式化为

$$\frac{\partial n_1}{\partial t}+n_0\nabla\cdot\vec{v}_1+\vec{v}_1\cdot\nabla n_0+n_1\nabla\cdot\vec{v}_0+\vec{v}_0\cdot\nabla n_1=0 \tag{6.4-47}$$

式中

$$\vec{v}_1=\frac{1}{B_0^2}\vec{E}_1\times\vec{B}_0 \tag{6.4-48}$$

由于把电场扰动局限于静电扰动,即

$$\nabla\times\vec{E}_1=0 \tag{6.4-49}$$

将(6.4-49)式代入(6.4-48)式,可得

$$\nabla\cdot\vec{v}_1=0 \tag{6.4-50}$$

将(6.4-50)式代入(6.4-47)式,并考虑到 $\nabla\cdot\vec{v}_0=0$, 则(6.4-47)式可化为

$$\frac{\partial n_1}{\partial t}+\vec{v}_0\cdot\nabla n_1=-\vec{v}_1\cdot\nabla n_0 \tag{6.4-51}$$

设扰动量 n_1 也是正比于 $\exp\{\mathrm{i}(kx-\omega t)\}$ 的周期函数,则有

$$-\mathrm{i}\omega n_1\pm\mathrm{i}kv_0n_1=\frac{\mathrm{i}k\phi_1}{B_0}\frac{\partial n_0}{\partial z} \tag{6.4-52}$$

$$n_1(\pm a)=-\frac{k\phi_1}{(\omega\mp kv_0)}\frac{1}{B_0}\frac{\partial n_0}{\partial z} \tag{6.4-53}$$

假设在 $z=\pm a$ 处电荷片存在一锐边界,即 $n_0(z)$ 具有单位阶梯函数 $u(z)$ 的形式,它可写为

$$n_0(z)=n_0[u(z+a)-u(z-a)] \tag{6.4-54}$$

于是，边界处的密度梯度具有 δ 函数的形式

$$\frac{\partial n_0}{\partial z} = n_0[\delta(z+a) - \delta(z-a)] \tag{6.4-55}$$

由(6.4-53)和(6.4-55)式可得

$$\sigma_s(\pm a) = \pm \frac{\mathrm{e} n_0}{B_0} \frac{k\phi_1}{(\omega \mp k v_0)} \tag{6.4-56}$$

将(6.4-56)式代入边界条件(6.4-46)式，并应用拉普拉斯方程的解(6.4-44)式，可得一组关于 A、B、C、D 的线性齐次方程，并利用 A、B、C、D 非零解的条件可得到色散关系

$$\frac{4\omega^2}{\omega_0^2} = \left(1 - \frac{2kv_0}{\omega_0}\right)^2 - \mathrm{e}^{-4ka} \tag{6.4-57}$$

其中

$$\omega_0 = \frac{\mathrm{e} n_0}{\varepsilon_0 B_0} = \frac{\omega_{\mathrm{pe}}^2}{\Omega_{\mathrm{e}}}$$

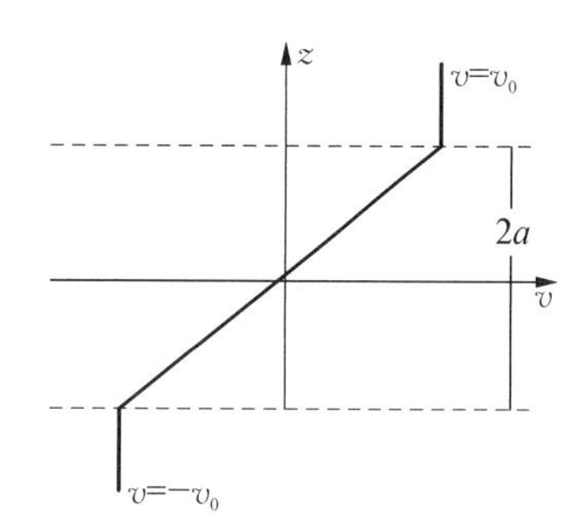

图 6.15　磁流体内速度变化情况示意图

色散关系(6.4-57)式，与对具有速度剪切的不可压流体导出的色散关系具有相同形式，这点是不难理解的：由于 k 沿 x 轴方向，而磁场在 y 方向，$\vec{B} \perp \vec{k}$，所以磁场对扰动并无抑制作用；在扰动发展的过程中，它只对漂移速度的剪切程度有影响。如图 6.15 所示，若等离子体的速度是缓慢变化的，则不稳定性将受到抑制，定义量 K 为

$$K = 2ka \tag{6.4-58}$$

式中波数 $k=(k_x^2+k_z^2)^{1/2}$，$2a$ 为速度具有剪切区域的宽度。在流体力学中已证明，仅仅当

$$K > 1.279 \quad \text{或} \quad 2ka > 1.279 \tag{6.4-59}$$

时，即仅当扰动波长满足下式时，

$$\lambda < 9.8a \tag{6.4-60}$$

位形是不稳定的。

所以当 $\vec{k} \perp \vec{B}$ 时，根据色散关系(6.3-57)式时，当

$$\left(1 - \frac{2kv_0}{\omega_0}\right)^2 - \mathrm{e}^{-4ka} < 0 \tag{6.4-61}$$

时，或波数满足(6.4-59)时，在电荷片边界处便发生不稳定现象，它将使电荷片围绕磁力线变形为周期性的涡旋。

Hallinan 和 Davis 应用这个不稳定性解释了极光片中涡旋的形成。认为在地球磁场中，

沿电荷片具有剪切的漂移流动方向传播的波，当其满足(6.4－59)式时，其振幅将不断增加，从而使得电荷片发生不稳定性而形成涡旋。由于电子电荷片和离子电荷片中电场方向正好相反，故等离子体漂移流动的方向相反。因此，所形成的涡旋方向也相反：从磁场方向看，对电子片，不稳定性产生的涡旋是顺时针的；而离子片的涡旋是逆时针的。也可以这样讲：涡旋方向与带电粒子的回旋方向是一致的。对极光的观测结果，证明上述理论解释是成功的。必须指出，上述讨论局限于磁场与等离子体剪切流动方向相垂直的情况，在非垂直情况下，显然问题要复杂得多。必须根据实际的物理条件推求不同情况下的色散关系。

6.5　交换不稳定性

前面讨论的几种等离子体不稳定性都只涉及等离子体整体位形的变化，这一节我们将研究扰动引起的局部模或局部稳定性问题。由于这类不稳定性发生时，会引起等离子体内部两部分之间位置的交换，所以通常把它称作互换不稳定性或交换不稳定性。

在分析平衡位形的稳定性时，常常把条件理想化，这样可避免数学上的困难以获得基本的物理结果。例如认为箍缩等离子体的长度是无限的，电流是趋肤的；又认为分层等离子体中磁场和速度是均匀的；等等，这种简化有时会与实际物理情况相差甚远，从而影响所得结果的正确性。于是，我们必须修正简化后所得的不稳定性理论，使之适用于解释实际观测结果。

6.5.1　低 β 磁流体(不考虑重力时)的交换不稳定性

在宇宙等离子体中，常常会遇到强磁场低 β 的情况，这时最容易发生的宏观不稳定性之一就是互换不稳定性。

考虑磁约束等离子体平衡位形中，一根由磁力线构成的磁流管，管内充满低密度低压强的理想等离子体(显然满足 $\beta=\dfrac{2\mu_0 p}{B^2}\ll 1$)。由于 $\sigma\to\infty$，磁力线冻结在等离子体中，管的磁通量将沿整个磁流管保持为常数。磁流管中的等离子体像任何气体一样力图膨胀，于是磁流管总试图扩张它的体积。但因为低 β 等离子体的内能远小于磁场能量，因而它无法改变磁场的分布，不会产生任何明显改变磁场位形的运动。从另一角度看，低 β 等离子体中的磁场位形几乎与真空情况相同。从电磁理论可知，真空磁场位形是总磁能取最小值的位形。因此，任何使磁场形变的扰动必将增加磁场的总能量，而远小于磁能的等离子体的内能(例如等离子体膨胀时释放内能)又无法提供能量给磁场，于是这样的扰动将很快受到抑制。唯有那些不改变磁场位形的扰动才有进一步发展的可能。这些扰动只可能是磁通量相同的相邻磁流管，连同其中的等离子体一起进行交换。如果交换的结果使等离子体内能减小，则这种扰动便将继续迅速发展下去，引起交换不稳定性。当这种不稳定性发展时，形变沿整个磁流管进行，出现局部性的槽纹状形变(如图 6.16 所示)。所以有时也把这类不稳定性称作槽纹不稳定性。

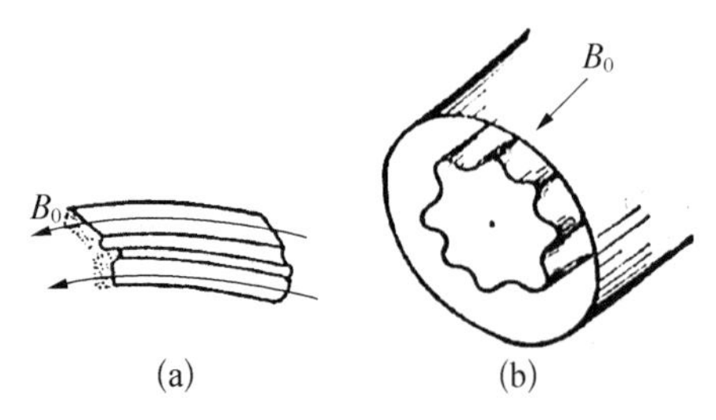

图 6.16　交换不稳定(槽纹不稳定性)

实际上,瑞利-泰勒不稳定性就是一种发生在边界上的交换不稳定性。通常情况下磁约束等离子体的磁场位形比较复杂,要判断其会否发生交换不稳定性,绝不会像 6.3 节所讨论的那样简单。因为同一根磁流管的各个部分,磁力线常常既有凸向等离子体的情况,也有凹向等离子体的情况,只有综合考虑整根磁流管,才能作出合理的判断。

本节的讨论忽略磁流体重力,又考虑到发生这类不稳定性时磁场位形不变,即 $\vec{B}_1=0$,假设磁流体上下表面 $\hat{n}\cdot\vec{\xi}=0,\hat{n}\cdot\vec{B}_0=0$,所以磁流体的微扰势能完全由磁流体内的体积分决定。

如果磁流管的交换绝热地进行,则其内能 W_p 的变化与其体积 V 变化之间的关系为

$$W_p=\int_V \frac{p}{\gamma-1}\mathrm{d}V$$

积分在整根磁流管中进行。在等离子体压强为标量的情况下,沿磁力线 p 为常数,于是上式可写为

$$W_p=\frac{pV}{\gamma-1} \tag{6.5-1}$$

当磁流管Ⅰ和Ⅱ中包含的等离子体随同磁流管一起做绝热交换时,系统内能的变化为

$$\delta W_p=\frac{1}{\gamma-1}\left[p_1\left(\frac{V_1}{V_2}\right)^\gamma V_2+p_2\left(\frac{V_2}{V_1}\right)^\gamma V_1\right]-\frac{1}{\gamma-1}(p_1V_1+p_2V_2) \tag{6.5-2}$$

上式右端第二项为交换前两部分等离子体的总内能,第一项为交换后的总内能。由于两磁流管相邻,因而可以令

$$\begin{aligned} p_2&=p_1+\delta p\\ V_2&=V_1+\delta V \end{aligned} \tag{6.5-3}$$

δp 和 δV 均为小量。将(6.5-3)式代入(6.5-2)式,展开并保留到二级小量,可得

$$\delta W_p=\delta p\delta V+\gamma p\frac{(\delta V)^2}{V} \tag{6.5-4}$$

或

$$\delta W_p=V^{-\gamma}\delta(pV^\gamma)\delta V \tag{6.5-4a}$$

所以交换稳定性条件为

$$\delta W_p>0 \tag{6.5-5}$$

即

$$\delta p\delta V+\gamma p\frac{(\delta V)^2}{V}>0 \tag{6.5-6}$$

或

$$V^{-\gamma}\delta(pV^{\gamma})\delta V>0 \tag{6.5-7}$$

考虑到(6.5-6)式左端第二次恒为正，于是可得到一个判别稳定与否的简单条件

$$\delta p\delta V>0 \tag{6.5-8}$$

显然这是一个充分条件而并非必要，在典型的磁约束等离子体中，通常 p 从中心向外减少，即(当管Ⅱ位于管Ⅰ外面时)$\delta p<0$，根据(6.5-8)式，此时交换稳定性条件为

$$\delta V<0 \tag{6.5-9}$$

由于 $V=\oint_l S\mathrm{d}l=\phi\oint_l\frac{\mathrm{d}l}{B}$，上式右端积分沿整根磁流管进行，$S$ 为磁流管中的横截面的面积，ϕ 为磁流管的磁通量，考虑到磁流管中磁通量守恒，于是 $S\sim\frac{1}{B}$。所以交换稳定性条件(6.5-9)式又可表示为如下形式

$$\delta\oint_l\frac{\mathrm{d}l}{B}<0 \tag{6.5-10}$$

$\oint_l\frac{\mathrm{d}l}{B}$ 表示磁流管的体积与管中磁通量之比，被称作磁流管的比容。(6.5-10)式表明，任何沿等离子体压强减小方向，磁流管比容也减小的平衡位形是交换稳定的；反之，则为不稳定。如果平衡位形既有磁流管比容向外增加的区域，也有向外减少的区域，则稳定性由它们的总和决定。交换稳定条件(6.5-10)式具有明确的物理意义，它表示磁约束等离子体交换稳定的充要条件是，从等离子体边界向着外侧的所有方向上平均磁场 B 增加，也就是要造成“平均最小 B 磁场位形”，让等离子体处于这样的位形中便能保持它的平衡是交换稳定的。

6.5.2　磁流体在重力场中的交换不稳定性

上节没有考虑重力场，本节考虑可压流体在平直磁场和重力场中，考虑与上节相同的(如图 6.7 所示)的磁位形，令 $\vec{g}=-\nabla\phi=-g\hat{k}$，由图 6.7 可知 $\vec{B}_0=B_0(z)\hat{b}$，磁场线在 x-y 平面。此时磁静平衡方程式为(6.3-14)式，忽略磁流体气压，(6.3-14)式可写为

$$\frac{\partial}{\partial z}\left(\frac{B_0^2}{2\mu_0}\right)+\rho_0 g=0 \tag{6.5-11}$$

上式表明，在平直磁场中，磁流体的磁压梯度与重力平衡。磁静平衡下，可以取微扰形式 $\vec{B}_1=0$，因而微扰能量变化中的磁能为零。则微扰 $\vec{B}_1$ 表述为

$$\vec{B}_1 = \nabla\times(\vec{\xi}\times\vec{B}_0) = (\vec{B}_0\cdot\nabla)\vec{\xi} - (\vec{\xi}\cdot\nabla)\vec{B}_0 - (\nabla\cdot\vec{\xi})\vec{B}_0 = 0 \tag{6.5-12}$$

又令微扰$\vec{\xi}$沿磁力线方向梯度为零 $(\vec{b}\cdot\nabla)\vec{\xi} = 0$，即微扰保持磁力线平直。这种形式的微扰，使磁力线整体一起运动，假设自由边界为无限大流体，则总磁能不变。这个条件下，上式可以写作

$$\nabla\cdot\vec{\xi} = -\frac{\vec{\xi}\cdot\nabla B_0}{B_0} = -\vec{\xi}\,\nabla(\ln B_0) \tag{6.5-13}$$

上述形式的微扰引起磁流体的势能变化为

$$\begin{aligned}
\delta W &= \frac{1}{2}\int[(\vec{\xi}\cdot\vec{g})(\vec{\xi}\cdot\nabla\rho_0) + \rho_0(\vec{\xi}\cdot\vec{g})(\nabla\cdot\vec{\xi})]\mathrm{d}^3x \\
&= \frac{1}{2}\int\rho_0[(\vec{\xi}\cdot\vec{g})(\vec{\xi}\cdot\nabla(\ln\rho_0)) - (\vec{\xi}\cdot\vec{g})(\vec{\xi}\cdot\nabla)(\ln B_0)]\mathrm{d}^3x \\
&= \frac{1}{2}\int\rho_0(\vec{\xi}\cdot\vec{g})\left[(\vec{\xi}\cdot\nabla)\ln\left(\frac{\rho_0}{B_0}\right)\right]\mathrm{d}^3x
\end{aligned} \tag{6.5-14}$$

注意上式能量计算中的微扰$\vec{\xi}$是实函数，或者复函数$\vec{\xi}$的实部。如果 $\nabla\ln\left(\frac{\rho_0}{B_0}\right)$ 和$\vec{g}$反向，则 $\delta W<0$，磁流体不稳定。其物理图像是，如果磁流体密度增长的方向向上，即重流体在轻流体上面，或者密度衰减比磁场衰减更慢，则磁流体不稳定。可以想象上下相邻携带相同磁通量的两根磁流管，由于上方磁流管的磁场弱，磁流管的面积更大，而上方流体的密度更大，则磁流管内的流体重量超过下方磁流管内的流体重量，不稳定性的产生可以使上下相邻两根磁流管互换位置，这种交换不改变磁能，但减少重力势能。

类似可以讨论没有磁场的流体在引力和气压作用下的交换不稳定性：引入扰动使流体气压不变，即 $p_1=0$，可以得到微扰能量的表式

$$\delta W = -\frac{1}{2}\int(\vec{\xi}\cdot\vec{g})\left[(\vec{\xi}\cdot\nabla)\ln\left(\frac{p_0}{\rho_0^\gamma}\right)\right]\mathrm{d}^3x \tag{6.5-15}$$

上式表示，如果流体的熵 $S\propto\ln(p_0/\rho_0^\gamma)$ 向上减少，则流体不稳定。这个物理图像是流体力学中的对流，譬如底端受到加热气压大的气泡上升，并为保持气压平衡($p_1=0$)，气泡在上升过程中膨胀。如果在整个流体内熵的梯度向上，则流体对该扰动是稳定的，反之在流体内如果出现梯度向下，则产生不稳定。

6.5.3 磁力线曲率的不稳定性

本节讨论磁力线弯曲的情形。假设一种简单的情形，不考虑引力，空间上半部分是磁流体，磁场为零，压强均匀，并考虑不可压流体 $\nabla\cdot\vec{\xi}=0$。下半部分是真空磁场，在磁流体和磁场的交界面，磁力线弯曲(见图 6.17)。这里讨论这个位形下的表面能对不稳定性的作用。根据前面的微扰能量方程，

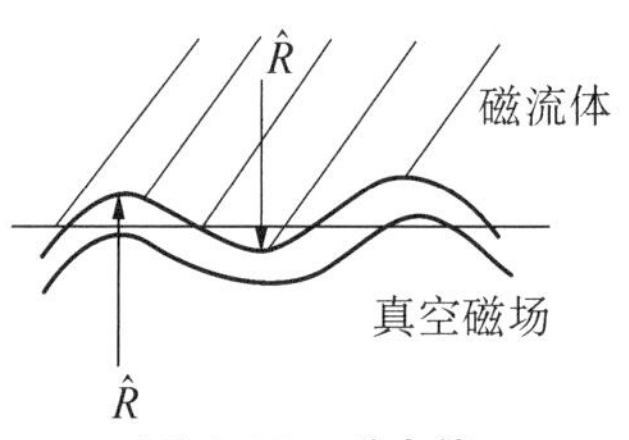

图 6.17 磁力线弯曲界面示意图

微扰势能可以写作

$$\delta W=\frac{1}{2\mu_0}\int_V|\vec{B}_{1v}|^2\mathrm{d}^3x+\frac{1}{2}\int_S(\vec{\xi}\cdot\hat{n})\left\langle(\vec{\xi}\cdot\nabla)\left(p_0+\frac{1}{2\mu_0}|\vec{B}_0|^2\right)\right\rangle\mathrm{d}s \qquad (6.5-16)$$

其中第二项面积分是磁流体和真空磁场边界的表面能，〈〉表示从磁流体到真空的变化。这里边界的法向$\hat{n}$定义为垂直于表面从磁流体指向真空。对给定的磁流体位形，表面能简化为

$$\delta W_S=\frac{1}{2}\int_S(\vec{\xi}\cdot\hat{n})[\vec{\xi}\cdot(\hat{b}_V\cdot\nabla\hat{b}_V)]B_{0V}^2)\mathrm{d}s \qquad (6.5-17)$$

其中 $\hat{b}_V$ 表示磁力线方向的单位矢量。很显然对平直磁力线表面能为零，令弯曲磁力线的曲率半径为 R，曲率半径的单位矢量为$\hat{R}$，并从曲率中心指向曲线上所选点，则上式中微扰势能的表面项写为

$$\delta W_S=-\frac{1}{2}\int_S(\vec{\xi}\cdot\hat{n})(\vec{\xi}\cdot\hat{R})\frac{B_{0V}^2}{R}\mathrm{d}s \qquad (6.5-18)$$

上式表明，如果$\hat{n}\cdot\hat{R}<0$，即磁力线凸向磁流体，则表面能为负，磁流体稳定；反之，磁力线凹向流体，则表面能是正值，磁流体可能不稳定。这个例子是压强梯度和弯曲磁力线产生的不稳定性的一个极端情形。不考虑重力，微扰势能的另一个形式的表达式〔(6.1-53)式〕表明，如果磁流体压强梯度与磁力线曲率 $\vec{\kappa}=\hat{b}\cdot\nabla\hat{b}=-\hat{R}/R$ 同向，则压强梯度减少势能，有助于产生不稳定性。上面这个例子，也可以看作压强梯度的方向指向磁流体，因而磁力线凹向流体的位形更不稳定。想象一个磁流管位形，磁流体表面呈波浪状起伏，沿磁流体表面某些地方磁力线凸向磁流体而其他地方磁力线凹向流体。引入垂直于表面指向磁流体外的微扰，在磁力线凸向流体的地方，对微扰是稳定的；而磁力线凹向流体的地方对微扰可能不稳定从而扰动增长，使磁力线愈加弯曲偏离磁流体，这种交换不稳定性的增长模又称气球模(见图 6.18)。

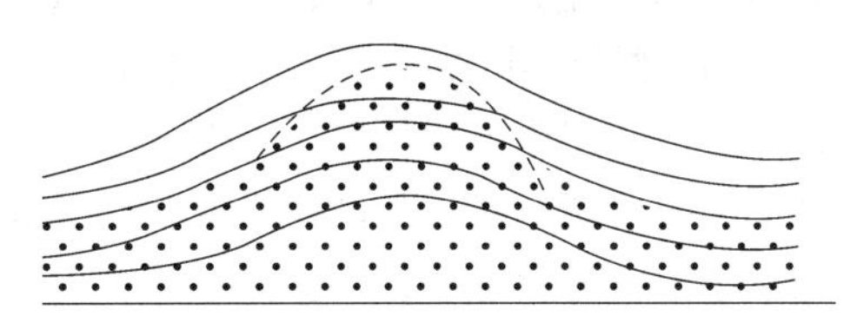

图 6.18　气球模示意图

第七章 磁重联

第六章讨论的是理想磁流体力学的不稳定性。若在理想磁流体力学方程中考虑非理想效应(如电阻效应、黏滞效应等),由于耗散解除了理想方程组的某些约束,从而允许等离子体可能处于比原先更低的势能状态。而且约束的解除还会使原有的不稳定性增长得更快。习惯上把考虑耗散效应后出现的新的不稳定性统称为耗散不稳定性。本章仅讨论有限电阻的引入而产生的不稳定性,它们被称作有限电阻不稳定性。由于有限电阻的引入,使磁力线可以改变其连接性,故也称为磁(场)重联。

磁重联指理想磁流体中由局部非理想效应导致的磁力线连接性改变,引起宏观磁结构和磁场能量的变化。这个物理思想最早由太阳物理学家 Giovanelli 于 1947 年提出。Giovannelli 观测到太阳大气中的剧烈能量释放现象,称作太阳耀斑,一般发生在黑子附近磁场正极性与负极性混杂的地方,因而提出猜想,认为太阳耀斑是由于黑子的正负极磁场互相抵消而产生的。Giovanelli 同时提出了中性点(即磁场改变极性的地点,也是正负极磁场对消的地点)的概念。在中性点处有很大的磁场梯度,可以产生电流,给予有限电导率,中性点处不为零的电场可以加速带电粒子,从而产生观测到的耀斑中高能电子引起的 X 射线辐射。1953 年,物理学家 Dungey 提出,非零电阻可以改变磁力线的连接性,或者磁拓扑结构,由此首次引入了磁重联(reconnection)一词,随即将其应用到地球磁层,并提出了地磁层中的磁重联是产生地磁暴和极光的物理机制。Dungey(1961)所描述的地磁层中磁层顶和磁尾处的磁重联位形也被其后的空间观测所证实。Sweet(1958)首先推导了有限电导率磁流体中二维长电流片内的磁重联的物理模型,真正引入磁重联的物理表述。Parker(1957)进一步发展了这个模型。但在 Sweet-Parker 模型中,磁重联速率由于受制于碰撞电阻率,效率很低,无法解释太阳耀斑或者地磁暴快速释能的时间尺度。Petschek(1964)改进了电流片的位形,使得入流磁力线不再是反向平行地均匀流入电流片,而仅在很小的区域内流入电流片,发生重联,从而改变磁力线连接性。这个磁重联位形有效减小了入流区的尺度,并且由于磁力线和电流片的夹角产生垂直电流片的磁场分量,可以支持慢激波。磁能可以沿慢激波从电流片两侧向外传播,而不完全局限于电流片内的焦耳耗散。Petschek 的半定量模型大大提高了磁重联速率的上限,是二维稳态 MHD 快磁重联的重要模型。后来的工作发展了类似 Petschek 模型的更全面的解析解,证明 Petschek 模型是这些解中的一个特解(Vasyliunas, 1975)。随后,Biskamp(1986)发展了数值模拟研究电流片的复杂结构,发现电阻率在电流片中均匀分布的位形,只能支持 Sweet-Parker 慢重联;而电流片中必须局部增强电阻率,才能产生 Petschek 快重联。空间与高能天体等离子体的电导率很大,局部增强的电阻率,即反常电阻率,必须考虑在粒子尺度的微观不稳定性(Birn & Priest, 2007)。现代太阳耀斑观测亦表明,重联是非稳态的。

Furth 等(1963)研究了有限电导率的 MHD 不稳定性(比如撕裂模)可以有效地不断减小电流片尺度,使其达到粒子尺度,产生微观不稳定性驱动的磁重联(Shibata et al., 2001)。本章重点讨论考虑非零电阻的 MHD 二维磁重联模型,比较根据这些理论模型估算的磁重联率与天体与空间观测得到的磁重联率,并简短定性讨论 MHD 框架下的三维磁重联和导致电流片中产生快磁重联的的微观物理过程。

7.1　磁场和电流片的演化

磁重联广义上是磁场的变化,电动力学中用法拉第方程描述,即

$$\frac{\partial \vec{B}}{\partial t} = -\nabla \times \vec{E} \tag{7.1-1}$$

上式表明,要使磁场发生变化,必须存在电场。考虑等离子体为流体,在不随流体运动的实验室参考系的电场可以用欧姆定律描述为

$$\vec{E} = \eta \vec{j} - \vec{v} \times \vec{B} \tag{7.1-2}$$

等式右边第一项中 η 是等离子体的碰撞电阻率。在非理想条件下,磁流体的电导率不是无限大,即电阻率 η 不为零,则携带电流的磁流体中可以产生电场。右边第二项是由于磁流体运动而产生的感应电场。运用法拉第定律,给定空间一个固定体积 V 内,由于磁场变化导致的体积内总磁能的变化可以写为

$$\begin{aligned}\frac{\partial W_B}{\partial t} &= \int_V \frac{1}{\mu_0} \vec{B} \cdot \frac{\partial \vec{B}}{\partial t} \mathrm{d}V = \int_V -\frac{1}{\mu_0} \vec{B} \cdot (\nabla \times \vec{E}) \mathrm{d}V \\ &= \int_V -\nabla \cdot \left(\frac{\vec{E} \times \vec{B}}{\mu_0}\right) \mathrm{d}V - \int_V \vec{E} \cdot \left(\frac{\nabla \times \vec{B}}{\mu_0}\right) \mathrm{d}V\end{aligned} \tag{7.1-3}$$

由安培定律,上式继续改写并整理为

$$\int_V \vec{E} \cdot \vec{j} \mathrm{d}V = -\frac{\partial W_B}{\partial t} - \oint_S \vec{S} \cdot \mathrm{d}\vec{a} \tag{7.1-4}$$

上式左边第一项是电场对电流做功,右边第二项是电磁波能流坡印亭矢量的面积分。上式表明,在电流不为零的磁流体中,电场对电流做功,减少固定体积内的磁能,并产生电磁波进出磁流体,传播电磁能。用电场的表式继续改写上式左项,得到

$$\int_V \vec{E} \cdot \vec{j} \mathrm{d}V = \int_V \eta j^2 \mathrm{d}V + \int_V \vec{v} \cdot (\vec{j} \times \vec{B}) \mathrm{d}V \tag{7.1-5}$$

等式右边第一项是电流通过电阻引起的欧姆耗散,第二项是磁场洛伦兹力做功。用磁流体的动量方程和连续性方程继续改写第二项,最后得到

$$\int_V \vec{E} \cdot \vec{j} \mathrm{d}V = \int_V \eta j^2 \mathrm{d}V + \frac{\partial}{\partial t} \int_V \frac{1}{2} \rho v^2 \mathrm{d}V + \oint_S \left(\frac{1}{2} \rho v^2 + p\right) \vec{v} \cdot \mathrm{d}\vec{a} - \int_V p \, \nabla \cdot \vec{v} \mathrm{d}V \tag{7.1-6}$$

上式表明电场通过对电流做功使电磁能转化为热能和等离子体动能。完全理想($\eta=0$)不可压磁流体的演化过程中,通过洛伦兹力做功把磁能转化为流体的动能,这个过程中没有欧姆耗散。反之,在静止的携带电流的有限电导率等离子体中,电场对电流做功,把电磁能全部转化为焦耳热。下面分别讨论这两种情况下的磁场演化。

7.1.1 理想磁流体的磁场演化和电流片的形成

在理想条件下,给定磁流体中任何一个闭合路径,由于流体运动使得路径变形,但是通过路径包络的截面积的磁通量是守恒的〔见第二章(2.4-13)式〕。

在理想磁流体运动过程中,连续分布的磁场矢量的连线(磁力线)和分布在磁力线上的等离子体元之间的连线,一起沿垂直磁力线的方向运动〔(2.4-15)式〕。假设某个时刻 t_1,空间位置为 A_1 与 B_1 的两个流体元在同一条磁力线上。下一时刻 t_2,由于流体运动,这两个流体元的空间位置变为 A_2 和 B_2,磁场在空间的分布也发生变化。理想条件下,在时刻 t_2,从 A_2 出发的连续分布的磁场矢量仍然通过 B_2,即 A_2 与 B_2 仍然被同一条磁力线连接。这意味着磁力线冻结在等离子体中,因而在理想磁流体中,可以根据流体的运动推测磁场的演化。理想磁流体磁场的变化完全由等离子体的流动引起,磁力线的速度即为等离子体垂直于磁力线的速度,可以写作

$$\vec{v}_{\perp}=\frac{\vec{E}\times\vec{B}}{B^2} \tag{7.1-7}$$

在理想条件下,感应电场虽然可以引起磁场变化,然而磁力线与流体的连接性没有改变,感应电场做功使磁能和流体的动能相互转换,没有焦耳耗散。这个理想过程引起的磁场变化不是磁重联。

在外力驱动下的理想磁流体的运动可以产生电流,积累磁能。下面这个例子演示两对磁偶极子产生的二维势场随磁偶极子的运动产生电流。令两对磁偶极子沿 x 轴对称分布,磁极的强度分别为 $q_1=q,\ q_2=-q,\ q_3=q,\ q_4=-q\ (q>0)$,到原点的距离分别为 $-(d+D),-d,\ d,\ d+D\ (d,D>0)$。对势场,可以采用标量势函数 Φ_{m} 描述磁场,即 $\vec{B}=-\nabla\Phi_{\mathrm{m}}$。每个磁极子产生的势函数写作

$$\Phi_{\mathrm{m}i}=-\frac{q_i}{4\pi}\ln((x-x_i)^2+y^2),\quad i=1,2,3,4 \tag{7.1-8}$$

磁场的势函数 $\Phi_{\mathrm{m}}=\sum_i\Phi_{\mathrm{m}i}$。由这个势函数得到空间磁场为 $\vec{B}=-\nabla\Phi_{\mathrm{m}}$,磁场在 x-y 平面的两个分量分别写作

$$\begin{aligned}B_x=-\frac{\partial\Phi_{\mathrm{m}}}{\partial x}=\frac{q}{2\pi}\Big[&\frac{x-d}{(x-d)^2+y^2}-\frac{x+d}{(x+d)^2+y^2}\\&-\frac{x-D-d}{(x-D-d)^2+y^2}+\frac{x+D+d}{(x+D+d)^2+y^2}\Big]\end{aligned} \tag{7.1-9}$$

$$B_y=-\frac{\partial\Phi_m}{\partial y}=\frac{qy}{2\pi}\left[\frac{1}{(x-d)^2+y^2}-\frac{1}{(x+d)^2+y^2}\right.$$
$$\left.-\frac{1}{(x-D-d)^2+y^2}+\frac{1}{(x+D+d)^2+y^2}\right] \tag{7.1-10}$$

从这个磁场分布可以得到上半平面内中性点的位置(X_N,Y_N)。由于对称性,显然在 $x=0$ 的 y 轴上,$B_y=0$。在 $y=Y_N$ 处,令 $B_x=0$,则得到 $Y_N=\sqrt{d(D+d)}$。因而磁中性点的坐标是 $X_N=0, Y_N=\sqrt{d(D+d)}$。从底边界到中性点的磁通量写为

$$\psi_N=\int_0^{Y_N}B_x(0,y)\mathrm{d}y=-\frac{2q}{\pi}\left(\theta-\frac{\pi}{4}\right) \tag{7.1-11}$$

其中 $\frac{\pi}{2}>\theta=\arctan\sqrt{\frac{D+d}{d}}>\frac{\pi}{4}$,底边界到中性点的截面内磁通量为负(在 $-x$ 方向)。上述二维磁势场也可以用磁通函数 ψ_m 来表示,令 $B_x=\partial\psi_m/\partial y$, $B_y=-\partial\psi_m/\partial x$,则可以得到

$$\psi_m=-\frac{q}{2\pi}\left(\arctan\left(\frac{x-d}{y}\right)-\arctan\left(\frac{x+d}{y}\right)\right.$$
$$\left.-\arctan\left(\frac{x-D-d}{y}\right)+\arctan\left(\frac{x+D+d}{y}\right)\right) \tag{7.1-12}$$

底边界到磁中性点的磁通量是 ψ_m 在 $y=0$ 与 $y=Y_N$ 的差值 $\psi_N=\psi_m(Y_N)-\psi_m(0)$,和上面用磁场积分得到的磁通量是一致的。二维磁通函数的等高线即是磁力线位形,如图7.1(a)所示。

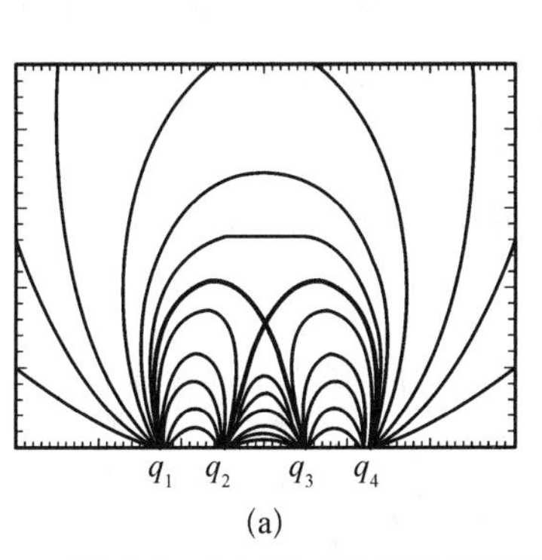

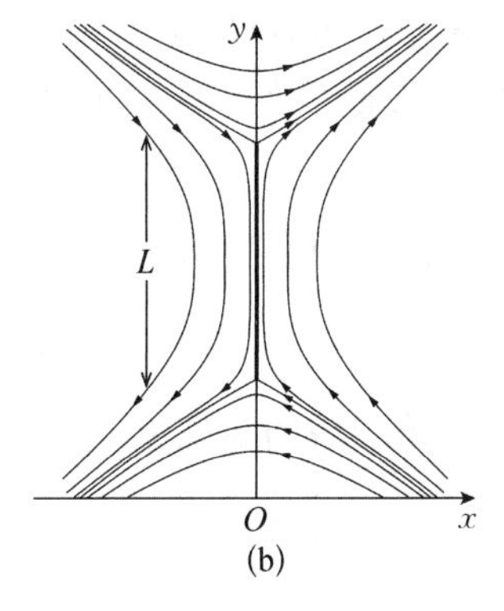

图 7.1 (a) 两对磁偶极子形成的二维势场 (b) 两对磁偶极子相对运动形成的电流片(根据 Syrovatskiĭ, 1971)

如果两对磁偶极子沿 x 轴运动互相靠近,即 d 不断减小,由上面的表述可见,如果保持势场,则中性点下降,而底边界到中性点的磁通量不断增加。考虑完全理想的磁流体,若保持中性点和底边界之间的磁通量 ψ_N 不变,可以在中性点引入电流 $I\hat{z}(I>0)$,这个电流与其在 x 轴下方 $-Y_N$ 处的镜像电流 $-I\hat{z}$ 形成回路,因而磁场演化遵守磁力线固结的边界条件,即 x 轴上的纵向磁场 B_y 不变。随着磁偶极子的缓慢运动,回路中的感应电流 I 变化,在中性点下方产生的磁场和四极子场反向,从而保证磁通量守恒。当两对磁偶极子互相接近时,电流增强。严格遵循理想磁流体的演化,可以证明,中性点渐渐演化为沿 y 轴伸展的中性线

电流片，如图 7.1(b)所示，电流片的长度 L 随 d 减小而增长(Syrovatskiĭ, 1971)。

这个简单的例子显示了在完全理想条件下，磁力线足点的运动不断积累电流，从而积累磁能。实际情形中，在磁力线不断向中性线汇聚的过程中，与磁力线冻结的等离子体也在中性线积累，这样在中性线附近不断增加的等离子体气压和磁压最终会阻挠磁力线汇聚。Sweet(1958)用这个位形描述太阳光球上两对黑子互相靠近从而在日冕反向平行的磁场线之间形成电流片的过程，当电阻的作用不能忽略时，磁力线开始重联。下面先讨论有限电导率的非理想条件下磁场的演化。

7.1.2 有限电导率的磁场演化

携带电流的静止磁流体中($\vec{v}=0$)，磁场也可以发生变化。这要求打破理想条件，引入电阻率 $\eta\neq0$。非理想条件下，磁力线不再冻结于等离子体中，而可以在等离子体中滑动。严格来讲，非理想条件下，磁力线速度的物理定义不再明确。但是采用等效磁力线速度的描述，可以形象地讨论非理想条件下的磁场演化。简单起见，考虑无流动、有限电导率的等离子体，法拉第方程写为

$$\frac{\partial\vec{B}}{\partial t}+\frac{1}{\mu_0}\nabla\times(\eta\nabla\times\vec{B})=0 \tag{7.1-13}$$

如果在磁流体内电阻率 η 是常数，则上式进一步简化为

$$\frac{\partial\vec{B}}{\partial t}-\frac{\eta}{\mu_0}\nabla^2\vec{B}=0 \tag{7.1-14}$$

上式正是磁场的扩散方程(2.4-4)。磁场扩散可以看作磁力线在等离子体中的滑动，可以引入磁力线扩散的等效速度 $\vec{v}_\eta$ 来描述。回到电场的表达式：

$$\vec{E}=\eta\vec{j}-\vec{v}\times\vec{B} \tag{7.1-15}$$

把等式右边第一项由电阻产生的电场参照感应电场的形式写出，则有

$$\eta\vec{j}=-\vec{v}_\eta\times\vec{B} \tag{7.1-16}$$

由于只有垂直于磁力线的速度可以改变磁场，令 $\vec{v}_\eta\perp\vec{B}$，并将上式叉乘 $\vec{B}$，得到

$$\vec{v}_\eta=\frac{\eta\vec{j}\times\vec{B}}{B^2} \tag{7.1-17}$$

$\vec{v}_\eta$ 即是电阻扩散使磁力线在等离子体中滑动的等效速度。在特征尺度为 L 的磁流体中，$v_\eta\sim\eta/(\mu_0L)$，磁流体速度 v 与磁场扩散速度 v_η 的比值即是前面定义的磁雷诺数 $Rm\equiv v/v_\eta=\mu_0Lv/\eta$。

考虑无限大空间中置于 y-z 平面的平直电流片，初始电流分布 $\vec{j}=j(|x|)\hat{z}(j>0)$。磁场在电流片两端反向，根据安培定律，$x=\pm\infty$ 处的磁场写为 $\vec{B}(x=\pm\infty)=\pm B_0\hat{y}(B_0>0)$，其中 $B_0=(\mu_0/2)\int_{-\infty}^{\infty}j(x)\mathrm{d}x$。对这个简单位形，磁场扩散方程为

$$\frac{\partial B_y(x,t)}{\partial t}-\frac{\eta}{\mu_0}\frac{\partial^2B_y(x,t)}{\partial x^2}=0 \tag{7.1-18}$$

方程的通解见(2.4-7)式。最简单的电流片位形中,磁场在电流片两侧跃变,特解见(2.4-8)。下面讨论两个常用的电流片位形。

第一个例子,令初始时刻电流片的厚度为 $2a$,电流分布

$$j=j_0 \quad (|x|<a) \tag{7.1-20}$$

j_0 为常数。$|x|>a$,电流为零。磁场在电流片内为

$$B_y(x)=\mu_0 j_0 x \quad (|x|<a) \tag{7.1-21}$$

越过电流片中心时磁场反向。在电流片外,磁场为常数 $B_0=\pm\mu_0 j_0 a$。图 7.2 给出了磁场和电流的初始分布和随时间的演化。电流逐渐扩散,电流密度降低,磁场则不断变弱,电场对电流做功减少的磁场能量通过欧姆耗散转化为焦耳热。在磁场演化过程中,电流和电场$\vec{E}$始终在$\hat{z}$方向。在 $x>0$ 的一半空间,$\vec{B}=B\hat{y}(B>0)$,则电磁波坡印亭矢量为$\vec{S}\propto\vec{E}\times\vec{B}\propto-\hat{x}$;在 $x<0$ 的另一半空间,坡印亭矢量反向,$\vec{S}\propto\hat{x}$。上述表明,电磁能向电流片传播,而在电流片中耗散转变为焦耳热。伴随磁场变弱,磁能衰减,磁力线间距增大,因而形成磁力线滑过静止等离子体被不断吸入电流片中的表观印象。磁力线滑动的等效速度$\vec{v}_\eta=v_\eta\hat{x}$,这个速度的方向指向电流片中心,在中性线达到无穷大,这意味着磁力线被电流片中的欧姆耗散湮灭。

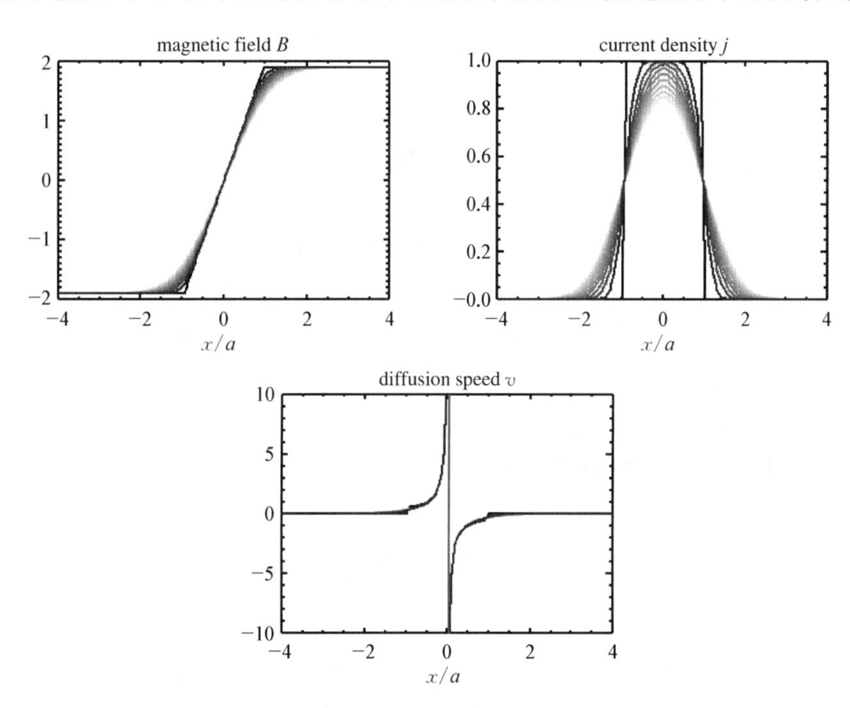

图 7.2 矩形电流片和磁场位形

再考虑电流连续分布的电流片——Harris 电流片(Harris, 1962)。初始电流分布为

$$\vec{j}=\frac{B_0}{\mu_0 h}\cosh^{-2}\left(\frac{x}{a}\right)\hat{z} \tag{7.1-22}$$

磁场分布为

$$\vec{B} = B_0 \tanh\left(\frac{x}{a}\right)\hat{y} \tag{7.1-23}$$

这个初始时刻的磁场和电流分布如图 7.3 所示。求解磁场扩散方程，在 $t>0$ 时刻，电流向外扩散，磁力线则被吸入电流片中，其中越靠近电流片磁力线滑动速度 v_η 越大，因而在 $x\neq 0$ 的半空间中，磁力线间距越来越大，磁场变弱。同样，磁能的减少转化为电流片中的焦耳热。

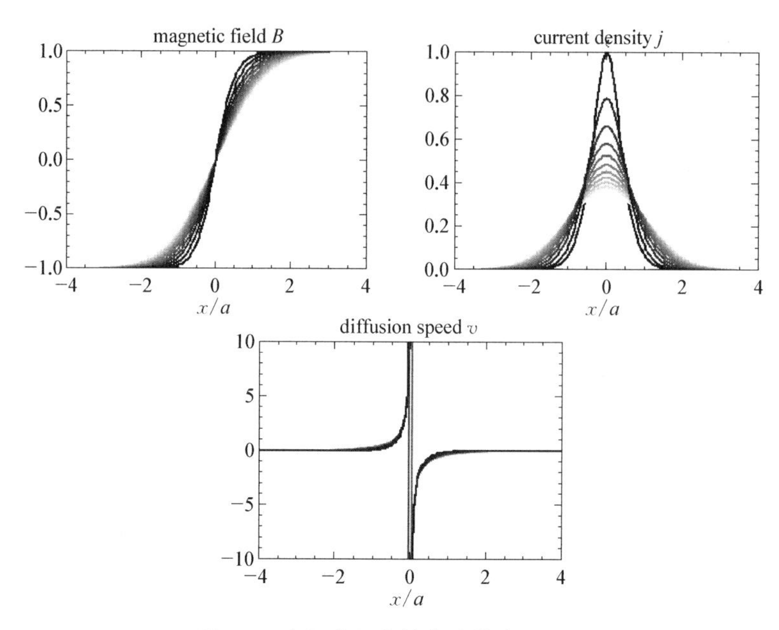

图 7.3　有限电导率的电流片欧姆耗散

在上面这两个例子中，引入非零电阻，磁流体的磁能通过欧姆耗散转换为热能。然而，这几个例子的位形中，磁力线的“移动”表现为垂直磁力线方向磁力线的整体位移。在太阳耀斑和地磁暴观测中，常常看到磁结构变化显现为磁力线的连接性改变。这样的变化称作磁重联。磁重联并不只是单纯的电磁现象或者磁场扩散，而是伴随流体运动，需要同时求解磁流体的动量方程和能量方程。下面几节讨论 MHD 框架下的磁重联。

7.2　二维稳态磁重联

稳态磁重联是指在静止参考系中，从整体上看，重联过程中磁场位形和等离子体流场的分布不随时间变化。这意味着在电流片中因为非理想条件“消失”的磁场不断由入流携带的磁场补充。根据法拉第定律，稳态磁场要求电场处处均匀。考虑如图 7.2 或图 7.3 中的二维电流片，在电流片外的理想磁流体中，电场 $E = v_{in}B_{in}$，v_{in} 和 B_{in} 分别是入流速度和入流磁场，而在电流片中心，$E=\eta j$。同时在磁流体中需要考虑入流和出流等离子体的质量守恒以及出流等离子体受到加速的动量或者能量方程。由此，Sweet(1958)和 Parker(1957)发展了第一个考虑磁流体磁场和速度场的重联模型，后称为 Sweet-Parker 模型。

7.2.1 Sweet-Parker 模型：二维稳态慢重联

Sweet-Parker 的二维半定量重联模型，更确切地说是标度率，可以由流体稳态演化的各个守恒定律推导得到。首先考虑图 7.4 所示的电流片位形，磁场在电流片两端反向平行，电流片的特征长度为 $2L$，沿 y 方向，特征厚度为 2δ，沿 x 方向。整个磁位形是二维的，因而沿 z 方向各个物理量不变。这个磁位形的电流在 z 方向。稳态条件下，$E = v_{\text{in}}B_{\text{in}} = \eta j$ 是常数，从而给出入流速度 $v_{\text{in}} = \eta j / B_{\text{in}}$。由安培定律，电流片中的电流密度是入流磁场的梯度，$j \approx B_{\text{in}}/(\mu_0\delta)$。因而入流速度写作

$$v_{\text{in}} = \frac{\eta}{\mu_0\delta} \tag{7.2-1}$$

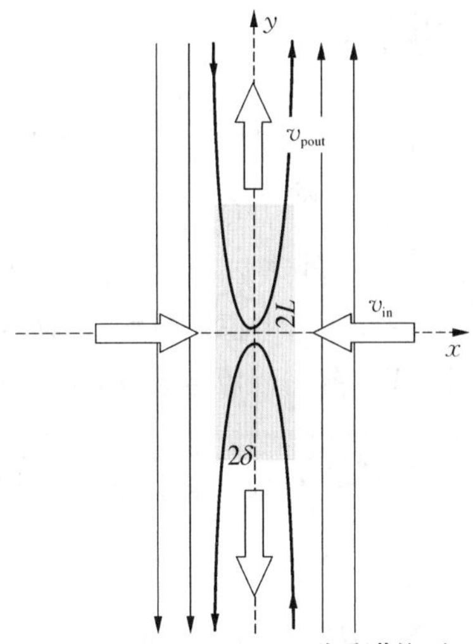

图 7.4 Sweet-Parker 磁重联位形（Sweet，1958；Parker，1957）

其次考虑均匀不可压磁流体的质量守恒。磁流体从左右两侧进入电流片，在上下两端顺着磁力线方向流出，质量守恒要求

$$v_{\text{in}}L = v_{\text{out}}\delta \tag{7.2-2}$$

v_{out} 是等离子体从电流片中的出流速度。另外，由磁场的无散度方程 $\nabla \cdot \vec{B} = 0$ 得到 $B_{\text{in}}\delta = B_{\text{out}}L$。结合上面两个等式，磁散度方程化为 $v_{\text{in}}B_{\text{in}} = v_{\text{out}}B_{\text{out}}$，即出入电流片的磁通量守恒。

由能量守恒，可以得到入流和出流的另一个关系。由于问题的对称性，下面的能量计算只考虑图 7.4 中电流片右上方的区域，而系统各项能量分别是下面估算的 4 倍。在稳态条件下，电流片内的电磁能不变，电磁能出入电流片右上方区域的净积分为

$$\dot{W}_S = \int_S \vec{S} \cdot \mathrm{d}\vec{a} = \frac{1}{\mu_0}\int_S \vec{E} \times \vec{B} \cdot \mathrm{d}\vec{a} \approx -\frac{\eta B_{\text{in}}^2}{\mu_0^2}\frac{L}{\delta} + \frac{\eta B_{\text{in}}}{\mu_0^2}B_{\text{out}}\delta = -\frac{\eta B_{\text{in}}^2}{\mu_0^2}\frac{L}{\delta}\left(1 - \frac{\delta^2}{L^2}\right) \tag{7.2-3}$$

如果 $\delta \ll L$，上式结果为负，意味着电磁能进入电流片。电流片中电场对电流做功，使电磁能转化为欧姆耗散和等离子体的动能和内能〔(参见方程(7.1-6)〕。在稳态条件下，$\partial/\partial t = 0$，电流片内流体的动能不变，由不可压流体的条件 $\nabla \cdot \vec{v} = 0$，能量方程(7.1-6)的右侧剩下欧姆耗散 ηj^2 的体积分和出入电流片的磁流体的动能与内能 $\left(\frac{1}{2}\rho v^2 + p\right)\vec{v}$ 的表面积分，我们分别考察这两项。欧姆加热项 $\eta j^2 = Ej$ 的体积分写作

$$\dot{W}_\eta = \int_V Ej\,\mathrm{d}V = E\langle j\rangle\delta L \approx \frac{\eta B_{\text{in}}^2}{2\mu_0^2}\frac{L}{\delta} \tag{7.2-4}$$

上面的积分近似结果中得到因子 1/2，因为考虑电流密度从电流片中心到边缘衰减为零（比如图 7.3），j 是电流片中心的电流密度。进出电流片的等离子体动能和内能随时间的

变化写为

$$\dot{W}_p=\int_S\left(\frac{1}{2}\rho v^2+p\right)\vec{v}\cdot\mathrm{d}\vec{a}\approx\frac{1}{2}\rho v_{\text{out}}^2 v_{\text{in}}L\left(1-\frac{\delta^2}{L^2}\right)+(p_{\text{out}}-p_{\text{in}})v_{\text{in}}L \tag{7.2-5}$$

(7.2-3)和(7.2-4)式显示，电流片内的欧姆耗散大约占进入电流片的电磁能的一半。不失一般性，考虑能量均分，认为在电流片中的欧姆耗散与出入电流片的等离子体携带的能量W_p各占入流电磁能$|W_S|$的一半，则由方程(7.2-3)与(7.2-5)得到

$$\dot{W}_p=\frac{1}{2}\rho v_{\text{out}}^2 v_{\text{in}}L\left(1-\frac{\delta^2}{L^2}\right)+(p_{\text{out}}-p_{\text{in}})v_{\text{in}}L=\frac{1}{2}\mid\dot{W}_S\mid=\frac{\eta B_{\text{in}}^2}{2\mu_0^2}\frac{L}{\delta}\left(1-\frac{\delta^2}{L^2}\right) \tag{7.2-6}$$

如果入流区和出流区的气压相等 $p_{\text{in}}=p_{\text{out}}$，由入流速度 $v_{\text{in}}=\eta/(\mu_0\delta)$，上面的表达式给出磁流体的出流速度

$$v_{\text{out}}=v_{\text{Ai}}=\frac{B_{\text{in}}}{\sqrt{\mu_0\rho}} \tag{7.2-7}$$

即出流的速度是入流磁场决定的阿尔文波速 v_{Ai}。这个条件也可以通过计算电流片出流边界上的电流与出流磁场之间的洛伦兹力加速出流流体得到。至此，我们可以定义 Sweet-Parker 二维稳态重联的磁重联率为入流与出流速度的比值。由于出流速度是阿尔文波速，这个比值也称作入流速度的阿尔文马赫数 Ma_{A}：

$$Ma_{\text{A}}=\frac{v_{\text{in}}}{v_{\text{out}}}=\frac{\delta}{L}=\sqrt{\frac{\eta}{\mu_0 L v_{\text{Ai}}}}=Rm^{-\frac{1}{2}} \tag{7.2-8}$$

其中 $Rm=\mu_0 L v_{\text{Ai}}/\eta$ 是以阿尔文波速定义的磁雷诺数，又称伦德奎斯特数。注意到质量守恒的条件，这样定义的无量纲化的 Sweet-Parker 磁重联率也是电流片厚度和长度的比值(aspect ratio)。

上述根据二维稳态磁流体的三个守恒条件给出了 Sweet-Parker 模型的磁重联率。相比磁扩散率，$v_\eta=\eta/(\mu_0 L)$，Sweet-Parker 的入流速度 $v_{\text{in}}/v_\eta=L/\delta=Rm^{1/2}$。因而对磁雷诺数很大的空间等离子体，Sweet-Parker 重联可以更快地释放能量。在空间和高能天体等离子体中，磁雷诺数很大，比如在日冕中，$Rm\sim10^{12}$，因而 Sweet-Parker 磁重联的入流速度是磁场扩散速度的一百万倍。另外，完全依靠碰撞的磁扩散，磁能转化为焦耳热，而通过 Sweet-Parker 磁重联，入流磁能转化为焦耳热和出流等离子体的动能。输入电流片的能量主要是流体携带的电磁能，而流出电流片的能量主要是等离子体动能。然而 Sweet-Parker 重联模型仍然不能解释空间和高能天体中的快速释能事件。在这些磁雷诺数很大的环境比如日冕中，Sweet-Parker 磁重联的入流速度只有日冕阿尔文波速的百万分之一。在这个条件下，磁场能量释放的特征时间尺度是几天到几十天，是观测到的太阳耀斑释能时间尺度的一千倍。

Sweet-Parker 磁重联的瓶颈在于，根据质量守恒，沿电流片长度 L 的入流携带的磁

流体必须通过电流片厚度 δ 出流。由(7.2-1)式,电流片内磁场梯度越大,磁扩散越快,因而电流片厚度 δ 越小,入流速度越快。可是由质量守恒的要求,厚度越小,出流流体越少,使得沿宏观长度 L 的入流速度不能太大,因而限制了磁重联率。为了解决这个瓶颈,Petschek(1963)提出了二维稳态快重联模型。

7.2.2 Petschek 模型——二维稳态快重联

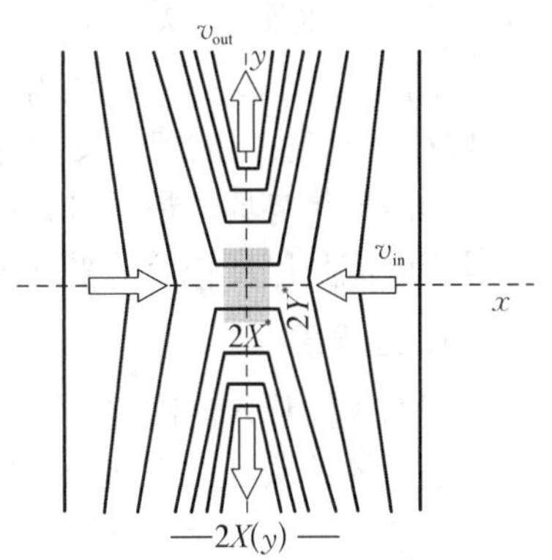

图 7.5 Petschek 磁重联位形(Petschek, 1963)

Petschek 模型也是一种二维稳态磁重联模型。如图 7.5 所示,和 Sweet-Parker 模型相比,Petschek 模型的精髓是只需要携带磁力线的入流进入中性点附近很小的区域内,而无需沿着整个电流片长度发生磁重联。在这个小区域内发生的磁重联的主要作用是改变磁力线连接性,使之沿电流片出流。显然,不同于 Sweet-Parker 模型中的平直磁力线位形,Petschek 模型中磁场位形要求进入电流片中性点附近即将重联的磁力线是弯曲的,因而重联区域的有效电流片长度(定义为 Y^*)不再是电流片的宏观尺度 L,而是远远小于 L。如前所述,质量守恒规定了磁重联率是电流片厚度和长度的比值,因而简言之,Petschek 模型中的磁位形减小了电流片中碰撞过程主导的扩散区的有效长度,有助于增长重联率。但是 Petschek 模型本身不只是几何位形的改变,而有重要的物理意义。进入电流片的磁力线和电流片有一个夹角,这个微小的变化在电流片中磁重联平面内产生一个垂直于电流片中性线的磁场分量,可以支持慢激波。扩散区内磁重联的主要作用是改变磁力线连接性,而磁能也能通过激波向外输运。

由此,Petschek 把重联附近 $|y|<L$ 分作三个区域讨论不同的物理过程。其中电流片中分为两个区域,即 Sweet-Parker 物理过程主导的扩散区和激波主导的边界层。采用和 7.2.1 节一样的坐标系,扩散区电流片厚度和有效长度分别表示为 X^* 和 Y^*,有别于 Sweet-Parker 模型的位形中的 δ 与 L,且 $L\gg Y^*$。在电流片中扩散区以外,$L>|y|>Y^*$,$|x|<X(y)$,即 Petschek 称之为边界层的区域,被磁重联改变连接性的磁力线弯折,可以简化表述为垂直于电流片中性线(即 y 轴)的磁场,弯折磁力线产生的洛伦兹力继续加速等离子体。电流片以外的区域,$|x|>X(y)$,是理想磁流体(电阻率为零),为入流区(Petschek 称之为外流区)。Petschek 模型的重要特征是边界层电流片的厚度 X 是变化的,$X\equiv X(y)$。$X(y)$是电流片边界层与入流区的边界,实际正是慢激波的波前。因而 Petschek 位形中的电流片边界层是激波下游,入流区是激波上游。穿过激波,磁场和速度场跃变,但是仍然遵守质量守恒、动量守恒、总压强守恒以及切向电场与法向磁场的连续性。运用这些基本原理,原则上可以求解 Petschek 模型。由于电流片结构非常复杂,求解电流片的具体结构一般需要通过数值模拟。下面根据 Petschek(1964)和 Vasyliunas(1975)的表述,推导模型的平均近似解析解,从而了解 Petschek 模型的基本物理图像,并估算磁重联率的上限。

如上所述,Petschek 模型中,重联附近区域分做扩散区、边界层和入流区三个部分。

扩散区$|y|<Y^*$，$|x|<X^*$的物理过程由 Sweet-Parker 模型表述，此处不再重复。下面分别求解边界层$Y^*<|y|<L$，$|x|<X(y)$和入流区$|x|>X(y)$的速度场与磁场，并推导磁重联率。Petschek 模型的基本假设是：① 稳态重联，即相关物理量的时间偏微分为零，$\partial/\partial t=0$。将这个条件运用于磁场，即$\partial\vec{B}/\partial t=0$，根据法拉第定律，要求电场$\vec{E}=E\hat{z}$空间均匀。② 一阶近似，入流区磁场$\vec{B}_{in}$对平直磁力线位形$\vec{B}_0$的偏离是一阶小量，即$\vec{B}_{in}=\vec{B}_0+\vec{B}_1$，$|B_1|\ll|B_0|$。电流片边界的入流速度$\vec{v}_{in}\approx -v_{in}\hat{x}$（在$x>0$区间，$v_{in}>0$），$v_{in}$相对于$B_0$决定的阿尔文波速是一阶小量。③ 电流严格限制于扩散区和边界层内，入流区的磁场是势场。最后，Petschek 模型的解析解是半定量的，电流片边界层中的物理量是沿电流片厚度积分的平均解，而忽略了具体复杂的电流片结构。

1. 边界层

等离子体从入流区进入边界层，遵从质量守恒。边界层中等离子体电阻率不为零，电场与磁场的关系可以用欧姆定理描述。在边界层内，等离子体受磁力线弯折产生的洛伦兹力加速，用动量方程描述。对描述上述三个物理过程的磁流体方程沿电流片厚度积分，并只保留一阶量，分别表述如下。

(1) 不可压流体的质量守恒 $\nabla\cdot\vec{v}=0$

由于问题的对称性，只考虑图 7.5 右上方的区域。在边界层内，等离子体的流速垂直向上$\vec{v}=v_y\hat{y}$，是边界层尺度的函数$v_y\equiv v_y(y)$。在边界层与入流区交界处，入流等离子体的流速$\vec{v}\approx -v_{in}\hat{x}$，$v_y$和$v_{in}$取正数。对$\nabla\cdot\vec{v}=0$，在厚度$x$和长度$y$的电流片内积分得到

$$v_y(y)X(y)=v_{in}y \tag{7.2-9}$$

(2) 欧姆定律 $\vec{E}+\vec{v}\times\vec{B}=\eta\vec{J}$

空间均匀的电场可以由入流区在边界上的物理量$\vec{v}$和$\vec{B}$决定。根据前面讨论，入流区的磁力线$\vec{B}_{in}$是弯曲的，不同于 Sweet-Parker 模型中的平直均匀磁场$\vec{B}_0$。由模型假设，磁场$\vec{B}_{in}$对均匀平直磁力线$\vec{B}_0$的偏离$\vec{B}_1$相对$\vec{B}_0$是一阶小量，又假设电流片边界上的入流速度v_{in}是小量，则对入流携带的感应电场取一阶近似得到$\vec{E}=v_{in}\hat{x}\times\vec{B}_{in}\approx v_{in}\hat{x}\times B_0\hat{y}=v_{in}B_0\hat{z}$。对欧姆定理在边界层给定位置$y$沿电流片厚度积分，

$$\int_0^{X(y)}E_z\mathrm{d}x=\eta\int_0^{X(y)}j_z\mathrm{d}x+\int_0^{X(y)}(-v_xB_y+v_yB_x)\mathrm{d}x \tag{7.2-10}$$

上式左端的电场由入流区决定，积分得到$v_{in}B_0X(y)$。右边第一项用安培定律，得到$\eta\int_0^{X(y)}j_z\mathrm{d}x\approx\eta B_0/\mu_0$。在边界层中$B_y\approx 0$，$B_x\equiv B_x(y)$，对给定$y$，$B_x$、$v_y$为常数，因而右边第二项积分成为$v_y(y)B_x(y)X(y)$。则欧姆定理的积分得到

$$v_{in}B_0X(y)=\frac{\eta}{\mu_0}B_0+v_y(y)X(y)B_x(y) \tag{7.2-11}$$

用连续性方程$v_{in}y=v_y(y)X(y)$改写右边第二项，上式最后写为

$$X(y)-\frac{B_x(y)}{B_0}y-\frac{\eta}{\mu_0 v_{in}}=0 \tag{7.2-12}$$

讨论上面的方程的两个极限，接近电流片中心，$y \approx Y^* \ll L$，上式第二项可以忽略，则得到 Sweet-Parker 模型中扩散区电流片厚度的解

$$X^* = \frac{\eta}{\mu_0 v_{in}} \tag{7.2-13}$$

反之，远离扩散区即 $Y^* \ll y < L$ 时，上式第三项忽略，并运用连续性方程，得到关系

$$\frac{X(y)}{y} = \frac{B_x(y)}{B_0} = \frac{v_{in}}{v_y(y)} \tag{7.2-14}$$

上式表明，远离扩散区，边界层内电流片的厚度和它的长度有关，而不再是 Sweet-Parker 模型中厚度均匀的电流片。要得到边界层电流片厚度的空间变化，需要运用动量方程求解电流片边界层内的磁场 $B_x(y)$ 或者流速 $v_y(y)$。

（3）动量方程

稳态条件下，动量方程写为

$$\rho(\vec{v} \cdot \nabla)\vec{v} = -\nabla\left(p + \frac{B^2}{\mu_0}\right) + \frac{1}{\mu_0}(\vec{B} \cdot \nabla)\vec{B} \tag{7.2-15}$$

上式取 y 方向的分量，并沿电流片厚度积分，得到

$$\int_0^{X(y)} \rho\left(v_x \frac{\partial v_y}{\partial x} + v_y \frac{\partial v_y}{\partial y}\right) dx = -\int_0^{X(y)} \frac{\partial}{\partial y}\left(p + \frac{B^2}{\mu_0}\right) dx + \frac{1}{\mu_0}\int_0^{X(y)} \left(B_x \frac{\partial B_y}{\partial x} + B_y \frac{\partial B_y}{\partial y}\right) dx \tag{7.2-16}$$

假设入流速度 v_{in} 为一阶小量，电流片内外沿 x 方向近似为磁静平衡，因而右边第一项总压强在 x 方向积分为零。边界层电流片内磁场只有 x 分量 $B_x(y)$，因而等式右边第二项积分成为 $B_x(y)B_y\Big|_0^{X(y)} = B_x(y)B_0$。对上式左边括号内的第一项积分得到 $\rho v_x v_y(y)\Big|_0^{X(y)} = \rho v_{in} v_y(y)$。对第二项积分得到 $\rho v_y(y) v_y'(y) X(y)$，其中符号′表示对 y 的一阶微分，$v_y'(y) \equiv dv_y(y)/dy$，运用连续性方程，这一项可以改写为 $\rho v_y(y) v_y'(y) X(y) = \rho(v_y^2(y)X(y))' - \rho v_y(y)(v_y(y)X(y))' = \rho(v_y^2(y)X(y))' - \rho v_y(y)(v_{in}y)' = \rho(v_y^2(y)X(y))' - \rho v_y(y) v_{in}$。因而（7.2-16）式左边的积分成为 $\rho(v_y^2(y)X(y))'$。再次运用连续性方程 $v_y(y)X(y) = v_{in}y$，得到动量方程在给定位置 y 沿电流片厚度的积分成为

$$v_{in}^2 \frac{d}{dy}\left(\frac{y^2}{X(y)}\right) = \frac{B_0}{\rho\mu_0} B_x(y) = v_{Ai}^2 \frac{B_x(y)}{B_0} \tag{7.2-17}$$

其中 v_{Ai} 是入流磁场 B_0 决定的阿尔文波速。令 $Ma_A \equiv v_{in}/v_{Ai}$ 为入流阿尔文马赫数，即前面定义的磁重联率，则上述方程进一步写为

$$\frac{B_x(y)}{B_0} = Ma_A^2 \frac{d}{dy}\left(\frac{y^2}{X(y)}\right) \tag{7.2-18}$$

把这个关系代入边界层的欧姆定律，得到

$$X(y)-Ma_{\mathrm{A}}^{2}y\frac{\mathrm{d}}{\mathrm{d}y}\left(\frac{y^{2}}{X(y)}\right)-\frac{\eta}{\mu_{0}v_{\mathrm{in}}}=0 \tag{7.2-19}$$

电流片厚度的一般解可以通过求解上述微分方程得到。远离扩散区，$L\gg y\gg Y^{*}$，方程最后一项忽略，边界层的电流片厚度的微分方程近似为

$$Ma_{\mathrm{A}}^{2}\frac{\mathrm{d}}{\mathrm{d}y}\left(\frac{y^{2}}{X(y)}\right)-\frac{X(y)}{y}=0 \tag{7.2-20}$$

微分方程的解是 $X(y)=Ma_{\mathrm{A}}\mid y\mid$，即电流片厚度和长度成正比。这个解给出边界层与入流区的交界为直线，在电流片右上区域，交界线的斜率为常数 $y/X(y)=1/Ma_{\mathrm{A}}$。

由边界层电流片厚度的解，可以继续考察边界层电流片内远离中性点的磁场和等离子体流速。运用连续性方程，在 $x\gg X^{*}$，$y\gg Y^{*}$ 区间，$v_{\mathrm{in}}/v_{y}=X(y)/y=Ma_{\mathrm{A}}$，因而 $v_{y}=v_{\mathrm{Ai}}$。这个结果表明，由于洛伦兹力加速，等离子体从电流片边界层出流的速度是入流区磁场决定的阿尔文波速。再把 $X(y)$ 的解代入欧姆定律，得到 $B_{x}/B_{0}=Ma_{\mathrm{A}}=v_{\mathrm{in}}/v_{\mathrm{Ai}}$，因而 $v_{\mathrm{in}}=B_{x}/\sqrt{\mu_{0}\rho}$，表明入流速度和电流片边界层内磁场垂直分量决定的阿尔文波速一致，这个速度正是慢激波的波速。激波波前向外移动的速度和等离子体入流速度一致，正是稳态条件。在稳态条件下，激波固定在电流片边界上，而保持电流片的形状。这里通过求解电流片的平均性质得到的磁场与速度场的关系，也可以直接用激波间断面两侧的连续性条件得到。

综上所述，在远离扩散区的边界层，电流片厚度和长度成正比 $X(y)=Ma_{\mathrm{A}}y$，垂直磁场接近常数 $B_{x}(y)\approx Ma_{\mathrm{A}}B_{0}$，边界上的入流速度正是磁场垂直分量产生的阿尔文波速。在扩散区附近，电流片厚度 $X(y)$ 和磁场 $B_{x}(y)$ 均随电流片长度增长。把 $1/X(y)$ 展开为 y 的多项式代入边界层厚度的微分方程，可以得到边界层磁场的一阶近似解为 $B_{x}(y)\approx(2Ma_{\mathrm{A}}^{3}\mu_{0}v_{\mathrm{Ai}}/\eta)y$，因而扩散区附近，电流片中的垂直磁场随着离中性点的距离增加而变强，并逐渐逼近常数 $Ma_{\mathrm{A}}B_{0}$。

要继续求解 Petschek 模型中的磁重联率 $Ma_{\mathrm{A}}=v_{\mathrm{in}}/v_{\mathrm{Ai}}$，需要知道入流等离子体的流速 v_{in}。Petschek 模型的位形特征是磁力线在接近电流片处弯曲，这个弯曲的程度越大，在中性点附近的入流磁场强度越小，而入流速度越大。Petschek 模型中假设这个弯曲磁力线的磁场是势场，并且相对 Sweet-Parker 平直磁力线的偏差是一阶小量，下面求解入流区磁场，从而估算极大入流速度，或者磁重联率极大值。

2. 入流区

磁重联附近的入流区，也是慢激波的上游，假设为磁势场 $\vec{B}_{\mathrm{in}}$。这个磁场对 Sweet-Parker 反向平行平直磁力线 $\vec{B}_{0}=B_{0}\hat{y}$ 的偏离表述为 $\vec{B}_{1}=B_{1x}\hat{x}+B_{1y}\hat{y}$，是相对 $\vec{B}_{0}$ 的一阶小量，并且也是势场，可以由边界条件完全决定。这些边界条件包括：① 无穷远处 $y\gg L, x\gg X(y), \vec{B}_{1}=0$；② 在边界上 $x=X(y)$，磁场法向分量连续。定义入流区在间断面 $X(y)$ 上，从电流片指向入流区的法向磁场分量为 $B_{\mathrm{in}\perp}$。注意到间断面和 y 轴有一个夹角 α，因而零阶磁场 $\vec{B}_{0}=B_{0}\hat{y}$ 在间断面上的法向分量为 $-B_{0}\sin\alpha$。则在入流区，间断

面上的磁场法向分量为 $B_{in\perp}=B_{1\perp}-B_0\sin\alpha$。在间断面另一侧的边界层电流片内，磁场的法向分量为 $B_\perp=B_x(y)\cos\alpha$。连续性条件要求 $B_{in\perp}=B_\perp$，即 $B_{1\perp}-B_0\sin\alpha=B_x(y)\cos\alpha$，因而入流区在间断面上由一阶磁场产生的法向分量为 $B_{1\perp}=B_x\cos\alpha+B_0\sin\alpha$。如前所述，间断面的夹角 $\tan\alpha=X/y=Ma_A$。对 $Ma_A\ll 1$，取一阶近似，$\sin\alpha\approx Ma_A$，$\cos\alpha\approx 1$，而 $B_x=B_0 Ma_A$，从而 $B_{1\perp}=2Ma_A B_0$。由对称性，在 $y<0$，$x=X(y)$ 的边界上，磁场法向分量为 $-2Ma_A B_0$。由于 α 是一阶小量，进而可以把间断面近似为 $\alpha=0$，即 $x=0$ 的平面，则 $\vec{B}_1$ 可以看作是由边界上 $Y^*<|y|<L$ 的磁单极子 $B_{1\perp}\approx B_{1x}(x=0)=\pm 2Ma_A B_0$ 产生的势场。由于 $Y^*\ll L$，可以忽略扩散区 $|y|<Y^*$ 内的电流分布，并用格林函数方法求解入流区磁场：

$$\vec{B}_1=\frac{1}{\pi}\int_{-L}^{L}B_{1\perp}\frac{x\hat{x}+(y-u)\hat{y}}{x^2+(y-u)^2}\mathrm{d}u \tag{7.2-21}$$

在电流片中心正右方入流区和电流片交接处，$y=0$，$x=X^*$。由于对称性，$\vec{B}_1=B_{1y}\hat{y}$，可以由上式解出

$$B_{1y}(X^*,0)=-\frac{2Ma_A B_0}{\pi}\ln\left(\frac{L^2+X^{*2}}{Y^{*2}+X^{*2}}\right)\approx-\frac{2Ma_A B_0}{\pi}\ln\left(\frac{L^2}{Y^{*2}}\right) \tag{7.2-22}$$

上面假设在 Sweet-Parker 模型描述的扩散区，$Y^*\gg X^*$。

3. 磁重联率

由入流区磁场的解，可以讨论 Petschek 模型中的磁重联率的取值范围。在 Petschek 模型的磁场位形中，磁力线弯折到中性点发生重联，弯折程度越大，在电流片中心入流区边界上的磁场 $B_{in,y}(X^*,0)$ 越小，由磁场的稳态条件，流速 v_{in} 越大。由于能够达到的最小磁场 $B_{in,y}(X^*,0)=B_0+B_{1y}(X^*,0)>0$，因而 $B_{1y}(X^*,0)>-B_0$。这个关系表明，Petschek 模型的磁重联率存在上限。作为数量级估计，Petschek 取 $B_{1y}(X^*,0)\approx-\frac{1}{2}B_0$。并由上式 $B_{1y}(X^*,0)$的解得到

$$Ma_A\leqslant\frac{\pi}{8}\left(\ln\left(\frac{L}{Y^*}\right)\right)^{-1} \tag{7.2-23}$$

式中 Y^* 是电流片扩散区的有效长度，根据 Sweet-Parker 模型，记为 $Y^*\approx X^*/Ma_A$，而 $X^*=\eta/(\mu_0 v_{in})=\eta/(\mu_0 Ma_A v_{Ai})$ 是 Sweet-Parker 电流片厚度。则磁重联率极大值的表式写为

$$Ma_A\leqslant\frac{\pi}{8}(\ln(Ma_A{}^2 Rm))^{-1} \tag{7.2-24}$$

上式表明，磁重联率的极大值和磁雷诺数对数的倒数有关。对电导率很大的空间等离子体，这个极大值远远大于 Sweet-Parker 模型给出的重联率($\sim Rm^{-1/2}$)，因而 Petschek 模型提供了二维稳态快重联机制。

Petschek 磁重联模型是半定量的二维模型，求解过程中采用很多近似和假设，比如磁场和速度场对 Sweet-Parker 模型的偏离是一阶近似，入流速度在整个入流区是均匀的，入流区是磁势场，等等。Petschek 之后，发展了更严格的解析解，证实 Petschek 模型

是这些通解之中的一个特解。其后的数值模拟发现，如果扩散区的电阻率足够大，或称反常电阻率，Petschek 模型描述的快重联能够在磁流体中实现。反之，如果电阻率是经典碰撞主导并在电流片中均匀分布，磁流体中不能实现 Petschek 快重联，而只能进行 Sweet-Parker 慢重联。空间和高能天体中磁流体接近理想导体，碰撞电阻率很低，反常电阻率通常由等离子体的微观不稳定性产生，因而研究局域扩散区磁重联发生的具体机制，需要考虑在微观尺度的物理过程。

7.3 二维非稳态磁重联：撕裂模（tearing mode）

前面讨论了二维稳态磁重联。Sweet-Parker 重联模型中，重联扩散区电流片的长度远远大于厚度，从而限制了入流速度，使得快重联不能发生。下面可以看到，在有限电导率的条件下，Sweet-Parker 模型中的长电流片对长波扰动是不稳定的。考虑二维长直电流片，磁场在电流片两端反转。在理想条件下，引入垂直于电流片和磁场的微扰，比如流体携带磁场流入电流片中心，由前面的讨论可知，这个过程使得磁力线堆积在中性线附近，增加磁压或者磁张力，提供回复力阻止微扰。而在非理想条件下，电流片内电阻不为零，磁力线能够被切断并改变连接性（即磁重联）。重联后的磁场位形产生的洛伦兹力指向出流方向，携带磁场与等离子体流出电流片，使得更多磁流体可以流入。因而沿电流片传播并垂直于电流片的微扰，由于有限电阻的存在，会不断增长而最终撕裂电流片成为一个个磁岛。这个物理过程称为有限电阻条件下的电流片撕裂模不稳定性，最早由 Furth 等（1963）提出。下面简化 Furth 等（1963）的模型，半定量讨论 MHD 电阻不稳定性的增长率（另见 Bateman，1978；Biskamp，2000；Priest & Forbes，2000）。

7.3.1 撕裂模不稳定性

采用和 Sweet-Parker 模型相同的二维磁场位形，令平衡态无限长电流片在 y 方向，电流片厚度在 x 方向，电流方向 $\vec{j}_0 = j_0(x)\hat{z}$ 垂直于电流片平面。由安培定律，平衡磁场 $\vec{B}_0 = B_0(x)\hat{y}$，沿 y 方向，磁场在 $x=0$ 处反向。图 7.2 和图 7.3 已经分别给出了两种简单的平衡态磁场和电流分布。令电流片的特征厚度为 a，则图 7.2 的电流与磁场分别写作

$$j_0(x) = \frac{B_0}{\mu_0 a} \quad (|x| < a) \tag{7.3-1}$$

$$B_0(x) = B_0 \frac{x}{a} \quad (|x| < a) \tag{7.3-2}$$

在电流片外 $|x| > a$，$B_0(x) = \pm B_0$ 为常数。图 7.3 的电流与磁场的分布是平滑连续的，

$$j_0(x) = \frac{B_0}{\mu_0 a}\cosh^{-2}\left(\frac{x}{a}\right) \tag{7.3-3}$$

$$B_0(x)=B_0\tanh\left(\frac{x}{a}\right) \tag{7.3-4}$$

当$|x|\gg a$，磁场无限趋近常数$\pm B_0$。

上述二维对称位形中的物理量只随x变化，而在y与z方向对称。这里引入微扰$\vec{v}_1=v_{1x}\hat{x}+v_{1y}\hat{y}$，代入磁感应方程和动量方程，分析磁流体对微扰的稳定性。

首先考虑撕裂模，假设磁流体不可压，$\nabla\cdot\vec{v}_1=0$，密度均匀，$\rho\equiv\rho_0$，电阻率均匀$\eta\equiv\eta_0$，并忽略重力($\vec{g}=0$)，由以上假设，可以写出微扰方程。微扰磁感应方程写作

$$\frac{\partial\vec{B}_1}{\partial t}=-\nabla\times\vec{E}_1=\nabla\times(\vec{v}_1\times\vec{B}_0)+\frac{\eta_0}{\mu_0}\nabla^2\vec{B}_1 \tag{7.3-5}$$

微扰的动量方程写为

$$\rho_0\frac{\partial\vec{v}_1}{\partial t}=-\nabla\left(p_1+\frac{\vec{B}_0\cdot\vec{B}_1}{\mu_0}\right)+\frac{(\vec{B}_0\cdot\nabla)\vec{B}_1}{\mu_0}+\frac{(\vec{B}_1\cdot\nabla)\vec{B}_0}{\mu_0} \tag{7.3-6}$$

对动量方程取旋度，则方程右边的气压和磁压梯度项消失。

其次，定义微扰磁场和微扰速度分别为标量函数ψ_1和ϕ_1的梯度

$$\vec{B}_1=\hat{z}\times\nabla\psi_1 \tag{7.3-7}$$

$$\vec{v}_1=\hat{z}\times\nabla\phi_1 \tag{7.3-8}$$

这里ψ_1是二维磁场的磁通函数，ϕ则为二维流场的流函数，微扰自动满足磁流体不可压条件$\nabla\cdot\vec{v}_1=0$和磁场无散度条件$\nabla\cdot\vec{B}_1=0$。再令线性微扰物理量的形式为$f_1\rightarrow f_1(x)e^{iky+\gamma t}$，其中$f_1(x)$为以$x$为变量的实函数，则微扰磁场、电流和速度可以分别写为

$$\vec{B}_1=-ik\psi_1\hat{x}+\psi_1'\hat{y} \tag{7.3-9}$$

$$\mu_0\vec{j}_1=\nabla\times\vec{B}_1=(\psi_1''-k^2\psi_1)\hat{z} \tag{7.3-10}$$

$$\vec{v}_1=-ik\phi_1\hat{x}+\phi_1'\hat{y} \tag{7.3-11}$$

$$\nabla\times\vec{v}_1=(\phi_1''-k^2\phi_1)\hat{z} \tag{7.3-12}$$

其中，$'\equiv d/dx$，$''\equiv d^2/dx^2$。由上面表式可见，磁通函数ψ_1即是微扰磁场分量B_{1x}，而流函数ϕ_1相当于微扰速度分量v_{1x}。

把ψ_1与ϕ_1描述的二维磁场和流场代入微扰后的磁感应方程和动量方程的旋度，并对磁感应方程取x分量，对动量方程旋度取z分量，分别写作

$$\gamma\psi_1=ikB_0\phi_1+\frac{\eta_0}{\mu_0}(\psi_1''-k^2\psi_1) \tag{7.3-13}$$

$$\gamma(\phi_1''-k^2\phi_1)=\frac{ikB_0}{\mu_0\rho_0}\left[(\psi_1''-k^2\psi_1)-\frac{B_0''}{B_0}\psi_1\right] \tag{7.3-14}$$

综上所述，在欧姆定理和动量方程中引入微扰，得到标量函数$\psi_1(x)$和$\phi_1(x)$对变量x的

二次微分方程组。这两个标量函数分别相当于微扰磁场和速度的 x 分量。原则上，给定边界条件，可以求解这两个微分方程，得到这两个标量函数的解，并讨论撕裂模的增长率 γ。

为了简化方程，可以把空间分为在电流片中性线附近的区域，和远离电流片中性线的外流区。由于磁力线在电流片中性线反向，在中性线附近的区域又称为间断区，令间断区的特征尺度为 $\delta \ll a$。在间断区 $|x| \leqslant \delta$ 内，平衡磁场趋近于零，而磁场梯度或电流密度很大，因而电阻率的作用不能忽略；在外流区 $|x| \gg \delta$，可以认为磁流体是理想导体，而忽略电阻率的作用。给定磁静平衡的位形和边界条件，可以分别解出方程在外流区和间断区的解；由两个区间的边界衔接方程的解，则可以得到色散关系，讨论撕裂模增长率 γ。

第一个方程的物理意义很明确。方程左边是磁场的变化，由两个因素产生，右边第一项是等离子体流动引起的感应磁场，第二项是非零电阻率引起的欧姆耗散或者磁场扩散项。在理想磁流体中大部分区域即外流区，磁感应方程的第二项欧姆耗散可以忽略，得到磁场 ψ_1 和流场 ϕ_1 的简单关系 $\gamma\psi_1 = \mathrm{i}kB_0\phi_1$。而在接近电流片中心处的间断区 $|x| \leqslant \delta \ll a$，平衡磁场 B_0 趋近于零，则扩散项比较重要不能忽略，扩散项和对流项的贡献可比，$\gamma\psi_1 \approx \mathrm{i}kB_0\phi_1 \approx \psi_1'' - k^2\psi_1$。

第二个方程描述微扰速度的旋度由微扰产生的洛伦兹力提供。在外流区，流体的微扰速度远小于阿尔文波速，因而第二个方程左端磁流体运动的惯性力可以忽略，方程简化为微扰磁场 ψ_1 的二阶微分方程，方程的解完全由平衡磁场分布和边界条件决定。而在中性线附近 $|x| \leqslant \delta$ 的间断区，磁场强度 B_0 很小，方程左端的惯性力不能忽略。

下面分别考虑外流区和间断区微扰磁场的解，并在两个区域的边界衔接，讨论撕裂模增长率。首先看外流区，如上讨论，动量方程简化为微扰磁场 ψ_1 的二阶微分方程。如果给定平衡态磁场 $B_0(x)$ 的分布和边界条件，可以得到 ψ_1 在外流区 $|x| > \delta$ 的解。令无穷远处 $|x| = \infty$，微扰消失，$\psi_1 = 0$。越过边界层 $|x| = \delta \ll a$，垂直于边界的微扰磁场分量 ψ_1 连续，但磁场梯度 ψ_1' 不连续。Furth 等(1963)定义变量 Δ' 来描述穿过间断区 $\pm\delta$ 微扰磁场梯度的不连续性：

$$\Delta' \equiv \frac{\psi_1'(+\delta)}{\psi_1(+\delta)} - \frac{\psi_1'(-\delta)}{\psi_1(-\delta)} \tag{7.3-15}$$

其中 $\psi_1(-\delta)$ 和 $\psi_1(+\delta)$ 表示 ψ_1 在间断区边界的取值。对非常小的 $\delta \ll a$，可以令 $\psi_1(+\delta) \approx \psi_1(-\delta) \approx \psi_1(0)$，则上式可以写为

$$\Delta' \equiv \frac{\psi_1'(+\delta) - \psi_1'(-\delta)}{\psi_1(0)} \tag{7.3-16}$$

1. 外流区

如前所述，在远离中性点的区域，磁场较强，微扰产生的洛伦兹力大于线性微扰的惯性力，则外流区的动量方程化为

$$\psi_1'' - \left(k^2 + \frac{B_0''}{B_0}\right)\psi_1 = 0 \tag{7.3-17}$$

考虑图 7.2 和图 7.3 所示的磁场分布,在电流片外的区域,或者在短波扰动极限$k\gg 1/\delta$,方程中 $B_0''/B_0\sim 0$,加上无穷远处 $\psi_1=0$ 的边界条件,微扰磁场的解成为 $\psi_1=\psi_1(0)\mathrm{e}^{-k|x|}$。穿过电流片中心,这个解是连续的,即 $\psi_1(0-)=\psi_1(0+)=\psi_1(0)$,但微扰磁场梯度不连续,$\psi_1'(0-)/\psi_1(0-)=k,\psi_1'(0+)/\psi_1(0+)=-k$,因而上面定义的间断区的不连续性成为$\Delta'=-2k$。但是接近电流片中心,平衡磁场的二阶微分即电流梯度 $j_0'=B_0''$ 非常大,对长波扰动,上面方程中 B_0''/B_0 项不能忽略。如图 7.2 和图 7.3 所示,B_0''/B_0 在 $|x|\approx a$ 达到极大,其中对图 7.2 所示的磁场分布,$B_0''/B_0\propto\delta(|x|-a)$,是狄拉克函数,这一项对 Δ' 的贡献 $\sim 2/a$。这个简单分析显示,对长波扰动 $ka<1,\Delta'>0$,对短波扰动 $ka>1,\Delta'<0$。

对图 7.2 和图 7.3 给出的磁场位形,可以直接求解二阶微分方程(7.3-17),得到 Δ' 的准确解分别为(见 Furth et al., 1963):

$$\Delta'=2k\left[\frac{(1-ka)-ka\tanh(ka)}{ka-(1-ka)\tanh(ka)}\right] \tag{7.3-18}$$

$$\Delta'=2k\left(\frac{1}{k^2a^2}-1\right) \tag{7.3-19}$$

这个准确解给出长波极限和短波极限下的间断性 Δ' 和上面的近似分析是一致的。根据物理图像,可以预见长波极限下($\Delta'>0$),有限电阻率磁扩散(或者磁重联)作用占优而增进扰动,磁流体对长波扰动容易不稳定;而短波极限下($\Delta'<0$),微扰磁力线产生的回复力占优,因而磁流体对短波扰动是稳定的。

2. 间断区

注意到上面的理想方程,在磁场迅速衰减,电阻率主导的间断区是不成立的,但是上面方程的解在$|x|\to\delta\ll a$ 间断区两端取极限,得到的不连续性 Δ',可以用来衔接间断区的微扰磁场的解。在电流片中性点附近的间断区$|x|<\delta\ll a$,微扰磁场和速度的微分方程是互相耦合的,求解比较复杂,这里不赘述。下面用近似条件,半定量地讨论对长波扰动不稳定的撕裂模的增长率。

对长波扰动,扰动波长与间断区的特征尺度相比,$k<1/a\ll 1/\delta$,则方程(7.3-13)和(7.3-14)中 k^2 项相对于$''$项可以忽略,方程组写作

$$\gamma\psi_1=\mathrm{i}kB_0\phi_1+\frac{\eta_0}{\mu_0}\psi_1'' \tag{7.3-20}$$

$$\gamma\mu_0\rho_0\phi_1''=\mathrm{i}kB_0\psi_1''-\mathrm{i}kB_0''\psi_1 \tag{7.3-21}$$

为了对 γ 做数量级估计,进一步近似简化间断区内的上述两个方程中的各项表述。首先,在间断面上扩散项与对流项可比,因而第一个方程中的各项数量级相当,由此给出近似关系

$$\gamma\psi_1\approx\mathrm{i}kB_0\phi_1\approx\frac{\eta_0}{\mu_0}\psi_1'' \tag{7.3-22}$$

其次,观察图 7.2 和图 7.3,电流片间断面$|x|=\delta$ 处的磁场分布 B_0 可以近似为 $B_0''/B_0\approx$

0，$B_0 \approx B_0'\delta$，B_0'是电流片内的磁场梯度，近似为常数，δ是间断区的特征厚度。另外，间断区的微扰速度可近似为$\phi_1'' \approx -\phi_1/\delta^2$，负号表示微扰对称流入电流片中心，接近电流片中心流速减小。采用这些近似，在间断面上的动量方程写为

$$\phi_1 \approx -\frac{\mathrm{i}kB_0\delta^2}{\gamma\mu_0\rho_0}\psi_1'' \tag{7.3-23}$$

把这个关系带入(7.3-22)式，得到

$$\gamma^2 \approx \frac{k^2B_0'^2\delta^4}{\mu_0\rho_0}\frac{\psi_1''}{\psi_1} \tag{7.3-24}$$

$$\gamma \approx \frac{\eta_0}{\mu_0}\frac{\psi_1''}{\psi_1} \tag{7.3-25}$$

最后，在间断区$|x|<\delta$内，假设微扰磁场ψ_1和微扰电流梯度ψ_1''均匀，ψ_1从间断区到外流区是连续的，而ψ_1'从间断区到外流区不连续。ψ_1''可以近似为

$$\frac{\psi_1''}{\psi_1} \approx \frac{\Delta'}{\delta} \tag{7.3-26}$$

用这个近似关系和(7.3-24)～(7.3-25)式，得到增长率γ与间断区特征厚度δ的关系：

$$\gamma^2 \approx \frac{k^2B_0'^2\Delta'\delta^3}{\mu_0\rho_0} \tag{7.3-27}$$

$$\gamma \approx \frac{\eta_0\Delta'}{\mu_0\delta} \tag{7.3-28}$$

如果微扰磁场的梯度Δ'为正，则γ是正实数，磁流体对微扰是不稳定的，从而撕裂模增长，这与前面的物理讨论是一致的。由上式得到增长率γ与间断区特征厚度δ的近似解

$$\delta \approx \left(\frac{v_\eta}{v_\mathrm{A}}\right)^{\frac{2}{5}}\left(\frac{a^2\Delta'}{k^2b_0'^2}\right)^{\frac{1}{5}} \approx a\left(\frac{v_\eta}{v_\mathrm{A}}\right)^{\frac{2}{5}}\left[\frac{\Delta'a}{(ka)^2(b_0'a)^2}\right]^{\frac{1}{5}} \tag{7.3-29}$$

$$\gamma \approx \left(\frac{v_\eta}{a}\right)^{\frac{3}{5}}\left(\frac{v_\mathrm{A}}{a}\right)^{\frac{2}{5}}(ka)^{\frac{2}{5}}(b_0'a)^{\frac{2}{5}}(\Delta'a)^{\frac{4}{5}} \approx \tau_\eta^{-\frac{3}{5}}\tau_\mathrm{A}^{-\frac{2}{5}}(ka)^{\frac{2}{5}}(b_0'a)^{\frac{2}{5}}(\Delta'a)^{\frac{4}{5}} \tag{7.3-30}$$

其中$v_\eta \equiv \eta/(\mu_0 a)$。$b_0 = B_0(x)/B_0(a)$，即平衡磁场对电流片边界上的磁场$B_0(a)$无量纲化，因而$b_0'a \approx 1$。上式表明撕裂模增长的特征时间$\tau_\mathrm{t} \equiv 1/\gamma$介于阿尔文波特征时间$\tau_\mathrm{A}$和磁扩散特征时间$\tau_\eta$之间，$\tau_\mathrm{t} \sim \tau_\mathrm{A}^{2/5}\tau_\eta^{3/5}$。在很多天体物理环境中，比如恒星星冕内，$\tau_\eta/\tau_\mathrm{A} \sim Rm \sim 10^{12}$，则撕裂模增长时间$\tau_\mathrm{t} \sim 10^7\tau_\mathrm{A} \sim 10^{-5}\tau_\eta$。撕裂模增长率比阿尔文波增长率慢七个数量级，而比磁扩散率快五个数量级。

注意上面讨论中仅考虑了二维磁场的位形。如果磁静平衡磁场有z方向分量，$\vec{B}_0 \equiv B_{0y}(x)\hat{y} + B_{0z}(x)\hat{z}$，而微扰的形式为$f_1 \to f_1(x)\mathrm{e}^{\mathrm{i}(k_y y + k_z z)+\gamma t}$，其中微扰波矢量写为$\vec{k}=$

$k_y\hat{y}+k_z\hat{z}$，可以证明，上面对撕裂模不稳定性的讨论仍然有效，其中，电流片的“零点”，即磁场反转 $B_0=0$ 处修正为$\vec{k}\cdot\vec{B}_0=0$ 处，在这里沿微扰传播方向的磁场分量方向反转，磁场剪切很大，有限电阻率的作用不能忽略，上面讨论的间断区在此处形成。物理图像上，这意味着垂直于磁场传播的微扰$\vec{k}\cdot\vec{B}_0$ 不产生回复力，因而磁流体不稳定。相应的，微扰磁感应方程和动量方程中，$\vec{B}_0\cdot\nabla f_1=\mathrm{i}\vec{k}\cdot\vec{B}_0 f_1$，因而原来二维位形中的 kB_0 在考虑 z 方向的位形中置换为 $\vec{k}\cdot\vec{B}_0\equiv k_yB_{0y}(x)+k_zB_{0z}(x)$。在“零点”$\vec{k}\cdot\vec{B}_0=0$ 附近，长波撕裂模不稳定性的间断区厚度和增长率表式成为

$$\delta\approx\left(\frac{v_\eta}{v_\mathrm{A}}\right)^{\frac{2}{5}}\left[\frac{a^2\Delta'}{(\vec{k}\cdot\vec{b}_0')^2}\right]^{\frac{1}{5}}\approx a\left(\frac{v_\eta}{v_\mathrm{A}}\right)^{\frac{2}{5}}\left[\frac{\Delta'a}{(\vec{k}\cdot\vec{b}_0')^2a^4}\right]^{\frac{1}{5}}\tag{7.3-31}$$

$$\begin{aligned}\gamma&\approx\left(\frac{v_\eta}{a}\right)^{\frac{3}{5}}\left(\frac{v_\mathrm{A}}{a}\right)^{\frac{2}{5}}(\vec{k}\cdot\vec{b}_0'a^2)^{\frac{2}{5}}(\Delta'a)^{\frac{4}{5}}\\&\approx\tau_\eta^{-\frac{3}{5}}\tau_\mathrm{A}^{-\frac{2}{5}}(\vec{k}\cdot\vec{b}_0'a^2)^{\frac{2}{5}}(\Delta'a)^{\frac{4}{5}}\end{aligned}\tag{7.3-32}$$

其中 $\vec{b}_0\equiv\vec{B}_0/B_0(a)$，$B_0(a)$ 是在电流片边缘 $|x-x_\mathrm{s}|=a$ 处的总磁场强度，$x=x_\mathrm{s}$ 是 $\vec{k}\cdot\vec{B}_0=0$ 的平面，又称作共振面(resonance surface)。

7.3.2 波纹模与重力交换模

上面讨论长波撕裂模不稳定性时忽略了电阻率的梯度。实际情形中，由于平衡电流密度 j_0 的梯度不为零，磁静平衡要求电阻率不均匀。电阻率梯度的存在可以产生另一种不稳定性，即波纹模。另外，如果电流片内等离子体密度不均匀，且重力方向沿着电流片的厚度方向，微扰也可能产生重力交换模，类似于 6.5 节中理想不稳定性的交换模。下面简单讨论这两种不稳定性的增长率。

如果电阻率梯度不为零，$\eta_0'\neq0$，则引入微扰$\vec{v}_1$ 后，磁流体内的电阻率变化为

$$\frac{\partial\eta_1}{\partial t}+(\vec{v}_1\cdot\nabla)\eta_0=0\tag{7.3-33}$$

得到微扰电阻率

$$\eta_1=-v_{1x}\eta_0'/\gamma\tag{7.3-34}$$

同理，如果磁流体密度不均匀，沿电流片厚度方向的梯度不为零 $\rho_0'\neq0$，则磁流体内的密度微扰方程为

$$\frac{\partial\rho_1}{\partial t}+(\vec{v}_1\cdot\nabla)\rho_0=0\tag{7.3-35}$$

得到微扰密度

$$\rho_1=-v_{1x}\rho_0'/\gamma\tag{7.3-36}$$

显然，微扰电阻率使得微扰磁感应方程的一阶近似多出一项，而微扰等离子体密度和电流

片厚度方向的重力也在微扰动量方程中增加两项。利用表式 $v_{1x}=-\mathrm{i}k\phi_1$，一阶微扰的磁感应方程和动量方程分别改写为

$$\gamma\psi_1=\frac{\eta_0}{\mu_0}(\psi_1''-k^2\psi_1)+\mathrm{i}kB_0\phi_1+\mathrm{i}k\frac{\eta_0'B_0'}{\mu_0\gamma}\phi_1 \tag{7.3-37}$$

$$\gamma(\phi_1''-k^2\phi_1)+\gamma\frac{\rho_0'}{\rho_0}\phi_1'=\frac{\mathrm{i}kB_0}{\mu_0\rho_0}\left[(\psi_1''-k^2\psi_1)-\frac{B_0''}{B_0}\psi_1\right]-\frac{k^2\rho_0'g}{\gamma\rho_0}\phi_1 \tag{7.3-38}$$

根据前面的讨论，密度均匀和电阻率均匀的磁流体对长波微扰 $k<1/a$ 不稳定，促进撕裂模增长。另外从上面两式可见，非均匀电阻率和非均匀密度在磁感应方程或者动量方程中的影响和波长 k 有关，对长波扰动，这两个添加项不重要可以忽略，而撕裂模占优。在密度均匀和电阻率均匀的磁流体中，短波微扰 $k\geqslant 1/a$ 产生的洛伦兹力是回复力，因而磁流体对撕裂模是稳定的。而考虑非均匀电阻率或者非均匀密度的磁流体，短波扰动 $ka\sim 1$可以引入新的不稳定性。

注意到这里讨论的扰动波长 $k\sim 1/a$，相对于间断面的厚度 $\delta\ll a$，仍然是长波$k\ll 1/\delta$，因而讨论间断区的解时，在微扰磁感应方程和动量方程中只保留 ψ_1 和 ϕ_1 的二阶微分$''\equiv \mathrm{d}^2/\mathrm{d}x^2$ 项，而忽略与k^2 和一阶微分$'\equiv \mathrm{d}/\mathrm{d}x$ 的单次方有关的项。首先考虑非均匀电阻率的情形而忽略重力。在间断区的磁感应方程中，令方程右边的对流项、扩散项以及由电阻率梯度引入的一项分别可比，得到

$$\mathrm{i}kB_0\phi_1\approx\frac{\eta_0}{\mu_0}\psi_1'' \tag{7.3-39}$$

$$\mathrm{i}kB_0\phi_1\approx\mathrm{i}k\frac{\eta_0'B_0'}{\gamma\mu_0}\phi_1 \tag{7.3-40}$$

类似前面的讨论，在间断区对动量方程的量级分析给出

$$\gamma\phi_1''\approx\frac{\mathrm{i}kB_0}{\mu_0\rho_0}\psi_1''\to-\gamma\frac{\phi_1}{\delta^2}\approx\frac{\mathrm{i}kB_0}{\mu_0\rho_0}\psi_1'' \tag{7.3-41}$$

把这个关系代入前面两式，并利用间断面上的假设 $B_0\approx B_0'\delta$，可以得到间断区尺度和增长率的估算

$$\delta\approx\left(\frac{\eta_0'\eta_0\mu_0\rho_0}{k^2B_0'^2\mu_0^2}\right)^{\frac{1}{5}}\approx a\left(\frac{\eta_0'a}{\eta_0}\right)^{\frac{1}{5}}\left(\frac{v_\eta}{v_a}\right)^{\frac{2}{5}}(kb_0'a^2)^{-\frac{2}{5}} \tag{7.3-42}$$

$$\gamma\approx\left(\frac{\eta_0'a}{\eta_0}\right)^{\frac{4}{5}}\tau_a^{-\frac{2}{5}}\tau_\eta^{-\frac{3}{5}}(kb_0'a^2)^{\frac{2}{5}} \tag{7.3-43}$$

这个不稳定模称作波纹模。与撕裂模相比，波纹模的增长率与阿尔文增长率和磁扩散率的关系是一样的，而撕裂模增长率中($\Delta'a$)在波纹模增长率中置换为 $\eta_0'a/\eta_0$，即电阻率的

梯度，如果电阻率梯度很大，则波纹模增长很快。

其次考虑等离子体密度梯度不为零、重力方向沿电流片厚度的情形。忽略电阻率梯度，考虑动量方程中左端的惯性力与方程右端的洛伦兹力和重力分别可比，得到

$$\gamma\phi_1'' \approx -\frac{k^2\rho_0' g}{\gamma\rho_0}\phi_1 \tag{7.3-44}$$

$$\gamma\phi_1'' \approx \frac{\mathrm{i}kB_0}{\mu_0\rho_0}\psi_1'' \tag{7.3-45}$$

如前讨论，在间断面上令 $\phi_1''\approx-\phi_1/\delta^2$，$B_0\approx B_0'\delta$，代入上面两式并把感应方程

$$\frac{\eta_0}{\mu_0}\psi_1'' \approx \mathrm{i}kB_0\phi_1 \tag{7.3-46}$$

代入上面第二式，则估算增长率为

$$\gamma \approx \left(\frac{\eta_0}{\rho_0}\right)^{\frac{1}{3}}\left(\frac{\rho_0' gk^2}{kB_0'}\right)^{\frac{2}{3}} \approx \tau_\eta^{-\frac{1}{3}}\tau_a^{\frac{2}{3}}\left(\frac{\rho_0' gk^2a^2}{\rho_0}\right)^{\frac{2}{3}}(kb_0'a^2)^{-\frac{2}{3}} \tag{7.3-47}$$

重力交换模的增长率随密度梯度增加而增加，也随磁扩散率增长而更加显著。如果电流片磁静平衡磁场在 z 方向不为零$\vec{B}_0=B_y\hat{y}+B_z\hat{z}$，扰动为 $f_1\rightarrow f_1(x)\mathrm{e}^{\mathrm{i}(k_y y+k_z z)+\gamma t}$，则上面波纹模和重力交换模的分析中，置换 kB_0 为$\vec{k}\cdot\vec{B}_0$。变换坐标令零点取在$\vec{k}\cdot\vec{B}_0=0$ 的共振面。类似前面关于撕裂模的分析，在共振面$\vec{k}\cdot\vec{B}_0=0$ 附近，沿微扰传播方向的磁场分量为零，微扰不产生回复力，而电阻率的作用增强，助长不稳定性。

图 7.6 显示对应于三种不稳定性的电流片附近的微扰磁位形。Furth 等(1963)用本征函数具体求解了 ψ_1 和 ϕ_1 的二阶微分方程，得到三种不稳定性的条件和增长率，和上述半定量分析一致。

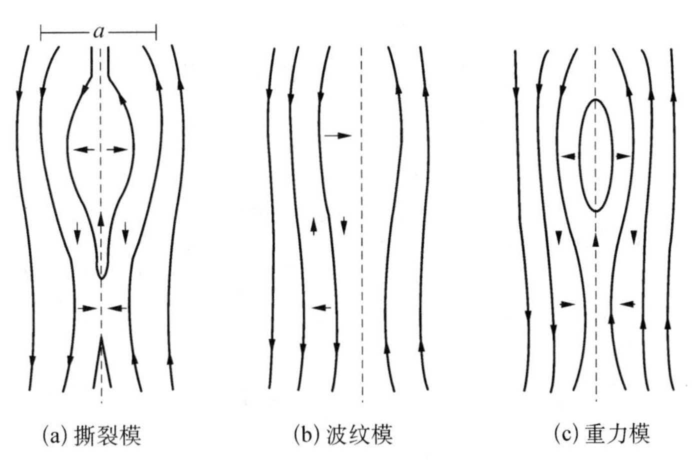

图 7.6　有限电阻不稳定性图示(根据 Furth et al., 1963)

7.3.3 圆柱磁流管内的电阻不稳定性

上面二维平直电流片的情形可以推广到携带电流的圆柱状磁流管的位形。第六章讨论了理想磁流体($\eta_0=0$)对垂直于磁力线($\vec{k}\cdot\vec{B}_0=0$)的扰动模 $m\leqslant 1$ 不稳定，其中 $m=0$ 为腊肠模，$m=1$ 为扭曲模，而对 $m\geqslant 2$ 的扰动是稳定的。非理想磁流体中，电阻率不为零，通过磁场耗散(或者磁重联)，磁流体可以改变位形至能量更低的状态，因而非零电阻率可以产生其他不稳定性，如 $m\geqslant 2$ 的撕裂模。求解撕裂模不稳定性的增长率，可以沿用对二维平直电流片的分析。变换坐标令 $x\to r, y\to\theta, z$ 坐标不变，磁静平衡磁场为 $\vec{B}_0=B_\theta(r)\hat{\theta}+B_z(r)\hat{z}$，微扰形式为 $f_1(x)\mathrm{e}^{\mathrm{i}\vec{k}\cdot\vec{r}+\gamma t}$，其中 $\vec{k}=\dfrac{m}{r}\hat{\theta}+k_z\hat{z}$，与平直电流片情形相比，$k_y\to k_\theta\equiv m/r$。对有限长度的磁流管，轴向扰动波数 $k_z=2\pi n/(2L)$，n 为整数，$2L$ 为磁流管的长度。对磁流管位形，磁流管轴向磁场和环向磁场的比值称为安全因子，即磁力线缠绕圈数 $\Phi_{\mathrm{T}}/(2\pi)$ 的倒数，记为 $q(r)$：

$$q(r)\equiv\frac{2\pi rB_z(r)}{2LB_\theta(r)}=\frac{k_zrB_z(r)}{nB_\theta(r)} \tag{7.3-48}$$

在磁流管径向距离 r_s 处，如果 $\vec{k}\cdot\vec{B}_0=k_zB_z(r_s)+(m/r_s)B_\theta(r_s)=0$，则间断区在 r_s 附近形成。因而可以定义相对于共振面 $r=r_s$ 的磁静平衡磁场为

$$\vec{B}_*\equiv\vec{B}_0-\frac{r}{r_s}B_\theta(r_s)\hat{\theta}-B_z(r_s)\hat{z} \tag{7.3-49}$$

在共振面 $r=r_s$，$\vec{k}\cdot\vec{B}_*|_{r_s}=0$，$q(r_s)=-m/n$。磁场 $\vec{B}_*$ 在共振面 $r=r_s$ 处形成中性点，非零电阻率的影响不能忽略。根据前面的讨论，在共振面附近，长波微扰 $k_\theta\approx m/r<1/a$ 产生的洛伦兹力回复力最小，电阻率使微扰增长，促进不稳定性，因而在携带螺旋电流的圆柱磁流管中，模数 m 较低的扰动容易产生撕裂模不稳定性。类似前面对平直电流片的分析，在间断面 $r_s\pm\delta$ 上，对长波扰动 $k_\theta\approx m/r\ll 1/\delta$，令微扰感应磁场和磁场扩散项可比，微扰产生的洛伦兹力回复力和流体惯性力可比，并应用如下关系

$$\vec{k}\cdot\vec{B}_*=\frac{mB_\theta(r)}{r}\left(1+\frac{nq(r)}{m}\right) \tag{7.3-50}$$

$$(\vec{k}\cdot\vec{B}_*)'|_{r_s}=-\frac{mB_\theta}{r}\frac{q'}{q}\bigg|_{r_s}=k_zB_z\frac{q'}{q}\bigg|_{r_s} \tag{7.3-51}$$

得到 $m\geqslant 2$ 的撕裂模的增长率为

$$\gamma\approx\tau_\eta^{-\frac{3}{5}}\tau_{\mathrm{A}}^{-\frac{2}{5}}(\Delta'a)^{\frac{4}{5}}\left(k_za\frac{aq'(r_s)}{q(r_s)}\right)^{\frac{2}{5}} \tag{7.3-52}$$

其中阿尔文波特征时间 $\tau_{\mathrm{A}}=a/v_{\mathrm{A}}$，$a$ 是磁流管内磁场梯度的特征尺度，v_{A} 是相应于磁流管 $r=r_s$ 处的磁静平衡纵场分量 $B_z(r_s)$ 的阿尔文波速。$\tau_\eta=a^2\mu_0/\eta$，是相对于特征长度 a 的磁扩散特征时间。对半径为 R 的圆环形磁流管，$2L=2\pi R$，$k_z=2n\pi/(2L)=n/R$，则

$m \geqslant 2$ 撕裂模不稳定性的增长率为

$$\gamma \approx \tau_\eta^{-\frac{3}{5}} \tau_A^{-\frac{2}{5}} (\Delta' a)^{\frac{4}{5}} \left(n \frac{a}{R} \frac{a q'(r_s)}{q(r_s)} \right)^{\frac{2}{5}} \tag{7.3-53}$$

如果磁流管中等离子体的电阻率不均匀或者密度不均匀，则短波扰动($m/r \sim 1/a$)产生波纹模或重力交换模，不稳定性的增长率和前面类似，其中 kb_0' 置换为 $q'(r_s)/q(r_s)$，阿尔文波特征速度 $v_A = B_z(r_s)/\sqrt{\mu_0 \rho_0}$。

上面给出的撕裂模不稳定性的增长率适用于 $m \geqslant 2$ 的长波扰动，不稳定性在磁流管共振面 $r = r_s$ 附近产生。由 6.2 节中的讨论，在磁流管的共振面上$\vec{k} \cdot \vec{B}_0 = 0$，理想磁流体对 $m=1$ 的扭曲模处于临界稳定态(见 6.2 节中的 Kruskal-Shafranov 判据)。考虑非零电阻率 $\eta_0 \neq 0$，$m=1$ 的扭曲模增长率为(Bateman，1978；Biskamp，2000)

$$\gamma \approx \tau_\eta^{-\frac{1}{3}} \tau_A^{-\frac{2}{3}} (q'(r_s) k a^2)^{\frac{2}{3}} \sim \tau_a^{-1} Rm^{-\frac{1}{3}} \tag{7.3-54}$$

相比之下，撕裂模增长率 $\gamma \sim \tau_A^{-1} Rm^{-\frac{3}{5}}$ 可见有限电阻扭曲模较撕裂模增长更快。

综上所述，在天体与空间等离子体中，由于磁雷诺数很大，有限电阻产生的不稳定性增长率相对于阿尔文波增长率仍然很小。但是有限电阻不稳定性使得长电流片撕裂为磁岛，邻近磁岛携带同向电流而互相吸引，可以合并为更大的磁岛，磁岛尾端中性线形成更薄的电流片。因而有限电阻不稳定性的持续发展可以促进磁重联过程，提高磁重联率。

7.4 磁重联的应用

随着空间天体物理观测、核聚变实验和计算机模拟技术的进步，磁重联理论也不断发展。基于天体物理和空间物理的观测，研究磁重联理论需要回答以下问题：磁重联率有多大；磁重联特别是快磁重联是怎样触发的；磁重联释放多少能量并怎样加热加速等离子体和带电粒子。关于磁重联率，理论计算表明，在磁雷诺数比较大的天体和空间环境中，Petschek 机制的磁重联率可以远远超过 Sweet-Parker 磁重联率，而 Sweet-Parker 磁重联率又远远超过单纯的磁扩散率。一般认为，类似 Petschek 模型的磁重联率描述稳态快磁重联，而 Sweet-Parker 模型描述稳态慢重联。天体物理与空间环境中的快速释能事件，比如恒星耀斑和地磁暴，能量释放的时间尺度更加吻合快磁重联的描述。此外，天体物理和空间物理快速能量释放过程中不一定能保持稳态，撕裂模不稳定性描述了非稳态过程，不稳定性的发展可能增进磁重联率，并且在电流片中形成很多磁岛，在磁流体中多处发生磁重联，加热加速等离子体，从而提高能量释放率。

理论模型的假设与预见也需要观测与实验的检验。根据理论模型，磁重联，特别是快磁重联，发生的条件要求非常小的过渡区特征尺度，远远小于近现代绝大多数天体和空间观测的分辨率，因而很难得到磁重联的直接观测证据。一般而言，通过对天体和空间的遥感观测，可以从辐射信号反演估算一些物理特性，比如能量释放率；也可以对等离子体做形态分析，根据等离子体的形态变化和磁冻结假设，推测磁场位形的变化。对地磁空间的磁暴、亚磁暴和太阳大气中耀斑的观测表明，在这些事件中，磁力线很可能改变连接性，即发生磁重联，并快速释放能量。20 世纪 70 年代以后，随着观测技术的改进，能够直接测量或者间接推算和磁重联相关的物理性质。近地卫星探测器可以实地测量太阳风与磁层的电磁场与等离子体的特征。当卫星探测器偶尔穿过扩散区或者邻近区域时，可以直接测量磁重联的电场、磁场、电流和等离子体和带电粒子的速度。通过高时空分辨率的成像和光谱观测，也可以得到太阳耀斑与日冕物质抛射过程中电流片附近等离子体的入流和出流速度。根据普遍物理原理，物理学家认为磁重联也是导致天体物理中某些快速能量释放过程的物理机制，比如恒星耀斑，黑洞附近吸积盘和喷流的高能辐射、γ 射线暴等。然而上述环境中，基本不能做到对磁场和等离子体位形的直接观测。

7.4.1 地磁层中的磁重联

磁暴与亚磁暴事件是地球磁场突然受到扰动引起的一系列现象。磁暴一般持续几天，这期间地球表面磁场急剧变化，磁暴的产生通常和太阳活动增强有关，比如日冕物质抛射。亚磁暴则持续时间短，只有几个小时，但是发生的频率是几天甚至几个小时。磁暴期间，亚磁暴更加频繁，但太阳活动相对平静时，亚磁暴也经常发生。亚磁暴发生时，极区附近电离层大气辐射增强，产生极光、极光带并向磁极方向传播。早在 20 世纪 60 年代，物理学家 Dungey(1961;1963)认为亚磁暴和极光是太阳风携带的磁力线和地球磁场之间的磁重联引起的。如图 7.7(a)所示，对着太阳一侧的地球磁场是北向，如果太阳风携带的磁场有南向分量，则在面向太阳的磁层顶，即太阳磁场和地磁场的交界面，太阳风磁力线和地磁场磁力线发生磁重联。重联后的磁力线分别在北南半球流入磁尾，这个过程常常伴随磁尾的再次重联，使得太阳风携带的行星际磁场成为磁层闭合磁场。如果太阳风携带的磁场是北向的，则太阳风磁场和地磁场在纬度较高处的磁层顶重联，如图 7.7(c)所示。Dungey(1961)认为这些重联释能过程中受到加速的高能粒子沿磁力线注入地球南北极电离层中，和大气分子作用，从而产生极光。随后，关于亚磁暴的起源和演化，Hones 等(1973)提出了更加详细的图像。他们把亚磁暴的演化分作三个阶段，分别为增长相、膨胀相和恢复相。在增长相，如 Dungey(1961)的描述，太阳风携带的南向磁场和面对太阳的北向地磁场重联，把行星际磁场输送到地磁层背向太阳的磁尾区域，因而磁尾区域的电流增长，积累磁层中的磁能。当磁尾电流增长到一定程度，在磁尾离地球大约 20 个地球半径处，电流片中形成中性点，电流片两侧的磁尾磁力线开始重联，如图 7.7(b)所示。这个阶段是膨胀相。重联后磁尾朝向地球一方的磁力线收缩，而在反向形成等离子体团抛射出去，先前积累的磁能转变为等离子体动能，并把磁层中积累的磁通量返还到行星际。重联结束后，磁尾形态渐渐回复到初始状态，即恢复相。这个过程中，发生在磁层顶和远地磁尾的磁重联输送磁通量到磁层中，而近地磁尾中的磁重联把磁通量返还到行星际磁场。

20 世纪 70 年代以来的大量卫星观测支持上述关于磁层中磁重联的基本图像。这些观测表明，无论太阳风携带的行星际磁场的方向怎样，磁重联均能发生，虽然太阳风南向磁场引起的重联释能最剧烈。观测中发现了不少具有稳态磁重联特征的事件，但更多的事件是局地发生的非稳态脉冲性的磁重联，比如 Russel 和 Elphic(1978)发现的通量转移

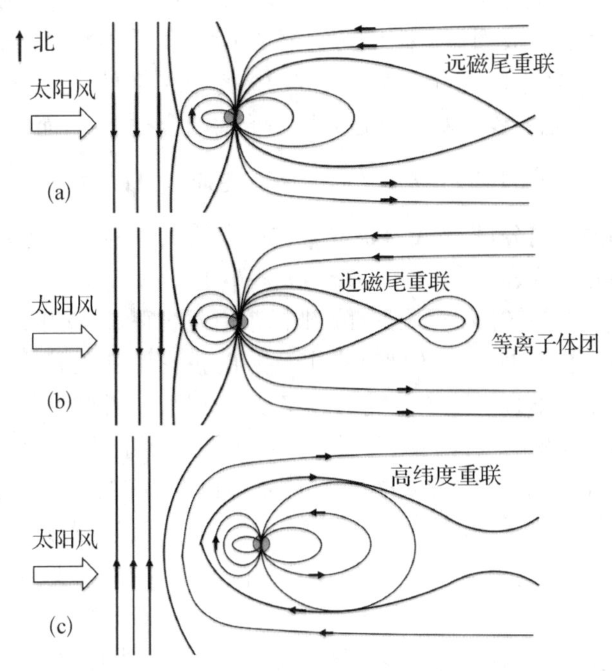

图 7.7　地磁层的磁重联位形(根据 Dungey，1961，1963；Hones 1973)

事件(flux tranfer event，FTE)。此外，磁重联不是一个完全二维的过程，重联电流片两侧的入流磁力线常常携带电流，比如通量转移事件可能是磁流管的重联。此外，太阳风携带的南向磁场与地磁场在磁层顶形成电流片，磁场在垂直于磁重联平面的沿电流方向的分量不为零，这个磁场分量又称引导磁场(guide field)，重联只能在电流片两侧的磁场在重联平面内的分量之间发生，因而又称为分量重联(component reconnection)，区别于二维模型中完全反向平行的磁力线之间的重联(anti-parallel reconnection)。

近地卫星携带的空间仪器能够直接测量地磁层与传播到地球附近的太阳风的物理性质，包括电场、磁场、电流以及等离子体的温度、密度和速度，这些测量数据对磁重联理论模型的发展有非常重要的贡献。1970 年发射的空间卫星 ISEE、2000 年发射的 Cluster 和 2015 年发射的 MMS 观测到电流片附近磁力线曲率的变化是磁重联改变磁场连接性的证据，而在磁场方向反转的地点，观测到等离子体流，吻合磁重联出流位形(Gosling et al.，2005；2007)。当卫星偶尔穿过电流片重联区域时，空间仪器还测量到磁重联电场或者等离子体的入流，得到磁重联率 $Ma_{\mathrm{A}}=v_{\mathrm{in}}/v_{\mathrm{A}}=E/(v_{\mathrm{A}}B_{\mathrm{in}})\approx 0.01\sim 0.1$ (Phan et al.，2000；Hasegawa et al.，2017)，远大于磁层条件下的 Sweet-Parker 磁重联率，证实引起亚磁暴的地磁层中的重联过程是快磁重联。

空间实地观测的优势是可以直接测量等离子体和电磁场性质，然而重联发生在很小的区域，空间卫星探测到重联事件的概率很低。物理学家发展了一种方法，通过分析电离层的遥感观测，间接测量亚磁暴事件中的磁重联率(Vasyliunas，1984)。如图 7.7(a)所示，亚磁暴发生时，磁尾发生的重联使得磁尾电流片上方的开放磁力线穿过电流片中性线，成为两端都束缚在地球上的闭合磁力线。图 7.7(a)中正在重联的磁力线，正是磁场重联前后的两个拓扑空间之间的磁分界面(separatrix surface),这个磁分界面在地球电离层的足点在极圈附近形成圆弧。磁尾处发生磁重联时,高能粒子沿着磁分界面上的重联磁力线注入电离层,产生极光带。最先形成的极光带在纬度较低的电离层,随着重联不断进行,高纬度的开放磁力线不断穿过磁分界面形成闭合磁力线,而磁分界面也不断向高纬度移动。重联过程中穿过初始磁分界面的所有磁通量可以写作 $\Phi=\int B_r \mathrm{d}A$,其中 B_r 是地球电离层磁场的径向分量,$\mathrm{d}A$ 是极光带扫过的面积。用这个表达式,可以得到总磁重联率,即单位时间的重联磁通量 $\dot{\Phi}\approx B_r S_s(v_s-v_p)$,$S_s$ 是磁层磁分隔面在电离层上的截线的长度,v_s-v_p 是在随等离子体运动的坐标系中截线垂直运动的等效速度,这是由于磁分界面随着重联进行不断位移致使其在电离层的投影不断位移产生的观测效应。v_p 则是电离层中等离子体垂直于这个截线的真实运动速度。实际测量中,因为高能粒子沿着开放磁力线或者封闭磁力线注入电离层会产生不同的辐射特征,通过观测这些辐射特征,可以证认磁分界面在电离层截线的位置,从而得到静止坐标系中的磁分界面的电离层截线速度 v_s。电离层极光带中的等离子体的速度 v_p 则由雷达测量。用这个方法测量到的磁层总重联率$\dot{\Phi}$大约为每秒 10^5 Wb。要得到单位长度上的磁重联率,即重联电场,需要用磁层模型,估算在磁层的磁分界线长度。这个长度与电离层磁分界面截线长度 S_s 的比值随磁重联在磁层发生的地点而变化,但大致是 S_s 的十倍到几十倍。观测估算的磁层平均磁重联电场 $E\approx10^{-4}$ V/m(de la Beaujardiére et al.,1991;Milan et al.,2003;Pinnock et al.,2003)。磁尾电流片附近 $B\approx10$ nT,$n\approx10^6\sim10^7$ m^{-3},因而磁重联率为 $Ma_A=E/(v_a B)\approx0.01\sim0.1$,与实地直接测量的结果可比。

对地磁层的观测还发现,地磁环境中等离子体密度较低,等离子体碰撞率很低,电子的自由程 λ_{mfp}远远大于氢离子的惯性尺度。因而磁层电流片内的磁重联是无碰撞重联(见 7.5.1 节)。近地卫星观测到电流片附近离子流和电子流分离,并发现无碰撞重联的特征,比如电流片附近离子扩散区内呈四级分布的霍尔磁场分量(见 7.5.1 节;Phan et al., 2006;Hasegawa et al., 2017)。2015 年发射的 MMS 至今为止几十次穿越尺度更小的电子扩散区,测量到电子扩散区内电磁场和电流的结构、电子和离子的加速以及电场对电流做功的功率$\vec{E}\cdot\vec{j}$,并发现电流片内存在湍流或者等离子体低频不稳定性(Burch et al., 2016)。这些直接测量结果对研究扩散区的微观物理过程、磁重联机制以及磁重联加热加速带电粒子的物理过程非常重要。

7.4.2 太阳大气中的磁重联:标准耀斑模型

磁重联也是太阳大气中快速释能的物理机制。太阳大气中发生的太阳耀斑和日冕物质抛射是日地空间中规模最大的释能事件。太阳大气的磁场由光球下对流层中等离子体的运动产生,并输运到日面(见第八章)。在低层大气比如光球,等离子体密度大,气压大于磁压,$\beta\gg1$,等离子体的运动驱动磁场演化,使得日冕的磁结构愈加复杂。日冕中磁场自由能不断积累,直到产生不稳定性,比如扭曲不稳定性和膨胀不稳定性,或者产生很大的磁场梯度,形成电流片,发生电阻不稳定性(即磁重联),使得复杂磁结构从日冕中抛出或者重构,恢复磁能较低的状态。图 7.8 显示几种经常观测到的磁重联位形。图 7.8(a)

描述磁重联在两对磁偶极子之间产生，比如从光球浮现的磁场 N_1N_2 和日冕原来存在的磁场 O_1O_2 方向相反，两者之间形成电流片，在合适条件下发生磁重联，产生另外两套磁环 N_1O_1 和 N_2O_2(Heyvaerts et al., 1975)。重联减少新浮磁流上方的磁通量，在合适条件下，可能使得新浮磁流失去力平衡而爆发(Antiochos et al., 1999)。如果重联以前的磁场 O_1O_2 是开放磁力线，O_1 在无穷远，重联后出流等离子体可以沿着重联形成的开放磁场线 N_1O_1 喷射出去，这个机制用以解释观测到的喷流现象(Shimizu et al., 1996)。图 7.8(b)描述在日冕爆发事件中，爆发下方的电流片两侧反向平行的磁力线发生重联，可以释放电流片上方的磁绳，并在电流片下方形成耀斑磁拱，产生双带耀斑。这个图像是太阳物理学家根据过去半个世纪的观测建立的标准耀斑模型，即 Carmichael-Sturrock-Hirayama-Kopp-Pneuman(CSHKP)模型(Carmichael, 1964; Sturrock, 1966; Hirayama, 1974; Kopp & Pneuman, 1976)，下面具体描述这个模型。

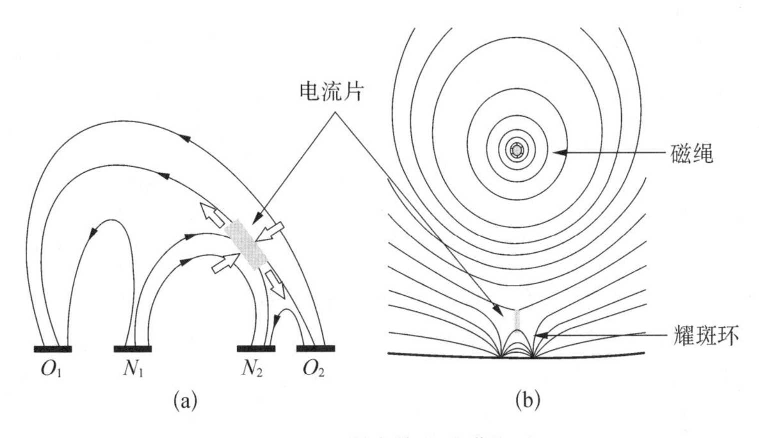

图 7.8 日冕中的磁重联位形

太阳大气磁场演化过程中，可能在日冕形成携带螺旋电流或者螺旋磁力线的结构，又称磁绳。磁绳内磁场与电流(包括磁绳光球下的镜像电流)之间的洛伦兹力、等离子体的气压梯度力、等离子体重力彼此抵消，令磁绳达到整体平衡。如果光球的演化使得磁绳电流逐渐变化，磁绳可能经历了一系列准平衡态的理想演化，逐渐上升，并在磁绳下方产生不断拉长的电流片。电流片电流及其镜像电流对磁绳产生洛伦兹力，使磁绳达到新的平衡态。磁场的继续演化有可能驱动理想不稳定性，比如磁绳内角向磁场与轴向磁场的比值达到 Kruskal-Shafranov 阈值而产生扭曲不稳定性(6.2.3 节)，使磁绳变形上升，或者由于磁绳上升到一定高度且背景磁场衰减足够快而产生膨胀不稳定性(6.2.4 节)，使磁绳失稳爆发(Forbes & Priest, 1995)。磁绳的准静态演化或者爆发过程，也可能在磁绳下方不断拉长的电流片中驱动电阻不稳定性或者磁重联。如图 7.8(b)所示，电流片两端的磁力线重联减小了对磁绳的束缚，而促进磁绳向上加速或者爆发。入流磁力线重联产生一对新的磁力线，其中向上出流的磁力线成为爆发磁绳的一部分，而向下出流的磁力线成为两端束缚在光球上的闭合磁环。

磁重联改变磁场位形，释放磁场自由能用以加热加速等离子体和高能粒子。一部分等离子体和带电粒子随着日冕物质抛射发散到日球空间。到达地球附近的磁场和带电粒子可以引发磁暴、亚磁暴以及磁层、电离层、大气层的其他变化。另一部分等离子体和带电粒子被束缚在重联形成的闭合磁环中，产生大量辐射，形成观测到的耀斑环。耀斑环中的等离子体可以被加热到几千万开尔文，产生很强的连续谱轫致辐射或者谱线辐射，通常在软X射线波段可观测到，随着等离子体冷却，辐射逐渐集中到远紫外、紫外，最后到可见光波段。耀斑过程中，随着电流片两端的持续入流，重联可以持续发生，如图7.8(b)所示。先形成的高度较低的耀斑环逐渐冷却，而后形成的更高的耀斑环温度仍旧很高，因而常常观测到辐射软X射线的热耀斑环坐落在辐射远紫外或者可见光的冷耀斑环之上。此外，日冕中的带电粒子，比如离子和电子，在耀斑过程中被加速。高速电子或者由于磁镜效应束缚在耀斑环顶，或者沿耀斑环注入到低层大气与密度很高的等离子体碰撞损失能量，这些效应通常在耀斑环顶或者环足产生硬X射线轫致辐射，高能离子甚至可以产生γ射线辐射。带电粒子在传播过程中也会产生各种射电辐射，比如高能电子环绕耀斑环磁力线时产生的回旋辐射。

1991年发射的阳光卫星(Yohkoh)和2002年发射的太阳高能光谱成像探测器(RHESSI)，经常在太阳临边观测到软X射线高温耀斑环(Tsuneta et al.,1996;Caspi et al.,2010)，在耀斑环顶与环足，还观测到高能非热电子产生的硬X射线辐射(Masuda et al.,1994;Sui et al.,2005)。图7.9中的例子是2010年发射的太阳动力卫星(SDO)在远紫外波段观测到的磁绳形态的日冕物质抛射[图7.9(b)]和其下方电流片中重联形成的一系列从低到高的耀斑环[图7.9(c)、(d)]。在耀斑演化的各个阶段，RHESSI观测到耀斑环内高温等离子体产生的软X射线辐射，和环顶或者环足高能非热电子产生的硬X射线轫致辐射，射电望远镜阵观测到耀斑非热电子与等离子体和磁场作用产生的轫致辐射和回旋辐射[图7.9(e)、(f)，Gary et al., 2018]。SDO观测到的爆发磁绳与耀斑环之间的长直结构(图7.9c)，持续数小时，被认为是电流片中等离子体被加热至上千万开尔文产生的辐射(Warren et al.,2018)。图7.10(a)～(b)给出SDO在日面中心观测到的另一个典型耀斑(Cheng et al.,2016)。在爆发后的30分钟内，日冕里沿磁场中性线形成一系列耀斑环组成的磁拱[图7.10(a)]，由于日冕高温热传导或者高能电子沿磁环传播，加热磁拱足点色球等离子体，在可见光红外或者紫外波段的辐射急剧增强，形成两条亮带[图7.10(b)]，分别位于磁中性线两侧。随着新的磁拱不断形成，磁拱足点的亮带变宽并彼此分离。这是大家熟知的双带耀斑的演化。这些观测给标准耀斑模型提供了出色的证据。

综合所有的辐射观测，一个太阳耀斑平均释放10^{23}～10^{25} J的能量，持续时间为几分钟到几小时。通过对硬X射线和射电辐射谱的反演，太阳物理学家估算耀斑中高能粒子的非热能量，发现这个能量在耀斑所有能量中的占比可以达到一半。经常与耀斑相伴的日冕物质抛射，携带10^{13} kg的等离子体，并在几分钟内被加速到每秒几百甚至上千千米的速度。因而一个爆发事件中，耀斑的总辐射能量和日冕物质抛射的总能量(包括动能和势能)大致相当，爆发事件的平均释能率为每秒10^{21} J。这些事件中释放的能量是由磁能通过磁重联转化而来。可以认为磁重联的作用是通过重联电场对电流做功，把磁自由能转化为等离子体和带电粒子的动能和热能。考虑二维稳态重联，重联释放的能量大致等于入流磁场携带进来的电磁能，即坡印亭矢量，$\dot{W} \approx \iint EB_{\text{in}} \mathrm{d}s\mathrm{d}l/\mu_0$。上面表述中$\dot{W}$是能量释放率，$E$是重联电场，表

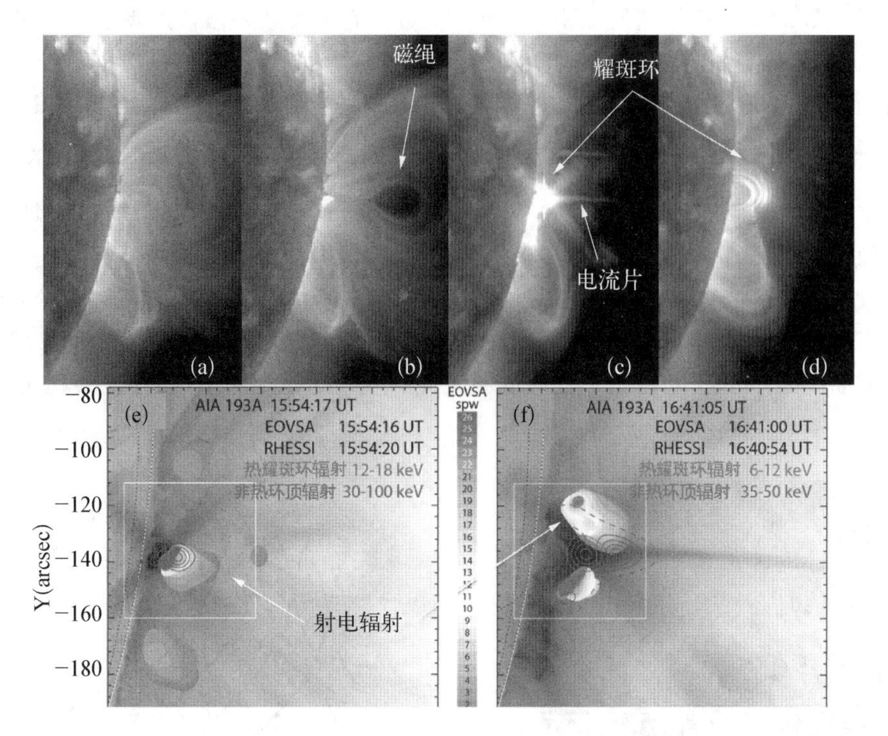

图 7.9 临边观测的太阳耀斑。(a)～(d)太阳动力卫星(Solar Dynamics Observatory,SDO)在远紫外 21.1 nm 波段(特征温度两百万开尔文)观测的磁绳爆发、电流片和太阳耀斑环。(e～f)太阳高能光谱成像探测器(RHESSI)观测到的耀斑 X 射线辐射和 Owens Valley 射电阵(EOVSA)观测到的耀斑微波辐射(Gary et al.,2018)

征单位时间单位长度上磁场的变化率,即磁重联率。B_{in} 是入流磁场,$\mathrm{d}s$ 是沿着电流方向的长度,$\mathrm{d}l$ 则是重联平面内的电流片的长度。二维假设下,$\int E\mathrm{d}s$ 是沿电流方向的电场的路径积分,正是单位时间内的重联磁通量$\dot{\Phi}$,即总重联率。在对各种磁重联事件的观测研究或者对各种磁重联模型的理论研究中,常常需要回答的首要问题是磁重联率 E 或者$\dot{\Phi}$到底有多大。

和太阳耀斑相关的磁重联发生在日冕中,这里由于磁场较弱,等离子体密度低,很难直接测量磁场和电场。在二维位形近似下,重联电场 E 可以由日冕电流片附近的等离子体入流速度估算 $E = v_{in}B_{in}$。过去数十年,高分辨率的日冕观测给出日冕电流片中性线附近有 $v_{in} \approx 1 \sim 10^2$ km/s。如果日冕重联磁场为 100 G,则重联电场 $E = v_{in}B_{in} \approx 10 \sim 10^3$ V/m。

自 20 世纪 70 年代以来,多波段太阳耀斑观测帮助奠定了爆发过程中由磁重联导致磁位形重整与能量释放的标准耀斑模型。由于日冕中的磁场很难测定,而低层大气光球中的磁场测量相对可靠,耀斑中的磁重联率,即重联电场 E 或者电场沿电流方向的路径积分 $\dot{\Phi}$,也可以通过低层大气耀斑带的演化来估算(Priest & Forbes, 1984)。这个方法与通过电离层遥感观测测量亚磁暴事件中磁重联率的方法异曲同工。图 7.10(d)显示重联形成日冕耀斑环,沿重联后磁场(即耀斑环)输送的能流到达耀斑环在低层大气的足点,加热等离子体,使得耀斑环足点发亮。重联形成耀斑环的磁通量可以估算为 $\Phi = \int B_{in}\mathrm{d}A_{in} = \int B_f\mathrm{d}A_f$,其中 B_{in} 和 A_{in} 是日冕重联磁场和入流磁力线扫过的面积,而 B_f 和 A_f

是发亮足点处的磁场和足点的面积，A_f 可以从可见光或者紫外波段对低层大气的成像观测得到，而低层大气的磁场 B_f，比如光球磁场，相对容易测量。这样估算的磁通量是全部重联磁通量，并不依赖于二维位形的假设。但估算重联电场需要做二维近似。在二维近似条件下，根据法拉第定律，$\dot{\Phi}$是重联电场沿电场方向的路径积分，$\dot{\Phi}=\int E\mathrm{d}s\approx\langle E\rangle S$，$S$ 是耀斑带的长度，由此得到平均重联电场$\langle E\rangle$的估算。这个方法的原理和电离层观测测量磁层重联率的原理是一样的，不同处在于，在双带耀斑中，日冕电流片或者磁中性线的长度 S 基本和低层大气中耀斑带的长度可比。另外，低层大气等离子体密度很大，磁场演化的时间尺度很长，在日冕磁重联的时间尺度内，磁力线在低层大气可以认为是固结的，因而日冕重联使得磁分界面不断向外移动，磁分界面在低层大气的截线即是观测中不断向外运动的耀斑带的外缘。

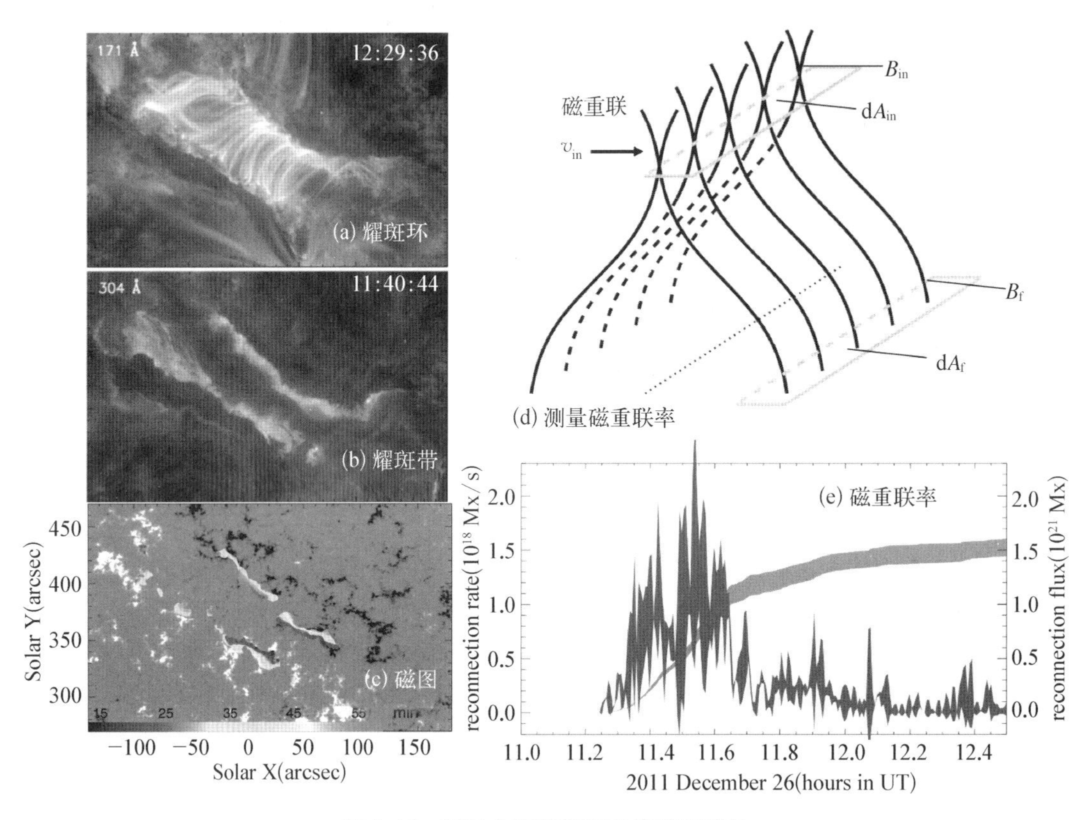

图 7.10 测量太阳双带耀斑的磁重联率

图 7.10(c)显示了利用耀斑带演化测量重联率的方法，图 7.10(e)给出双带耀斑中测量的重联磁通量 $\Phi(t)=\int B_f\mathrm{d}A_f$ 和重联率$\dot{\Phi}\equiv\mathrm{d}\Phi/\mathrm{d}t$。观测得到的太阳耀斑的重联率$\dot{\Phi}$一般为每秒 $10^9\sim10^{11}$ Wb，耀斑带特征长度 $S\approx100$ Mm，则平均重联电场$\langle E\rangle$为 $10\sim10^3$ V/m，与日冕观测的估算一致。

根据前面讨论，电流片附近的入流速度相对于入流磁场的阿尔文波速的比值，即入流速度的阿尔文马赫数，是磁重联率的另一个表述。日冕中的特征阿尔文波速大约是

1 000 km/s，因而 $Ma_A = v_{in}/v_A \approx 0.001 \sim 0.1$，远远高于 Sweet-Parker 模型中的重联率 $Ma_A \approx Rm^{-\frac{1}{2}} \approx 10^{-6}$。理论上，Petschek 快重联机制可以提供足够大的重联率，解释太阳耀斑观测。需要注意的是，以上观测估算基于二维位形，或者估算的是平均重联电场。实际上，太阳耀斑中的快重联过程一般不是二维稳态的。如图 7.10(a)所示，高时空分辨率观测清楚地显现了双带耀斑的磁拱不是连续分布的，而是由一系列半径大约 1 000 km 的细磁环构成的，这些耀斑环沿着磁中性线在不同的时刻分别形成并独立演化，因而沿着磁中性线，磁重联并不是二维均匀的。观测显示耀斑中磁重联释能的基本单位是这些尺度 1 000 km 左右的磁环，耀斑环的形成也许更加类似于撕裂模产生的磁岛。近二十年的高分辨卫星观测发现，日冕物质抛射下方形成的长直等离子体结构不是静态均匀的，而是衍生了一系列涡旋结构(类似磁岛)，或为支持撕裂模不稳定性的观测证据。对 CME 衍生电流片的具体讨论参见 Lin 等(2015)的综述。

7.4.3　高能天体物理中的磁重联

宇宙天体中磁场是普遍存在的，一般认为恒星耀斑的物理机制和太阳耀斑相似，也由磁重联导致快速能量释放。磁重联机制也被用来解释某些高能天体物理中的快速释能事件，比如 γ 射线暴(GRB)、脉冲星星风的演化以及黑洞、原恒星和双星系统附近的吸积盘和喷流。由于高能天体物理的观测对象极其遥远，很难得到磁重联的直接或者间接观测证据。在高能天体的释能事件中，等离子体被加热或者带电粒子被加速，产生在各个电磁波段的辐射，等离子体喷流则造成谱线多普勒位移。依据这些观测特征，可以大致讨论磁重联的性质，比如磁重联率。

恒星耀斑在快速自转的类太阳主序星、矮星、变星或者原恒星上都被观测到(Pettersen，1989；Feigelson & Montmerle，1999)。恒星耀斑的辐射光变曲线常常与太阳耀斑光变曲线类似，比如耀斑软 X 射线光变曲线通常呈现很快的上升相，然后缓慢衰减。如同太阳耀斑，恒星耀斑发生时，各个电磁波段的辐射都迅速增强，包括恒星大气被加热产生的可见光辐射、紫外辐射、X 射线辐射，以及高能带电粒子和等离子体与电磁场作用产生的硬 X 射线辐射和非热射电辐射。分析恒星耀斑的多波段光变曲线和光谱，可以估算恒星耀斑等离子体的温度、密度等物理性质，以及恒星耀斑的总能量。通过软 X 射线光谱诊断得到的恒星耀斑等离子体的极大温度大约在几千万开尔文，耀斑星冕的密度大致为 $10^{10} \sim 10^{12}$ cm^{-3}，与太阳耀斑相似。这些耀斑的辐射能量与太阳耀斑辐射能量可比或者更大，意味着恒星耀斑的尺度更大或者磁场更强。有些年轻恒星的耀斑温度可以达到上亿开尔文，辐射能量是太阳耀斑的数百万倍。2009 年发射的 Kepler 空间望远镜，在 2009～2013 年间观测到接近十万颗类太阳恒星。Maehara 等(2012)分析了类太阳的 G 型主序星上发生的三百多个能量 $10^{26} \sim 10^{29}$ J 的超级耀斑(最强的太阳耀斑的能量大约为 10^{26} J)。这些恒星的白光光变曲线呈现幅度比较大的周期变化，很可能是由于磁场较强的恒星黑子的面积比较大，占恒星表面积的比例超过太阳黑子。20 世纪 90 年代以来发展的塞曼-多普勒方法可以大致测量这些快速自转、活动较强的恒星的光球磁场的面积和在恒星表面的分布(Donati et al.，1995)，但这个方法只能用于极少数的恒星。

如果磁重联是恒星耀斑的能量释放机制，可以通过能量方程，建立恒星耀斑辐射和磁场标度律（scaling law）。重联释能加热耀斑环内等离子体，并通过辐射冷却。假设耀斑环加热率与重联能量释放率相当，根据重联入流携带的电磁波能量，即坡印亭矢量，耀斑环单位体积的重联加热率可以写作 $Q_h \approx EBws/(\mu_0 V)$（$J \cdot s^{-1} m^{-3}$），其中 $E=vB$ 是重联电场，即单位长度的重联率，B 和 v 分别是入流磁场和速度，w 和 s 分别是电流片在重联平面的长度和垂直于重联平面沿电场方向的尺度，可以取作耀斑环的半径 $w \approx s$。V 是耀斑环体积，$V \approx wsl$，l 是耀斑环长。则耀斑环单位体积的重联加热率为 $Q_h \approx B^2 v/(\mu_0 l)$。继而可以把入流速度写为 $v = Ma_A v_A$，其中 Ma_A 是入流阿尔文马赫数，即磁重联率的无量纲化表述，阿尔文波速 $v_A = B/\sqrt{\mu_0 n_0 m_p}$，其中 n_0 是恒星耀斑发生以前的星冕等离子体密度，m_p 是氢离子质量。这些关系导出 $Q_h \approx Ma_A B^3/(l\sqrt{\mu_0^3 n_0 m_p})$。耀斑加热的等离子体通过辐射冷却，单位时间内的全部辐射能量，即光度 L_u（J/s），可以通过辐射谱观测得到。采用数量级分析，令重联加热率和耀斑辐射率 L_u/V 相当，则得到

$$L_u \sim \frac{Ma_A B^3 A}{\sqrt{\mu_0^3 n_0 m_p}} \tag{7.4-1}$$

上式中 A 是（所有）恒星耀斑环的截面积。可见如果恒星磁场很强，耀斑辐射能量显著增加。

假设耀斑软 X 射线辐射上升相期间，重联释能加热等离子体，而在辐射下降的衰减相期间，重联加热结束。又假设上升相重联释能发生在星冕耀斑环顶，并通过热传导把能量向下传播到低层大气，令重联释能率 Q_h 和热传导 Q_c 大致平衡，$Q_h \approx Q_c$。热传导的表式为 $Q_c = \kappa_0 \nabla \cdot (T^{5/2} \nabla T) \approx \kappa_0 T^{7/2}/l^2$（$Js^{-1}m^{-3}$），$\kappa_0$ 是热传导系数，T 是星冕耀斑温度。由能量平衡得到标度律

$$T \approx Ma_A^{\frac{2}{7}} B^{\frac{6}{7}} l^{\frac{2}{7}} n_0^{-\frac{1}{7}} \tag{7.4-2}$$

上述关系显示，如果重联磁场增强，耀斑等离子体温度更高。

要估算恒星耀斑中的磁重联率 Ma_A，需要决定耀斑的其他物理性质，包括温度 T，密度 n，尺度 l、A 以及磁场 B。恒星耀斑高温度可以达到几千万开尔文，产生软 X 射线连续谱轫致辐射和各种离子（比如铁离子）跃迁谱线辐射。根据耀斑在不同波段的软 X 射线连续谱辐射的比值，可以得到耀斑等离子体温度 T 和等离子体辐射度量 EM（emission measure），$EM = n^2 V$，n 为耀斑等离子体密度，V 是耀斑体积 $V = lA$。考虑耀斑演化各个阶段的各个物理过程，包括热传导、辐射和等离子体气压与磁压的平衡，可以建立耀斑等离子体热力学物理量之间的标度律，而估算耀斑等离子体的物理性质，并得到恒星耀斑中的磁重联率。这些估算发现，恒星耀斑中的磁重联率与太阳耀斑可比，$Ma_A \leqslant 0.1$（Priest & Forbes, 2000），因而恒星耀斑中的磁重联是快磁重联。

磁重联机制也被用来解释某些高能天体物理中的快速释能现象。1964 年发现的天鹅座 X-1（Cyg X-1）黑洞-双星系统是一个致密 X 射线源，X 射线由黑洞附近的吸积盘产生。Galeev 等（1979）认为吸积盘内等离子体的较差自转产生角向磁场，并浮现到吸积

盘表面成为磁环,类似太阳大气中的冕环。冕环密度较低,有利于发生磁重联,加热冕环,产生观测到的硬X射线辐射。由较差自转过程中的质量守恒,Galeev估算吸积盘冕环的长度 l 大致为吸积盘的厚度,并用Petschek磁重联率估算冕环重联的时间尺度为 $\tau = l/v_{in} = l/(Ma_A v_A)$,$v_A$ 是吸积盘冕环中的特征阿尔文波速,$Ma_A \approx \frac{\pi}{8}(\ln Rm)^{-1}$ 是Petschek磁重联率。由Cyg X-1吸积盘中等离子体密度 $n \approx 10^{22}\ \mathrm{cm}^{-3}$,温度 $T \approx 10^7\ \mathrm{K}$,磁场强度 $B \approx 10^4\ \mathrm{T}$,冕环长度 $l \approx 10^4\ \mathrm{m}$,磁雷诺数 $Rm \approx 10^{12}$,得到 $\tau \approx 1\ \mathrm{s}$,与观测到的硬X射线脉冲的时间尺度吻合。Galeev(1979)并估算了磁重联加热冕环的能量为 $\pi a^2 l Q_h$,a 是冕环的半径。冕环通过热传导加热密度很大的吸积盘,产生硬X射线轫致辐射。根据Cyg X-1吸积盘的特征物理量计算的磁重联能量释放率为 10^{28} J/s,可以解释观测到的硬X射线辐射能量。

致密天体中普遍存在强磁场。Spruit等(2001)提出,超新星爆发时,喷流等离子体携带星体中的强磁场一起被抛射。类似于太阳大气中的日冕物质抛射,反向磁力线之间形成电流片,发生磁重联,将磁能转变为辐射能,提供 γ 射线暴的能量。由特征物理参数估算的磁重联时间尺度大致与观测的 γ 射线暴脉冲时间相当(Dai et al.,2017)。与日地空间相比,高能天体中的等离子体物理性质和电磁场很难测量,磁重联模型尚有很多不确定性。此外,高能天体环境中,需要考虑辐射和相对论效应对磁重联模型的修正(Uzdensky, 2016)。

7.5 关于磁重联的思考

7.5.1 快磁重联的物理机制

快磁重联是天体物理和空间物理中的快速能量释放事件的物理机制,观测估算的磁重联率为 $Ma_A = 0.001 \sim 0.1$。磁重联率定义为重联区入流速度和入流磁场阿尔文波速的比值 $Ma_A \equiv v_{in}/v_A$,等效于无量纲化的重联电场 $Ma_A = E/(v_A B_0)$。本章7.2、7.3节讨论了基于MHD框架引入有限电阻率 $\eta \neq 0$ 的各种磁重联模型。在这些模型中,等离子体中的电子和离子冻结在磁场中,只有在磁场零点附近很小区域内,即扩散区,等离子体碰撞打破冻结条件,引起磁重联。这些磁重联模型估算的磁重联率和系统的磁雷诺数 $Rm = L\mu_0 v_A/\eta$ 有关。在Sweet-Parker模型,线性撕裂模,和有限电阻扭曲模中,磁重联率和 Rm 的关系是 $Ma_A \equiv v_{in}/v_A \sim Rm^{-\alpha}$,$\alpha$ 分别为 $\alpha = 1/2, 3/5, 1/3$。在天体物理和空间物理环境中,磁雷诺数很大,由电阻MHD磁重联模型估算的重联时间尺度远远大于观测到的能量释放时间尺度。这些模型中的磁重联率较低,因为系统的宏观尺度 L 比较大,而磁场重联的条件要求磁场梯度很大,即电流片的厚度 δ 比较小。比如在Sweet-Parker重联模型中,$Ma_A = v_{in}/v_A = \delta/L = Rm^{-\frac{1}{2}}$。在天体物理和空间物理条件下,等离子体的电导率很大,磁雷诺数很大,使得 δ 非常小,造成出流瓶颈限制重联率。Petschek模型改进了出流结构，将出流区置于一对和电流片中性线有一定夹角的激波之间，出流区域的尺度在下游随着离中性点的距离线性增长 $\delta \sim y$，这个位形有效地减小了入流尺度 $L \to L^* \ll L$，因而显著提高了磁重联率 $Ma_A = \delta / L^*$。Petschek 模型中估算的磁重联上限 $Ma_A \approx (\ln Rm)^{-1}$，远远大于 Sweet-Parker 磁重联率，和天体与空间观测估算的磁重联率可比。然而，基于 Petschek 位形的 MHD 数值模拟发现，电阻率均匀分布的电流片中，不能维持 Petschek 重联位形，电流片很快回复到 Sweet-Parker 慢重联位形。只有显著提高电流片内局部地区的电阻率，采用所谓的反常电阻率，才能实现 Petschek 重联。

MHD 快磁重联的瓶颈在于碰撞电阻率决定的电流片特征厚度很小。然而当电流片厚度足够小时，电子和离子分离，MHD 的假设将不再成立，因而基于电阻 MHD 的磁重联率不再能描述这些环境中的快磁重联过程。在恒星星冕比如日冕中，磁雷诺数 $Rm \sim 10^{12}$，电流片的长度 $L \sim 10^9$ cm，则 $\delta = L/Rm^{1/2} \sim 10$ m。取日冕的特征物理条件，等离子体密度 $n \sim 10^8$ cm^{-3}，温度 $T \sim 1$ MK，得到氢离子的惯性长度 $\lambda_i = c/\omega_{pi} \approx 20$ m，超过 Sweet-Parker 电流片厚度。此外，这些条件下估算的 Petschek 电流片耗散区的有效长度 L^* 也接近离子惯性尺度。再看地球磁层，$Rm \sim 10^8$，$L \sim 10^8$ cm，得到电流片厚度 $\delta \sim 100$ m；而磁层内等离子体的离子惯性长度大约 100 km，远远大于 Sweet-Parker 电流片厚度。这些估算说明，在温度较高或者密度较低的等离子体中，比如恒星星冕和地磁层中，重联电流片的厚度可能小于相关的粒子尺度，而需要讨论非碰撞效应对磁重联的影响。当重联区域尺度达到粒子尺度，等离子体不能再作为单流体处理，电子和离子须分开考虑，分别计算电子流体和离子流体与电磁场的相互作用(双流体模型)，或者解伏拉索夫动力方程直接计算带电粒子和电磁场的作用(粒子模型)。

考虑等离子体由电子流体和一次电离的离子流体组成，并保持电中性，令 $n_i = n_e = n$，电子流的速度为$\vec{u}_e$，离子流的速度为$\vec{u}_i$，则电流密度为$\vec{j} = ne(\vec{u}_i - \vec{u}_e)$，并令流体的速度为离子速度$\vec{u} = \vec{u}_i$，得到电子流体的动量方程

$$m_e \frac{d\vec{u}_e}{dt} = -e\vec{E} - e\vec{u}_e \times \vec{B} - \nabla \cdot \overleftrightarrow{P}_e + m_e \mu_{ei} (\vec{u}_i - \vec{u}_e) \tag{7.5-1}$$

方程右边各项分别是洛伦兹力、电子压强张量梯度力和库仑碰撞，其中 μ_{ei}是电子与离子的碰撞率。代入$\vec{u}_e = \vec{u} - \vec{j}/ne$，上式化为

$$\vec{E} + \vec{u} \times \vec{B} = \eta \vec{j} + \frac{1}{ne}(\vec{j} \times \vec{B} - \nabla \cdot \overleftrightarrow{P}_e) - \frac{m_e}{e} \frac{d\vec{u}_e}{dt} \tag{7.5-2}$$

上式描述广义欧姆定律。由于电子和离子的分离，除了对流(方程左边第二项)和库仑碰撞(方程右边第一项，电阻率 $\eta \equiv m_e \mu_{ei} / ne^2$)，重联电场可以由其他物理过程产生，包括霍尔电流(右边第二项)、电子压强梯度(右边第三项)和电子惯性力(右边第四项)。其中霍尔电流和电子压强两项一般合称为霍尔效应。比较上面各项的量级，可以证明，当电流片厚度小于离子惯性长度 $\lambda_i \equiv c/\omega_{pi}$时，霍尔电流不能忽略；在离子回旋半径 $\rho_i \equiv u_i/\Omega_i = \sqrt{\beta}\ \lambda_i$ 的尺度内(假设 $T_e \approx T_i$，β 是等离子体气压和磁压的比值)电子压强梯度不能忽略；而电子惯性力在电子惯性尺度 $\lambda_e \equiv c/\omega_{pe}$内起作用。这些特征尺度的定义见第一章，

$$\lambda_e = \frac{c}{\omega_{pe}} \sim \sqrt{m_e/n}$$

$$\lambda_i = \frac{c}{\omega_{pi}} \sim \sqrt{m_i/n}$$

$$\rho_e = \frac{u_e}{\Omega_e} = \sqrt{k_B T_e m_e}/eB$$

$$\rho_i = \frac{u_i}{\Omega_e} = \sqrt{k_B T_i m_i}/eB$$

由于离子惯性长度远远大于电子惯性长度，很多讨论集中在离子尺度（λ_i 或者 $\rho_i = \sqrt{\beta}\lambda_i$）的非理想物理过程，比如霍尔效应。

在只考虑碰撞电阻的二维 MHD 重联模型中，电流方向垂直于重联平面。当电流片厚度小于离子惯性长度但是大于电子惯性长度时，在重联平面上中性点附近入流和出流的离子和电子分离，因而在重联平面内，在入流转变为出流的四个区间产生电流，又称霍尔电流，并通过$\vec{j}\times\vec{B}$霍尔效应产生重联电场$\vec{E}$。离子流的出流尺度远远大于电子流的出流尺度，这是对霍尔效应提高重联率的直观物理解释。相应于霍尔电流，入流和出流区域产生垂直于重联平面的磁场分量，是霍尔效应的一个主要特征。霍尔效应改变重联区的电磁场分布以及出流和入流结构，使得重联出流不再由阿尔文波主导，而由哨声波主导，并提高重联率。

近年来，等离子体物理学家进行了大量数值模拟工作，研究磁重联的物理过程。在 2001 年剑桥大学举办的一次意义非凡的国际专题研讨会上（Birn et al.，2001），众多物理学家采用同样的二维电流片初始位形，用各种模型，包括电阻 MHD 模型、（电子流体和离子流体的）双流体模型、电子流体模型（又称电子流体和离子粒子的混合模型）和完全粒子模型，模拟磁重联过程，发现考虑霍尔效应的各种模型的磁重联率基本可比，并都显著大于电阻 MHD 模型的磁重联率。模拟显示，重联发生时，有效电流片的长度 $L^* \sim 10\lambda_i$，因而磁重联率～0.1，不再取决于电阻率。这个工作显示了霍尔效应对快磁重联的重要性。这个结果的另一个重要意义在于，对宏观系统而，具体哪一种微观物理机制引起快磁重联并不重要。快磁重联的作用是打破冻结条件，在重联区内改变磁力线连接性，使得宏观磁场位形变化，快速释放磁能。大量能量的释放过程本身是通过宏观磁场位形的重构实现的，在宏观系统中进行，而不局限于尺度非常小的电流片或者重联区域内。因而研究宏观系统通过磁重联进行的快速能量释放，MHD 仍然是重要手段。

此外，磁重联发生在磁场梯度大电流很强的区域。回到 Sweet-Parker 电流片位形，可以估算电流片中的电流密度 j。在恒星星冕和地磁层，这个电流密度相对应的离子速度 $u_i \approx j/ne$ 远远大于离子声速，而可能产生微观不稳定性，比如离子声波不稳定性。这些不稳定性增强波粒相互作用，可以有效提高碰撞率，是产生 Petschek 模型中需要的反常电阻率的可能物理机制。

综上所述，很多天体和空间环境中的快磁重联需要通过微观物理过程实现。过去三十年，得益于高性能计算机的发展，磁重联的数值模拟研究取得长足进步，然而对磁重联的诸多物理过程尚缺乏严格的理论模型，很多问题仍然需要回答，比如为什么模拟中电流片的长度总是十倍于电流片厚度 λ_i。研究磁重联过程的数值模拟一般局限于几十到上百个 λ_i 的尺度，以分辨重联过程的细节，但是这个尺度和天体和空间环境中能量释放的宏观尺度 $L\sim\sqrt{Rm}\,\delta$ 相差很多数量级。因而当下的数值模拟无法研究微观物理过程主导的快磁重联怎样和天体与空间物理的宏观尺度相耦合，比如宏观系统的演化怎样影响微观尺度上的磁重联过程、磁重联导致的快速能量释放怎样在宏观尺度上加速加热等离子体和带电粒子从而产生诸如恒星耀斑和地磁暴的宏观观测特征。此外，虽然模拟研究证实了微观物理过程可以实现快磁重联，理论和观测尚不清楚快磁重联的触发机制。在快磁重联发生以前，宏观系统演化不断积累能量，比如形成宏观电流片，而主导快磁重联的微观效应发生在很小的尺度上，宏观电流片需要不断变薄，达到微观物理尺度，才能产生快磁重联。那么，什么样的物理条件导致系统渐进储能然后突然释能？最后，磁重联不完全是二维过程，考虑 2.5 维〔比如引入沿垂直于重联平面的第三维的磁场分量，称作引导磁场(guide field)〕或者三维位形，磁重联过程以及能量释放与分配过程都和二维图像不同，三维磁重联的理论和数值研究尚在起步。这些课题是当前磁重联研究的热点与难点。

7.5.2 三维磁重联

20 世纪 50 年代以来，磁重联的概念与模型大多建立在二维图像上。从这些图像得到二维磁重联的一些基本特征。

首先，描述的系统是理想磁流体，非理想过程仅在局部区域有效，这个区域称作扩散区。对于理想磁流体，可以定义磁力线和磁力线速度的概念。理想磁流体中，原来在同一条磁力线上的等离子体元随时间演化，仍然保持在一条磁力线上，这个图像给出磁力线守恒的概念。磁重联特指这样的物理过程：当磁力线穿过扩散区时，连接性打破，原来在一条磁力线上的等离子体元分散到不同磁力线上。如图 7.1 所示的二维四极磁场位形，在中性点$(0,Y_N)$，磁场为零，又称磁零点；中性点附近的磁力线形成 X 位形，因而这样的中性点又称为 X 型中性点。中性点左右侧的磁场反向，如果入流等离子体携带磁力线从左右两侧流入中性点，由于非理想效应，磁场在中性点重联，形成另外两条磁力线从上下方向出流。观察重联以前中性点左端的磁力线，足点分别为 q_1 和 q_2，右端的磁力线连接 q_3 和 q_4；重联以后，出流的磁力线其中一条连接足点 q_1 和 q_4，另一条连接足点 q_2 和 q_3。这个过程中，磁力线的一个足点没有发生位移，而另一个足点发生可观的位移。换一种表述，如图 7.11(a)所示，重联前同一条磁力线上的等离子体元位于 A_1 与 B_1，重联后，同样的等离子体元位移到 A_2 与 B_2，而不再位于同一条磁力线上。图 7.11(a)中的粗体实线把空间分为四个部分，分别规定了这个四极子磁场中磁力线的四种连接性，这四个部分相交的曲线称为磁分界线(separatrix)，磁分界线相交在磁零点 X 点，这一点又称磁分界点(separator)。考虑在 z 方向对称的 2.5 维空间，磁分界线成为磁分界面(separatrix surface)，相交于一条直线，称作 X 线，又称磁零线(null line，separator line)。磁重联发生时,沿对称轴 z 轴的一族磁力线同时穿过磁分界面改变连接性。在二维磁重联图像中,磁分界面的存在是个重要的特征。

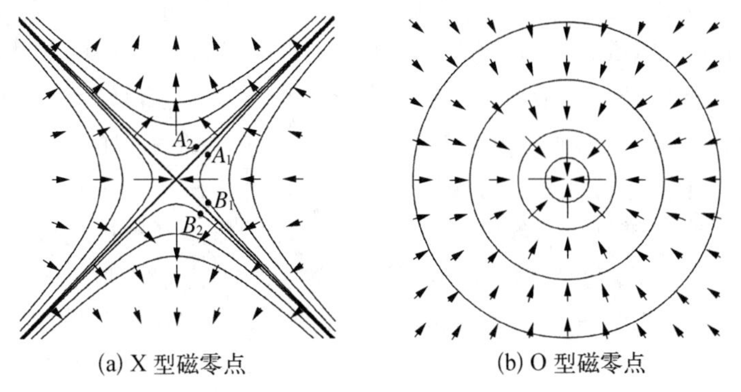

图 7.11　二维磁零点位形

其次,对理想磁流体,由欧姆定理$\vec{E}+\vec{v}\times\vec{B}=0$ 定义的磁力线速度为

$$\vec{v}_{\perp}=\frac{\vec{E}\times\vec{B}}{B^2} \tag{7.5-3}$$

在磁零点,如果电场不为零,则磁力线速度达到无穷大。这个图像描述磁力线在磁零点不连续,即发生重联或者湮灭。

仔细考虑上面的二维位形,在磁零点,实际上等离子体的流速是有限的,在对称位形中,在磁零点等离子体流速为零,并从入流变为出流。在磁零点的磁力线速度和非理想效应产生的电场有关。考虑非理想效应,可以把欧姆定律写作

$$\vec{E}+\vec{v}\times\vec{B}=\vec{N} \tag{7.5-4}$$

等式右边的 $\vec{N}$ 是非理想效应的一般表述,比如非零电阻率产生的电场$\vec{N}=\eta\vec{j}$,或者霍尔电场 $\vec{N}=1/(ne)(\vec{j}\times\vec{B}-\nabla p_e)$,等等,这里不做具体讨论。在二维位形中,电场垂直于流场和磁场决定的平面,因而 $\vec{E}\cdot\vec{B}=0$,这意味着$\vec{N}\cdot\vec{B}=0$。据此,可以把非理想效应写作 $\vec{N}\equiv\vec{u}\times\vec{B}$,则欧姆定律写为

$$\vec{E}+(\vec{v}-\vec{u})\times\vec{B}=0 \tag{7.5-5}$$

而磁感应方程写为

$$-\frac{\partial\vec{B}}{\partial t}+\nabla\times[(\vec{v}-\vec{u})\times\vec{B}]=0 \tag{7.5-6}$$

上式说明,可以定义 $\vec{\omega}\equiv\vec{v}-\vec{u}$ 为磁力线速度,并由欧姆定律

$$\vec{\omega}_{\perp}=\frac{\vec{E}\times\vec{B}}{B^2} \tag{7.5-7}$$

这里考虑了磁零点的非理想效应,得到磁力线速度$\vec{\omega}_{\perp}$,和前面的定义完全一样。根据前面的讨论,如果磁零点处的非理想条件产生非零电场,则磁力线速度达到无穷大。磁重联的必要条件正是电场不为零。

综上所述,二维磁重联的一些基本特征包括:

① 磁力线穿过磁分界面改变连接性;

② 在磁零点,磁力线的速度为无穷大,意味着磁力线穿过磁零点不连续,发生重联。

这些特征在三维磁重联中有可能发生变化。Schindler 等(1988)最先讨论了三维磁重联与二维磁重联的分别,并给出三维磁重联的一般定义。三维磁重联的物理图像非常复杂,理论研究尚不成熟,因而这里仅简述从二维磁重联概念引申的一些三维磁重联特征和研究手段,并讨论这些特征和二维磁重联的异同。由于磁重联描述理想磁流体中的局域非理想效应,研究三维磁重联经常延用磁力线速度的概念考察磁力线经过局部扩散区的变化。下面给出稳态二维 X 型磁零点附近的磁力线速度和物理图像,并用同样的方法考察稳态三维磁零点的例子(Lau & Finn,1990; Priest & Titov, 1996)。在下面的计算中,当满足 $\vec{E}\cdot\vec{B}=0$ 条件时,不再区分$\vec{v}$与$\vec{\omega}$,而一律用$\vec{v}$表示磁力线速度。除了局域扩散区,$\vec{v}$就是磁流体的速度;在扩散区,$\vec{v}$不再特指磁流体速度,而包括非理想效应导致的磁力线输运。这些例子都假设非理想效应发生在磁零点,而不具体讨论非理想效应的机制。

1. 二维磁零点的磁重联

二维磁场可以写作 $\vec{B}=\hat{z}\times\nabla\psi$,其中 ψ 是磁通量函数。下面讨论中,为简单起见,假设有关物理变量已经无量纲化。构造磁零点附近的磁场,可以令 $\psi=\frac{1}{2}(x^2-y^2)$,得到

$$B_x=y,\quad B_y=x \tag{7.5-8}$$

图 7.11(a)显示的磁场位形中,原点(0,0)是 X 型磁零点。稳态条件下,$\partial\vec{B}/\partial t=-\nabla\times\vec{E}=0$,由于二维位形中电场只有 z 分量 $\vec{E}=E\hat{z}$,得到电场 $E\equiv E_0$ 是常数。计算得到

$$\vec{v}_\perp=\frac{\vec{E}\times\vec{B}}{B^2}=\frac{E_0(-x\hat{x}+y\hat{y})}{x^2+y^2} \tag{7.5-9}$$

令 $E_0>0$,图 7.11(a)中的箭头显示 X 磁零点附近的磁力线速度。在左右两侧,磁力线相对于中性点入流,而在上下两侧出流。在磁零点(0,0),磁力线速度发散,描述磁力线的不连续性,这是二维 X 型磁零点处磁重联的一般图像。

注意二维磁零点也可以是 O 型磁零点。如果令磁通量函数 $\psi=\frac{1}{2}(x^2+y^2)$,电场 $\vec{E}=E_0\hat{z}$是常数,得到稳态条件下的磁零点附近的磁场和磁力线速度

$$B_x=-y,\quad B_y=x \tag{7.5-10}$$

$$\vec{v}_\perp=\frac{\vec{E}\times\vec{B}}{B^2}=\frac{-E_0(x\hat{x}+y\hat{y})}{x^2+y^2} \tag{7.5-11}$$

磁场在原点(0,0)为零,磁力线速度也在磁零点发散。但是这个图像中,磁力线形成以磁零点为圆心的同心圆,磁力线速度或者从各个方向指向圆心($E_0>0$),或者从各个方向指离圆心($E_0<0$),如图 7.11(b)所示。这个图像显示磁力线被不断输运到磁零点而湮灭,或者磁零点不断产生磁力线并向外输运,而磁力线在这个过程中没有改变连接

性。这个过程类似于长直电流片中的磁场湮灭（见 7.1 节），一般不认为是磁重联过程。

2. 三维磁零点的磁重联

类似于对二维 X 型磁零点的讨论，可以在磁零点附近，对三维磁场做线性展开：

$$\vec{B}=\overleftrightarrow{M}\cdot\vec{r} \tag{7.5-12}$$

其中三维常数矩阵 $M_{ij}=\dfrac{\partial B_j}{r_i}(i,j=1,2,3)$。根据磁场散度条件 $\nabla\cdot\vec{B}=0$，矩阵的对角元素满足 $\lambda_1+\lambda_2+\lambda_3=0$。考虑简单的位形，令 $\lambda_1=1,\lambda_2=b,\lambda_3=-(1+b)$，$b$ 为正实数，而矩阵其他元素均为零，得到零点附近磁场位形

$$B_x=x,\quad B_y=by,\quad B_z=-(1+b)z \tag{7.5-13}$$

并可以解出磁力线的方程

$$y=c_1x^b,\quad z=c_2x^{-(b+1)}=c_3y^{-\frac{b+1}{b}} \tag{7.5-14}$$

其中 c_1、c_2、c_3 为积分常数。磁力线在磁零点(0,0,0)附近 x-y、y-z、x-z 截面上的位形如图 7.12(a)所示。磁力线从 x-y 平面上下方延 z 轴接近零点，并在 x-y 平面从零点发散，或者磁力线在 x-y 平面向零点汇聚，并沿 z 轴离开 x-y 平面。x-y 平面又称为三维磁零点的磁扇面(fan)，z 轴称为磁脊(spine)。磁力线通过 x-y 平面或者 z 轴，连接性改变，因而磁扇面和磁脊是三维磁零点附近的磁分界面（或者磁分界线）。

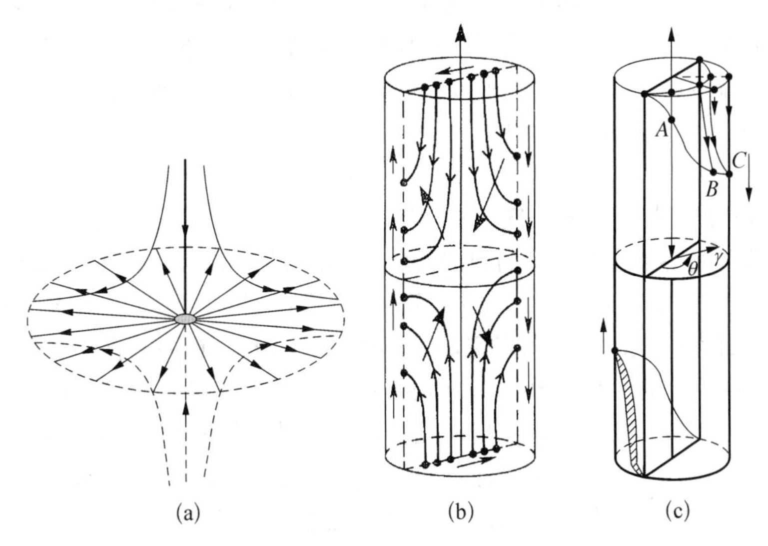

图 7.12　三维磁零点位形(Priest & Titov, 1996)

当 $b=1$ 时，这个位形对 z 轴对称，可以用柱坐标描述为

$$B_r=r,\quad B_\phi=0,\quad B_z=-2z \tag{7.5-15}$$

在磁零点附近，如果取电场 $\vec{E}=E\hat{\phi}$，稳态条件下 $\nabla\times\vec{E}=0$，得到

$$E = \frac{E_0(\phi)}{r} \tag{7.5-16}$$

可以计算得到磁力线的速度为

$$\vec{v}_\perp = \frac{\vec{E} \times \vec{B}}{B^2} = \frac{-E_0(\phi)}{r} \frac{2z\hat{r} + r\hat{z}}{r^2 + 4z^2} \tag{7.5-17}$$

在 $r=0$ 的 z 轴上，磁力线速度发散；意味着对这样的流场，当磁力线通过 z 轴时不再连续。磁力线的具体运动取决于函数 $E_0(\phi)$的形式。比如假设 $E_0(\phi) \sim \sin\phi$，图 7.12(b)显示了这个位形的物理图像。在 $\phi = \phi_0, \phi_0 + \pi$ 的截面上，磁流场位形类似于二维 X 型零点附近的磁流场位形。令这一组磁力线的一端位于 $z = \pm z_0$ 的平面上，另一端位于$r = r_0$ 的柱面上，图中显示Ⅰ、Ⅲ区域的磁力线相对磁零点汇聚，通过磁零点改变连接性，成为在Ⅱ、Ⅳ区域的出流磁力线。然而不同于二维磁重联的情形，在这个三维位形中，初始时刻两端位于 $r=r_0, z=z_0$ 但不同 ϕ_0 的一组磁力线组成的磁面〔图 7.12(c)〕，由于磁力线的速度不一样，磁力线依次重联，而使初始磁面发生复杂的变化，完全变形。这个特殊的磁流场位形中，磁力线通过磁脊速度发散，产生不连续性，因而称作磁脊重联(spine reconnection)。采用不同的边界条件或者初始电场分布，也可以令磁力线通过扇面时速度无限大，发生不连续性，这样位形的重联称为扇面重联(fan reconnection)，具体计算见 Priest 和 Titov(1996)。

上面简要讨论的三维重联模型的一个重要假设是磁流体中各处 $\vec{E} \cdot \vec{B} = 0$，运用稳态条件下的麦克斯韦方程和欧姆定律，考察在某些特定的磁流体位形中，磁力线或者某一组特定磁力线组成的磁面在磁零点附近怎样变化。上面例子给出的磁脊重联(磁力线速度在磁脊发散)和磁扇面重联(磁力线速度在磁扇面发散)，要求在磁脊或者磁扇面上发生非理想效应，而不具体讨论非理想效应的物理机制。

Masson 等(2009)认为太阳耀斑观测中有时看到的圆环形耀斑带，是三维零点磁重联位形的间接观测证据。太阳大气中经常观测到的近乎平直并平行的太阳耀斑双带，常常被当作二维 X 型零点重联位形的观测证据，耀斑带的外沿标示了延第三维对称的磁分界面与低层大气的截线(见 7.4.2 节中关于耀斑标准模型的讨论)。三维磁零点附近的磁扇面是磁分界面，在实际太阳大气的磁场位形中，远离磁零点，磁扇面不再是平直平面而是曲面。这个曲面上的所有磁力线一端在磁零点，磁力线从日冕磁零点向外沿各个方向发散，另一端固定在光球上，因而磁扇面在低层大气的截面近似为圆环形。在实际位形中，磁脊也一般不是无限长的直线，而是两端分别系在光球上的曲线，这个曲线磁脊一端和低层大气的交点在圆环内，另一端在圆环外。磁重联在离磁分界面最近的磁力线发生，形成一系列闭合磁环(耀斑环)。这些磁环的一端在圆环上，另一端在磁脊与低层大气的内交点或者外交点上。磁重联释放的能量沿重联磁力线(即耀斑环)传播到低层大气，加热低层大气，因而产生圆环形耀斑带。Masson 等(2009)在一个耀斑事件中同时观测到圆环形耀斑带和耀斑带内外的两个亮点，并且以光球磁场为边界条件外推耀斑所在的活动区的日冕磁场(见第四章)，证实了在这个事件中日冕磁场中存在三维磁零点。

3. 三维非磁零点的磁重联

放宽上述假设条件，比如磁流体中不存在磁零点，并且 $\vec{E}\cdot\vec{B}\neq 0$，从包括非理想效应的欧姆定律$\vec{E}+\vec{v}\times\vec{B}=\vec{N}$ 可知$\vec{E}\cdot\vec{B}=\vec{N}\cdot\vec{B}\neq 0$。如果非理想效应$\vec{N}$ 取如下的特殊形式$\vec{N}=-\nabla\phi+\vec{u}\times\vec{B}$，则磁感应方程写为

$$\frac{\partial\vec{B}}{\partial t}-\nabla\times[(\vec{v}-\vec{u})\times\vec{B}]=0 \tag{7.5-18}$$

这个方程与理想磁流体中的磁感应方程形式完全一样。在扩散区，磁力线速度$\vec{\omega}\equiv\vec{v}-\vec{u}\neq\vec{v}$，因而磁力线在等离子体中滑过，并有

$$\vec{\omega}_{\perp}=\frac{(\vec{E}+\nabla\phi)\times\vec{B}}{B^2} \tag{7.5-19}$$

如果对给定磁场位形和初始与边界条件，能够求解得到的$\vec{\omega}_{\perp}$不发散，则磁力线虽然在局域扩散区内和等离子体脱离($\vec{\omega}_{\perp}\neq\vec{v}_{\perp}$)，然而磁力线仍然保持连接性，这样的情形通常不认为是磁重联(Birn & Priest, 2007)。注意到广义欧姆定律中，电子压强梯度和霍尔电流产生的电场满足$-\nabla\phi+\vec{u}\times\vec{B}$这样的特殊形式。因而霍尔效应虽然可以通过改变扩散区的结构提高磁重联率，扩散区中需要其他非理想条件使重联发生。对一般的三维位形中，非理想效应$\vec{N}$不能表示为$-\nabla\phi+\vec{u}\times\vec{B}$这样的形式时，经常不存在上面定义的磁力线速度，磁力线穿过扩散区的变化由非理想效应$\vec{N}$的具体形式和磁流体的初始条件和边界条件决定，数值模拟是常用的研究手段。

Schindler 等(1988)首先讨论了三维磁重联($B\neq 0$)与二维磁重联的不同物理图像。图 7.13(a)给出的二维磁位形包括一个 X 型磁零点和一个 O 型磁零点，这个位形描述亚磁暴膨胀相后期磁尾重联形成等离子体团(plasmoid)的磁位形(见 7.4.1 节)，也是 7.4.2 节中讨论的标准太阳耀斑模型的磁位形。在二维位形中，整个空间的磁力线根据连接性形成三个不同的区域，图中粗体实线是三个区域之间的磁分界线，或者沿第三维对称的磁分界面，X 磁零点是磁分界线(面)的交点(线)，又称磁分界点。X 型磁零点左右两侧的入流使原来连接足点P—N的Ⅰ区域的磁力线穿过磁分界线重联，向下出流的磁力线在Ⅱ区域连接 P—N，而向上出流的磁力线在Ⅲ区形成围绕 O 点的封闭磁力线。在 X 型磁零点，即重联点，非理想效应产生的电场垂直于重联平面。

如果令磁场在第三维的分量不为零，则 X 点不再是磁零点，在这里电场和磁场平行。X 点两侧的入流磁力线不是反向平行的，磁重联在入流磁力线在重联平面上的分量之间进行，即分量磁重联(component reconnection)。重联发生后，从 X 点向上出流的磁力线不再闭合，而形成螺旋状磁力线，即磁绳，如图 7.13(b)。在实际三维位形中，磁绳的两端仍然维系在足点 P—N 上，并且由于第三维磁场分量不为零，足点的磁场是连续分布的，通过 X 点重联的磁力线的连接性是连续变化的，因而二维位形中的磁分界线(或者沿第三维对称的磁分界面)不再存在，而被三维位形中的准磁分界面(quasi-separatrix layer)取代。这个三维磁绳的磁重联位形，是对二维 CSHKP 标准耀斑模型的修正。此外，这个模型描述了由剪切磁拱的相邻磁力线之间重联形成磁绳的机制

(Ballegooijin & Martens, 1989; Gosling, 1990; Mikic & Linker, 1994),即磁绳本身是磁重联的结果。

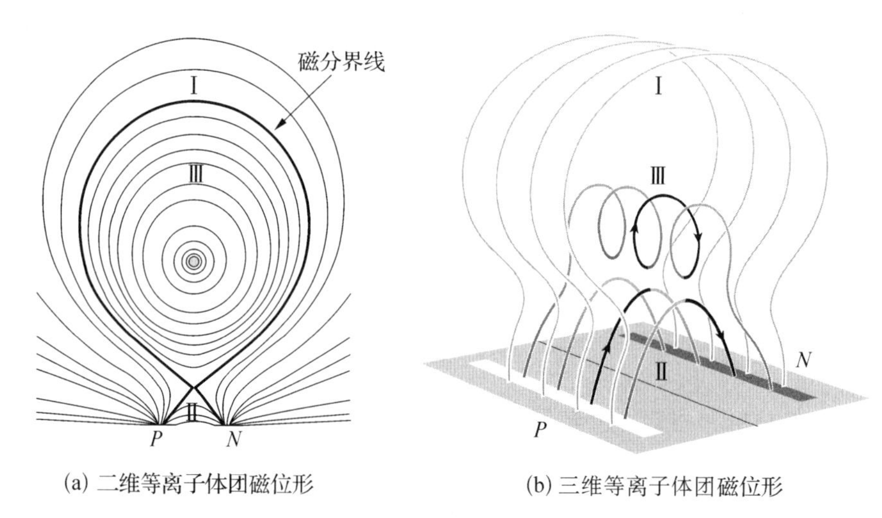

(a) 二维等离子体团磁位形　　(b) 三维等离子体团磁位形

图 7.13　二维与三维等离子体团的磁位形

一般而言,在准磁分界面上,磁场梯度和电流很大,有利于发生磁重联。由此,在不存在磁零点的磁位形中,磁重联可能发生在准磁分界面上。自 20 世纪 90 年代中期以来,太阳物理学家发展了数值方法,利用观测得到的太阳光球磁场外推得到日冕磁场,并计算磁力线连接性的梯度:从光球边界上距离为 Δ_1 的邻近两点追踪磁力线,两条磁力线的另一端在光球的足点之间的距离为 Δ_2,如果 Δ_2/Δ_1 很大,则两条磁力线邻近足点之间定义为准磁分界面在光球的交点。若干太阳耀斑观测显示,耀斑在低层大气的足点或者耀斑带大多位于准磁分界面和低层大气相交的地带(Demoulin et al., 1996)。

综上所述,与二维磁重联相比,三维磁重联的图像非常复杂,磁重联不一定在磁零点进行,重联电场不一定垂直于磁场。考虑磁场的连续分布,磁力线穿过准磁分界面时,非理想效应使得磁力线在准磁分界面上滑过等离子体,可能发生磁重联。在三维磁重联位形中,不一定能够定义或者计算磁力线速度。Schindler 等(1988)给出广义三维磁重联 $B\neq 0$ 的定义,认为电场沿某一条磁力线的路径积分不为零,即$\int E_{/\!/}\,\mathrm{d}s\neq 0$,是磁重联的必要条件。由于闭合空间中磁螺度的变化率为 $\mathrm{d}H/\mathrm{d}t=-2\int \vec{E}\cdot\vec{B}\mathrm{d}V$,这个三维磁重联的条件意味着相关磁流体中磁螺度不守恒。当然在实际情形中,一般认为磁重联是理想磁流体中的局域非理想效应,因而 $\vec{E}\cdot\vec{B}$ 在这个很小的扩散区域内的体积分相对于磁流体的总磁螺度经常可以忽略。

第八章　发电机理论

8.1 引　言

几乎所有的天体都具有磁场，只是有强弱之分而已。如何解释天体磁场的起源和维持，至今仍然是一个未完满解决的问题。所谓永久磁性说已经被天体内部的高温所排除。人们也曾考虑过其他一些效应，但都没能找到较可靠的观测证据。目前唯一能够解释观测到的各种尺度磁场的理论便是发电机理论。这一理论将磁场的维持归结于导电介质相对于磁场运动（即横越磁力线）时在介质中感生的电流。由于它和自激发电机的原理相同，因此通常把它称作发电机理论。

生搬硬套地应用发电机的思想，容易导致佯谬性的结果。例如，导电介质横越磁力线的运动所感应的电流密度的量级应为 σvB（v 为介质的运动速度），而从 $\nabla\times\vec{B}=\mu_0\vec{j}$ 可知，在一个特征尺度为 l 的区域里，维持磁场 B 所需的电流密度的量级为 $B/\mu_0 l$。于是有 $\sigma vB=B/\mu_0 l$，进而可估算维持磁场 B 所需介质的运动速度的大小为 $v=1/\sigma\mu_0 l$。对于太阳来讲，对应运动速度为 $v\sim10^{-9}$ m/s。这是一个十分微小的量，通常观测到的太阳上各种尺度的运动速度都要比它大得多。这样一来，问题倒不是解释太阳磁场的维持问题，而是变成必须说明为什么太阳磁场不是无限制地增长。导致这一佯谬的原因，在于没有考虑到太阳以及绝大部分宇宙等离子体具有很高的电导率，磁力线基本冻结在介质中，介质运动也带动磁力线以相近的速度一起运动。因此，实际上并不是所有感应电场 $\vec{v}\times\vec{B}$ 都对磁场的维持有贡献。所以，天体磁场的维持绝不是如上述形式的简单感应问题，而是需要解释如何在一个磁场与介质基本冻结的电磁过程中维持或激发一个磁场。这个问题显然比前面所描述的要困难得多。

为了得到发电机问题的一个完美的解答，必须求解磁流体力学方程组，以此证明既存在一个能维持某个给定磁场的运动，同时这个运动又能被适当的力（包括电磁力和其他力）所维持。从数学角度考虑，求得这样一组完备解是异常困难的。于是，一般注意力都集中在一个范围窄得多的问题上，即认为运动是已知的，仅研究它是否能维持一个场。这样的问题被称为运动学发电机理论，它包括两种形式的问题：其一是寻找一种稳恒运动，它刚好能维持一定常磁场；其二则是假设运动和磁场有涨落，但具有某些不变性质，最常见的是运动和磁场完全为湍动的情形。

8.2 柯林定理

在讨论具体问题前，有必要先介绍发电机理论中的一个重要定理——柯林(Cowling)定理。柯林在1934年就指出，一个轴对称的稳恒磁场不能被发电机运动所维持(Cowling，1934)。

可以利用反证法证明柯林定理。我们在柱坐标下假设一轴对称稳恒磁场 $\vec{B}(r,z)$，将其表示为环向场 B_ϕ 和极向场 $\vec{B}_\mathrm{p}$（由径向分量 B_r 和轴向分量 B_z 组合而成，即 $\vec{B}_\mathrm{p}=B_r\hat{r}+B_z\hat{z}$）之和：

$$\vec{B}=B_\phi\hat{\phi}+\vec{B}_\mathrm{p} \tag{8.1-1}$$

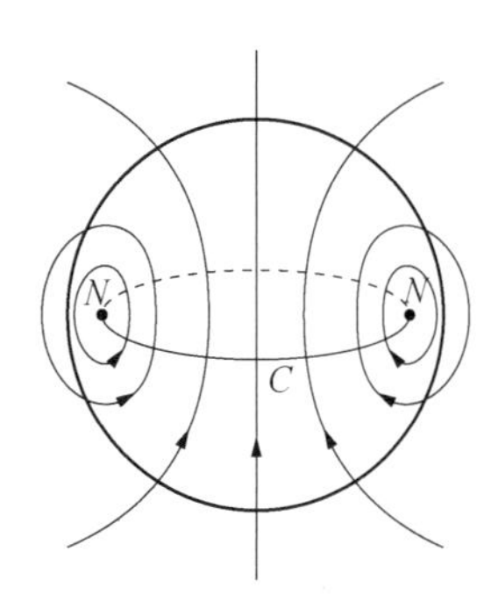

图 8.1　轴对称磁场在子午面中的投影，其中 N 为中性点

由于问题的对称性，在所有通过对称轴的子午面内磁场位形都应相同。如图(8.1)所示，磁力线在每一个子午面内的投影都必须为封闭曲线，进而在面内必然存在至少一个O型中性点(N)，此处磁场仅有环向分量。现沿通过每个子午面上中性点的封闭曲线(C)对欧姆定律 $\vec{j}/\sigma=\vec{E}+\vec{v}\times\vec{B}$ 积分，并利用斯托克斯定理，有

$$\int_C j_\phi/\sigma\mathrm{d}l=\int_S(\nabla\times\vec{E})\cdot\mathrm{d}\vec{S}+\int_C(\vec{v}\times\vec{B})\cdot\mathrm{d}\vec{l} \tag{8.2-2}$$

其中 $\vec{S}$ 为封闭曲线 C 所张的面。利用法拉第定律 $\dfrac{\partial\vec{B}}{\partial t}=-\nabla\times\vec{E}$，并基于场的定常性假设，上式右边第一项为零；再考虑到沿封闭曲线 C 磁场 $\vec{B}$ 与积分线元 $\mathrm{d}\vec{l}$ 平行，于是三矢量乘积 $(\vec{v}\times\vec{B})\cdot\mathrm{d}\vec{l}=0$，继而上式右边第二项也为零。于是上式退化为 $\int_C j_\phi/\sigma\mathrm{d}l=0$。然而，这与中性点处电流环向分量不为零相矛盾，柯林定理由此得证。

可以从物理的角度来理解柯林定理。从磁感应方程可知，影响磁场的因素是运动和有限电导率。前者力图将磁力线“拽着”一起运动，而后者则使磁力线从强场处向弱场处扩散，从而造成磁场的衰减。轴对称磁场中的运动，使所有通过轴平面的磁力线整体地迁移，并不产生任何新磁力线。因此它就无法平衡场的扩散损耗，即不能维持场的定常性。

将柯林定理推广，轴对称发电机作用所面临的困难在于极向场难以被维持。考虑一轴对称不可压缩运动 $\vec{v}=v_\mathrm{t}\hat{a}_\mathrm{t}+\vec{v}_\mathrm{p}$ 作用下随时变化的轴对称磁场 $\vec{B}=B_\mathrm{t}\hat{a}_\mathrm{t}+\nabla\times(A_\mathrm{p}\hat{a}_\mathrm{t})$，其中 B_t 为环向场，$\hat{a}_\mathrm{t}$ 为环向单位矢量，A_p 为极向场对应磁势。在直角坐标系下，磁感应方程

$$\frac{\partial\vec{B}}{\partial t}=\nabla\times(\vec{v}\times\vec{B})+\eta_\mathrm{m}\nabla^2\vec{B}$$

的环向分量将写成

$$\frac{\partial \vec{B}}{\partial t} + (\vec{v}_{\mathrm{p}} \cdot \nabla) B_{\mathrm{t}} = (\vec{B}_{\mathrm{p}} \cdot \nabla) v_{\mathrm{t}} + \eta_{\mathrm{m}} \nabla^2 B_{\mathrm{t}} \tag{8.2-3}$$

上式右边第一项表明，如果介质的环向速度存在剪切 (∇v_{t})，则这一速度剪切作用在极向场 $\vec{B}_{\mathrm{p}}$ 上，将增加环向磁通量。这一环向速度剪切对应恒星的较差自转，通过较差自转，恒星原有的偶极磁场将被拉伸，产生新的环向分量。这一环向场的增长过程会一直持续，直到被其欧姆扩散(上式右边第二项)所平衡。由于天体的自转角速度通常用 ω 来表示，因此这一由极向场向环向场的转化过程也被称作 ω 效应。

然而对于极向场，对应的磁感应方程却写成

$$\frac{\partial A_{\mathrm{p}}}{\partial t} + (\vec{v}_{\mathrm{p}} \cdot \nabla) A_{\mathrm{p}} = \eta_{\mathrm{m}} \nabla^2 A_{\mathrm{p}} \tag{8.2-4}$$

显然，极向场 $\vec{B}_{\mathrm{p}}$ 并不能由环向场 B_{t} 来产生。对上式两边乘 A_{p}，并在整个空间求积分，借助等式

$$\nabla \cdot (A_{\mathrm{p}} \nabla A_{\mathrm{p}}) = (\nabla A_{\mathrm{p}})^2 + A_{\mathrm{p}} \nabla^2 A_{\mathrm{p}}$$

可得

$$\frac{\mathrm{d}}{\mathrm{d}t} \int \frac{A_{\mathrm{p}}^2}{2} \mathrm{d}V = \eta_{\mathrm{m}} \oint (A_{\mathrm{p}} \nabla A_{\mathrm{p}}) \cdot \mathrm{d}S - \eta_{\mathrm{m}} \int (\nabla A_{\mathrm{p}})^2 \mathrm{d}V$$

考虑到区域边界上 $A_{\mathrm{p}} = 0$，于是上式右边第一项为零。再利用 $B_{\mathrm{p}}^2 = [\nabla \times (A_{\mathrm{p}} e_{\mathrm{t}})]^2 = (\nabla A_{\mathrm{p}})^2$，于是可得

$$\frac{\mathrm{d}}{\mathrm{d}t} \int A_{\mathrm{p}}^2 \mathrm{d}V = -2\eta_{\mathrm{m}} \int B_{\mathrm{p}}^2 \mathrm{d}V \tag{8.2-5}$$

上式表明，当 $B_{\mathrm{p}}^2 \neq 0$ 时，A_{p}^2 随时间单调地减小。鉴于 $B_{\mathrm{p}}^2 = (\nabla A_{\mathrm{p}})^2 \approx A_{\mathrm{p}}^2 / L^2$ (L 为 A_{p} 变化的特征尺度)，B_{p}^2 并不一定随 A_{p}^2 的减小而减小。如果磁力线纠结，则 L 将减小，于是在初始阶段 B_{p}^2 反而可能增加。然而，尺度 L 的减小同时也使 A_{p} 衰减的速度增大。因此，极向场(进而整体磁场)最终将衰减。

对于其他一系列位形简单的磁场，同样可以证明发电机的维持机制是不可能的。所以柯林定理的重要性就在于提出了发电机理论中存在某些“禁区”。当人们在设想天体磁场起源和维持的可能模型时，必须避开这些“禁区”。本章接下来将主要以太阳为例，具体介绍几种发电机模型。

8.3 湍动发电机

8.3.1 帕克湍动发电机模型

太阳光球层之下的对流区中存在着径向对流运动，而对流运动同时也伴随湍动。由于湍动的非对称性，帕克在 1955 年指出这种湍动有可能维持太阳的极向场(Parker, 1955)。

上节的讨论已经表明，太阳的较差自转可以拉伸极向场，产生环向分量〔如图(8.2a)所示〕。也正因为太阳自转，对流层中的上升流动元将受科里奥利力作用，流线受到弯曲，运动形式就像地球上发生的气旋。如图 8.2(b)所示，这种对流元的螺旋上升将使环向场发生缠绕，形成一个个具有极向场分量的封闭磁环。

较差自转产生的环向场在南北半球极性相反。然而上升流的旋转方向在南北半球也相反；对流元在螺旋上升过程中会发生膨胀，因此其在北半球沿顺时针方向旋转，而在南半球则沿逆时针方向旋转。这两个因素共同作用，结果使得在不同半球形成的封闭磁环极向场极性相同。当两个封闭磁环相互靠近时，它们可以发生磁场重联，并合成一个较大的封闭磁环。这样的并合过程不断进行，最终将重新生成一个大尺度极向场〔如图8.2(c)中虚线所示〕。

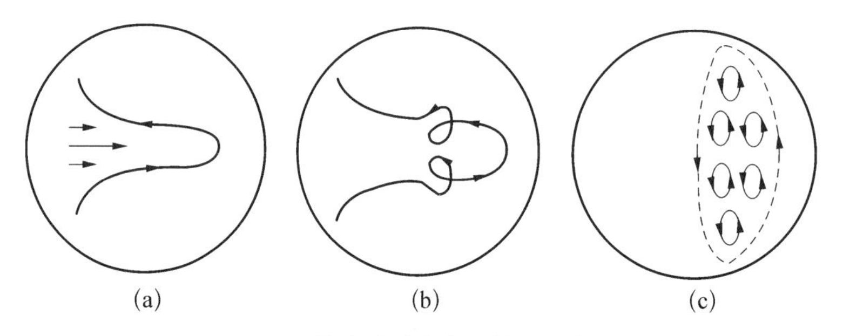

图 8.2　帕克湍动发电机模型示意图

在帕克湍动发电机模型中，极向场 ($\vec{B}_\mathrm{p}$) 的产生速率正比于环向场(B_t)，因此大量旋转对流元的作用可以通过在极向场磁感应方程(8.2-4)中加入如下形式的电场项

$$E_\mathrm{t} = \alpha B_\mathrm{t} \tag{8.3-1}$$

来等效。于是方程(8.2-4)变为

$$\frac{\partial A_\mathrm{p}}{\partial t} + (\vec{v}_\mathrm{p} \cdot \nabla) A_\mathrm{p} = \alpha B_\mathrm{t} + \eta_\mathrm{m} \nabla^2 A_\mathrm{p} \tag{8.3-2}$$

由于这一源项的加入，维持极向场的发电机作用变得可能。这一效应因其比例系数 α 而得名，被称为 α 效应。通过 α-ω 联合效应，大尺度磁场完成“极向场—环向场—极向场”

的循环。可以看出，系数 α 具有速度的量纲。它在物理上反映了旋转对流元的平均旋转速度。

当然对流区中还有下降流，其旋转方向与上升流相反。两个方向的对流运动需存在某种不对称，以产生一个净 α 效应。产生这种不对称主要原因有两个：分层效应，上升流会膨胀而下降流会收缩；几何效应，上升流发生在对流包中央而下降流发生在对流包边缘。

8.3.2 平均场理论

平均场理论（Steenbeck et al.，1966）的发展，为湍动发电机模型提供了更为坚实的数学基础。考虑湍动效应，导电介质中的流场和磁场将表示为小尺度（特征尺度 l）下发生的湍动流场 $\vec{v}$ 和湍动磁场 $\vec{b}$ 与大尺度（特征尺度 $L\gg l$）平均流场 $\vec{v}_0$ 和平均磁场 $\vec{B}_0$ 的叠加。于是磁感应方程将写成

$$\frac{\partial}{\partial t}(\vec{B}_0+\vec{b})=\nabla\times[(\vec{v}_0+\vec{v})\times(\vec{B}_0+\vec{b})]+\eta_m\nabla^2(\vec{B}_0+\vec{b}) \tag{8.3-3}$$

在一中间尺度（其尺度大于 l 但小于 L）下对上式平均，同时考虑到在此尺度下应有 $\overline{\vec{v}}=\overline{\vec{b}}=0$，可得

$$\frac{\partial\vec{B}_0}{\partial t}=\nabla\times(\vec{v}_0\times\vec{B}_0+\overline{\vec{v}\times\vec{b}})+\eta_m\nabla^2\vec{B}_0 \tag{8.3-4}$$

方程(8.3-4)与不考虑湍动情形的磁感应方程相比，区别就在于增加了由湍动磁场与湍动流场作用产生的平均电场项 $\overline{\vec{v}\times\vec{b}}$。这一项的引入，有可能使得大尺度磁场 $\vec{B}_0$ 抗衡欧姆耗散而得以维持。

为使方程封闭，需要在 $\vec{v}$ 给定的条件下写出 $\overline{\vec{v}\times\vec{b}}$ 的形式。考虑到流动非镜像对称，而 $\vec{B}_0$ 变化的特征尺度远大于湍动尺度，可将 $\overline{\vec{v}\times\vec{b}}$ 展开成

$$\overline{\vec{v}\times\vec{b}}=\alpha\vec{B}_0-\tilde{\eta}\,\nabla\times\vec{B}_0 \tag{8.3-5}$$

这里 $\tilde{\eta}$ 为湍动磁扩散系数（通常远大于 η_m）。于是方程(8.3-4)变成

$$\frac{\partial\vec{B}_0}{\partial t}=\nabla\times(\vec{v}_0\times\vec{B}_0)+\nabla\times(\alpha\vec{B}_0)+\tilde{\eta}\,\nabla^2\vec{B}_0 \tag{8.3-6}$$

可以看出，湍动的作用一方面提供了一个额外的电场（$\alpha\vec{B}_0$，即 α 效应），另一方面增强了大尺度的磁扩散（$\tilde{\eta}\,\nabla^2\vec{B}_0$）。

8.3.3 发电机波

对于太阳或其他恒星，严格说来我们需要在球坐标下讨论发电机问题。然而在薄球层极限下，我们可以采用最为简单的直角坐标来求解发电机方程组，这将帮助我们洞察太

阳发电机过程中某些有趣的特性。

构建这样一个直角坐标系，其 z 轴垂直于太阳表面向外，y 轴向东（即环向方向），由右手螺旋法则 x 轴向南。在此坐标系下，磁场写成

$$\vec{B}(x,z)=\left(-\frac{\partial A}{\partial z},B_y,\frac{\partial A}{\partial x}\right) \tag{8.3-7}$$

考虑一纯环向速度场，其在径向（z 方向）存在剪切，即 $\vec{v}=v_y(z)\hat{y}$。于是湍动发电机方程组（8.2-3）和（8.3-2）退化为

$$\left(\frac{\partial}{\partial t}-\tilde{\eta}\nabla^2\right)B_y=G\frac{\partial A}{\partial x} \tag{8.3-8}$$

$$\left(\frac{\partial}{\partial t}-\tilde{\eta}\nabla^2\right)A=\alpha B_y \tag{8.3-9}$$

其中 $G=\mathrm{d}v_y/\mathrm{d}z$，表征环向速度剪切（较差自转）的强度。

当 G 为常数时，线性发电机方程组（8.3-8）和（8.3-9）具有平面波形式的解

$$B_y=B_0\exp(\omega t+\mathrm{i}(kx+\kappa z)) \tag{8.3-10}$$

$$A=A_0\exp(\omega t+\mathrm{i}(kx+\kappa z)) \tag{8.3-11}$$

将（8.3-10）和（8.3-11）式代入方程（8.3-8）和（8.3-9）中，可得

$$kGA_0-[\omega+\tilde{\eta}(k^2+\kappa^2)]B_0=0 \tag{8.3-12}$$

$$[\omega+\tilde{\eta}(k^2+\kappa^2)]A_0-\alpha B_0=0 \tag{8.3-13}$$

这是关于 A_0 和 B_0 的线性齐次代数方程组。方程组存在非零解的条件是系数行列式为零。将行列式展开，便可得平面波色散关系

$$[\omega+\tilde{\eta}(k^2+\kappa^2)]^2-\mathrm{i}\alpha Gk=0 \tag{8.3-14}$$

求解色散关系，可得

$$\omega=-\tilde{\eta}(k^2+\kappa^2)\pm(1+\mathrm{i})\left(\frac{\alpha G}{2}k\right)^{1/2} \tag{8.3-15}$$

上式右边第一项总是对 ω 的实部（ω_r）起负贡献，它由欧姆耗散引起；而第二项则可对 ω_r 起正贡献，对应 α 发电机效应。定义无量纲数

$$N_{\mathrm{D}}=\frac{\alpha G}{2\tilde{\eta}^2k^3} \tag{8.3-16}$$

来表征这两项平方的比值（这里欧姆扩散项仅取 x 方向分量的贡献），我们把它称作发电机数。于是（8.3-15）式以 N_{D} 改写成为

$$\omega=\tilde{\eta}k^2[-(1+\kappa^2/k^2)\pm(1+\mathrm{i})\sqrt{N_{\mathrm{D}}}] \tag{8.3-17}$$

当 $|N_{\mathrm{D}}|>(1+\kappa^2/k^2)^2$（取 $\kappa=0$，则 $|N_{\mathrm{D}}|>1$；取 $\kappa=k$，则 $|N_{\mathrm{D}}|>4$）时，发电机效应的贡献超过

欧姆扩散，平面波解存在 $\omega_r>0$ 的增长模，我们称之为迁移发电机波。再看波的传播方向，当 $N_D>0$ 时，发电机波解中的 $\omega_i>0$，发电机波沿 $-x$ 轴即向北传播；反之当 $N_D<0$ 时，发电机波向南传播。对于太阳对流元的旋转，在北半球有 $\alpha>0$，而在南半球有 $\alpha<0$。于是只要环向速度随深度增加 $(\mathrm{d}v_y/\mathrm{d}z<0)$，南北半球的发电机波就都将向赤道迁移，这与太阳黑子随着太阳活动周从高纬向低纬漂移的观测事实一致。另外，当湍动磁扩散系数取涡旋特征值 $10^9\ \mathrm{m^2/s}$ 时，发电机波周期 $\omega_r^{-1}\approx R_\odot^2/\tilde{\eta}$ 也与太阳活动周时长(约 11 年)大致相符。

8.4　界面发电机

早期湍动发电机理论认为发电机效应作用在整个太阳对流区。然而，对流区底部的磁场强度可能高达 $10^4\sim10^5$ G。强大的磁浮力能将磁场快速抬升离开对流区。与此同时，对流区中的湍动又不能将这么强的磁场有效地缠绕，于是 α 效应将被极大削弱甚至失效。后来的日震学观测发现，对流区的下方还存在一薄层，称作旋差层(tachocline)。顾名思义，在旋差层中太阳自转速度发生显著变化，从刚性自转变为较差自转。基于以上认识，人们提出一种新的界面发电机模型(Parker，1993)。在这一模型中，ω 效应和 α 效应被旋差层和对流区之间的交界面所分隔，分别作用在两个不同的区域。平均环向场 T 由旋差层中的径向较差自转(ω 效应)产生；而平均极向场 P 则由对流区低层的湍动(α 效应)产生，再被向下的对流运动带入旋差层。最终，储存旋差层中的磁场通过对流层抬升至太阳表面。整个过程如图 8.3 所示。

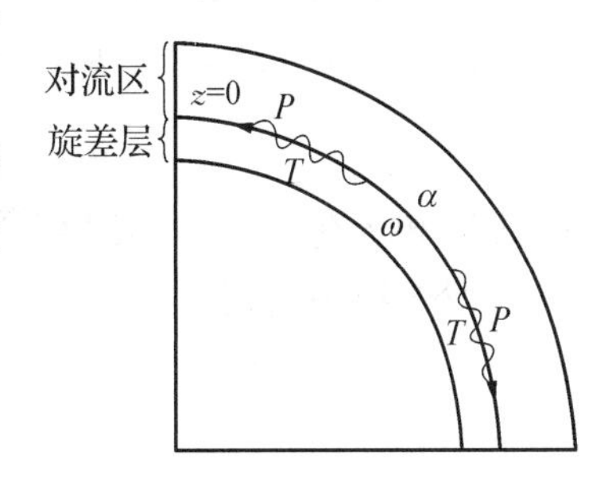

图 8.3　界面发电机模型示意图，其中波浪线表示发电机波

在界面发电机模型中，发电机波具有表面波的性质，它主要附着在旋差层和对流区之间的界面($z=0$)上传播。分别考虑这两层区域中的发电机作用，并通过界面上的边界条件衔接，帕克将上节所讨论的简单发电机波模型推广到双层模型。

上层区域($z>0$)为对流区，这里仅存在湍动而无速度剪切(仅考虑 α 发电机)。于是对流区中环向场 $B_y(x,z,t)$ 和极向场 $(B_x=-\partial A(x,z,t)/\partial z, B_z=\partial A(x,z,t)/\partial x)$ 所满足的发电机方程写成

$$\left(\frac{\partial}{\partial t}-\eta_c\nabla^2\right)B_y=0 \quad (8.4-1)$$

$$\left(\frac{\partial}{\partial t}-\eta_c\nabla^2\right)A=\alpha B_y \quad (8.4-2)$$

其中 η_c 为对流区磁扩散系数，αB_y 为湍动电场。

B_y 和 A 具有平面波形式的解

$$B_y=B_0\exp(\omega t+\mathrm{i}kx-\kappa_c z) \quad (8.4-3)$$

$$A = (A_0 + A_1 z)\exp(\omega t + \mathrm{i}kx - \kappa_c z) \tag{8.4-4}$$

这里 B_y 和 A 在 $z=+\infty$ 处为零要求 $\kappa_{cr}>0$。将(8.4-3)和(8.4-4)式代入(8.4-1)和(8.4-2)式中,可得

$$\omega + \eta_c k^2 = \eta_c \kappa_c^2 \tag{8.4-5}$$

$$A_1 = \frac{\alpha B_0}{2\eta_c \kappa_c} \tag{8.4-6}$$

下层区域($z<0$)为旋差层,这里存在很强的速度剪切而湍动很弱(仅考虑 ω 发电机)。于是旋差层中环向场 $b_y(x,z,t)$ 和极向场 ($b_x=-\partial a(x,z,t)/\partial z, b_z=\partial a(x,z,t)/\partial x$) 所满足的发电机方程写成

$$\left(\frac{\partial}{\partial t} - \eta_t \nabla^2\right) b_y = G\frac{\partial a}{\partial x} \tag{8.4-7}$$

$$\left(\frac{\partial}{\partial t} - \eta_t \nabla^2\right) a = 0 \tag{8.4-8}$$

其中 η_t 为旋差层磁扩散系数,$G=\mathrm{d}v_y u/\mathrm{d}z$ 为环向速度沿径向的剪切,在这里取作常数。

仿照对流区中形式,考虑 b_y 和 a 的平面波形式解

$$b_y = (b_0 + b_1 z)\exp(\omega t + \mathrm{i}kx + \kappa_t z) \tag{8.4-9}$$

$$a = a_0 \exp(\omega t + \mathrm{i}kx + \kappa_t z) \tag{8.4-10}$$

这里 b_y 和 a 在 $z=-\infty$ 处为零要求 $\kappa_{tr}>0$。将(8.4-9)和(8.4-10)式代入(8.4-7)和(8.4-8)式中,可得

$$\omega + \eta_t k^2 = \eta_t \kappa_t^2 \tag{8.4-11}$$

$$b_1 = -\frac{\mathrm{i}kGa_0}{2\eta_t \kappa_t} \tag{8.4-12}$$

将上下两层平面波解在界面($z=0$)处衔接,要求在这里磁场的法向和切向分量连续($\partial a/\partial z=\partial A/\partial z, b_y=B_y, a=A$),同时电场的切向分量连续(通量扩散守恒 $\eta_t\partial b_y/\partial z=\eta_c\partial B_y/\partial z$),即

$$\kappa_t z_0 = A_1 - \kappa_c A_0 \tag{8.4-13}$$

$$b_0 = B_0 \tag{8.4-14}$$

$$a_0 = A_0 \tag{8.4-15}$$

$$\eta_t(\kappa_t b_0 + b_1) = -\eta_c \kappa_c B_0 \tag{8.4-16}$$

联立以上四式以及(8.4-5)、(8.4-12)两式,从中消去 A_1、a_0、b_0、b_1,可得

$$(\kappa_c + \kappa_t)A_0 - \frac{\alpha}{2\eta_c \kappa_c}B_0 = 0 \tag{8.4-17}$$

$$\frac{\mathrm{i}kG}{2\kappa_t}A_0 - (\eta_c \kappa_c + \eta_t \kappa_t)B_0 = 0 \tag{8.4-18}$$

这是关于 A_0 和 B_0 的线性齐次代数方程组。方程组存在非零解的条件，是系数行列式为零。将行列式展开，仿照(8.3－16)式的形式定义发电机数 $N_D=\alpha G/2\eta_c^2ckk^3$，并令 $\mu=\eta_t/\eta_c$，便可得色散关系

$$\kappa_c\kappa_t(\kappa_c+\kappa_t)(\kappa_c+\mu\kappa_t)=\frac{1}{2}\mathrm{i}k^4N_D \tag{8.4-19}$$

当 $\eta_c=\eta_t(\mu=1)$时，色散关系(8.4－19)式的解最为简单，可作为与其他情形比较时的基准。比较(8.4－5)和(8.4－11)式，显然此时有 $\kappa_c=\kappa_t$。于是(8.4－19)式退化为

$$\kappa_c^4=\frac{1}{8}\mathrm{i}k^4N_D \tag{8.4-20}$$

再利用(8.4－5)或(8.4－11)式，并将 ω 无量纲化 $\bar{\omega}=\omega/\eta_ck^2$，色散关系进一步改写成

$$(\bar{\omega}+1)^2=\frac{1}{8}\mathrm{i}N_D \tag{8.4-21}$$

求解上式，可得

$$\omega=\eta_ck^2\left[-1\pm(1+\mathrm{i})\frac{\sqrt{N_D}}{4}\right] \tag{8.4-22}$$

上式表明，对于 $\eta_c=\eta_t$ 的情形，只有当 $|N_D|>16$ 时，界面发电机才能激发 $\omega_r>0$ 的发电机波。通过与(8.3－17)式的比较不难看出，当 ω 效应和 α 效应分区域作用时，发电机的效率将有所降低。这是因为此时发电机波的产生依赖于通过界面的通量扩散：它将(旋差层中通过 ω 效应产生的)环向场提供给(对流区中的)旋转对流，而将(对流区中通过 α 效应产生的)极向场提供给(旋差层中的)速度剪切。

由于在旋差层中没有考虑 α 效应，因此 $\eta_t\ll\eta_c(\mu\ll1)$ 的情形可能更符合界面发电机的物理假设。为维持有效的发电机，此时需要足够大的发电机数 N_D，使得 μN_D 仍保持有限值。在此条件下，色散关系(8.4－19)式可以化简近似为(具体过程请读者自行推导)

$$\bar{\omega}(\bar{\omega}+1)=\frac{1}{2}\mathrm{i}\mu N_D \tag{8.4-23}$$

将上式以 $\bar{\omega}_r$ 和 $\bar{\omega}_i$ 的形式展开，可得

$$\bar{\omega}_i^2=\bar{\omega}_r(\bar{\omega}_r+1),\quad \bar{\omega}_i(2\bar{\omega}_r+1)=\frac{1}{2}\mu N_D \tag{8.4-24}$$

在不同 μN_D 取值下求解方程组(8.4－24)，可以分别得到发电机波的增长率 $\bar{\omega}_r$ 和频率 $\bar{\omega}_i$。

最后顺便指出，$1/\kappa_{cr}$ 和 $1/\kappa_{tr}$ 分别代表发电机波在对流区和旋差层中沿径向(z 方向)衰减的空间尺度，即对应这两个层次的物理厚度。由(8.4－5)和(8.4－11)式可得 $\eta_c\kappa_c^2\approx\eta_t\kappa_t^2$，于是 $\kappa_{cr}/\kappa_{tr}\approx\sqrt{\mu}$。$\mu\ll1$ 的条件要求旋差层的厚度要比对流区的小得多，这意味着旋差层被限制在太阳内部非常薄的一层当中。也正是因为这么小的径向尺度，使得旋差层中能够积累足够大的速度剪切以驱动 ω 发电机。

8.5 通量转移发电机

大量的太阳光球磁场观测资料显示，太阳双极活动区中黑子连线与纬线方向存在倾角。具体来说，前导黑子要比后随黑子更靠近赤道(乔伊定律)。于是另外一种极向场产生机制(Babcock，1961；Leighton，1969)被提出：当双极活动区衰减时，后随黑子中的部分磁通量向极区转移，与那里的先前存在的磁通量对消，产生新的极性相反的极向场。这就是通量转移发电机(Wang et al.，1991；Dikpati & Choudhuri，1994)的基本思想。又有观测证据表明，太阳表面存在速度为 15～20 m/s 的子午流。这种子午流从赤道流向极区，然后下沉进入旋差层，在太阳内部形成从高纬流向低纬反向流，最终又从赤道附近浮现出来，完成封闭环流。比起超米粒扩散，这种子午环流能更有效地将残存活动区向极区转移，这为通量转移发电机模型提供了有力的支持。

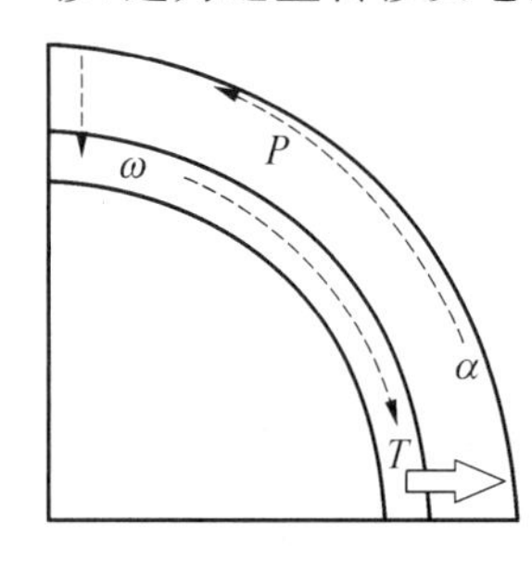

图 8.4 通量转移发电机模型示意图，其中虚线表示子午环流。

在通量转移发电机模型中，α 发电机和 ω 发电机在空间上愈加分离。极向场由太阳表面倾斜活动区的衰减产生，随后通过磁场扩散或子午环流被转移到极区。接着该极向场随子午环流下沉进入旋差层，在那里又通过剪切转化为环向场，然后再次浮现到太阳表面。整个过程如图(8.4)所示。

数学描述通量转移发电机过程，显然采用球坐标更为合适。给定一流场 $\vec{v}(r,\theta)=v_\phi(r,\theta)\hat{\phi}+\vec{v}_{\mathrm{p}}(r,\theta)$，其中 $\vec{v}_{\mathrm{p}}$ 代表子午环流，而 $v_\phi/r\sin\theta$ 即为太阳自转角速度，其在旋差层有很大的梯度。磁场采用 $\vec{B}(r,\theta)=B_\phi(r,\theta)\hat{\phi}+\nabla\times(A_{\mathrm{p}}(r,\theta)\hat{\phi})$ 的形式。于是通量迁移发电机方程写成

$$\frac{\partial B_\phi}{\partial t}+(r\sin\theta\vec{v}_{\mathrm{p}}\cdot\nabla)\left(\frac{B_\phi}{r\sin\theta}\right)=(r\sin\theta\vec{B}_{\mathrm{p}}\cdot\nabla)\left(\frac{v_\phi}{r\sin\theta}\right)+\tilde{\eta}\left(\nabla^2-\frac{1}{r^2\sin^2\theta}\right)B_\phi+\frac{1}{r}\frac{\mathrm{d}\tilde{\eta}}{\mathrm{d}r}\frac{\partial}{\partial r}(rB_\phi) \tag{8.4-25}$$

$$\frac{\partial A_{\mathrm{p}}}{\partial t}+\left(\frac{\vec{v}_{\mathrm{p}}}{r\sin\theta}\cdot\nabla\right)(r\sin\theta A_{\mathrm{p}})=\alpha B_\phi+\tilde{\eta}\left(\nabla^2-\frac{1}{r^2\sin^2\theta}\right)A_{\mathrm{p}}+S \tag{8.4-26}$$

与其他发电机模型相比，(8.4-26)式中多出一项 $S=S(r,\theta,B_\phi)$，即表面极向场源项。在观测上，它代表了从太阳表面新浮现的极向磁通量。

在通量转移发电机模型中，极向场反转的时标由太阳子午环流的速度决定。为了再现太阳活动周 11 年的周期，需要子午环流具有数米每秒的速度，这与观测所得数值非常接近。另外通量转移发电机对较差自转、α 效应以及磁场扩散效率等因素都不敏感，因此当其他发电机效应遇到困难时，通量转移发电机仍可获得较高的效率。

参考文献

阿尔芬,菲尔塔玛,1974.宇宙电动力学:基本原理[M].戴世强,译.北京:科学出版社.

博伊德,桑德森,1977.等离子体动力学[M].戴世强,陆志云,译.北京:科学出版社.

胡希伟,2006.等离子体理论基础[M].北京:北京大学出版社.

王德焴,许敖敖,曲钦岳,等,1981.1979年3月5日宇宙γ射线爆发的一个模型(Ⅱ)[J].天文学报,04:364-369.

许敖敖,唐玉华,1987.宇宙电动力学导论[M].北京:高等教育出版社.

Babcock, H. W., 1961. The Topology of the Sun's Magnetic Field and the 22-YEAR Cycle[J]. *The Astrophysical Journal*, 133: 572. DOI: 10.1086/147060.

Bateman, G., 1978. MHD Instabilities[M]. Cambridge, Mass.: MIT Press.

Bazer, J., Ericson, W. B., 1959. Hydromagnetic Shocks. [J]. *The Astrophysical Journal*, 129: 758. DOI: 10.1086/146673.

Bellan, P. M., 2006. Fundamentals of Plasma Physics[M]. Cambridge, UK: Cambridge University Press.

Bernstein, I. B., Frieman, E. A., Kruskal, M. D., et al., 1958. An Energy Principle for Hydromagnetic Stability Problems[J]. *Proceedings of the Royal Society of London Series A*, 244: 17-40. DOI: 10.1098/rspa.1958.0023.

Bhattacharjee, A., 2004. Impulsive Magnetic Reconnection in the Earth's Magnetotail and the Solar Corona[J]. *Annual Review of Astronomy and Astrophysics*, 42(1): 365-384. DOI: 10.1146/annurev.astro.42.053102.134039.

Birn, J., Drake, J. F., Shay, M. A., et al., 2001. Geospace Environmental Modeling (GEM) magnetic reconnection challenge[J]. *Journal of Geophysics Research*, 106: 3715-3719. DOI: 10.1029/1999JA900449.

Birn, J., Priest, E. R., 2007. Reconnection of Magnetic Fields[M]. Cambridge, UK: Cambridge University Press.

Biskamp, D., 1986. Magnetic reconnection via current sheets[J]. *Physics of Fluids*, 29(5): 1520-1531. DOI: 10.1063/1.865670.

Biskamp, D., 2000. Magnetic Reconnection in Plasmas: Cambridge Monographs on Plasma Physics[M]. Cambridge, UK: Cambridge University Press.

Bittencourt, J. A., 1986. Fundamentals of Plasma Physics[M]. Oxford: Pergamon Press.

Chen, J., 1989. Effects of toroidal forces in current loops embedded in a background plasma[J]. *The Astrophysical Journal*, 338: 453-470. DOI: 10.1086/167211.

Cowling, T. G., 1933. The magnetic field of sunspots[J]. *Monthly Notices of the RAS*, 94: 39-48. DOI: 10.1093/mnras/94.1.39.

Cowling, T. G., 1976. Magnetohydrodynamics[M]. London: Hilger.

Dai, Z., Daigne, F., Mészáros, P., 2017. The Theory of Gamma-Ray Bursts[J]. *Space Science Reviews*, 212: 409 - 427. DOI: 10.1007/s11214-017-0423-z.

de Hoffmann, F., Teller, E., 1950. Magneto-Hydrodynamic Shocks[J]. *Physical Review*, 80(4): 692 - 703. DOI: 10.1103/PhysRev.80.692.

Démoulin, P., Aulanier, G., 2010. Criteria for Flux Rope Eruption: Non-equilibrium Versus Torus Instability[J]. *The Astrophysical Journal*, 718: 1388 - 1399. DOI: 10.1088/0004-637X/718/2/13 88.

Dennis, B. R., Frost, K. J., Orwig, L. E., 1981. The solar flare of 1980 March 29 at 0918 UT as observed with the hard X-ray burst spectrometer on the Solar Maximum Mission [J]. *The Astrophysical Journal Letters*, 244: L167 - L170. DOI: 10.1086/183504.

Dikpati, M., Choudhuri, A. R., 1994. The evolution of the Sun's poloidal field. [J]. *Astronomy and Astrophysics*, 291: 975 - 989.

Edwin, P. M., Roberts, B., 1982. Wave Propagation in a Magnetically Structured Atmosphere - Part Three - the Slab in a Magnetic Environment[J]. *Solar Physics*, 76(2): 239 - 259. DOI: 10.1007/BF00170986.

Edwin, P. M., Roberts, B., 1983. Wave Propagation in a Magnetic Cylinder[J]. *Solar Physics*, 88(1-2): 179 - 191. DOI: 10.1007/BF00196186.

Einaudi, G., van Hoven, G., 1981. Stability of a diffuse linear pinch with axial boundaries[J]. *Physics of Fluids*, 24: 1092 - 1096. DOI: 10.1063/1.863488.

Einaudi, G., van Hoven, G., 1983. The stability of coronal loops - Finite-length and pressure-profile limits[J]. *Solar Physics*, 88: 163 - 177. DOI: 10.1007/BF00196185.

Fan, Y., Gibson, S. E., 2007. Onset of Coronal Mass Ejections Due to Loss of Confinement of Coronal Flux Ropes[J]. *The Astrophysical Journal*, 668: 1232 - 1245. DOI: 10.1086/521335.

Feigelson, E. D., Montmerle, T., 1999. High-Energy Processes in Young Stellar Objects[J]. *Annual Review of Astronomy and Astrophysics*, 37: 363 - 408. DOI: 10.1146/annurev.astro.37.1.363.

Forbes, T. G., Priest, E. R., Seaton, D. B., et al., 2013. Indeterminacy and instability in Petschek reconnection[J]. *Physics of Plasmas*, 20(5), 052902: 052902. DOI: 10.1063/1.4804337.

Freidberg, J. P., 2014. Ideal MHD[M]. Cambridge, UK: Cambridge University Press.

Furth, H. P., Killeen, J., Rosenbluth, M. N., 1963. Finite-Resistivity Instabilities of a Sheet Pinch[J]. *Physics of Fluids*, 6: 459 - 484. DOI: 10.1063/1.1706761.

Galeev, A. A., Rosner, R., Vaiana, G. S., 1979. Structured coronae of accretion disks[J]. *The Astrophysical Journal*, 229: 318 - 326. DOI: 10.1086/156957.

Giovanelli, R. G., 1947. Magnetic and Electric Phenomena in the Sun's Atmosphere associated with Sunspots[J]. *Monthly Notices of the RAS*, 107: 338. DOI: 10.1093/mnras/107.4.338.

Gotwols, B. L., 1972. Quasi-Periodic Solar Radio Pulsations at Decimetric Wavelengths[J]. *Solar Physics*, 25(1): 232 - 236. DOI: 10.1007/BF00155759.

Greene, J. M., Johnson, J. L., 1968. Interchange instabilities in ideal hydromagnetic theory[J]. *Plasma Physics*, 10: 729 - 745. DOI: 10.1088/0032-1028/10/8/301.

Hallinan, T. J., Davis, T. N., 1970. Small-scale auroral arc distortions[J]. *Planetary and Space Science*, 18(12): 1735 - 1744. DOI: 10.1016/0032-0633(70)90007-3.

Hesse, M., Schindler, K., 1988. A theoretical foundation of general magnetic reconnection[J]. *Journal of Geophysics Research*, 93: 5559 - 5567. DOI: 10.1029/JA093iA06p05559.

Hood, A. W., Priest, E. R., 1979. Kink instability of solar coronal loops as the cause of solar flares [J]. *Solar Physics*, 64: 303 - 321. DOI: 10.1007/BF00151441.

Hood, A. W., Priest, E. R., 1980. Magnetic instability of coronal arcades as the origin of two-ribbon flares[J]. *Solar Physics*, 66: 113 - 134. DOI: 10.1007/BF00150523.

Hood, A. W., Priest, E. R., 1981. Critical conditions for magnetic instabilities in force-free coronal loops[J]. *Geophysical and Astrophysical Fluid Dynamics*, 17: 297 - 318. DOI: 10.1080/0309192 8108243687.

Jeffrey, A., 1966. Magnetohydrodynamic Stability and Thermonuclear Containment[M]. New York: Academic Press.

Kane, S. R., Kai, K., Kosugi, T., et al., 1983. Acceleration and confinement of energetic particles in the 1980 June 7 solar flare[J]. *The Astrophysical Journal*, 271: 376 - 387. DOI: 10.1086/161203.

Kliem, B., Török, T., 2006. Torus Instability[J]. *Physical Review Letters*, 96(25), 255002: 255002. DOI: 10.1103/PhysRevLett.96.255002.

Kruskal, M., Schwarzschild, M., 1954. Some Instabilities of a Completely Ionized Plasma[J]. *Proceedings of the Royal Society of London Series A*, 223: 348 - 360. DOI: 10.1098/rspa.1954.0120.

Kruskal, M., Tuck, J. L., 1958. The Instability of a Pinched Fluid with a Longitudinal Magnetic Field [J]. *Proceedings of the Royal Society of London Series A*, 245: 222 - 237. DOI: 10.1098/rsp a.1958.0079.

Kulsrud, R. M., 2005. Plasma Physics for Astrophysics[M]. Princeton, NJ: Princeton University Press.

Lau, Y T., Finn, J. M., 1990. Three-dimensional kinematic reconnection in the presence of field nulls and closed field lines[J]. *The Astrophysical Journal*, 350: 672 - 691. DOI: 10.1086/168419.

Leighton, R. B., 1969. A Magneto-Kinematic Model of the Solar Cycle[J]. *The Astrophysical Journal*, 156: 1. DOI: 10.1086/149943.

Lighthill, M. J., 1960. Studies on Magneto-Hydrodynamic Waves and other Anisotropic Wave Motions [J]. *Philosophical Transactions of the Royal Society of London Series A*, 252(1014): 397 - 430. DOI: 10.1098/rsta.1960.0010.

Love, A. E. H., 1911. Some Problems of Geodynamics[M]. Cambridge: University Press.

Low, B. C., 1993. Three-dimensional Structures of Magnetostatic Atmospheres. VI. Examples of Coupled Electric Current Systems[J]. *The Astrophysical Journal*, 408: 693. DOI: 10.1086/1726 30.

Low, B. C., 2005. Three-dimensional Structures of Magnetostatic Atmospheres. VII. Magnetic Flux Surfaces and Boundary Conditions[J]. *The Astrophysical Journal*, 625(1): 451 - 462. DOI: 10.1086/429404.

Maehara, H., Shibayama, T., Notsu, S., et al., 2012. Superflares on solar-type stars[J]. *Nature*, 485: 478 - 481. DOI: 10.1038/nature11063.

Masson, S., Pariat, E., Aulanier, G., et al., 2009. The Nature of Flare Ribbons in Coronal Null-Point Topology[J]. *The Astrophysical Journal*, 700: 559 - 578. DOI: 10.1088/0004-637X/700/1/559.

Newcomb, W. A., 1960. Hydromagnetic stability of a diffuse linear pinch[J]. *Annals of Physics*, 10: 232 - 267. DOI: 10.1016/0003-4916(60)90023-3.

Orwig, L. E., Frost, K. J., Dennis, B. R., 1981. Observations of solar flares on 1980 April 30 and

June 7 with the hard X-ray burst spectrometer[J]. *The Astrophysical Journal Letters*, 244: L163 - L166. DOI: 10.1086/183503.

Parker, E. N., 1957. Sweet's Mechanism for Merging Magnetic Fields in Conducting Fluids[J]. *Journal of Geophysics Research*, 62: 509 - 520. DOI: 10.1029/JZ062i004p00509.

Parker, E. N., 1993. A Solar Dynamo Surface Wave at the Interface between Convection and Nonuniform Rotation[J]. *The Astrophysical Journal*, 408: 707. DOI: 10.1086/172631.

Parker, E. N., 1955. Hydromagnetic Dynamo Models[J]. *The Astrophysical Journal*, 122: 293. DOI: 10.1086/146087.

Pekeris, C. L., 1948. Theory of Propagation of Explosive Sound in Shallow Water[G]//Propagation of Sound in the Ocean. New York: The Geological Society of America. DOI: 10.1130/mem27- 2-p1.

Petschek, H. E., 1964. Magnetic Field Annihilation[J]. *NASA Special Publication*, 50: 425.

Priest, E., 2014. Magnetohydrodynamics of the Sun[M]. Cambridge, UK: Cambridge University Press.

Priest, E., Forbes, T., 2000. Magnetic Reconnection: MHD Theory and Applications[M]. Cambridge, UK: Cambridge University Press.

Priest, E. R., Démoulin, P., 1995. Three-dimensional magnetic reconnection without null points. 1. Basic theory of magnetic flipping[J]. *Journal of Geophysics Research*, 100: 23443 - 23464. DOI: 10.1029/95JA02740.

Priest, E. R., Forbes, T. G., 1992. Magnetic flipping - Reconnection in three dimensions without null points[J]. *Journal of Geophysics Research*, 97: 1521 - 1531. DOI: 10.1029/91JA02435.

Priest, E. R., Titov, V. S., 1996. Magnetic Reconnection at Three-Dimensional Null Points[J]. *Philosophical Transactions of the Royal Society of London Series A*, 354: 2951 - 2992. DOI: 10.1098/rsta.1996.0136.

Priest, E., 1984. Solar Magnetohydrodynamics[M]. Springer Netherlands.

Pucci, F., Velli, M., 2014. Reconnection of Quasi-singular Current Sheets: The "Ideal" Tearing Mode [J]. *The Astrophysical Journal Letters*, 780, L19: L19. DOI: 10.1088/2041-8205/780/2/L 19.

Roberts, B., 1981a. Wave Propagation in a Magnetically Structured Atmosphere - Part One - Surface Waves at a Magnetic Interface[J]. *Solar Physics*, 69(1): 27 - 38. DOI: 10.1007/BF001 51253.

Roberts, B., 1981b. Wave Propagation in a Magnetically Structured Atmosphere - Part Two - Waves in a Magnetic Slab[J]. *Solar Physics*, 69(1): 39 - 56. DOI: 10.1007/BF00151254.

Roberts, B., Edwin, P. M., Benz, A. O., 1984. On coronal oscillations[J]. *The Astrophysical Journal*, 279: 857 - 865. DOI: 10.1086/161956.

Rosenberg, H., 1970. Evidence for MHD Pulsations in the Solar Corona[J]. *Astronomy and Astrophysics*, 9: 159.

Schindler, K., Hesse, M., Birn, J., 1988. General magnetic reconnection, parallel electric fields, and helicity[J]. *Journal of Geophysics Research*, 93: 5547 - 5557. DOI: 10.1029/JA093iA06p05547.

Shafranov, V. D., 1966. Plasma Equilibrium in a Magnetic Field[J]. *Reviews of Plasma Physics*, 2: 103.

Shibata, K., Tanuma, S., 2001. Plasmoid-induced-reconnection and fractal reconnection[J]. *Earth, Planets, and Space*, 53: 473 - 482. DOI: 10.1186/BF03353258.

Somov, B. V., 2006. Plasma Astrophysics, Part I: Fundamentals and Practice[M]. Springer New York. DOI: 10.1007/978-0-387-48427-3.

Spitzer, L., 1962. Physics of Fully Ionized Gases[M]. New York: Interscience Publishers.

Spruit, H. C., Daigne, F., Drenkhahn, G., 2001. Large scale magnetic fields and their dissipation in GRB fireballs [J]. *Astronomy and Astrophysics*, 369: 694 - 705. DOI: 10.1051/0004-6361:200 10131.

Steenbeck, M., Krause, F., Rädler, K., 1966. Berechnung der mittleren LORENTZ-Feldstärke für ein elektrisch leitendes Medium in turbulenter, durch CORIOLIS-Kräfte beeinflußter Bewe-gung [J]. *Zeitschrift Naturforschung Teil A*, 21: 369. DOI: 10.1515/zna-1966-0401.

Sweet, P. A., 1958. The Neutral Point Theory of Solar Flares[C]//Lehnert, B. IAU Symposium: Electromagnetic Phenomena in Cosmical Physics: vol. 6: 123.

Syrovatskiĭ, S. I., 1971. Formation of Current Sheets in a Plasma with a Frozen-in Strong Magnetic Field[J]. *Soviet Journal of Experimental and Theoretical Physics*, 33: 933.

Takakura, T., Kaufmann, P., Costa, J. E. R., et al., 1983. Sub-second pulsations simultaneously observed at microwaves and hard X rays in a solar burst[J]. *Nature*, 302(5906): 317 - 319. DOI: 10.1038/302317a0.

Tapping, K. F., 1978. Meter wavelength pulsating bursts during the May 21, 1072, solar noise storm. [J]. *Solar Physics*, 59(1): 145 - 158. DOI: 10.1007/BF00154938.

Titov, V. S., Démoulin, P., 1999. Basic topology of twisted magnetic configurations in solar flares[J]. *Astronomy and Astrophysics*, 351: 707 - 720.

Török, T., Kliem, B., 2005. Confined and Ejective Eruptions of Kink-unstable Flux Ropes[J]. *The Astrophysical Journal Letters*, 630: L97 - L100. DOI: 10.1086/462412.

Trottet, G., Kerdraon, A., Benz, A. O., et al., 1981. Quasi-periodic short-term modulations during a moving type IV burst[J]. *Astronomy and Astrophysics*, 93(1-2): 129 - 135.

Uzdensky, D. A., 2016. Radiative Magnetic Reconnection in Astrophysics[C]//Gonzalez, W., Parker, E. Astrophysics and Space Science Library: Magnetic Reconnection: Concepts and Applications: vol. 427: 473. DOI: 10.1007/978-3-319-26432-5_12.

Vasyliunas, V. M., 1975. Theoretical models of magnetic field line merging. I [J]. *Reviews of Geophysics and Space Physics*, 13: 303 - 336. DOI: 10.1029/RG013i001p00303.

Wang, Y., Sheeley N. R., J., Nash, A. G., 1991. A New Solar Cycle Model Including Meridional Circulation[J]. *The Astrophysical Journal*, 383: 431. DOI: 10.1086/170800.

Zou, Y., Walsh, B. M., Nishimura, Y., et al., 2018. Spreading Speed of Magnetopause Reconnection X-Lines Using Ground-Satellite Coordination[J]. *Geophysics Research Letters*, 45: 80 - 89. DOI: 10.1002/2017GL075765.

Zweibel, E. G., Yamada, M., 2009. Magnetic Reconnection in Astrophysical and Laboratory Plasmas [J]. *Annual Review of Astronomy and Astrophysics*, 47: 291 - 332. DOI: 10.1146/ann urev-astro-082708 - 101726.

附录一　国际单位制和高斯单位制之间的公式变换和单位换算

电磁学的单位制中最常用的是国际单位制和高斯制。虽然国际计量部门一再呼吁统一采用国际单位制，但一些人或某些领域仍习惯各行其所。权宜之计是同时学会这两种单位制，应对既成事实。另外，掌握不同单位制中单位和公式的相互转换，将对查阅书刊文献会带来方便。

1. 国际单位制

国际单位制是由1960年十一届国际计量大会正式通过并命名的单位制，以后的计量大会又对它做了修改和补充，使其更加完善，其代号为SI。国际单位制的基本单位共七个：米(m)、千克(kg)、秒(s)、安培(A)、开尔文(温度，K)、摩尔(物质的量，mol)和坎德拉(发光强度，cd)。仅前四个单位与电磁学有关，它们组成了电磁学的国际单位制(MKSA制)。国际单位制中有另外两个辅助单位：弧度(角度单位，rad)和球面度(立体角单位，sr)。

如上所述，在基本量和基本单位选定之后，其他物理量(导出量)的单位也就通过选择适当的定义方程而随之确定了。在一选定单位制下表述物理定律时，如果定律中的各个物理量单位都已确定，其比例系数只能由实验确定。例如，在国际制下，库仑定律$F=q_1q_2/(4\pi\varepsilon_0 r^2)$中，$q$以库[仑]为单位，$r$以米为单位，$F$以牛[顿]为单位，则式中的$\varepsilon_0$(真空介电常量或电容率)只能由实验确定：$\varepsilon_0=8.85\times10^{-12}\ \mathrm{C^2\cdot N^{-1}\cdot m^{-2}}$。类似的情况出现于安培定律$F=\mu_0 l_1 l_2 I_1 I_2/(4\pi r^2)$之中，其中的$\mu_0$(真空磁导率)由实验确定：$\mu_0=4\pi\times10^{-7}\ \mathrm{N\cdot A^{-2}}$。$\varepsilon_0$和$\mu_0$是MKSA制中两个极重要的常量。前述库仑定律和安培定律中引入的因子4π，是为了使包含场源的麦克斯韦方程中不出现这个因子，从物理上显得更加“合理”。因此，MKSA制又称为有理化单位制。

在国际单位制中，麦克斯韦方程组为

$$\nabla\times\vec{E}=-\frac{\partial\vec{B}}{\partial t}$$

$$\nabla\times\vec{B}=\varepsilon_0\mu_0\frac{\partial\vec{E}}{\partial t}+\mu_0\vec{j}$$

$$\nabla\cdot\vec{E}=\frac{\rho}{\varepsilon_0}$$

$$\nabla\cdot\vec{B}=0$$

上式中ρ和$\vec{j}$分别为总电荷密度和总电流密度。由上述方程组可得，真空中波动方程组为

$$\left(\nabla^2-\varepsilon_0\mu_0\frac{\partial^2}{\partial t^2}\right)\vec{E}=0$$

$$\left(\nabla^2-\varepsilon_0\mu_0\frac{\partial^2}{\partial t^2}\right)\vec{B}=0$$

因而 $c^2=\dfrac{1}{\varepsilon_0\mu_0}$。

磁流体力学中经常采用这一形式的麦克斯韦方程组：

$$\vec{D}=\varepsilon_0\vec{E}+\vec{P}$$

$$\vec{H}=\frac{1}{\mu_0}\vec{B}-\vec{M}$$

于是麦克斯韦方程组的另一形式为

$$\nabla\times\vec{E}=-\frac{\partial\vec{B}}{\partial t}$$

$$\nabla\times\vec{H}=\frac{\partial\vec{D}}{\partial t}+\vec{j}_0$$

$$\nabla\cdot\vec{D}=\rho_0$$

$$\nabla\cdot\vec{B}=0$$

上式中 ρ_0 和 $\vec{j}_0$ 分别为自由电荷密度和自由电流密度。

表 1.1　国际单位制中的电磁学量和单位

量	定义公式	单位
长度(l)	—	米(m)
质量(m)	—	千克(kg)
时间(t)	—	秒(s)
力(F)	$F=m\dfrac{\mathrm{d}^2x}{\mathrm{d}t^2}$	牛顿(N)，$1\ \mathrm{N}=1\ \mathrm{kg\ m/s^2}$
电流强度(I)	$\dfrac{F}{l}=\dfrac{\mu_0}{4\pi}\dfrac{2I_1I_2}{r}$	安培(A)
磁感应强度①(B)	$B=\dfrac{\mu_0}{4\pi}\dfrac{2I}{r}$	特斯拉(T)，$1\ \mathrm{T}=1\ \mathrm{N/(A\ m)}$
磁场强度(H)	$H=\dfrac{B}{\mu_0}$	安培/米(A/m)
电量(q)	$I=\dfrac{\mathrm{d}q}{\mathrm{d}t}$	库仑(C)，$1\ \mathrm{C}=1\ \mathrm{A\ s}$
电场强度(E)	$E=\dfrac{1}{4\pi\varepsilon_0}\dfrac{e}{r^2}$	伏特/米(V/m)，$1\ \mathrm{V/m}=1\ \mathrm{N/C}$
磁通量(Φ_m)	$\Phi_m=\int_S\vec{B}\cdot\mathrm{d}\vec{S}$	韦伯(Wb)，$1\ \mathrm{Wb}=1\ \mathrm{T\ m^2}$
电位移(D)	$D=\varepsilon_0E$	库仑/米^2(C/m^2)

① 此处使用“磁感应强度”以区别磁场强度 H。

2. 高斯单位制

高斯单位制是一种混合单位制，由静电(CGSE)制和静磁(CGSM)制混合而成。这三种单位制的基本单位都是三个：厘米(cm)、克(g)、秒(s)。

静电制和静磁制的导出单位一般没有特别的名称，分别通称为 CGSE 单位和 CGSM 单位。在高斯制下，电学量使用 CGSE 单位，磁学量则使用 CGSM 单位。对于 CGSE 制，首先定义导出单位的电磁学量是电量，定义方程为真空中的库仑定律 $F=k_e q_1 q_2/r^2$，令 $k_e=1$。于是，相距 1 cm、作用力为 1 dyn(达因)的两个同样的点电荷，它们所带的电量为 $1\ q_{CGSE}$，相应的电量量纲为$[q_{CGSE}]=L^{3/2}M^{1/2}T^{-1}$。电流强度也属于导出量，其定义方程为 $I=q/t$，相应导出单位记为 I_{CGSE}，$1\ I_{CGSE}=1\ q_{CGSE}/\mathrm{s}$。对于 *CGSM* 制，首光定义导出单位的电磁学量是电流强度，定义方程为真空中两根电流强度同为 I 的无穷长平行载流导线的相互作用力公式 $F=2lI^2/r$，式中 l 为考察的受力导线段的长度，r 为两导线的垂直距离，导线截面积远小于 r。我们将相距 $r=2$ cm、作用在长度 $l=1$ cm 的导线段上的力为$F=1$ dyn 时的 I 定义为单位电流强度，记为 I_{CGSM}。于是，静电制和静磁制各自定义了电流强度的单位，这两种单位之间的关系只能用实验来确定，其结果为 $I_{CGSM}=I_{CGSE}/c$，其中 $c=3\times10^{10}$ cm/s，它正是真空中电磁波的传播速度。高斯制启用静电制的电流强度单位，即电流强度为 I_{CGSE}。在距离电流强度 I_{CGSE}的长直导线 r 处的磁感应强度为 $B=\frac{2I_{CGSE}}{cr}$。

麦克斯韦方程组在高斯制中为

$$\nabla\times\vec{E}=-\frac{1}{c}\frac{\partial\vec{B}}{\partial t}$$

$$\nabla\times\vec{B}=\frac{1}{c}\frac{\partial\vec{E}}{\partial t}+\frac{4\pi}{c}\vec{j}$$

$$\nabla\cdot\vec{E}=4\pi\rho$$

$$\nabla\cdot\vec{B}=0$$

式中 ρ 和 $\vec{j}$ 分别为总电荷密度和总电流密度。磁流体力学中通常采用这种形式的麦克斯韦方程组(此时习惯用 $\vec{B}$ 代表磁场)。

对一般介质，有

$$\vec{D}=\vec{E}+4\pi\vec{P},\vec{H}=\vec{B}-4\pi\vec{M}$$

于是麦克斯韦方程组便取如下形式

$$\nabla\times\vec{E}=-\frac{1}{c}\frac{\partial\vec{B}}{\partial t}$$

$$\nabla\times\vec{H}=\frac{1}{c}\frac{\partial\vec{D}}{\partial t}+\frac{4\pi}{c}\vec{j}_0$$

$$\nabla\cdot\vec{D}=4\pi\rho_0$$

$$\nabla\cdot\vec{B}=0$$

表 1.2　高斯单位制中的电磁学量和单位

量	定义公式	单位
长度(l)	—	厘米(cm)
质量(m)	—	克(g)
时间(t)	—	秒(s)
力(F)	$F=m\dfrac{d^2x}{dt^2}$	达因(dyn),1 dyn=1 g cm/s^2
电量(q_{CGSE})	$F=\dfrac{q_1q_2}{r^2}$	静电库仑(C_{CGSE}),1 C_{CGSE}=1 dyn$^{1/2}$ cm
电场强度(E)	$E=\dfrac{q_{CGSE}}{r^2}$	1 V_{CGSE}/cm=1 dyn$^{1/2}$/cm
电位移(D)	$D=\varepsilon E$	V_{CGSE}/cm
电流强度(I_{CGSE})	$\dfrac{F}{l}=\dfrac{2I_1I_2}{r}$	静电安培(A_{CGSE}),1 A_{CGSE}=1 dyn$^{1/2}$
磁感应强度(B)	$B=\dfrac{2I}{r}$	高斯(G),1 G=1 A_{CGSE}/cm
磁场强度(H)	$H=\dfrac{B}{\mu}$	奥斯特(Oe),1 Oe=1 G
磁通量(Φ_m)	$\Phi_m=\int_S\vec{B}\cdot d\vec{S}$	麦克斯韦(Mx),1 Mx=1 G cm^2

3. 国际单位制与高斯单位制的变换关系

在两个单位制中对同一个方程进行比较,便可看出如何将一个单位制的量变换到另一个单位制。例如库仑定律,经比较表明,必须用$q(4\pi\varepsilon_0)^{-1/2}$来代替高斯单位制中的$q$,才能得到相应的国际单位制公式。其他量也如此操作,便可得到下列一组变换关系(此关系是可逆的)。

表 1.3　高斯单位制与国际单位制的公式变换关系

量	高斯单位制	国际单位制
光速	c	$(\varepsilon_0\mu_0)^{-1/2}$
电量	q	$q(4\pi\varepsilon_0)^{-1/2}$
电荷密度	ρ	$\rho(4\pi\varepsilon_0)^{-1/2}$
电流强度	I	$I(4\pi\varepsilon_0)^{-1/2}$
电流密度	j	$j(4\pi\varepsilon_0)^{-1/2}$
电场强度	E	$E(4\pi\varepsilon_0)^{1/2}$
磁感应强度	B	$B(4\pi/\mu_0)^{1/2}$
电位移	D	$D(4\pi/\varepsilon_0)^{1/2}$
磁场强度	H	$H(4\pi/\mu_0)^{1/2}$
介电常数	ε	$\varepsilon/\varepsilon_0$
磁导率	μ	μ/μ_0
电导率	σ	$\sigma(4\pi\varepsilon_0)^{-1}$

表 1.4 高斯单位制与国际单位制的单位换算

量	高斯单位制	国际单位制
长度	1 cm	10^{-2} m
质量	1 g	10^{-3} kg
时间	1 s	1 s
力	1 dyn	10^{-5} N
压强	1 dyn cm^{-2}	0.1 N m^{-2}
能量	1 erg(尔格)	10^{-7} J
	1 cal(卡路里)	4.185 J
功率	1 erg s^{-1}	10^{-7} W(瓦特)
能流	1 erg cm^{-2} s^{-1}	10^{-3} W m^{-2}
电量	1 C_{CGSE}	$\frac{1}{3}\times10^{-9}$ C
电场强度	1 V_{CGSE} cm^{-1}	3×10^{4} V m^{-1}
电位移	1 V_{CGSE} cm^{-2}	$\frac{1}{12\pi}\times10^{-5}$ C m^{-2}
电流强度	1 A_{CGSE}	$\frac{1}{3}\times10^{-9}$ A
电流密度	1 A_{CGSE} cm^{-2}	$\frac{1}{3}\times10^{-5}$ A m^{-2}
电导率	1 s^{-1}	$\frac{1}{9}\times10^{-9}$
磁感应强度	1 G	10^{-4} T
磁通量	1 Mx	10^{-8} Wb
磁场强度	1 Oe	$\frac{1}{4\pi}\times10^{3}$ A m^{-1}

表 1.5 麦克斯韦方程组的几种形式

	国际单位制		高斯单位制	
	(a)	(b)	(a)	(b)
法拉第定律	$\nabla\times\vec{E}=-\frac{\partial\vec{B}}{\partial t}$	$\nabla\times\vec{E}=-\frac{\partial\vec{B}}{\partial t}$	$\nabla\times\vec{E}=-\frac{1}{c}\frac{\partial\vec{B}}{\partial t}$	$\nabla\times\vec{E}=-\frac{1}{c}\frac{\partial\vec{B}}{\partial t}$
安培定律	$\nabla\times\vec{H}=\frac{\partial\vec{D}}{\partial t}+\vec{j}_0$	$\nabla\times\vec{B}=\varepsilon_0\mu_0\frac{\partial\vec{E}}{\partial t}+\mu_0\vec{j}$	$\nabla\times\vec{H}=\frac{1}{c}\frac{\partial\vec{D}}{\partial t}+\frac{4\pi}{c}\vec{j}_0$	$\nabla\times\vec{B}=\frac{1}{c}\frac{\partial\vec{E}}{\partial t}+\frac{4\pi}{c}\vec{j}$
高斯定理	$\nabla\cdot\vec{D}=\rho_0$	$\nabla\cdot\vec{E}=\frac{\rho}{\varepsilon_0}$	$\nabla\cdot\vec{D}=4\pi\rho_0$	$\nabla\cdot\vec{E}=4\pi\rho$
	$\nabla\cdot\vec{B}=0$	$\nabla\cdot\vec{B}=0$	$\nabla\cdot\vec{B}=0$	$\nabla\cdot\vec{B}=0$

续　表

	国际单位制		高斯单位制	
	(a)	(b)	(a)	(b)
作用于电荷 q 上的洛伦兹力	$q(\vec{E}+\vec{v}\times\vec{B})$		$q(\vec{E}+\frac{1}{c}\vec{v}\times\vec{B})$	
	$\vec{D}=\varepsilon\vec{E}$		$\vec{D}=\varepsilon\vec{E}$	
	$\vec{B}=\mu\vec{H}$		$\vec{B}=\mu\vec{H}$	

在等离子体中，

$$\mu\approx\mu_0=4\pi\times10^{-7}\ \mathrm{H\ m^{-1}}(\text{高斯单位制中 }\mu\approx1)$$

$$\varepsilon\approx\varepsilon_0=8.854\ 2\times10^{-12}\ \mathrm{F\ m^{-1}}(\text{高斯单位制中 }\varepsilon\approx1)$$

在等离子体(包括磁流体力学)中常采用表 1.5 中(b)组所示的麦克斯韦方程组。

附录二　常用坐标系(直角坐标系、柱坐标系、球坐标系)中的微分算子表达式

设 A 为标量,$\vec{B}$ 为矢量。

对直角坐标系(x,y,z),有

$$\nabla A=\frac{\partial A}{\partial x}\hat{e}_x+\frac{\partial A}{\partial y}\hat{e}_y+\frac{\partial A}{\partial z}\hat{e}_z$$

$$\nabla\cdot\vec{B}=\frac{\partial B_x}{\partial x}+\frac{\partial B_y}{\partial y}+\frac{\partial B_z}{\partial z}$$

$$\nabla\times\vec{B}=\left(\frac{\partial B_z}{\partial y}-\frac{\partial B_y}{\partial z}\right)\hat{e}_x+\left(\frac{\partial B_x}{\partial z}-\frac{\partial B_z}{\partial x}\right)\hat{e}_y+\left(\frac{\partial B_y}{\partial x}-\frac{\partial B_x}{\partial y}\right)\hat{e}_z$$

$$\nabla^2 A=\frac{\partial^2 A}{\partial x^2}+\frac{\partial^2 A}{\partial y^2}+\frac{\partial^2 A}{\partial z^2}$$

$$\begin{aligned}(\vec{B}\cdot\nabla)\vec{B}=&\left(B_x\frac{\partial B_x}{\partial x}+B_y\frac{\partial B_x}{\partial y}+B_z\frac{\partial B_x}{\partial z}\right)\hat{e}_x\\&+\left(B_x\frac{\partial B_y}{\partial x}+B_y\frac{\partial B_y}{\partial y}+B_z\frac{\partial B_y}{\partial z}\right)\hat{e}_y\\&+\left(B_x\frac{\partial B_z}{\partial x}+B_y\frac{\partial B_z}{\partial y}+B_z\frac{\partial B_z}{\partial z}\right)\hat{e}_z\end{aligned}$$

对柱坐标系(r,θ,z),有

$$\nabla A=\frac{\partial A}{\partial r}\hat{e}_r+\frac{1}{r}\frac{\partial A}{\partial\theta}\hat{e}_\theta+\frac{\partial A}{\partial z}\hat{e}_z$$

$$\nabla\cdot\vec{B}=\frac{1}{r}\frac{\partial}{\partial r}(rB_r)+\frac{1}{r}\frac{\partial B_\theta}{\partial\theta}+\frac{\partial B_z}{\partial z}$$

$$\nabla\times\vec{B}=\left(\frac{1}{r}\frac{\partial B_z}{\partial\theta}-\frac{\partial B_\theta}{\partial z}\right)\hat{e}_r+\left(\frac{\partial B_r}{\partial z}-\frac{\partial B_z}{\partial r}\right)\hat{e}_\theta+\frac{1}{r}\left[\frac{\partial}{\partial r}(rB_\theta)-\frac{\partial B_r}{\partial\theta}\right]\hat{e}_z$$

$$\nabla^2 A=\frac{1}{r}\frac{\partial}{\partial r}\left(r\frac{\partial A}{\partial r}\right)+\frac{1}{r^2}\frac{\partial^2 A}{\partial\theta^2}+\frac{\partial^2 A}{\partial z^2}$$

$$\begin{aligned}(\vec{B}\cdot\nabla)\vec{B}=&\left(B_r\frac{\partial B_r}{\partial r}+\frac{B_\theta}{r}\frac{\partial B_r}{\partial\theta}-\frac{B_\theta^2}{r}+B_z\frac{\partial B_r}{\partial z}\right)\hat{e}_r\\&+\left[\frac{B_r}{r}\frac{\partial}{\partial r}(rB_\theta)+\frac{B_\theta}{r}\frac{\partial B_\theta}{\partial\theta}+B_z\frac{\partial B_\theta}{\partial z}\right]\hat{e}_\theta\end{aligned}$$

$$+\left(B_r\frac{\partial B_z}{\partial r}+\frac{B_\theta}{r}\frac{\partial B_z}{\partial\theta}+B_z\frac{\partial B_z}{\partial z}\right)\hat{e}_z$$

对球坐标系(r,θ,ϕ),有

$$\nabla A=\frac{\partial A}{\partial r}\hat{e}_r+\frac{1}{r}\frac{\partial A}{\partial\theta}\hat{e}_\theta+\frac{1}{r\sin\theta}\frac{\partial A}{\partial\phi}\hat{e}_\phi$$

$$\nabla\cdot\vec{B}=\frac{1}{r^2}\frac{\partial}{\partial r}(r^2B_r)+\frac{1}{r\sin\theta}\frac{\partial}{\partial\theta}(B_\theta\sin\theta)+\frac{1}{r\sin\theta}\frac{\partial B_\phi}{\partial\phi}$$

$$\nabla\times\vec{B}=\frac{1}{r\sin\theta}\left[\frac{\partial}{\partial\theta}(B_\phi\sin\theta)-\frac{\partial B_\theta}{\partial\phi}\right]\hat{e}_r+\left[\frac{1}{r\sin\theta}\frac{\partial B_r}{\partial\phi}-\frac{1}{r}\frac{\partial}{\partial r}(rB_\phi)\right]\hat{e}_\theta$$

$$+\frac{1}{r}\left[\frac{\partial}{\partial r}(rB_\theta)-\frac{\partial B_r}{\partial\theta}\right]\hat{e}_\phi$$

$$\nabla^2A=\frac{1}{r^2}\frac{\partial}{\partial r}\left(r^2\frac{\partial A}{\partial r}\right)+\frac{1}{r^2\sin\theta}\frac{\partial}{\partial\theta}\left(\sin\theta\frac{\partial A}{\partial\theta}\right)+\frac{1}{r^2\sin^2\theta}\frac{\partial^2A}{\partial\phi^2}$$

$$(\vec{B}\cdot\nabla)\vec{B}=\left(B_r\frac{\partial B_r}{\partial r}+\frac{B_\theta}{r}\frac{\partial B_r}{\partial\theta}-\frac{B_\theta^2+B_\phi^2}{r}+\frac{B_\phi}{r\sin\theta}\frac{\partial B_r}{\partial\phi}\right)\hat{e}_r$$

$$+\left[B_r\frac{\partial B_\theta}{\partial r}+\frac{B_\theta}{r}\frac{\partial B_\theta}{\partial\theta}+\frac{B_rB_\theta}{r}+\frac{B_\phi}{r\sin\theta}\left(\frac{\partial B_\theta}{\partial\phi}-\cos\theta B_\phi\right)\right]\hat{e}_\theta$$

$$+\left[B_r\frac{\partial B_\phi}{\partial r}+\frac{B_\theta}{r\sin\theta}\frac{\partial}{\partial\theta}(B_\phi\sin\theta)+\frac{B_rB_\phi}{r}+\frac{B_\phi}{r\sin\theta}\frac{\partial B_\phi}{\partial\phi}\right]\hat{e}_\phi$$

附录三　常用的矢量和张量运算公式

设 f、g 为标量；$\vec{A},\vec{B},\cdots$为矢量；$\overleftrightarrow{T}$ 为张量；$\ddot{I}$为单位张量。有

$$\vec{A}\cdot\vec{B}\times\vec{C}=\vec{A}\times\vec{B}\cdot\vec{C}=\vec{B}\cdot\vec{C}\times\vec{A}=\vec{B}\times\vec{C}\cdot\vec{A}=\vec{C}\cdot\vec{A}\times\vec{B}=\vec{C}\times\vec{A}\cdot\vec{B}$$

$$\vec{A}\times(\vec{B}\times\vec{C})=(\vec{C}\times\vec{B})\times\vec{A}=(\vec{A}\cdot\vec{C})\vec{B}-(\vec{A}\cdot\vec{B})\vec{C}$$

$$\vec{A}\times(\vec{B}\times\vec{C})+\vec{B}\times(\vec{C}\times\vec{A})+\vec{C}\times(\vec{A}\times\vec{B})=0$$

$$(\vec{A}\times\vec{B})\cdot(\vec{C}\times\vec{D})=(\vec{A}\cdot\vec{C})(\vec{B}\cdot\vec{D})-(\vec{A}\cdot\vec{D})(\vec{B}\cdot\vec{C})$$

$$(\vec{A}\times\vec{B})\times(\vec{C}\times\vec{D})=(\vec{A}\times\vec{B}\cdot\vec{D})\vec{C}-(\vec{A}\times\vec{B}\cdot\vec{C})\vec{D}$$

$$\nabla(fg)=\nabla(gf)=f\nabla g+g\nabla f$$

$$\nabla\cdot(f\vec{A})=f\nabla\cdot\vec{A}+\vec{A}\cdot\nabla f$$

$$\nabla\times(f\vec{A})=f\nabla\times\vec{A}+\nabla f\times\vec{A}$$

$$\nabla\cdot(\vec{A}\times\vec{B})=\vec{B}\cdot\nabla\times\vec{A}-\vec{A}\cdot\nabla\times\vec{B}$$

$$\nabla\times(\vec{A}\times\vec{B})=\vec{A}(\nabla\cdot\vec{B})-\vec{B}(\nabla\cdot\vec{A})+(\vec{B}\cdot\nabla)\vec{A}-(\vec{A}\cdot\nabla)\vec{B}$$

$$\vec{A}\times(\nabla\times\vec{B})=(\nabla\vec{B})\cdot\vec{A}-(\vec{A}\cdot\nabla)\vec{B}$$

$$\nabla(\vec{A}\cdot\vec{B})=\vec{A}\times(\nabla\times\vec{B})+\vec{B}\times(\nabla\times\vec{A})+(\vec{A}\cdot\nabla)\vec{B}+(\vec{B}\cdot\nabla)\vec{A}$$

$$\nabla^2 f=\nabla\cdot\nabla f$$

$$\nabla^2\vec{A}=\nabla(\nabla\cdot\vec{A})-\nabla\times\nabla\times\vec{A}$$

$$\nabla\times\nabla f=0$$

$$\nabla\cdot\nabla\times\vec{A}=0$$

如果令$\hat{e}_1$、$\hat{e}_2$、$\hat{e}_3$ 为正交单位矢量，二阶张量$\overleftrightarrow{T}$可以写成并矢形式：

$$\overleftrightarrow{T}=\sum_{i,j}T_{ij}\,\hat{e}_i\,\hat{e}_j$$

在直角坐标系中，张量的散度是具有下述所示分量的矢量。一般地，有

$$\nabla\cdot(\vec{A}\vec{B})=(\nabla\cdot\vec{A})\vec{B}+(\vec{A}\cdot\nabla)\vec{B}$$

$$\nabla\cdot(f\overleftrightarrow{T})=\nabla f\cdot\overleftrightarrow{T}+f\nabla\cdot\overleftrightarrow{T}$$

令 $\vec{r}=x\hat{e}_1+y\hat{e}_2+z\hat{e}_3$ 为距离原点 $\vec{r}(x,y,z)$处的径向矢量，有

$$\nabla \cdot \vec{r} = 3$$

$$\nabla \times \vec{r} = 0$$

$$\nabla r = \frac{\vec{r}}{r}$$

$$\nabla (1/r) = -\vec{r}/r^3$$

$$\nabla \cdot (\vec{r}/r^3) = 4\pi\delta(\vec{r})$$

$$\nabla \vec{r} = \overleftrightarrow{I}$$

如果 V 为表面积 S 所包围的体积，$\mathrm{d}\vec{S} = \hat{n}\mathrm{d}S$，$\hat{n}$ 为从 V 内向外的单位法向矢量，有

$$\int_V \mathrm{d}V \nabla f = \int_S \mathrm{d}\vec{S} f$$

$$\int_V \mathrm{d}V \nabla \cdot \vec{A} = \int_S \mathrm{d}\vec{S} \cdot \vec{A}$$

$$\int_V \mathrm{d}V \nabla \cdot \overleftrightarrow{T} = \int_S \mathrm{d}\vec{S} \cdot \overleftrightarrow{T}$$

$$\int_V \mathrm{d}V \nabla \times \vec{A} = \int_S \mathrm{d}\vec{S} \times \vec{A}$$

$$\int_V \mathrm{d}V (f\nabla^2 g - g\nabla^2 f) = \int_S \mathrm{d}\vec{S} \cdot (f\nabla g - g\nabla f)$$

$$\int_V \mathrm{d}V (\vec{A} \cdot \nabla \times \nabla \times \vec{B} - \vec{B} \cdot \nabla \times \nabla \times \vec{A}) = \int_S \mathrm{d}\vec{S} \cdot (\vec{B} \times \nabla \times \vec{A} - \vec{A} \times \nabla \times \vec{B})$$

如果 S 为周线 C 包围的开放曲面，$\mathrm{d}\vec{l}$ 为周线 C 的线元，有

$$\int_S \mathrm{d}\vec{S} \times \nabla f = \oint_C \mathrm{d}\vec{l} f$$

$$\int_S \mathrm{d}\vec{S} \cdot \nabla \times \vec{A} = \oint_C \mathrm{d}\vec{l} \cdot \vec{A}$$

$$\int_S (\mathrm{d}\vec{S} \times \nabla) \times \vec{A} = \oint_C \mathrm{d}\vec{l} \times \vec{A}$$

$$\int_S \mathrm{d}\vec{S} \cdot (\nabla f \times \nabla g) = \oint_C f \mathrm{d}g = -\oint_C g \mathrm{d}f$$

附录四 常用物理常量和太阳物理参量

表 4.1 物理常量(国际单位制)

量	符号	数值	单位
玻尔兹曼常量	k_B	$1.380\,7\times10^{-23}$	$J\ K^{-1}$
基本电荷	e	$1.602\,2\times10^{-19}$	C
电子质量	m_e	$9.109\,4\times10^{-31}$	kg
质子质量	m_p	$1.672\,6\times10^{-27}$	kg
引力常量	G	$6.672\,6\times10^{-11}$	$m^3\ s^{-2}\ kg^{-1}$
普朗克常量	h	$6.626\,1\times10^{-34}$	J s
	$\hbar=h/2\pi$	$1.054\,6\times10^{-34}$	J s
真空中光速	c	$2.997\,9\times10^{8}$	$m\ s^{-1}$
真空介电常量	ε_0	$8.854\,2\times10^{-12}$	$F\ m^{-1}$
真空磁导率	μ_0	$4\pi\times10^{-7}$	$H\ m^{-1}$
质子/电子质量比	m_p/m_e	$1.836\,2\times10^{3}$	—
电子荷质比	e/m_e	$1.758\,8\times10^{11}$	$C\ kg^{-1}$
里德伯常量	$R_\infty=\dfrac{me^4}{8\varepsilon_0^2ch^3}$	$1.097\,4\times10^{7}$	m^{-1}
玻尔半径	$a_0=\varepsilon_0h^2/\pi me^2$	$5.291\,8\times10^{-11}$	m
原子截面	πa_0^2	$8.797\,4\times10^{-21}$	m^2
经典电子半径	$r_e=e^2/4\pi\varepsilon_0mc^2$	$2.817\,9\times10^{-15}$	m
汤姆森截面	$(8\pi/3)r_e^2$	$6.652\,5\times10^{-29}$	m^2
电子康普顿波长	h/m_ec	$2.426\,3\times10^{-12}$	m
	$\hbar/m_ec$	$3.861\,6\times10^{-13}$	m
精细结构常数	$\alpha=e^2/2\varepsilon_0hc$	$7.297\,2\times10^{-3}$	—
	α^{-1}	137.038	—
第一辐射常数	$c_1=2\pi hc^2$	$3.741\,8\times10^{-16}$	$W\ m^2$
第二辐射常数	$c_2=hc/k_B$	$1.438\,8\times10^{-2}$	m K
斯特藩-玻尔兹曼常数	σ	$5.670\,5\times10^{-8}$	$W\ m^{-2}\ K^{-4}$

续　表

量	符号	数值	单位
与 1 eV 相应的波长	$\lambda_0=hc/e$	$1.239\,8\times10^{-6}$	m
与 1 eV 相应的频率	$v_0=e/h$	$2.418\,0\times10^{14}$	Hz
与 1 eV 相应的波数	$k_0=e/hc$	$8.065\,5\times10^{5}$	m^{-1}
与 1 eV 相应的能量	hv_0	$1.602\,2\times10^{-19}$	J
与 1 m^{-1} 相应的能量	hc	$1.986\,4\times10^{-25}$	J
与 $1R_\infty$ 相应的频率	$me^3/8\varepsilon_0^2h^2$	13.606	eV
与 1 K 相应的能量	k_B/e	$8.617\,4\times10^{-5}$	eV
与 1 eV 相应的温度	e/k_B	$1.160\,4\times10^{4}$	K
阿伏伽德罗常量	N_A	$6.022\,1\times10^{23}$	mol^{-1}
法拉第常数	$F=N_Ae$	$9.648\,5\times10^{4}$	C mol^{-1}
气体常数	$R=N_Ak_B$	8.314 5	J K^{-1} mol^{-1}
洛施密特数(标准状态下的数密度)	n_0	$2.686\,8\times10^{25}$	m^{-3}
原子质量单位	m_u	$1.660\,5\times10^{-27}$	kg
标准温度	T_0	273.15	K
大气压强	$p_0=n_0k_BT_0$	$1.013\,3\times10^{5}$	Pa
1 mmHg(1 Torr)的压强	—	$1.333\,2\times10^{2}$	Pa
标准状态下的摩尔体积	$V_0=RT_0/p_0$	$2.241\,4\times10^{-2}$	m^3
空气的摩尔质量	M_{air}	$2.897\,1\times10^{-2}$	*kg*
卡路里(cal)	—	4.186 8	J
引力加速度	g	9.806 7	m s^{-2}

表4.2　物理常量(高斯单位制)

量	符号	数值	单位
玻尔兹曼常量	k_B	$1.380\,7\times10^{-16}$	erg deg^{-1}(K)
基本电荷	e	$4.803\,2\times10^{-10}$	C_{CGSE}
电子质量	m_e	$9.109\,4\times10^{-28}$	g
质子质量	m_p	$1.672\,6\times10^{-24}$	g
引力常量	G	$6.672\,6\times10^{-8}$	dyn cm^2 g^{-2}
普朗克常量	h	$6.626\,1\times10^{-27}$	erg s
	$\hbar=h/2\pi$	$1.054\,6\times10^{-27}$	erg s
真空中光速	c	$2.997\,9\times10^{10}$	cm s^{-1}

续 表

量	符号	数值	单位
质子/电子质量比	m_p/m_e	$1.836\ 2\times10^{3}$	—
电子荷质比	e/m_e	$5.272\ 8\times10^{17}$	$C_{CGSE}\ g^{-1}$
里德伯常量	$R_{\infty}=\frac{2\pi^2 me^4}{ch^3}$	$1.097\ 4\times10^{5}$	cm^{-1}
玻尔半径	$a_0=h^2/\pi me^2$	$5.291\ 8\times10^{-9}$	cm
原子截面	πa_0^2	$8.797\ 4\times10^{-17}$	cm^2
经典电子半径	$r_e=e^2/mc^2$	$2.817\ 9\times10^{-13}$	cm
汤姆森截面	$(8\pi/3)r_e^2$	$6.652\ 5\times10^{-25}$	cm^2
电子康普顿波长	$h/m_e c$	$2.426\ 3\times10^{-10}$	cm
	$\hbar/m_e c$	$3.861\ 7\times10^{-11}$	cm
精细结构常数	$\alpha=e^2/\hbar c$	$7.297\ 2\times10^{-3}$	—
	α^{-1}	137.038	—
第一辐射常数	$c_1=2\pi hc^2$	$3.741\ 8\times10^{-5}$	$erg^{-1}\ cm^2\ s^{-1}$
第二辐射常数	$c_2=hc/k_B$	1.438 8	cm deg (K)
斯特藩-玻尔兹曼常数	σ	$5.670\ 5\times10^{-5}$	$erg\ cm^{-2}\ s^{-1}\ deg^{-4}$
与 1 eV 相应的波长	λ_0	$1.239\ 8\times10^{-4}$	cm
与 1 eV 相应的频率	v_0	$2.418\ 0\times10^{14}$	Hz
与 1 eV 相应的波数	k_0	$8.065\ 5\times10^{3}$	cm^{-1}
与 1 eV 相应的能量	—	$1.602\ 2\times10^{-12}$	erg
与 1 m^{-1} 相应的能量	—	$1.986\ 4\times10^{-16}$	erg
与 $1R_{\infty}$ 相应的频率	—	13.606	eV
与 1 K 相应的能量	—	$8.617\ 4\times10^{-5}$	eV
与 1 eV 相应的温度	—	$1.160\ 4\times10^{4}$	deg (K)
阿伏伽德罗常量	N_A	$6.022\ 1\times10^{23}$	mol^{-1}
法拉第常数	$F=N_A e$	$2.892\ 5\times10^{14}$	$C_{CGSE}\ mol^{-1}$
气体常数	$R=N_A k_B$	$8.314\ 5\times10^{7}$	$erg\ deg^{-1}\ mol^{-1}$
洛施密特数(标准状态下的数密度)	n_0	$2.686\ 8\times10^{19}$	cm^{-3}
原子质量单位	m_u	$1.660\ 5\times10^{-24}$	g
标准温度	T_0	273.15	deg (K)
大气压强	$p_0=n_0 k_B T_0$	$1.013\ 3\times10^{6}$	$dyn\ cm^{-2}$
1 mmHg(1 Torr)的压强	—	$1.333\ 2\times10^{3}$	$dyn\ cm^{-2}$
标准状态下的摩尔体积	$V_0=RT_0/p_0$	$2.241\ 4\times10^{4}$	cm^{-3}

续　表

量	符号	数值	单位
空气的摩尔质量	M_{air}	28.971	g
卡路里(cal)	—	4.1868×10^{7}	erg
引力加速度	g	980.67	$cm\ s^{-2}$

表4.3　太阳物理参量

参量	符号	数值	单位
太阳质量	$M_{\odot}$	1.99×10^{33}	g
太阳半径	$R_{\odot}$	6.96×10^{10}	cm
太阳表面重力加速度	$g_{\odot}$	2.74×10^{4}	$cm\ s^{-2}$
逃逸速度	v_{∞}	6.18×10^{7}	$cm\ s^{-1}$
针状体中向上的质量通量	—	1.60×10^{-9}	$g\ cm^{-2}\ s^{-1}$
垂直高度积分大气密度	—	4.28	$g\ cm^{-2}$
黑子磁场强度	B_{max}	2 500—3 500	G
表面有效温度	T_{0}	5 770	K
总辐射功率	$L_{\odot}$	3.83×10^{33}	$erg\ s^{-1}$
辐射流量密度	F	6.28×10^{10}	$erg\ cm^{-2}\ s^{-1}$
距离光球 500 nm 处的光学深度	τ_{5}	0.99	—
天文单位(地球轨道半径处)	AU	1.50×10^{13}	cm
太阳常数(1 AU 处的太阳强度)	f	1.36×10^{6}	$erg\ cm^{-2}\ s^{-1}$

色球和日冕

参量(单位)	宁静区	冕洞	活动区
色球辐射损失($erg\ cm^{-2}\ s^{-1}$)			
低色球	2×10^{6}	2×10^{6}	$\gtrsim10^{7}$
中色球	2×10^{6}	2×10^{6}	10^{7}
高色球	3×10^{5}	3×10^{5}	2×10^{6}
总辐射损失	4×10^{6}	4×10^{6}	$\gtrsim2\times10^{7}$
过渡区压强($dyn\ cm^{-2}$)	0.2	0.07	2
$1.1R_{\odot}$处的日冕温度(K)	1.1×10^{6}—1.6×10^{6}	10^{6}	2.5×10^{6}
日冕能量损失($erg\ cm^{-2}\ s^{-1}$)			
传导	2×10^{5}	6×10^{4}	10^{5}—10^{7}
辐射	10^{5}	10^{4}	5×10^{6}
太阳风	$\lesssim5\times10^{4}$	7×10^{5}	$<10^{5}$
总能量损失	3×10^{5}	8×10^{5}	10^{7}
太阳风能量损失($g\ cm^{-2}\ s^{-1}$)	$\lesssim2\times10^{-11}$	2×10^{-10}	$<4\times10^{-11}$

附录五　基本等离子体参量和空间等离子体参量

1. 基本等离子参量

除了温度(T_e, T_i, T)以电子伏特(eV)为单位、离子质量(m_i)以质子质量为单位、$\mu = m_i/m_p$ 以外，其他各量均以高斯单位制表示。Z 为电荷数；k_B 为玻尔兹曼常数；k 为波数；γ 为绝热指数；$\ln\Lambda$ 为库仑对数。

(1) 频率

电子回旋频率　$f_{ce} = \omega_{ce}/2\pi = 2.80 \times 10^6 B$ (Hz)

$\omega_{ce} = eB/m_e c = 1.76 \times 10^7 B$ (rad/s)

离子回旋频率　$f_{ci} = \omega_{ci}/2\pi = 1.52 \times 10^3 Z\mu^{-1} B$ (Hz)

$\omega_{ci} = ZeB/m_i c = 9.58 \times 10^3 Z\mu^{-1} B$ (rad/s)

电子等离子体频率　$f_{pe} = \omega_{pe}/2\pi = 8.98 \times 10^3 n_e^{1/2}$ (Hz)

$\omega_{pe} = (4\pi n_e e^2/m_e)^{1/2} = 5.64 \times 10^4 n_e^{1/2}$ (rad/s)

离子等离子体频率　$f_{pi} = \omega_{pi}/2\pi = 2.10 \times 10^2 Z\mu^{-1/2} n_i^{1/2}$ (Hz)

$\omega_{pi} = (4\pi n_i Z^2 e^2/m_i)^{1/2}$

$= 1.32 \times 10^3 Z\mu^{-1/2} n_i^{1/2}$ (rad/s)

电子俘获率　$\nu_{Te} = (ekE/m_e)^{\frac{1}{2}}$

$= 7.26 \times 10^8 k^{1/2} E^{1/2}$ (s^{-1})

离子俘获率　$\nu_{Ti} = (ZekE/m_i)^{\frac{1}{2}}$

$= 1.69 \times 10^7 Z^{1/2} k^{1/2} E^{1/2} \mu^{-1/2}$ (s^{-1})

电子碰撞率　$\nu_e = 2.91 \times 10^{-6} n_e \ln\Lambda T_e^{-3/2}$ (s^{-1})

粒子碰撞率　$\nu_i = 4.80 \times 10^{-8} Z^4 \mu^{-1/2} n_i \ln\Lambda T_i^{-3/2}$ (s^{-1})

(2) 长度

电子德布罗意波长　$\lambda\!\!\!^- = \hbar/(m_e k_B T_e)^{1/2} = 2.76 \times 10^{-8} T_e^{-1/2}$ (cm)

可接近的最小经典距离　$e^2/k_B T = 1.44 \times 10^{-7} T^{-1}$ (cm)

电子回旋半径　$r_e = v_{Te}/\omega_{ce} = 2.38 T_e^{1/2} B^{-1}$ (cm)

离子回旋半径　$r_i = v_{Ti}/\omega_{ci}$

$= 1.02 \times 10^2 \mu^{1/2} Z^{-1} T_i^{1/2} B^{-1}$ (cm)

电子趋肤深度(惯性长度)　$c/\omega_{pe} = 5.31 \times 10^5 n_e^{-1/2}$ (cm)

离子趋肤深度(惯性长度)　$c/\omega_{pi} = 2.28 \times 10^7 Z^{-1} (\mu/n_i)^{1/2}$ (cm)

德拜长度　$\lambda_D = (k_B T/4\pi n e^2)^{1/2} = 7.43 \times 10^2 T^{1/2} n^{-1/2}$ (cm)

磁德拜长度　$\lambda_M = B/4\pi n_e e = 1.66 \times 10^8 B n_e^{-1}$ (cm)

(3) 速度

电子热速度　$v_{Te} = (k_B T_e/m_e)^{1/2} = 4.19 \times 10^7 T_e^{1/2}$ (cm/s)

离子热速度　$v_{Ti} = (k_B T_i/m_i)^{1/2}$

$= 9.79 \times 10^5 \mu^{-1/2} T_i^{1/2}$ (cm/s)

离子声速　$c_s = (\gamma Z k_B T_e/m_i)^{1/2}$

$= 9.79 \times 10^5 (\gamma Z T_e/\mu)^{1/2}$ (cm/s)

阿尔文速度　$v_A = B/(4\pi n_i m_i)^{1/2}$

$= 2.18 \times 10^{11} \mu^{-1/2} n_i^{-1/2} B$ (cm/s)

(4) 无量纲量

(电子与质子质量比)$^{1/2}$　$(m_e/m_p)^{1/2} = 2.33 \times 10^{-2} = 1/42.9$

德拜球内粒子数　$(4\pi/3) n \lambda_D^3 = 1.72 \times 10^9 T^{3/2} n^{-1/2}$

阿尔文速度/光速　$v_A/c = 7.28 \mu^{-1/2} n_i^{-1/2} B$

电子等离子体频率/回旋频率　$\omega_{pe}/\omega_{ce} = 3.21 \times 10^{-3} n_e^{1/2} B^{-1}$

离子等离子体频率/回旋频率　$\omega_{pi}/\omega_{ci} = 0.137 \mu^{1/2} n_i^{1/2} B^{-1}$

热能/磁能　$\beta = 8\pi n k_B T/B^2 = 4.03 \times 10^{-11} n T B^{-2}$

磁能/离子静止能　$B^2/8\pi n_i m_i c^2 = 26.5 \mu^{-1} n_i^{-1} B^2$

(5) 其他

博姆(Bohm)扩散系数　$D_B = c k_B T/16 e B$

$= 6.25 \times 10^6 T B^{-1}$ (cm^2/s)

横向斯皮策(Spitzer)电阻率　$\eta_\perp = 1.15 \times 10^{-14} Z \ln\Lambda T^{-3/2}$ (s)

$= 1.03 \times 10^{-2} Z \ln\Lambda T^{-3/2}$ (Ω cm)

低频离子声湍流的反常频率为

$$\nu^* \approx \omega_{pe}\widetilde{W}/k_B T = 5.64\times10^4 n_e^{\frac{1}{2}}\widetilde{W}/k_B T\ (s^{-1})$$

式中$\widetilde{W}$为相速度$\omega/k < v_{Ti}$的波的总能量。

磁压的表达式为

$$p_m = B^2/8\pi = 3.98\times10^6\ (B/B_0)^2\ \ (\text{dyn/cm}^2) = 3.93\ (B/B_0)^2\ \ (\text{atm})$$

式中 B_0=10 kG=1 T,1 atm=1.013 25×10^5 Pa,1 Pa=1 N/m^2。

1 千吨爆炸物的爆炸能为

$$W_{kt} = 10^{12}\ \text{cal} = 4.2\times10^{19}\ \text{erg}$$

2. 空间等离子体参量

(1) 平静太阳风等离子体参量(地球轨道附近)

流速	大小	320 km/s
	方向	日地连线偏东 1.5°
密度	H^+	5 cm^{-3}
	He^{++}/H^+	0.045
	其他正离子	小于 H^+ 的 0.5%
温度	H^+	4×10^4 K
	He^{++}	1.6×10^5 K
	e^-	10^5 K
磁场		5γ (1γ=10^{-5} G)

(2) 平静太阳风流量和能量密度(地球轨道附近)

质子流量密度	2.4×10^8 cm^{-2} s^{-1}
动能流量密度	0.22 erg cm^{-2} s^{-1}
电子传导热流密度	~0.01 erg cm^{-2} s^{-1}
质子传导热流密度	~10^{-5} erg cm^{-2} s^{-1}
动能密度	7×10^{-9} erg cm^{-3}
质子热能密度	6×10^{-11} erg cm^{-3}
电子热能密度	1.5×10^{-10} erg cm^{-3}
磁场能量密度	10^{-10} erg cm^{-3}

(3) 地磁鞘中太阳风的特性

密度	15 cm^{-3}
流速	250 km/s
流向	日地连线偏斜 20°
质子温度	10^6 K
电子温度	5×10^5 K
磁场	20γ

（4）磁尾中等离子体的特性（距地球 $18R_E$ 处）

		等离子体内		等离子体外	
		电子	质子	电子	质子
密度（cm^{-3}）	平均	0.5	0.5	≲0.1	≲0.1
	变幅	0.1—3	0.1—3		
能量（keV）	平均	0.6	5	<0.1	<1
	变幅	0.1—10	1—20		
能量密度（keV cm^{-3}）	平均	0.3	2.5	<0.01	<0.1
	变幅	0.01—2	0.1—7		
磁场		~1γ		~15γ	

（5）地球等离子体层顶内外等离子体参数

	内侧	外侧
质子温度（K）	1×10^4—3×10^4	$\gtrsim10^5$
浓度（cm^{-3}）	10^3	1—10
状态	热平衡	非热平衡

等离子体层顶位置（赤道面上） (5.5—0.5)K_p（单位为 R_E）

等离子体层顶厚度 $1R_E$

等离子体层顶附近磁场强度（赤道面上） 100γ

K_p 为磁情指数，表示地磁活动强度。

（6）若干等离子体参数

	星际等离子体	日冕	太阳黑子	电离层
特征宏观长度 L（cm）	10^{11}	10^9	10^8	10^6
磁场（Oe）	10^{-5}	10^2	10^3	1
电子密度（cm^{-3}）	1	10^7	10^{12}	10^5
等离子体质量密度（g cm^{-3}）	10^{-24}	10^{-17}	10^{-12}	10^{-13}
电子温度（K）	10^4	10^6	10^4	10^3
电导率（s^{-1}）	10^{13}	10^{16}	10^{13}	10^{10}
粘性系数（cm^2 s^{-1}）	10^{18}	10^{16}	10^6	10^{10}
特征速度/光速	10^{-4}	10^{-1}	10^{-2}	10^{-5}
$\beta=8\pi p/B^2$	10^{-1}	10^{-6}	10^{-5}	10^{-3}
雷诺数 $Re=LV/\nu$	10^3	10^2	10^9	10^2

续 表

	星际等离子体	日冕	太阳黑子	电离层
伦德奎斯特数	10^{10}	10^{15}	10^{9}	10^{2}
磁流体波频率/离子回旋频率	10^{-4}	10^{-5}	10^{-7}	10^{-1}
$\lvert\omega_{ce}\rvert\tau_{ce}$	10^{7}	10^{10}	10^{3}	10^{4}

(7) 电离层参数

下表给出夜间平均值，在出现两个数的地方，第一个指这层的下部，第二个指这层的上部。

量	E层	F层
数密度(m^{-3})	1.5×10^{10}—3.0×10^{10}	5×10^{10}—2×10^{11}
对高度积分的数密度(m^{-2})	9×10^{14}	4.5×10^{15}
离子-中性粒子碰撞频率(s^{-1})	2×10^{3}—10^{2}	0.5—0.05
离子回旋频率与碰撞频率之比 κ_i	0.09—2.0	4.6×10^{2}—5×10^{3}
离子帕特森因子 $\kappa_i/(1+\kappa_i^2)$	0.09—0.5	2.2×10^{-3}—2×10^{-4}
离子霍尔因子 $\kappa_i^2/(1+\kappa_i^2)$	8×10^{-4}—0.8	1.0
电子-中性粒子碰撞频率(s^{-1})	1.5×10^{4}—9.0×10^{2}	80—10
电子回旋频率与碰撞频率之比 κ_e	4.1×10^{2}—6.9×10^{3}	7.8×10^{4}—6.2×10^{5}
电子帕特森因子 $\kappa_e/(1+\kappa_e^2)$	2.7×10^{-3}—1.5×10^{-4}	10^{-5}—1.5×10^{-6}
电子霍尔因子 $\kappa_e^2/(1+\kappa_e^2)$	1.0	1.0
平均分子量	28—26	22—16
离子回旋频率(s^{-1})	180—190	230—300
中性粒子扩散系数($m^2\ s^{-1}$)	30—5×10^{-3}	10^{5}

在电离层下部，赤道纬度处地磁场近似为 $B_0=0.35\times10^{-4}$ T。

地球半径 $R_E=6\ 371$ km。